T0184529

Studien zur theoretischen und empirischen Forschung in der Mathematikdidaktik

Reihe herausgegeben von
Gilbert Greefrath, Münster, Deutschland
Stanislaw Schukajlow, Münster, Deutschland
Hans-Stefan Siller, Würzburg, Deutschland

In der Reihe werden theoretische und empirische Arbeiten zu aktuellen didaktischen Ansätzen zum Lehren und Lernen von Mathematik – von der vorschulischen Bildung bis zur Hochschule – publiziert. Dabei kann eine Vernetzung innerhalb der Mathematikdidaktik sowie mit den Bezugsdisziplinen einschließlich der Bildungsforschung durch eine integrative Forschungsmethodik zum Ausdruck gebracht werden. Die Reihe leistet so einen Beitrag zur theoretischen, strukturellen und empirischen Fundierung der Mathematikdidaktik im Zusammenhang mit der Qualifizierung von wissenschaftlichem Nachwuchs.

Weitere Bände in der Reihe http://www.springer.com/series/15969

Katharina Manderfeld

Vorstellungen zur Mathematikdidaktik

Explorative Studien zu Beliefs, Einstellungen und Emotionen von Bachelor-Studierenden im Lehramt Mathematik

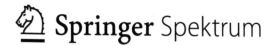 Springer Spektrum

Katharina Manderfeld
Hellenthal – Losheim, Deutschland

Dissertation der Julius-Maximilians-Universität Würzburg, 2019
Tag der mündlichen Prüfung: 10.10.2019
Erstgutachter: Prof. Dr. Hans-Stefan Siller
Zweitgutachterin: Prof. Dr. Katrin Rolka

ISSN 2523-8604   ISSN 2523-8612   (electronic)
Studien zur theoretischen und empirischen Forschung in der Mathematikdidaktik
ISBN 978-3-658-31085-1   ISBN 978-3-658-31086-8   (eBook)
https://doi.org/10.1007/978-3-658-31086-8

Die Deutsche Nationalbibliothek verzeichnet diese Publikation in der Deutschen Nationalbiblio-
grafie; detaillierte bibliografische Daten sind im Internet über http://dnb.d-nb.de abrufbar.

Planung/Lektorat: Carina Reibold
Springer Spektrum ist ein Imprint der eingetragenen Gesellschaft Springer Fachmedien Wies-
baden GmbH und ist ein Teil von Springer Nature.
Die Anschrift der Gesellschaft ist: Abraham-Lincoln-Str. 46, 65189 Wiesbaden, Germany

Geleitwort

In den Dokumenten „Ländergemeinsame inhaltliche Anforderungen für die Fachwissenschaften und Fachdidaktiken in der Lehrerbildung" (KMK, 2017b) sowie „Standards für die Lehrerbildung: Bildungswissenschaften" (KMK, 2004) wird auch die fachdidaktische Ausbildung angehender Lehrkräfte gewürdigt. Insbesondere wird im „Fachspezifischen Kompetenzprofil" (KMK, 2017b, S. 38) ersichtlich, welche Rolle die Fachdidaktik einnehmen soll. Insofern ist zu erwarten, dass sich Studierende des Unterrichtsfachs Mathematik reflektiert und eingehend mit der Rolle der Mathematikdidaktik auseinandersetzen dürfen, ja sogar müssen. Die Frage, wie selbstverständlich die Auseinandersetzung mit fachdidaktischen Fragen bzw. der Rolle der Fachdidaktik im Studium des Unterrichtsfachs Mathematik ist, stellt sich in der Arbeit von Katharina Manderfeld.

Eingebettet in das Qualitätsoffensive-Projekt „Modulare Schulpraxiseinbindung als Ausgangspunkt zur individuellen Kompetenzentwicklung" (MoSAiK) hat Frau Manderfeld im Teilprojekt II.1 „Berufsrollenreflexion und persönliche Entwicklung von (Mathematik-)Lehramtsstudierenden" die Vorstellungen, insbesondere die Beliefs von Studierenden zur Mathematikdidaktik beforscht.

Ausgangspunkt der Arbeit stellt eine Befragung unter Studierenden dar, die insbesondere die mathematikdidaktische Rolle einer Lehrkraft aufgreift und fokussiert. In weiterer Folge dient diese Befragung als Ausgangspunkt für eine zweite sich anschließende Interviewstudie mit Teilnehmerinnen und Teilnehmern der ersten Studie.

In der ersten Studie zeigt sich, dass ein (sehr) heterogenes Bild der mathematikdidaktischen Rolle einer Lehrkraft in den Köpfen der Studierenden existiert. Gerade aus diesen Antworten zieht Frau Manderfeld die Motivation in der vorliegenden Arbeit, Vorstellungen zur Mathematikdidaktik bei Studierenden mit Hilfe eines Mixed-Methods-Forschungsdesigns zu untersuchen.

Das von Frau Manderfeld gewählte Vorgehen folgt einem explorativen Ansatz. Es werden sowohl Oberflächenmerkmale, in diesem Fall die Inhalte der ersten Studie, die von Studierenden mit Mathematikdidaktik verbunden werden, als auch Tiefenstrukturmerkmale, insbesondere zugehörige Vorstellungen der Studierenden in der zweiten Studie, identifiziert und charakterisiert.

Durch dieses Vorgehen wird von Frau Manderfeld ein bemerkenswerter Beitrag zur Theoriebildung in der Mathematikdidaktik basierend auf der (historischen) Entwicklung der wissenschaftlichen Disziplin sowie aktuellen empirisch fundierten Arbeiten geleistet. Gleichzeitig gelingt ein fundierter und in gleicher Weise evidenzbasierter Beitrag zur Diskussion um Beliefs und Vorstellungen von Studierenden aus hochschuldidaktischer Perspektive sowie ein begründeter Beitrag zur Theorie-Praxis-Verknüpfung an der Universität, insbesondere in der frühen fachdidaktischen Lehrerbildung.

Hans-Stefan Siller

Danksagung

Zuerst möchte ich meinem Doktorvater Hans-Stefan Siller danken: Ich danke dir dafür, dass du in mir das Potenzial gesehen und mich dazu motiviert hast, den Weg der Promotion einzuschlagen sowie dafür, dass du mich auf diesem Weg stets mit allem dir Möglichen unterstützt hast. Auch Katrin Rolka möchte ich danken – dafür, dass du mich schon ganz zu Beginn in meiner Arbeit ermutigt hast und dich später dann auch bereit erklärt hast, mein Promotionsvorhaben zu begutachten.

Darüber hinaus gilt ein besonderer Dank den Würzburger, Landauer und Koblenzer Doktorandinnen und Doktoranden, mit denen ich Freude und Leid in den vergangenen Jahren teilen konnte. Neben meinen treuen Mittagessens-Gefährten Felicitas und Heiner möchte ich ganz besonders auch Jenni danken, die nicht nur das Büro mit mir teilte, sondern mir auch seelische Stütze, Beraterin, Leidensgenossin und allen voran Freundin war und ist. Auch dir, Sandra, möchte ich besonders für die ausgiebigen Gespräche danken. Deine Sichtweise hat mir vor allem dabei geholfen, meine Daten aus unterschiedlichen Perspektiven zu betrachten.

Sebastian, Florian, David, Katty, Vanessa, Kerstin, Mona und Marc-André, euch möchte ich von ganzem Herzen für eure Unterstützung durch Korrekturlesen und Codieren danken. Ihr habt euch trotz eigener Arbeit die Zeit genommen, mir weiterzuhelfen, was ich sehr zu schätzen weiß.

Um einen neuen Weg zu bestreiten, braucht es einen Rückhalt, der einem Mut und die Gewissheit gibt, dass man nicht tief fallen kann. Ein solcher Rückhalt ist nicht selbstverständlich. Eine Familie zu haben, mit der man über alles sprechen kann, die einen auffängt und bei der man weiß, jeder einzelne würde für dich durchs Feuer gehen, ist ein Glück, das nicht jedem zuteilwird. Umso mehr möchte ich dafür danken, dass ich mit euch, Gisela, Peter, Rebecca und David, eine solche Familie habe. Besonderen Rückhalt und die größte Unterstützung habe ich durch dich erfahren, Marc-André. Dir gilt ein ganz besonderer Dank für dein stets offenes Ohr, für deine Ratschläge, für das Diskutieren, für deine Aufmunterungen, für das Mitfiebern, für jedes Lachen, das wir geteilt haben und teilen, und für noch so vieles mehr.

Auch meinen bisher noch nicht erwähnten Freundinnen und Freunden, meiner Manderfeld- und meiner Braun-Familie möchte ich danken, denn die Momente, in denen wir zusammen reden und lachen, sind für mich immer etwas ganz Besonderes.

Vielen Dank euch allen!

Inhaltsverzeichnis

Abkürzungsverzeichnis

ANOVA	Analysis of variance
BMBF	Bundesministerium für Bildung und Forschung
CK	Content knowledge
COACTIV	Professionelle Kompetenz von Lehrkräften, kognitiv aktivierender Unterricht und die mathematische Kompetenz von Schülerinnen und Schülern
DMV	Deutsche Mathematiker-Vereinigung
GDM	Gesellschaft für Didaktik der Mathematik
GFD	Gesellschaft für Fachdidaktik
KCS	Knowledge of Content and Students
KCT	Knowledge of Content and Teaching
KMK	Ständige Konferenz der Kultusminister der Länder in der Bundesrepublik Deutschland
LMT	Learning Mathematics for Teaching
MNU	Verband zur Förderung des MINT-Unterrichts
MoSAiK	Modulare Schulpraxiseinbindung als Ausgangspunkt zur individuellen Kompetenzentwicklung
MT21	Mathematics Teaching in the 21st Century
PCK	Pedagogical Content Knowledge
PK	General pedagogical knowledge
TEDS-LT	Teacher Education and Development Study: Learning to Teach
TEDS-M	Teacher Education and Development Study in Mathematics

Abbildungsverzeichnis

Tabellenverzeichnis

Einleitung

1

Vorstellungen bestimmen das Lernen, weil man das Neue immer nur durch die Brille des bereits Bekannten 'sehen' kann (Duit, 2004, S. 1 Hervorhebung im Original).

Ein „tiefgreifender Wandel" (Böhler, Heuchemer, & Szczyrba, 2019, S. 7) ist derzeit an den Hochschulen erkennbar. Innerhalb dieses Wandels geraten hochschuldidaktische Fragestellungen und Forschungen in den Fokus (Böhler et al., 2019, S. 7), um der „Daueraufgabe einer wissenschaftlich fundierten und als wissenschaftliche Praxis betriebenen Hochschullehre" (Böhler et al., 2019, S. 9) gerecht zu werden. Unter anderem werden zur Erfüllung dieser Aufgabe „Forschungen zu studentischen Perspektiven auf Lernen an der Hochschule" (Böhler et al., 2019, S. 12) notwendig. Derartige Perspektiven bilden den Forschungsgegenstand dieser Arbeit, wobei speziell Vorstellungen von Studierenden zur Mathematikdidaktik beforscht werden. Im Sinne des Eingangszitates von Duit (2004) kann angenommen werden, dass mathematikdidaktisches Lernen an der Hochschule von diesen studentischen Vorstellungen beeinflusst wird. Die vorliegende Arbeit möchte daher einen Beitrag zur wissenschaftlichen Auseinandersetzung mit studentischen Perspektiven auf die Mathematikdidaktik liefern.

K. Manderfeld, *Vorstellungen zur Mathematikdidaktik*, Studien zur theoretischen und empirischen Forschung in der Mathematikdidaktik, https://doi.org/10.1007/978-3-658-31086-8_1

1.1   Motivation – Das Projekt MoSAiK als spezifischer Kontext

Den Ausgangspunkt bildet ein Teilprojekt zur Berufsrollenreflexion und persönlichen Entwicklung von Mathematiklehramtsstudierenden (Siller & Manderfeld, 2016). Dieses ist Teil des im Rahmen der „Qualitätsoffensive Lehrerbildung" (BMBF, o. J.) geförderten Projektes MoSAiK – Modulare Schulpraxiseinbindung als Ausgangspunkt zur individuellen Kompetenzentwicklung (Kauertz & Siller, 2016). Zielstellung des Teilprojektes ist es, Reflexionsprozesse zur Berufsrolle einer Mathematiklehrkraft in die Ausbildung der Studierenden an der Universität zu integrieren, um die Studierenden in ihrer professionellen Entwicklung systematisch begleiten und individuell unterstützen zu können (Klock, Lung, Manderfeld, & Siller, 2019). Neben Reflexionsanregungen zu eigenen Werthaltungen, Überzeugungen und Zielen, motivationalen Orientierungen sowie der eigenen Selbstregulation werden Anregungen zur reflexiven Auseinandersetzung mit verschiedenen Teilrollen einer Mathematiklehrkraft in die mathematische Lehrersausbildung[1] integriert (in Anlehnung an Baumert & Kunter, 2011a, S. 32). Der Reflexionsprozess umfasst dabei drei Phasen: In einem ersten Schritt bearbeiten die Studierenden einen Online-Fragebogen. Dabei sollen ihnen eigene Vorstellungen und Erwartungen bewusst werden. Anschließend wird ihnen ein individuelles Feedback zu ihren Angaben im Fragebogen auf Basis wissenschaftlicher Erkenntnisse ausgehändigt. In einem dritten Schritt erhalten die Studierenden die Möglichkeit, sich mit Lehrkräften und Ausbildenden des Referendariats auszutauschen.

In dem Online-Fragebogen der ersten Phase werden die Studierenden aufgefordert, Fragen unter anderem zur mathematikdidaktischen Rolle einer Mathematiklehrkraft zu beantworten. Eine erste Frage lautet diesbezüglich: *„Bitte beschreiben Sie, was Sie unter der mathematikdidaktischen Rolle einer Lehrkraft verstehen."* In einer Pilotierung bearbeiteten 146 Studierende den Online-Fragebogen. Folgende beispielhaften Antworten wurden auf die Aufforderung zur Beschreibung der mathematikdidaktischen Rolle formuliert:

---

[1]Begrifflich wird in dieser Arbeit in Anlehnung an Faust-Siehl (2000) der Begriff der 'Lehrerausbildung' verwendet: „Während Lehrerbildung sich auf alle Phasen bezieht, werden mit Lehrer*aus*bildung die ersten beiden Phasen bezeichnet" (S. 638 Hervorhebung im Original).

„Mathematikdidaktik ist die Wissenschaft darüber, wie man mathematische Inhalte vermittelt, sodass die Schüler sie begreifen und anwenden können. In der Didaktik geht es um das WIE, nicht um das WAS. Verschiedene Methoden der Veranschaulichung und Erklärung werden hier aktiv."

„Wenn man das mathematische Wissen hat, weiß wie man auf Kinder zugehen muss und sie erreichen kann, wenn der Unterricht einer klaren Struktur folgt, ist die halbe Miete schon erreicht! Die ganzen theoretischen Ansätze aus der Didaktik funktionieren im Schulalltag sehr selten! Didaktik kommt zu 95% aus dem Herzen und 5% aus dem Kopf."

„Mathematikdidaktik ist die Kunst mathematisches Fachwissen an Menschen zu vermitteln, die noch nie etwas von Mathematik gehört haben. Wenn man Mathematik (oder auch jedes andere Fach) vermitteln möchte, muss man immer davon ausgehen, dass das Gegenüber noch nie etwas von dem gehört hat, was man ihm versucht zu erklären."

Diese Antworten sind nicht repräsentativ für die Gesamtheit der studentischen Antworten, sondern spiegeln vielmehr wider, wie unterschiedlich die Studierenden die mathematikdidaktische Rolle beschreiben. Unter Mathematikdidaktik scheinen sich einige Studierende eine methodisch orientierte Wissenschaft, andere eine Herzens- bzw. Persönlichkeitsangelegenheit und wieder andere eine (Vermittlungs-)Kunst vorzustellen. Aus der Betrachtung dieser Unterschiedlichkeit entstand die Motivation, im Rahmen eines Dissertationsvorhabens mehr über Vorstellungen der Studierenden zur Mathematikdidaktik herauszufinden und diese zu beforschen.

1.2   Ziele der Arbeit

In der Literatur wird die Beschäftigung mit Vorstellungen von Lehramtsstudierenden als relevant dargestellt. Patrick und Pintrich (2001, S. 138) beschreiben in Anlehnung an eine Studie von Holt-Reynolds (1992), dass Dozierende angehender Lehrkräfte oft wichtige Konstrukte mit ihren Studierenden diskutieren, ohne sich bewusst zu sein, dass jeder von ihnen das Konstrukt auf eine andere Art sieht und versteht. Sie fordern daher, dass sich Dozierende den Vorstellungen der Studierenden bewusst sind: „Instructors need to have an accurate awareness of their students' beliefs[2]" (Patrick & Pintrich, 2001, S. 138). Auch sollten Dozierende explizit unterschiedliche Beliefs[3] und Haltungen, die den Vorstellungen der Studierenden zugrunde liegen können, thematisieren (Patrick & Pintrich, 2001, S. 140). Bezogen auf schulische Lehr-Lern-Prozesse stellen es Grigutsch und Törner (1994) als Aufgabe der Fachdidaktik dar, Vorstellungen[4] der Lernenden „zu identifizieren, bewußt zu machen, Charakteristiktypen herauszufiltern und nach Möglichkeiten der Gestaltung zu suchen" (S. 213). Aus diesen Ausführungen leitet sich die Aufgabe der mathematischen Hochschuldidaktik ab, mathematikdidaktische Vorstellungen der Studierenden entsprechend zu beforschen, um Erkenntnisse solcher Forschungen für hochschulische Lehr-Lern-Prozesse der Mathematikdidaktik nutzen zu können.

Während mentale Konstrukte, wie Vorstellungen oder Beliefs, von angehenden Lehrkräften zur Mathematik und zum Lehren und Lernen von Mathematik bereits vielfach beforscht wurden (u. a. Müller, Felbrich, & Blömeke, 2008; Schmotz, Felbrich, & Kaiser, 2010), gibt es in der deutschen Mathematikdidaktik bisher kaum Forschungen, die sich explizit mit den Vorstellungen angehender Lehrkräfte zur Mathematikdidaktik beschäftigen. An diesem Desiderat setzt die vorliegende Arbeit an. Dabei wird von der Annahme ausgegangen, dass die studentischen Vorstellungen zur Mathematikdidaktik die Lernprozesse innerhalb mathematikdidaktischer Veranstaltungen der hochschulischen Ausbildung beeinflussen können. Ebenso ist ein möglicher Einfluss jener Vorstellungen auf die spätere Lehrtätigkeit der Studierenden, beispielsweise hinsichtlich der Nutzung mathematikdidaktischer Erkenntnisse, anzunehmen.

Aufgrund des Desiderates habe ich ein exploratives Vorgehen gewählt, bei dem die studentischen Vorstellungen auf zwei Ebenen beforscht werden. Auf einer Oberflächenebene geht es um die von den Studierenden mit Mathematikdidaktik verbundenen Inhalte. In diesem Zusammenhang wird auch die Bildung von „Charakteristiktypen" (Törner & Grigutsch, 1994, S. 213) vollzogen.

---

[2]In ihrem Artikel verwenden Patrick und Pintrich (2001) die Begriffe 'conceptions' und 'beliefs' parallel, ohne sie genauer voneinander zu differenzieren.
[3]In Ermangelung konsistenter Begrifflichkeiten in der Forschung wird im Folgenden der auch in deutschen Studien verbreitete Begriff 'Beliefs' verwendet (vgl. Grundey, 2015; Rolka, 2006; Schwarz, 2013).
[4]Törner und Grigutsch (1994) sprechen hier von „Weltbildern" (S. 213), die als ähnliche Konstrukte zu Vorstellungen verstanden werden können.

Zusätzlich werden Vorstellungen einzelner Studierenden beforscht, um die identifizierten Typen tiefergehend zu beschreiben (Tiefenebene). „Möglichkeiten der Gestaltung" (Törner & Grigutsch, 1994, S. 213) der studentischen Vorstellungen werden auf Basis der Erkenntnisse in einem Ausblick formuliert, sind jedoch nicht explizit Inhalt der Arbeit.

1.3 Aufbau der Arbeit

Inhaltlich beginnt die Arbeit mit dem theoretischen Hintergrund (Kapitel 2–3). Hier wird sich in *Kapitel* 2 dem Untersuchungsobjekt 'Vorstellungen' gewidmet. Dabei findet zunächst eine definitorische Auseinandersetzung statt. Im Fokus steht die Frage, *was* beforscht werden soll. Herangehensweisen an den Vorstellungs-Begriff werden aus verschiedenen mathematikdidaktischen Forschungsrichtungen dargestellt, um zu einer Definition des Vorstellungs-Begriffs zu gelangen, der dieser Arbeit zugrunde liegt. Im Anschluss an die Klärung dessen, was beforscht wird, geht es um das *Warum* der Beforschung von Vorstellungen. Hierzu wird die Rolle von Vorstellungen in konstruktivistisch betrachteten Lehr-Lern-Prozessen dargestellt. Bereits erlangte *Erkenntnisse* zu Vorstellungen von Lehramtsstudierenden werden thematisiert, um zu verdeutlichen, auf welchen Erkenntnissen die Arbeit aufbauen kann. Beliefs werden als zentraler Bestandteil von Vorstellungen besonders fokussiert. Das *Wie* der Beforschung von Beliefs zur Mathematikdidaktik wird mit Blick auf verschiedene Klassifizierungen von Beliefs zur Mathematik hergeleitet.

Ein weiteres Kapitel des theoretischen Hintergrundes (*Kapitel 3*) widmet sich der Frage *Was ist Mathematikdidaktik?* aus theoretischer Perspektive. In ihren Ausführungen beschreiben Kron, Jürgens und Standop (2014) die allgemeine Didaktik mithilfe von „Erfahrungsebenen" (S. 14) in der Lehrerbildung. Diese werden auf die Erfahrungen der Studierenden zur Mathematikdidaktik übertragen und bilden die Grundstruktur des Kapitelaufbaus. Im Laufe des Studiums kommt es für die Studierenden zu einer „Begegnung mit der [Mathematik–]Didaktik als Wissenschaft" (Kron et al., 2014, S. 35). Der Perspektive der Mathematikdidaktik als *Wissenschaft* wird sich gewidmet, indem verschiedene Auffassungen, Eigenschaften sowie Forschungsgegenstände und -ziele dargestellt werden.

Mit Blick auf die zweite Phase der Lehrerbildung, das Referendariat, sowie die Tätigkeit als Lehrkraft wird die „didaktische Kompetenz" (Kron et al., 2014, S. 20) erwähnt. In Bezug auf die spätere Berufsausübung der Studierenden wird Mathematikdidaktik so zu einem *Kompetenzbereich*, der mit bestimmten Anforderungen an eine Mathematiklehrkraft einhergeht. Anhand der Betrachtung verschiedener Konzeptualisierungen und Operationalisierungen mathematik-didaktischen Wissens und jener Kompetenzen wird diese Perspektive auf Mathematikdidaktik thematisiert.

Studierende erfahren Mathematikdidaktik jedoch nicht nur als Wissenschaft oder zukünftigen Kompetenzbereich, sondern mit Beginn ihres Studiums primär auch als „Studienfach" (Kron et al., 2014, S. 14) bzw. als *Lerngegenstand*.

> Studierenden begegnet das Fach zunächst in Einführungsveranstaltungen, in den ersten Lehrveranstaltungen oder in den vielfältigen Aushängen an Informations-tafeln. Die Begegnungen finden ihre institutionelle Konkretisierung in den Modulen, die von den Instituten, Fachbereichen oder Fakultäten für das Bachelor- und Master-studium „vor Ort" entwickelt und verbindlich gemacht worden sind. ... Alle Module gründen in einer Reihe von Empfehlungen (Kron et al., 2014, S. 14 Hervorhebungen im Original).

Es wird von den Lehramtsstudierenden des Faches Mathematik im Rahmen ihrer hochschulischen Ausbildung verlangt, mathematikdidaktische Veranstaltungen zu besuchen, Inhalte zu lernen und Prüfungen abzulegen. Die Ausführungen zu dieser Erfahrungsebene der Mathematikdidaktik ergeben sich aus der Darstellung mathematik- bzw. fachdidaktischer Empfehlungen für die hochschulische Lehrer-bildung sowie einem modellhaften Entwicklungsverlauf von Studierenden als Novizen hin zu Experten. Ziel des gesamten *Kapitels* 3 ist es, ein umfangreiches Verständnis darüber zu erlangen, was unter Mathematikdidaktik aus unterschied-lichen Perspektiven verstanden werden kann, um so im späteren Verlauf die aus-gedrückten Vorstellungen der Studierenden entsprechend einordnen und mit den dargestellten Ausführungen vergleichen zu können.

Basierend auf den theoretischen Ausführungen wird im Anschluss das Forschungsvorhaben der Arbeit konkretisiert. In *Kapitel* 4 werden das Unter-suchungsinteresse der Arbeit und die Forschungsfragen dargestellt. Die voll-zogene empirische Beforschung der studentischen Vorstellungen wird in *Kapitel* 5 methodologisch verortet und mit dem Studiendesign in Verbindung gebracht. Wie in den Ausführungen zu den Zielen dieser Arbeit dargestellt, wird sich den studentischen Vorstellungen auf zwei Ebenen, einer Oberflächen- und einer Tiefenebene genähert. Beide Herangehensweisen sind in unterschied-lichen Studien umgesetzt worden, die getrennt voneinander berichtet werden. Die *Kapitel* 6 bis 8 beschäftigen sich mit den methodischen Grundlagen, Ergeb-nissen, Interpretationen und Diskussionen der ersten Studie, in der es um die von den Studierenden mit Mathematikdidaktik verbundenen Inhalte und um eine

Typenbildung geht (Oberflächenebene). Die tiefere Auseinandersetzung mit den Vorstellungen einzelner Studierender ist als zweite Studie in den *Kapiteln* 9 bis 11 dargestellt. In einer Schlussbetrachtung werden die Ergebnisse beider Studien zusammengeführt und aus der Arbeit resultierende Hypothesen, praktische Implikationen und Ansatzmöglichkeiten für weitere Forschungen vorgestellt (s. *Kapitel* 12).

Teil I
Theoretischer Hintergrund

Zur Beforschung studentischer Vorstellungen

2

Um sich den Vorstellungen von Studierenden zur Mathematikdidaktik zu nähern, ist es notwendig vorab zu definieren und zu konkretisieren, was unter Vorstellungen zu verstehen ist. Eine solche begriffliche Annäherung und anschließende Konkretisierung des in dieser Arbeit verwendeten Vorstellungsbegriffs findet in Abschnitt 2.1 statt. Nachdem geklärt ist, was unter Vorstellungen verstanden wird, widmet sich Abschnitt 2.2 der Legitimation einer Beforschung von Vorstellungen. Diesbezüglich wird deren Relevanz in Lehr-Lern-Prozessen dargestellt. Bereits erlangte Erkenntnisse zu Vorstellungen von Lehramtsstudierenden werden in Abschnitt 2.3 thematisiert. Als ein zentraler Bestandteil von Vorstellungen widmet sich diese Arbeit insbesondere studentischen Beliefs zur Mathematikdidaktik. Die Fragen, *welche* Beliefs dahingehend *wie* beforscht werden können, stehen im Vordergrund des Abschnitt 2.4.

2.1 Definitorische Einordnung des Vorstellungsbegriffs

In der Mathematikdidaktik finden Forschungen zu Vorstellungen bzw. ähnlichen Konstrukten unter anderem in der Begriffs-Forschung (Abschnitt 2.1.1) statt. Hier wird sich mit Prozessen der „Begriffsbildung in der Mathematik und im Mathematikunterricht" (Weigand, 2015, S. 255) beschäftigt. Darüber hinaus werden auch in der Affekt-Forschung mentale Konstrukte beforscht (Abschnitt 2.1.2), die zunächst als ähnlich zu Vorstellungen angesehen werden können. Konzepte, Modelle und Definitionen aus beiden Forschungsrichtungen werden im Folgenden betrachtet sowie mit Blick auf Ähnlichkeiten und

Differenzen aufeinander bezogen, um zu einer für den weiteren Verlauf der Arbeit gültigen Definition des Vorstellungsbegriffs zu gelangen (Abschnitt 2.1.3).

2.1.1 Vorstellungen in der mathematikdidaktischen Begriffs-Forschung

In der Beforschung von Verständnissen der Lernenden zu mathematischen Begriffen hat sich das Konstrukt des 'Concept Images' etabliert. Grundlegend für die Ausführungen zu diesem Konstrukt ist die Unterscheidung zwischen formal definierten mathematischen Begriffen und den kognitiven Prozessen, in welchen diese Begriffe von einer Person erfasst werden. Während jener kognitiven Prozesse finden verschiedene assoziierte Prozesse statt, die bewusst und unbewusst die Bedeutung und Nutzung des mathematischen Begriffs betreffen (Tall & Vinner, 1981, S. 151 f.). Die prozesshafte Betrachtung der Begriffs-bildung ist Ausgangslage für die Beschäftigung mit dem 'Concept Image':

> We shall use the term *concept image* to describe the total cognitive structure that is associated with the concept, which includes all the mental pictures and associated properties and processes. It is build up over years through experience of all kinds, changing as the individual meets stimuli and matures (Tall & Vinner, 1981, S. 152 Hervorhebungen im Original).

Als kognitive Struktur beinhaltet das 'Concept Image' mentale Bilder, assoziierte Eigenschaften und Prozesse, die über vielfältige Erfahrungen von einer Person zu einem mathematischen Begriff aufgebaut werden. In den Ausführungen Talls und Vinners (1981) wird ein solches 'Concept Image' mit einer 'Concept Definition' in Beziehung gesetzt. Diese 'Concept Definition' gilt als „form of words used to specify that concept" (Tall & Vinner, 1981, S. 152). Hinsichtlich der Beschaffen-heit des 'Concept Images' und der Relation von 'Concept Image' und 'Concept Definition' gibt es unterschiedliche Ansätze[1].

Für Tall und Mejia-Ramos (2010) stellt das 'Concept Image' ein modulares Gebilde dar, welches sich aus sogenannten 'Met-befores' zusammensetzt:

---

[1]Eine genauere Darstellung der unterschiedlichen Positionen findet sich bei Remobwski (2015).

Technically, a *met-before* is part of the individual's concept image in the form of a mental construct that an individual uses at a given time based on experiences they have met before (Tall & Mejia-Ramos, 2010, S. 137 Hervorhebung im Original).

Ein 'Concept Image' ist demnach eine Art 'Puzzle' und besteht aus auf Erfahrungen basierenden Modulen. Dabei kann das individuelle 'Concept Image' mit einer expliziten Definition des betreffenden mathematischen Konzeptes ('Concept Definition') in der Kognition des Individuums verbunden sein. Existiert eine Verbindung des persönlichen 'Concept Images' mit einer Definition, dann wird diese Definition nach Tall (2006, S. 206) als Teil des 'Concept Images' angesehen. Eine 'Concept Definition' wird daher als im Individuum verankert dargestellt und ist durch Subjektivität gekennzeichnet. Die Definition ist eine persönliche Rekonstruktion des mathematischen Konzepts (Tall & Vinner, 1981, S. 152).

Für Vinner (1991, S. 68) kann das 'Concept Image' ebenfalls eine Ansammlung aus Erfahrungen und Impressionen darstellen. Es kann jedoch auch in Form einer (einheitlichen) visuellen Repräsentation des Konzepts vorliegen. Eine 'Concept Definition' steht laut seinen Ausführungen außerhalb des 'Concept Images'. Beide existieren getrennt voneinander, können jedoch miteinander inter-agieren (Vinner, 1991, S. 70). Die 'Concept Definition' ist laut Vinner (1991, S. 66 ff.) eine Definition, die von außen, beispielsweise über Lehrkräfte oder Schulbücher, an die Lernenden herangeführt wird. Sie stellt eine objektive, uni-verselle Definition mathematischer Sachverhalte dar.

Der generellen Unterscheidung zwischen einer subjektiven und objektiven 'Concept Definition' wurde im gemeinsamen Artikel von 1981 Rechnung getragen:

The definition of a concept (if it has one) is quite a different matter. […] It may be learned by an individual in a rote fashion or more meaningfully learnt and related to a greater or lesser degree to the concept as a whole. It may also be a personal reconstruction by the student of a definition. It is then the form of words that the student uses for his own explanation of his (evoked) concept image. Whether the concept definition is given to him or constructed by himself, he may vary it from time to time. In this way a *personal* concept definition can differ from a *formal* concept definition, the latter being a concept definition which is accepted by the mathematical community at large (Tall & Vinner, 1981, S. 152 Hervorhebungen im Original).

Die Unterscheidung zwischen formaler und personaler 'Concept Definition' berücksichtigend stellen Rösken und Rolka (2007) die einzelnen Konstrukte in einem Schaubild dar (s. Abbildung 2.1). Ausgangslage ist dabei die Auseinandersetzung eines Individuums mit einem mathematischen Konzept. Über unterschiedliche Erfahrungen konstruiert das Individuum ein 'Concept Image', welches als individuelles Abbild (Image) des mathematischen Konzeptes verstanden werden kann und mentale Bilder, Impressionen und Eigenschaften beinhaltet. Unter Umständen steht jenes 'Concept Image' mit einer '(Personal) Concept Definition' in Beziehung. Jene stellt eine individuelle Rekonstruktion der Begriffsdefinition dar. Außerhalb des Individuums existiert zu dem mathematischen Konzept eine 'Formal Concept Definition', die im Sinne objektiven Wissens von der Gesellschaft anerkannt ist (Rösken & Rolka, 2007, S. 184).

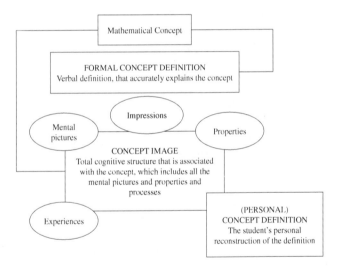

Abbildung 2.1 Veranschaulichung des Concept Images und der Concept Definition (Aus Rösken & Rolka, 2007, S. 184; mit freundlicher Genehmigung von © Bharat Sriraman [2019]. All Rights Reserved)

Stößt ein Individuum auf Differenzen zwischen dem eigenen 'Concept Image' und der 'Formal Concept Definition', gibt es laut Vinner (1991, S. 70) verschiedene Möglichkeiten mit diesen Differenzen umzugehen. Eine erste stellt die Anpassung des 'Concept Images' an die Inhalte der 'Formal Concept Definition' dar. Dies bezeichnet Vinner als 'zufriedenstellende Rekonstruktion' oder 'Akkommodation'. Es kann außerdem am 'Concept Image' festgehalten werden.

Die 'Formal Concept Definition' wird in diesem Fall, aufgrund einer fehlenden Anpassung an das 'Concept Image', vergessen oder entsprechend des 'Concept Images' verzerrt. Letztlich können 'Personal und Formal Concept Definition' auch nebeneinander existieren, ohne dass sie miteinander in Beziehung gebracht werden. Wenn ein Individuum in diesem Fall nach einer Definition gefragt wird, dann wird die 'Formal Concept Definition' wiederholt. In allen anderen Situationen werden Aspekte dieser jedoch nicht beachtet (Vinner, 1991, S. 70).

Mit der Einführung des Begriffs „Evoked Concept Image" (S. 152) betonen Tall und Vinner (1981) die Schwierigkeiten der Beforschung von 'Concept Images'. Wird durch unterschiedliche Stimuli versucht das 'Concept Image' eines Individuums zu rekonstruieren, dann werden unter Umständen unterschiedliche Teile des 'Concept Images' aktiviert. Derjenige Teil, der zu einem bestimmten Zeitpunkt aktiviert wird, wird als 'Evoked Concept Image' bezeichnet (Tall & Vinner, 1981, S. 152). Dieses ist stets abhängig vom jeweiligen Kontext der Forschung. So wird erklärt, dass es auch zu Widersprüchen innerhalb der Äußerungen oder Darstellungen eines Individuums kommen kann (Tall & Vinner, 1981, S. 152).

Mathematikdidaktische Forschungen, die auf diesem theoretischen Modell beruhen, beschäftigen sich mit den 'Concept Images' von Lernenden zu bestimmten mathematischen Begriffen[2]. Dabei kann beispielsweise herausgefunden werden, ob wichtige Aspekte der 'Formal Concept Definition' im 'Concept Image' des Lernenden adäquat repräsentiert zu sein scheinen (Rösken & Rolka, 2007, S. 201).

2.1.2 Vorstellungen aus der Perspektive der Affekt-Forschung

Laut Chen und Leung (2015, S. 281) gilt die Affekt-Forschung in den vorangegangenen Dekaden als eines der beliebtesten Forschungsfelder der internationalen Mathematikdidaktik. Als „driving force" (Chen & Leung, 2015, S. 281) dieser Forschungsrichtung wird die Annahme angesehen, dass die Interaktion von affektiven und kognitiven Aspekten ein wesentlicher Faktor in mathematischen Lernprozessen ist (Chen & Leung, 2015, S. 281; Di Martino &

---

[2]Tall und Vinner (1981) beforschen beispielsweise Vorstellungen zum Grenzwert und zur Stetigkeit, Rösken und Rolka (2007) wie auch Greefrath et al. (2016a) jene zur Integralen.

Zan, 2011, S. 471). Während in den 1960ern und 1970ern vor allem Forschungen über Emotionen und Einstellungen dominierten (Zan, Brown, Evans, & Hannula, 2006, S. 113), sind seit den 1980ern auch Beliefs im Fokus der Affekt-Forschung (Chen & Leung, 2015, S. 281). Im Folgenden wird sich dem Beliefs-Konstrukt (Abschnitt 2.1.2.1) sowie dessen Relation zum Vorstellungsbegriff (Abschnitt 2.1.2.2) gewidmet. Auf Emotionen und Einstellungen als weitere Komponenten des Affekts wird in den Abschnitt 2.1.2.3 und 2.1.2.4 eingegangen.

2.1.2.1 Begriffsdefinition 'Beliefs'

Bezüglich des Beliefs-Begriffs finden sich in der Literatur definitorische Schwierigkeiten. Beliefs sind laut Lerman (2002, S. 236) psychologische Konstrukte und als solches nicht direkt beobachtbar, was das Finden einer einheitlichen Definition erschwert (Leder & Forgasz, 2002, S. 96). Die inhaltliche Überschneidung von Begriffen wie Vorstellungen, Meinungen, Einstellungen, Dispositionen, etc. und Beliefs führt zu einer erschwerten Einigung auf eine präzise Definition (Leder & Forgasz, 2002, S. 96).

Schoenfeld (1998, S. 19) bezeichnet Beliefs als mentale Strukturen, die Kodifizierung subjektiver Erfahrungen und Verständnisse repräsentieren. Er lässt offen, was genau unter mentalen Strukturen zu verstehen ist, erklärt mit seiner Definition aber die Entstehung von Beliefs und betont den individuellen Charakter dieser. Beliefs entstehen anhand der Erfahrungen eines Individuums und gründen sich daher in sozialen Kontexten, in denen das Individuum agiert. Sie werden von De Abreu, Bishop und Pompeu (1997) als „product of social life" (S. 236) interpretiert. Dementsprechend werden Beliefs durch die soziokulturelle Umgebung der einzelnen Person determiniert (Op't Eynde, De Corte, & Verschaffel, 2002, S. 22).

Hinsichtlich der genaueren Definition dessen, was jene mentalen Konstrukte sind, die Schoenfeld in seiner Definition von Beliefs anspricht, können Beliefs als Teil der kognitiven Verarbeitung angesehen werden: „Beliefs have been viewed by social psychologists as units of cognition. They constitute the totality of an individual's knowledge, including what people consider as facts, opinions, or hypotheses, as well as faith" (Bar-Tal, 1990, S. 12). Ergänzend zu einer solchen Einordnung der Beliefs als Teil der Kognition schreiben andere Wissenschaftlerinnen und Wissenschaftler, wie Rokeach (1975) oder Goldin (2002), Beliefs auch affektive Elemente zu. Dies führt dazu, dass sich Definitionen und Forschungen zu Beliefs darin unterscheiden, ob sie eher eine affektive oder kognitive Orientierung repräsentieren (Furinghetti & Pehkonen, 2002, S. 41). Rokeach (1975) beschreibt nicht nur eine kognitive bzw. affektive Komponente von Beliefs, sondern zusätzlich eine verhaltensbezogene:

> Each belief ... is conceived to have three components: a *cognitive* component, because it represents a person's knowledge, held with varying degrees of certitude, about what is true or false, good or bad, desirable or undesirable; an *affective* component, because under suitable conditions the belief is capable of arousing affect of varying intensity centering around the object of belief, ...; and a *behavioral* component, because the belief, being a response predisposition of varying threshold, must lead to some action when it is suitably activated (S. 113 f. Hervorhebungen im Original).

Beliefs können Affekt anregen sowie das Verhalten einer Person lenken. In der Beschreibung des kognitiven Charakters von Beliefs führt Rokeach an, dass Beliefs das Wissen einer Person repräsentieren. Mit einer solchen Definitionen von Beliefs entsteht die Schwierigkeit die Konstrukte 'Beliefs' und 'Wissen' voneinander zu unterscheiden.

Beliefs versus Wissen

Goldin (2002) definiert Beliefs als „multiply encoded cognitive/affective configurations, usually including (but not limited to) propositional encoding, to which the holder attributes some kind of *truth value*" (S. 64 Hervorhebungen im Original). In ähnlicher Weise schreibt Richardson (1996): „Beliefs are thought of as psychologically-held understandings, premises or propositions about the world that are felt to be true" (S. 103). Beliefs werden in diesen Definitionen mit einem 'Wahrheitswert' verbunden, der auch als ein charakteristisches Merkmal von Wissen anzusehen ist. Op't Eynde, de Corte und Verschaffel (2002, S. 23) sehen es als eine Differenz, dass Beliefs als individuelle Konstrukte zu verstehen sind, während Wissen sozialer Natur ist. Beliefs beinhalten all jenes, was eine Person für wahr hält, unabhängig davon, ob andere dem zustimmen oder nicht. Der Wahrheitswert wird hier individuell zugeschrieben, während der Wahrheitswert des Wissens von der Gesellschaft anerkannt und zugesprochen wird (Op't Eynde et al., 2002, S. 23). Lester (2002) verwendet in diesem Zusammenhang die Begriffe „*internal* [and] ... *external knowledge*" (S. 351 Hervorhebungen im Original). Beliefs sieht er als eine spezielle, individuelle Form des Wissens an, welche er als 'internes Wissen' bezeichnet. Unter 'externem Wissen' versteht er einen Korpus an Informationen, der in einer Gemeinschaft allgemein als wahr anerkannt wird (Lester, 2002, S. 351). Furinghetti & Pehkonen (2002, S. 43) sprechen analog von 'objektivem (offiziellem)' und 'subjektivem (personalem) Wissen'. Auch sie betonen, dass Beliefs als Teil des subjektiven Wissens keiner Evaluation von Außenstehenden bedürfen. Die Variation des Grades an Überzeugung kann als ein Merkmal von Beliefs angesehen werden (Thompson, 1992, S. 129). Es ist demnach möglich, dass ein Individuum von einem bestimmten Belief mehr oder weniger überzeugt ist, während dies nicht möglich ist, wenn jener Inhalt als Fakt gilt und zum objektiven (offiziellen) Wissen gehört.

> The adaption of a belief may be based on some generally known facts (and beliefs) and on logical conclusions made from them. But each time, the individual makes his own choice of the facts (and beliefs) to be used as reasons and his own evaluation on the acceptability of the belief in question. Thus, a belief, in addition to knowledge, also always contains an affective dimension (Pehkonen, 1994, S. 180).

Beliefs können demnach auf Faktenwissen basieren und aus objektivem Wissen heraus entstehen, beinhalten aber im Gegensatz zu Wissen affektive Komponenten.

Beliefs-Systeme
Es wird allgemein angenommen, dass Beliefs beständig sind (Skott, 2015, S. 6). Dementsprechend wird es als äußerst schwierig angesehen, sie zu verändern (Lester, 2002, S. 350). Begründet wird dies durch die Annahme, dass Beliefs nicht isoliert, sondern in Systemen vorliegen. „Nobody holds a belief in total independence of all other beliefs. Beliefs always occur in sets or groups" (Green, 1971, S. 41). Ein Belief-System besteht aus zusammenhängenden Komponenten, die miteinander in Verbindung stehen. Es herrscht somit eine Wechselbeziehung, welche indiziert, in welchem Ausmaß ein Belief mit anderen verbunden ist (Bar-Tal, 1990, S. 21). Pepin und Rösken-Winter (2015) sprechen in diesem Zusammenhang von „'dynamic systems', referring to their dynamic nature. These are diverse and made up of multiple interconnected elements, and dynamic in that they have the capacity to change and learn from experience" (S. XVI Hervorhebung im Original). Dynamik entsteht einerseits aus den Verknüpfungen, Interaktionen und Beziehungen zwischen den einzelnen Komponenten des Systems und andererseits aus den unterschiedlichen Kontexten, in denen sich ein Individuum befindet. Das Wirken von Beliefs ist vom jeweiligen Kontext bzw. der Situation, in welcher Handlungen, Interpretationen, etc. vollzogen werden, abhängig (Skott, 2015, S. 7).

2.1.2.2 Relationen von Vorstellungen und Beliefs

In der deutschsprachigen Literatur findet sich eine parallele Verwendung verschiedener Begriffe wie „Vorstellungen, Haltungen, subjektive Theorien, Überzeugungen, Weltbilder oder Einstellungen"[3] (Voss, Kleickmann, Kunter, & Hachfeld, 2011, S. 235). Wenn im Rahmen der Beliefs-Forschung von Vorstellungen die Rede ist, dann werden diese häufig als ähnliche Konzepte wie Beliefs beschrieben (Furinghetti & Pehkonen, 2002, S. 41). Bei genauerer Betrachtung finden sich jedoch unterschiedliche Verwendungen und Auslegungen des Vorstellungsbegriffs.

Vorstellungen können im Sinne einer Oberkategorie verstanden werden, deren einzelne Bestandteile weiter auszudifferenzieren sind. So beschreibt Thompson (1992) eine Vorstellung ('conception') als „more general mental structure, encompassing beliefs, meanings, concepts, propositions, rules, mental images, preferences, and the like" (S. 130). Vorstellungen sind in diesem Sinne ein übergreifendes Konzept, das unterschiedliche andere Dinge umfasst, welche bei Thompson (1992) jedoch keiner genaueren Abgrenzung zueinander erfahren. Die Benutzung des Begriffs 'Vorstellungen' (bzw. 'conceptions') als Oberbegriff findet sich ebenfalls in anderen Arbeiten (bspw. in Freire & Sanches, 1992; Lloyd & Wilson, 1998). Diese unterscheiden sich jedoch hinsichtlich der subsumierten Konzepte. So nennen Lloyd und Wilson (1998) „knowledge, beliefs, understandings, preferences, and views" (S. 249) als Teilkonzepte von Vorstellungen. Im Vergleich finden sich bei Lloyd und Wilson einige Begriffe wieder, die auch Thompson erwähnt, wie Beliefs oder Vorlieben (preferences), andere hingegen unterscheiden sich zumindest hinsichtlich ihrer Bezeichnungen. Das Fehlen einer genaueren Erläuterung und Definition der einzelnen Teilkonzepte macht es schwer, die beiden Begriffsdefinitionen hinsichtlich der Unterkonzepte zu vergleichen. Dass Beliefs jedoch ein zentraler Bestandteil von Vorstellungen sind, kann als ein Resümee aus der Betrachtung der Definitionen hervorgehen.

Im Gegensatz zu Definitionsversuchen, in denen eine Subsumtion im Sinne der Einordnung von Beliefs als Teil von Vorstellungen erfolgt, gibt es Ansätze, die eine Subsumtion in entgegengesetzter Richtung vollziehen. So beschreibt Pehkonen (1994) Vorstellungen als „subset of beliefs. Conceptions are higher order beliefs" (S. 180). Auch in der Definition von Op't Eynde, de Corte und

---

[3]Diese Begriffe werden mit Ausnahme des Einstellungs-Begriffs (s. Abschnitt 2.1.2.3) als Synonyme für Beliefs angesehen. Diese Grundannahme ist dann von besondere Bedeutung, wenn im Folgenden auf Studien verwiesen wird, in welchen andere Begrifflichkeiten verwendet werden.

Verschaffel (2002) – „Student's mathematics-related beliefs are the implicity or explicity held subjective conceptions students hold to be true …" (S. 27) – wird deutlich, dass sich Beliefs in bewusste und unbewusste Vorstellungen, welche subjektiv für wahr gehalten werden, unterteilen lassen und somit einen Oberbegriff darstellen.

Neben der Betrachtung der Relation von Beliefs und Vorstellungen im Sinne einer Subsumtion, finden sich auch Ausführungen, in denen beide Konzepte als synonym angesehen werden. So stellt Törner (2002, S. 75) dar, dass in Ermangelung einer genauen Definition von Beliefs in unterschiedlichen Arbeiten verschiedene Begriffe für dasselbe Konzept entstanden sind. Dabei interpretiert er den Begriff 'Vorstellung' (conception) als ein von einigen Forscherinnen und Forschern verwendetes Synonym zu Beliefs. In ähnlicher Weise schreibt Pajares (1992) im Rahmen seines Artikels 'Teachers' Beliefs and Educational Research: Cleaning Up a Messy Construct': „They [beliefs] travel in disguise and often under alias – attitudes, values, judgements, axioms, opinions, ideology, perceptions, conceptions, …" (S. 309).

In Anbetracht der dargestellten Definitionen wird deutlich, dass in jedem Fall eine enge Verbindung zwischen Beliefs und Vorstellungen angenommen wird, wenn auch keine Einigkeit bezüglich der Art dieser Verbindung zu finden ist. Für die vorliegende Arbeit werden Vorstellungen als Oberbegriff angesehen, unter welchen Beliefs subsumiert werden. Beliefs werden als Teil des Affekts dargestellt, zu welchem Philipp (2007) weiterhin Emotionen und Einstellungen zählt: „Affect – a disposition or tendency or an emotion or feeling attached to an idea or object. Affect is comprised of *emotions, attitudes*, and *beliefs*" (S. 315 Hervorhebungen im Original). In Anlehnung an Philipps Differenzierung werden Vorstellungen im Folgenden als individuelle Ausprägungen des Affekts bezüglich einer Idee oder eines Objektes verstanden und als Oberbegriff für Beliefs, Einstellungen und Emotionen angesehen. Während Beliefs als eher kognitive Komponenten von Vorstellungen bereits näher betrachtet wurden, ist sich darüber hinaus Emotionen und Einstellungen als stärker affektiven Komponenten zu widmen.

2.1.2.3 Emotionen als Teilkonzept von Vorstellungen

Goldin (2002, S. 61) zählt Emotionen zu den Subdomänen affektiver Repräsentationen im Individuum. Er definiert sie als sich schnell ändernde Gefühlszustände. Auch McLeod (1992, S. 578) charakterisiert Emotionen anhand ihrer geringen Stabilität, fügt jedoch zusätzlich ihre hohe Intensität an. Emotionen können als „interpreted feelings" (Ortony, Norman, & Revelle, 2005,

S. 174) definiert werden, die im Gegensatz zu Gefühlen einem kognitiven Akt der Interpretation unterliegen. Sie haben einen klaren Anlass und werden bewusst wahrgenommen (Bower & Forgas, 2000, S. 89).

Mandler (1989, S. 4) hält fest, dass Emotionszustände auf zentrale Art und Weise mit kognitiven Funktionen interagieren. Im Sinne einer kognitiven und konstruktivistischen Annäherung wird emotionale Erfahrung sowie emotionales Verhalten als Resultat einer kognitiven Analyse und einer physiologischen Antwort des vegetativen Nervensystems angesehen (Mandler, 1989, S. 4 f.). Zan, Brown, Evans und Hannula (2006, S. 115 f.) führen aus, dass Emotionen laut einem derartigen kognitiv-konstruktivistischen Modell in drei Phasen konkretisiert werden, die den Verlauf emotionaler Erfahrungen beschreiben. In einem ersten Schritt entsteht intuitive Erregung durch eine Diskrepanz zwischen der eigenen Erwartung und den Anforderungen, mit denen sich eine Person konfrontiert sieht. Daraufhin kommt es zu einer physiologischen Erregung auf der einen und einer Situationsevaluation auf der anderen Seite, die dann zur Konstruktion einer Emotion führen (Zan et al., 2006, S. 115 f.). Es ist demnach nicht die Erfahrung selbst, die Emotionen hervorruft, sondern die Interpretation dieser Erfahrung durch das Individuum (Di Martino & Zan, 2011, S. 474). Op't Eynde, de Corte und Verschaffel (2006, S. 196 f.) fügen hinzu, dass Emotionen immer vom spezifischen Kontext, in welchem sie erfahren werden, abhängig sind. In diesem Kontext finden jene Prozesse der kognitiven Interpretation und Bewertung statt, welche auf dem Wissen und den Beliefs des Individuums beruhen. Emotionen sind dementsprechend unstabil, weil sich die Situationen und die Person innerhalb der Situation ständig entwickeln (Op't Eynde et al., 2006, S. 196 f.).

Das Verhältnis von Beliefs und Emotionen wird als reziprok dargestellt (vgl. Gill & Hardin, 2015; Goldin, 2002; Op't Eynde et al., 2002). Die interaktive Beziehung beider Konstrukte kann wie folgt beschrieben werden: „Beliefs are paradigms through which situations are interpreted, leading to a recursive model where beliefs shape affect, which in turn instantiates beliefs" (Gill & Hardin, 2015, S. 234). Op't Eynde, de Corte und Verschaffel (2002, S. 15) stellen hinsichtlich der Beeinflussung von Beliefs durch Emotionen dar, dass lokal emotionale Erfahrungen über die Zeit einen Kontext schaffen können, der zur Entwicklung und Stärkung stabiler und globaler affektiver Komponenten, wie Einstellungen und Beliefs, führen kann.

Mit Bezug auf Lernprozesse stellt Pekrun (2018) verschiedene Wirkungen von Emotionen dar (s. Abbildung 2.2).

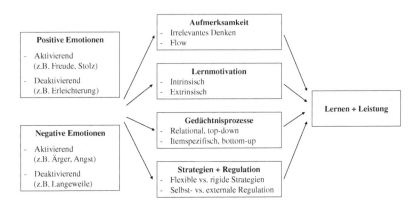

Abbildung 2.2 Wirkung von Emotionen auf Lernen und Leistung (Aus Pekrun, 2018, S. 222; mit freundlicher Genehmigung von © Springer Fachmedien Wiesbaden GmbH 2018. All Rights Reserved)

Abbildung 2.2 entsprechend werden verschiedene Emotionen hinsichtlich zweier Dimensionen unterteilt, der Valenz (positiv – negativ) und der Aktivierung (aktivierend – deaktivierend) (Pekrun, 2018, S. 218). Basierend auf den Ergebnissen empirischer Forschungen führt Pekrun (2018) aus, dass das Empfinden von Emotionen jeglicher Art im Arbeitsgedächtnis Ressourcen verbraucht, was Auswirkungen auf die *Aufmerksamkeit* der Lernenden hat. Sollen Lernende eine Aufgabe lösen, dann beanspruchen positive sowie negative Emotionen, die sich nicht direkt auf die Aufgabenbearbeitung beziehen (z. B. Angst vor Misserfolg oder Freude auf gute Benotung) Ressourcen, die folglich nicht zur Bearbeitung der Aufgabe genutzt werden können (Pekrun, 2018, S. 217). Dies wird als „aufgabenirrelevantes Denken" (Pekrun, 2018, S. 217) bezeichnet. Im Gegensatz dazu gibt es Emotionen, welche sich direkt auf das Bearbeiten einer Aufgabe beziehen und ein kognitives Verschmelzen mit der Bearbeitung der Aufgabe, einen Flow, begünstigen. Solche Emotionen sind unter anderem Neugier oder Lernfreude (Pekrun, 2018, S. 217 f.). „In der Regel reduzieren negative Emotionen die Aufmerksamkeit, während positive Emotionen die Aufmerksamkeit fördern" (Pekrun, 2018, S. 218).

Weiterhin beeinflussen Emotionen die *Motivation* der Lernenden. Dabei wird nach Deci et al. (1991, S. 328) zwischen intrinsischer und extrinsischer Motivation unterschieden. Intrinsisch motiviert sind all jene Handlungen, die aufgrund von Interesse ohne die Notwendigkeit einer Belohnung vollzogen werden: „[They are] engaged in for their own sake" (Deci et al., 1991,

S. 328). Extrinsische Motivationen finden sich dort, wo Handlungen aufgrund instrumenteller Intentionen vollzogen werden. Mit der Handlung soll dann eine Konsequenz erreicht werden, die von der Handlung selbst separiert werden kann (Deci et al., 1991, S. 328). „Positiv aktivierende Emotionen wie Lernfreude können sowohl intrinsische wie auch extrinsische Motivationen stärken, und negativ deaktivierende Emotionen können beide Formen von Lernmotivation lähmen" (Pekrun, 2018, S. 219). Die motivationalen Auswirkungen positiv deaktivierender und negativ aktivierender Emotionen sind komplexer. So kann Angst intrinsische Motivation reduzieren, sie kann aber auch dazu motivieren, sich besonders anzustrengen (Pekrun, 2018, S. 219).

Lernen steht in enger Beziehung zu *Gedächtnisprozessen*, auf die Emotionen verschiedene Wirkungen erzielen. Dabei unterscheidet Pekrun (2018, S. 220) zwischen relationalen (top-down) und itemspezifischen (buttom-up) Prozessen und hält fest: „Soweit diese Befunde auf Lernmaterial im Bildungskontext über-tragbar sind, bedeutet dies, dass negative Emotionen hilfreich für das Lernen von wenig kohärenter Information sein können (also z.b. Listen von Vokabeln), während positive Emotionen das Lernen von kohärentem Material unterstützen" (S. 220).

Mit Blick auf *Lernstrategien* wird festgehalten, dass positive Emotionen kreative Prozesse des Problemlösens (flexible Strategien) begünstigen, während negative analytisches und detailliertes Denken (rigide Strategien) fördern können. Das Entwickeln neuer Ansätze zur Lösung einer Aufgabe wird demnach im besten Falle von einer positiven Stimmung und das Überprüfen dieses Ansatzes von einer kritischen Stimmung begleitet (Pekrun, 2018, S. 221; in Anlehnung an Clore & Huntsinger, 2009, S. 43). Analog wird die *Selbstregulation* der Lernenden vor allem durch positive Emotionen unterstützt (Pekrun, 2018, S. 221).

In diesen Ausführungen zeigt Pekrun (2018), die holistischen Auswirkungen von Emotionen auf den Lernprozess, aber auch die Komplexität dieser. So sind negative Emotionen nicht automatisch hinderlich für den Lernprozess, wie auch positive Emotionen nicht automatisch förderlich sind.

2.1.2.4 Einstellungen als Teilkonzept von Vorstellungen

Als eine weitere Subdomäne affektiver Repräsentationen im Individuum listet Goldin (2002, S. 61) Einstellungen auf. Er definiert sie als „moderately stable predispositions toward ways of feeling in classes of situations, involving a balance of affect and cognition" (Goldin, 2002, S. 61). Rokeach (1975, S. 112) sieht Einstellungen als eine prädisponierte Art und Weise des Antwortens eines Individuums auf ein Objekt oder eine Situation. McLeod (1992) erwähnt folgende Unterschiede zwischen Beliefs, Emotionen und Einstellungen:

> Beliefs, attitudes, and emotions ... vary in the level of intensity of the affects that they describe, increasing in intensity from 'cold' beliefs about mathematics to 'cool' attitudes related to liking or disliking mathematics to 'hot' emotional reactions to the frustration of solving nonroutine problems. Beliefs, attitudes, and emotions also differ in the degree to which cognition plays a role in the response, and in the time they take to develop (S. 578 Hervorhebungen im Original).

Untersuchungen von Einstellungen resultieren häufig, wie in dem Zitat McLeods ersichtlich, in einer bipolaren Reduktion auf vorteilhafte und unvorteilhafte Einstellungen ('liking or disliking') (Di Martino & Zan, 2015, S. 60). Bewertungen, die ein Individuum hinsichtlich eines Konzeptes vornimmt, können demnach positiv oder negativ sein. Demgegenüber können Einstellungen auch mit einer Multidimensionalität verbunden werden (Di Martino & Zan, 2015, S. 63 f.): „[But] instead it [the theoretical construct of attitude towards mathematics] becomes a flexible and multidimensional interpretive tool, aimed at describing interactions between affective and cognitive aspects in mathematical activity" (Di Martino & Zan, 2015, S. 64). In dieser Beschreibung wird auf die Interaktion affektiver und kognitiver Aspekte hingewiesen. Analog zum Beliefs-Konstrukt werden Einstellungen mit einem dreigliedrigen Modell verbunden, nachdem sie kognitive, affektive und verhaltensbezogene Komponenten besitzen (Olson & Zanna, 1993; Ruffell, Mason, & Allen, 1998; Törner & Grigutsch, 1994). Di Martino und Zan (2011) sehen die Multidimensionalität von Einstellungen darin begründet, dass sie Beliefs und emotionale Dispositionen involvieren und eine Brücke zwischen beiden Konstrukten bilden: „The proposed model of attitude acts as a *bridge* between beliefs and emotions, in that it explicitly takes into account beliefs (about self and mathematics) and emotions, and also the interplay between them" (S. 480 Hervorhebung im Original).

McLeod (1992, S. 578) hält die drei Konstrukte, Beliefs, Emotionen und Einstellungen, als Subdomänen des Affekts fest. Dabei existieren jene individuell für eine Person, können aber im Sinne einer Angemessenheitsevaluation mit Normen verglichen werden. So differenziert Goldin (2002, S.60 ff.) zwischen persönlichen Beliefs und Beliefs-Systemen, die innerhalb einer Kultur oder Subkultur vorherrschen, zwischen individuellen und geteilten Emotionen sowie zwischen persönlichen und allgemein vorhandenen oder akzeptierten Einstellungen. Im Laufe eines Lebens werden gesellschaftlich geteilte Beliefs, Emotionen und Einstellungen durch Schule, Freunde, Familie, Vorbilder oder ähnliches kommuniziert. Im Sinne dieses Verständnisses herrscht eine ständige affektive Interaktion zwischen dem Individuum und der ihn umgebenden Kultur (Goldin, 2002, S. 60 ff.). Während McLeod (1992, S. 578) die affektive Domäne in drei Bereiche – Beliefs, Emotionen und Einstellungen – unterteilt, erwähnt Goldin (2002) in seinen Ausführungen noch eine zusätzliche vierte Subdomäne des Affekts, die er als „values, ethics, and morals" (S. 61) kennzeichnet. In anderen Investigationen wird Affekt auch mit Motivationen, Launen oder Interessen verbunden (Zan et al., 2006, S. 117). Im Rahmen dieser Arbeit werden die vorgestellten Konstrukte – Beliefs, Emotionen und Einstellungen – als weitgehend akzeptierte, fundamentale Aspekte der affektiven Domäne angesehen und dem Vorstellungsbegriff subsumiert.

2.1.3 Vorstellungen in der vorliegenden Arbeit

In den Abschnitten 2.1.1 und 2.1.2 werden Vorstellungen und ähnliche Konzepte aus den Perspektiven verschiedener Forschungsrichtungen der Mathematikdidaktik betrachtet. Dabei fällt auf, dass der Begriff des 'Concept Images' eine Ähnlichkeit zum Beliefs-Begriff hat. Törner (2002, S. 75) listet ihn zusammen mit einigen anderen Begriffen auf, die er allesamt als synonym verwendete Begriffe für Beliefs bezeichnet. Er hält zusätzlich fest: „It has far too rarely been noticed that Tall and Vinner's (1981) discussion of 'concept images' contains important elements of a definition of belief" (Törner, 2002, S. 77 Hervorhebung im Original). In Thompsons (1992) Definition von Vorstellungen und Schoenfelds (1998) Definition von Beliefs werden die Konstrukte jeweils als mentale Konstrukte dargestellt. Mentale Bilder (Thompson, 1992, S. 130) sowie die Kodifizierung von Erfahrungen (Schoenfeld, 1998, S. 19) finden in diesen Definitionen Berücksichtigung. Die Ähnlichkeiten zum 'Concept Image', welches als kognitive Struktur definiert wird, mentale Bilder sowie assoziierte Eigenschaften und Prozesse impliziert, sind deutlich zu erkennen. Wie bei Beliefs wird auch das Entstehen eines 'Concept Images' mit Erfahrungen verbunden, die von einem Individuum erlebt werden (Tall & Vinner, 1981, S. 152).

Während in der Begriffs-Forschung zwischen einer formellen und einer persönlichen 'Concept Definition' unterschieden wird (Tall & Vinner, 1981, S. 152), findet in der Beforschung von Beliefs eine Unterscheidung zwischen subjektivem (personalem) Wissen, dem Beliefs zugeordnet werden, und objektivem (offiziellem) Wissen statt (vgl. Furinghetti & Pehkonen, 2002, S. 43). In der Affekt-Forschung stehen vor allem individuelle Beliefs als subjektives

Wissen im Forschungsfokus. In der Begriffs-Forschung werden hingegen Vergleiche zwischen subjektiven und normativen Aspekten vollzogen, indem rekonstruierte 'Concept Images' von Lernenden mit einer 'Formal Concept Definition' verglichen werden. Aus diesen vergleichenden Betrachtungen lässt sich der Vorstellungsbegriff dieser Arbeit sowie Möglichkeiten der Beforschung von Vorstellungen herleiten.

Sfard (1991) definiert 'Vorstellungen' wie folgt:

> The word 'concept' … will be mentioned whenever a mathematical idea is concerned in its 'official' form – as a theoretical construct within 'the formal universe of ideal knowledge'; the whole cluster of internal representations and associations evoked by the concept – the concept's counterpart in the internal, subjective 'universe of human knowing' – will be referred to as 'conception' (S. 3 Hervorhebungen im Original).

Während Sfard die Definition von Vorstellungen auf mathematische Ideen bzw. Konzepte bezieht, sind es in dieser Untersuchung keine mathematischen Konzepte, die im Fokus stehen. Das Konzept, zu dem Vorstellungen im Rahmen dieser Arbeit beforscht werden, ist die Mathematikdidaktik. Dementsprechend werden in Anlehnung an Sfard Vorstellungen als Cluster interner Repräsentationen und Assoziationen untersucht, die durch das Konzept der Mathematikdidaktik evoziert werden. Sfard (1991) verweist auf das „universe of human knowing" (S. 3), in welchem Vorstellungen lokalisiert werden. Dies legt die Vermutung nahe, Vorstellungen seien rein kognitiver Natur. Ebenso wird das 'Concept Image' nach Tall und Vinner (1981) als „total cognitive structure" (S. 152) definiert, während innerhalb der Affekt-Forschung Vorstellungen und Beliefs auch affektive Komponenten zugesprochen werden (s. Abschnitt 2.1.2). In dieser Arbeit wird der Begriff 'Vorstellungen' im Sinne einiger Arbeiten der Affekt-Forschung als Obergriff aufgefasst, unter den die Teilkonzepte der affektiven Domäne – Beliefs, Emotionen und Einstellungen – subsumiert werden. Vorstellungen umfassen demnach nicht nur kognitive, sondern auch affektive Komponenten.

Abbildung 2.3 stellt das in Anlehnung an Rösken und Rolka (2007, S. 184) erstellte Modell des Vorstellungsbegriffs dieser Arbeit dar. Dabei bildet das Konzept der Mathematikdidaktik den Ausgangspunkt. Als 'Formal Concept Definition' hierzu kann beispielhaft die Definition der Mathematikdidaktik als Wissenschaft des Lehrens und Lernens von Mathematik angesehen werden. Die Vorstellungen der Studierenden zur Mathematikdidaktik basieren auf deren Erfahrungen und verbinden dieses Konzept mit mentalen Bildern, Impressionen und Eigenschaften. Beliefs, Emotionen und Einstellungen werden als Teile von Vorstellungen verstanden, wobei ein besonderer Fokus dieser Arbeit auf studentischen Beliefs liegt. Formulierungen von Studierenden zur Erklärung der eigenen Vorstellungen können als 'Personal Concept Definition' verstanden werden, müssen dabei aber als evoziertes, unvollständiges und kontextabhängiges Abbild einer studentischen Vorstellung interpretiert werden.

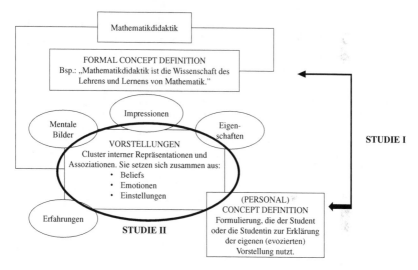

Abbildung 2.3 Modell zu Vorstellungen von Mathematikdidaktik (In Anlehnung an Rösken & Rolka, 2007, S. 184)

In der Beforschung der so definierten Vorstellungen zur Mathematikdidaktik wird zunächst eine stärker normative Perspektive eingenommen, indem von Studierenden formulierte 'Personal Concept Definitions' analysiert und mit objektivem Wissen im Sinne einer 'Formal Concept Definition' verglichen werden (Studie I). Darüber hinaus wird in der zweiten Studie eine stärker subjektorientierte Perspektive eingenommen, indem die Vorstellungen einzelner Studierender gesondert betrachtet werden. *Warum* Vorstellungen von Studierenden überhaupt zu beforschen sind, wird in einem nächsten Abschnitt mit Blick auf die Relevanz von Vorstellungen in Lehr-Lern-Prozessen beleuchtet.

2.2 Zur Rolle von Vorstellungen in konstruktivistischen Lehr-Lern-Prozessen

1999 spricht Terhart davon, dass seit kurzem ein „neues Denken und Reden auf den Plan [tritt]" (S. 630). Damit meint er einen neuen didaktischen Ansatz, die konstruktivistische Didaktik, die „insbesondere innerhalb der Didaktik der Mathematik und der Naturwissenschaften ... formuliert und erprobt worden [ist]" (Terhart, 1999, S. 630). Auch wenn innerhalb der Didaktiken ein gemäßigter Konstruktivismus vertreten wird, gehen generelle Aussagen und normative Annahmen zum Lehren und Lernen sowie Empfehlungen für die Praxis auf Grundannahmen des Radikalen Konstruktivismus zurück (Terhart, 1999, S. 637).

> What is radical constructivism? It is an unconventional approach to the problems of knowledge and knowing. It starts from the assumption that knowledge, no matter how it be defined, is in the heads of persons, and that the thinking subject has no alternative but to construct what he or she knows on the basis of his or her own experience. What we make of experience constitutes the only world we consciously live in. It can be sorted into many kinds, such as things, self, others, and so on. But all kinds of experience are essentially subjective, and though I may find reasons to believe that my experience may not be unlike yours, I have no way of knowing that it is the same (Glasersfeld, 2003, S. 1).

Wissen wird nach Glasersfeld individuell, auf Grundlage der Erfahrungen eines Subjektes konstruiert. Jede Wahrnehmung der Realität obliegt einem Konstruktionsprozess auf Seiten des Individuums. Alles Wissen über die ein Individuum umgebende Realität ist demnach konstruiert und in Summe bilden die einzelnen Konstruktionen eine individuelle Wirklichkeit (Terhart, 1999, S. 632).

Wenn in der vorliegenden Arbeit dem Ziel der Beforschung studentischer Vorstellungen zur Mathematikdidaktik nachgegangen wird, dann sind insbesondere mathematikdidaktische Lernprozesse, die in der ersten Phase der Lehrerbildung initiiert werden, von Interesse. Die didaktische Pyramide nach Gruschka (2002, S. 121) stellt mit Blick auf individuelle Konstruktionsprozesse das Lehr-Lern-Geschehen dar und kann hinsichtlich des Forschungsvorhabens, wie in Abbildung 2.4 dargestellt, adaptiert werden.

In hochschulischen Veranstaltungen wird nach Annahmen des Konstruktivismus nicht der Gegenstand 'Mathematikdidaktik' selbst, sondern die entsprechenden Konstruktionen der Dozierenden (GD) bzw. der Studierenden (GS) diskursiv thematisiert. Jede Aufbereitung des Lerngegenstandes (G) durch Dozierende wird durch das geprägt, was sie sich unter dem Gegenstand vorstellen (GD) (s. Abbildung 2.4). Mithilfe des Objektes der Mathematikdidaktik, welches

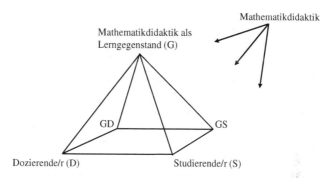

Abbildung 2.4 Mathematikdidaktik als Lerngegenstand in der didaktischen Pyramide (In Anlehnung an Gruschka, 2002, S. 121)

außerhalb der didaktischen Pyramide steht, auf diese jedoch einwirkt, wird gezeigt, dass mit jeder Überführung eines Objektes oder Sachverhaltes in einen Lerngegenstand (G) auch Transformationen dessen von Seiten der Dozierenden sowie im Diskurs auch von Seiten der Studierenden vorgenommen werden. Das Objekt an sich, die Mathematikdidaktik, steht jenseits der Lehr-Lern-Prozesse (vgl. Gruschka, 2002, S. 121). Da diese Arbeit darauf verzichten möchte, Vorstellungen unterschiedlicher Dozierender vergleichend gegenüberzustellen und mit denen ihrer Studierenden in Verbindung zu setzen, wird auf die Beeinflussung der studentischen Vorstellungen zur Mathematikdidaktik durch Dozierende nicht weiter eingegangen[4].

Die Vorstellungen der einzelnen beteiligten Akteure vom Gegenstand (GD und GS) sind subjektiv. Sie gründen sich in individuellen Erfahrungen und werden als wesentliches Element bei der Betrachtung von Lehr-Lern-Prozessen angesehen:

> Der Schüler [hier: Der/die Studierende] interpretiert also den Lerninhalt auch über seine bisherige Lernerfahrung, und er bezieht den aktuellen Stoff auf seine bereits vorhandenen Kenntnisse. ... Erst durch die Vermittlung von G, dem repräsentierten didaktischen Gegenstand, mit diesen subjektiven Voraussetzungen wird der Gegenstand des Unterrichts zum Gegenstand für den Schüler [hier: für die Studierenden]: GS (Gruschka, 2002, S. 122).

---

[4]Aufgrund der geringen Quantität der Dozierenden wäre zusätzlich eine Anonymisierung der Daten nicht möglich.

Durch die eigene Schulzeit, Praktika, erste Vorlesungen und Seminare, Gespräche mit anderen Studierenden oder Lehrkräften, etc. verfügen Lehramtsstudierende über vielfältige, individuelle Erfahrungen und Kenntnisse zum Mathematikunterricht. Lerngegenstände mathematikdidaktischer Veranstaltungen werden unter anderem auf Basis dieser Erfahrungen wahrgenommen und interpretiert. So wird eine individuelle Vorstellung des Lerngegenstandes konstruiert. Auch Mathematikdidaktik als Ganzes unterliegt solchen Konstruktionsprozessen, sodass jeder Studierende im Laufe der Ausbildung basierend auf seinen Erfahrungen eine individuelle Vorstellung von dieser Disziplin konstruiert.

Die didaktische Pyramide nach Gruschka (2002) zeigt, dass in Lehr-Lern-Prozessen Akteure interagieren, die alle unterschiedliche Vorstellungen basierend auf individuellen Konstruktionsprozessen zum Lerngegenstand besitzen. Im Sinne des Konstruktivismus nimmt das menschliche Gehirn die Realität, also auch einen Lerngegenstand, im Rahmen solcher Konstruktionsprozesse verzerrt und lückenhaft auf. Es wird entsprechend der eigenen Struktur eine Wirklichkeit konstruiert, welche vor allen Dingen durch das Innere des Menschen determiniert ist (Terhart, 1999, S. 633). Die affektive Domäne ist dabei als ein Teil des Inneren eines Menschen anzusehen. In Anlehnung an die Ausführungen in her Beliefs, Emotionen und Einstellungen als Teil dieses subjektiven Inneren verstanden werden. Jegliches Wahrnehmen ist demnach von verschiedenen Konstruktionsprozessen geprägt, die unter anderem von subjektiven Beliefs, Emotionen und Einstellungen beeinflusst werden. Beliefs wird in diesem Zusammenhang eine Filterfunktion zugesprochen (vgl. Pajares, 1992, S. 325; Skott, 2015, S. 6; Törner, 2002, S. 75): „We see what we believe, perhaps more surely than we believe what we see!" (Presmeg, 2002, S. 310) Sie können als eine Brücke zwischen den Beliefs-Tragenden und einem situativen Referenzobjekt betrachtet werden (Blömeke, Müller, Felbrich, & Kaiser, 2008b, S. 220; Rolka, 2006, S. 12 f.; Schmotz et al., 2010, S. 301). Dabei beeinflussen sie die Aufnahme von Informationen durch das Individuum. Inhalte, die sich konträr zu bestehenden Beliefs verhalten, werden weniger stark wahrgenommen, während Inhalte, die eine Passung vorweisen, stärker in den Fokus geraten (Schwarz, 2013, S. 58). Auf diese Weise kann Beliefs-Systemen eine adaptive Funktion zugesprochen werden, die darin besteht, der einzelnen Person zu einem Verständnis der Welt und sich selbst zu verhelfen (Pajares, 1992, S. 325).

Zusätzlich wird davon ausgegangen, dass Beliefs nicht nur die Wahrnehmung, sondern auch das Handeln in bestimmten Kontexten beeinflussen (vgl. Eichler & Erens, 2015; Rokeach, 1975; Schwarz, 2013). „A person's beliefs about what counts as a mathematical [here mathematics didactical] context and what (s)he finds interesting or important will, as such, have a strong influence on the situations (s)he will be sensitive to, and whether or not (s)he will engage in them" (Op't Eynde et al., 2002, S. 15). Neben Beliefs werden in dem Zitat von Op't Eynde et al. auch Einstellungen – what (s)he finds interesting or important – angesprochen und als Einflussgrößen deklariert. In einem anderen Zitat erwähnen sie auch Emotionen als solche:

> Students' learning is perceived as a form of engagement that enables them to actualize their identity through participation in activities situated in a specific context. Their understanding of and behavior in the mathematics [here mathematics didactics] classroom is function of the interplay between who they are (their identity), and the specific classroom context. Who they are, what they value, what matters to them in what way in this situation is revealed to them through their emotions (Op't Eynde et al., 2006, S. 194).

Hinsichtlich dieser handlungsleitenden Funktionen von Beliefs, Einstellungen und Emotionen kann die Annahme vertreten werden, dass studentische Vorstellungen zur Mathematikdidaktik zusätzlich zur Wahrnehmung eines Lerngegenstandes, auch das (Lern-)Verhalten in hochschulischen Lehr-Lern-Prozessen beeinflussen. Bezogen auf die spätere Lehrtätigkeit der Studierenden kann weiterhin eine Handlungsleitung beispielsweise bezüglich der Nutzung mathematikdidaktischer Forschungserkenntnisse durch die Vorstellungen zur Mathematikdidaktik vermutet werden.

Patrick und Pintrich (2001) halten im Anschluss an eine Literaturdurchsicht resümierend fünf Charakteristika von Vorstellungen in Lehr-Lern-Prozessen fest:

> First … student conceptions can influence thinking and learning by directing perception and attention to certain features of information as well as guiding the processing, understanding, and use of information.
> Second, these processing influences may be implicit as students may not be aware of their own conceptions or the influence their conceptions have on their own thinking and learning.
> Third, the conceptions may be intuitive in that they make sense, are useful, or are supported in some contexts, especially in everyday life.
> Fourth, students can have naive, simplistic, or inappropriate conceptions that can impede or interfere with learning of more veridical or useful conceptions.
> Fifth, these naïve or intuitive conceptions can be difficult to dislodge, revise, restructure, or change through instruction (S. 118).

In diesem Zitat beschreiben Patrick und Pintrich Eigenschaften und Auswirkungen der Vorstellungen von Schülerinnen und Schülern. In ihren weiteren Ausführungen halten sie jedoch fest, dass jene auch auf Vorstellungen angehender

Lehrkräfte zu übertragen sind (Patrick & Pintrich, 2001, S. 118). Mit diesen Ausführungen wird die Relevanz von Vorstellungen in Lehr-Lern-Prozessen deutlich
und ihre Beforschung wird auch aus hochschuldidaktischer Sicht notwendig. Auf
welchen Erkenntnissen zu Vorstellungen von Lehramtsstudierenden diese Arbeit
aufbaut, wird im Folgenden dargestellt.

2.3   Erkenntnisse zu Vorstellungen von Lehramtsstudierenden

> The story of how beginning teachers experience programs of teacher education
> begins with who they are and what beliefs they bring to preservice teacher education
> (Wideen, Mayer-Smith, & Moon, 1998, S. 141).

Es besteht weitgehende Einigkeit darin, dass Studierende die Lehramtsausbildung
mit festen Vorstellungen beginnen, welche eine Vielzahl an relevanten Aspekten
für die Arbeit als Lehrkraft betreffen und auf den eigenen Schulerfahrungen
basieren (Blömeke, 2005, S. 8; Hefendehl-Hebeker, 2013, S. 4; Kagan, 1992,
S. 142; Patrick & Pintrich, 2001, S. 119).

> Candidates come to programs of teacher education with personal beliefs about
> classrooms and pupils and images of themselves as teachers. For the most part,
> these prior beliefs and images are associated with a candidate's biography: his or her
> experiences in classrooms, relationships with teachers and other authority figures,
> recollections of how it felt to be a pupil in classrooms. Two particularly important
> elements in shaping prior beliefs/images are exemplary models of teachers and a
> candidate's image of self as learner. Candidates often extrapolate from their own
> experiences as learners, assuming that the pupils they will teach will possess
> aptitudes, problems, and learning styles similar to their own (Kagan, 1992, S. 154)[5].

Die Erfahrungen mehrerer Jahre als Schülerin oder Schüler, beispielsweise
bezüglich Interaktionen mit verschiedenen Lehrkräften, beeinflussen die
studentische Vorstellung davon, wie Unterricht aussehen und eine gute Lehrkraft
sein sollte. Dies ist eine Besonderheit des Lehrberufs, denn es gibt aufgrund der
langjährigen Erfahrungen als Schüler bzw. als Schülerin kaum einen anderen

---

[5]Einige Quellen dieses Abschnittes sind mitunter vor ca. 20 Jahren verfasst worden
(Kagan, 1992; Tietze, 1990; Wideen et al., 1998). Da ihre Inhalte jedoch auch in aktuellerer
Literatur zitiert werden (vgl. Blömeke, 2005; Hefendehl-Hebeker, 2013), wird davon aus-
gegangen, dass sie in ihrem Kern auch heute noch Relevanz haben.

Beruf, den jeder Mensch (scheinbar) so gut kennengelernt hat bzw. kennenlernt wie den einer Lehrkraft.

Aufgrund dieser Erfahrungen scheinen Lehramtsstudierende optimistisch hinsichtlich ihrer Fähigkeiten zum Unterrichten zu sein (Blömeke, 2005, S. 8; Kagan, 1992, S. 140). Hefendehl-Hebeker (2013, S. 4) beschreibt über diesen Optimismus hinausgehend eine Tendenz zur Unterschätzung der fachlichen Anforderungen des Lehrberufs seitens der Studierenden. Gründe hierzu sieht sie einerseits in den „einseitigen[n] oder gefilterte[n] Erinnerungen an den eigenen Schulunterricht" (Hefendehl-Hebeker, 2013, S. 4), zum anderen aber auch in den „einseitige[n] Erfahrungen mit Nachhilfeunterricht" (Hefendehl-Hebeker, 2013, S. 4). Jener wird von einer Vielzahl der Studierenden vor und neben dem Studium angeboten, weist aber im Vergleich zum Schulunterricht „deutliche didaktische Verkürzungen" (Hefendehl-Hebeker, 2013, S. 4) auf. Da Nachhilfeunterricht oft als Einzelunterricht stattfindet, sind besonders hinsichtlich methodischer Entscheidungen und des Umgangs mit Heterogenität Einschränkungen im Vergleich zum Klassenunterricht vorhanden (Hefendehl-Hebeker, 2013, S. 4 f.). Zusätzlich geht es inhaltlich meist um eine „kurzfristige Verfahrensbewältigung und weniger [um] … nachhaltiges Verständnis" (Hefendehl-Hebeker, 2013, S. 5). Solche Erfahrungen können zu einem „unzureichenden Bewusstsein für Ausgestaltung und Anforderung des angestrebten Berufszieles" (Hefendehl-Hebeker, 2013, S. 5) führen.

Patrick und Pintrich (2001, S. 121) halten auf Basis einer Literaturdurchsicht fest, dass angehende Lehrkräfte zu Beginn ihrer Ausbildung scheinbar entweder erwarten, notwendiges Wissen „will be passed onto them" (S. 121), formales Lernen sei nicht relevant, da Unterrichten eine Angelegenheit der Lehrerpersönlichkeit darstellt, oder, dass Unterrichten nur instinktiv und mittels Erfahrungen erlernt werden kann. In Anlehnung an die zweite Ansicht, Unterrichten sei vor allem persönlichkeitsabhängig, erwähnen Patrick und Pintrich (2001, S. 120) sowie Wideen et al. (1998, S. 142) als Resultat einer Literaturdurchsicht den Fokus der mit der Ausbildung beginnenden Studierenden auf soziale und emotionale Aspekte. Auch Blömeke (2005) spricht von dem „Fokus auf soziale Faktoren des Unterrichtens …, indem sie [die Studierenden] ein verständnisvolles und sorgendes Verhältnis zu ihren Schülerinnen und Schülern als Ziel angeben" (S. 9).

Während jene Aspekte fokussiert werden, geraten andere in den Hintergrund: „In contrast, preservice teachers appear to pay less attention to their role in facilitating the learning and understanding of students" (Patrick & Pintrich, 2001, S. 121). So scheinen angehende Lehrkräfte die Bedeutung und Wirkung individueller Unterschiede der Lernenden zu unterschätzen (Patrick & Pintrich,

2001, S. 123) und eine idealisierte Sicht von Schülerinnen und Schülern zu haben, die mit einem optimistischen und zu stark vereinfachten Bild der Unterrichtspraxis einhergeht (Kagan, 1992, S. 154). Kagan (1992) sieht es als Folge dieser Sichtweisen an, dass „most novices become obsessed with class control, designing instruction, not to promote pupil learning, but to discourage disruptive behavior" (S. 155). Auch Patrick und Pintrich (2001, S. 124) erwähnen die Präferenz der Studienanfänger sich mit Themen des Klassenmanagements zu beschäftigen und dabei das Lernen der Schülerschaft weniger zu fokussieren. Sie erwähnen jedoch auch, dass sich dies nach den ersten Praxisjahren verändert. Wenn jene Aufgaben des Klassenmanagements routiniert verlaufen, gerät der Lernprozess der Schülerinnen und Schüler in den Fokus der Novizen (Patrick & Pintrich, 2001, S. 124). „Moreover, only after novices resolve their images of self as teacher can they begin to turn their focus outwards and concentrate on what pupils are learning from academic tasks" (Kagan, 1992, S. 147). Demnach findet innerhalb der ersten Jahre praktischer Arbeit als Lehrkraft ein Fokuswechsel von der eigenen Lehrerpersönlichkeit und dem Klassenmanagement hin zu Lernprozessen der Schülerschaft statt.

In einer Studie von Winter (2003, S. 92) heben die Studierenden in ihren Aussagen die Rolle der Lehrkraft als Erklärer hervor, sodass die wichtigste Fähigkeit einer Lehrkraft als das Erklären-Können angesehen wird. Zusätzlich wollen sich die Studierenden in ihrem späteren Unterricht „um Motivation, Verständnisorientierung und Methodenvielfalt bemühen (Gewichtung in dieser Reihenfolge)" (M. Winter, 2003, S. 92). Auf die Frage, welche notwendigen Fähigkeiten Lehrkräfte erster Schuljahre besitzen müssen, waren die meist genannten Antworten „'grundlegende Kenntnisse' sowie verschiedene Hilfsmittel, Methoden, Verfahren" (M. Winter, 2003, S. 92 Hervorhebung im Original). 22,3% der befragten Studierenden antworteten mit der „Nennung des vagen Begriffs Didaktik der Mathematik" (M. Winter, 2003, S. 93). Mit der Verwendung des Adjektivs 'vage' zeigt Winter hier, dass die Vorstellungen der Studierenden zu eben jenem Begriff der Mathematikdidaktik nicht fest deklariert sind und für Forschende nicht eindeutig geklärt ist, welche Fähigkeiten die Studierenden genau mit der Verwendung dieses Begriffs verbinden. Tietze (1990) hält in seinen Ausführungen hinsichtlich des Begriffs der Didaktik fest: „Es sei hier ein bedenkenswertes Ergebnis aus den Interviews [mit praktizierenden Lehrkräften] angemerkt: mehr als die Hälfte der Lehrer verband mit dem Wort 'Didaktik' spontan nur die methodische Behandlung von Einzelthemen" (S. 196 Hervorhebung im Original).

Einhergehend mit den Erfahrungen aus der eigenen Schulzeit und der Tendenz zur Unterschätzung der fachlichen Aufgaben sowie der Fokussierung

auf Klassenmanagement und Unterrichtsdesigns, scheint es Teil der Vorstellungen einiger Studierender zu sein, dass „sie meinen, nur noch ein
bestimmtes Methodenrepertoire erlernen zu müssen, um beruflich beginnen zu
können" (Blömeke, 2005, S. 8). Auch Hefendehl-Hebeker (2013) berichtet aus
ihrer Erfahrung als Dozierende der Mathematikdidaktik über unzureichende
Erwartungshaltungen der Studierenden:

> Tatsächlich hat man in fachdidaktischen Veranstaltungen gelegentlich den Ein-
> druck, dass Studierende mitunter eine Erwartungshaltung mitbringen, die ober-
> flächlich auf ein mentales Wohlfühlambiente als Kontrast zur Härte der fachlichen
> Anforderungen ausgerichtet ist. Ob eine solche Einstellung günstige Voraussetzung
> für das Erteilen eines kognitiv aktivierenden Unterrichts sein kann, bleibt zweifel-
> haft (S. 6).

In einer Studie befragten Mischau und Blunck (2006, S. 46) Studierende aus den
Diplomstudiengängen Mathematik und Wirtschaftsmathematik sowie Lehramtsstudierende mit dem Ziel, Mathematik in den Sekundarstufen I und II zu unterrichten, hinsichtlich ihrer Zufriedenheit mit dem Mathematikstudium. Dabei
stellen sie fest: „Es ist insgesamt auffällig, um nicht zu sagen erschreckend, wie
negativ Lehramtsstudierende ihr Studium beurteilen" (Mischau & Blunck, 2006,
S. 49). Gründe für einen möglichen Studiengangwechsel oder einen Abbruch des
Studiums können zu hohe Theorie-Anteile im Studium und ein fehlender Praxisbezug sein. Diese Gründe sind von signifikant höherer Bedeutung für Lehramtsstudierende als für jene der anderen Studiengänge (Mischau & Blunck, 2006,
S. 47). Das von den Studierenden angesprochene Theorie-Praxis-Problem basiert
darauf, dass sowohl deklaratives als auch prozedurales Wissen im Rahmen
der Lehramtsausbildung erlernt werden soll. „Die Notwendigkeit der Ausbildung beider Wissensformen findet sich in integrierten Ausbildungssystemen
genauso wie im deutschen zweiphasigen System, das diese Differenzierung
förmlich institutionalisiert" (Blömeke, Felbrich, & Müller, 2008, S. 174). Die
hier angesprochene differenzierende Institutionalisierung der Wissensformen
spiegelt sich in Deutschland in einer hochschulischen Ausbildung mit dem Fokus
der Vermittlung „systematische[n] Theoriewissen[s]" (Blömeke, Felbrich, &
Müller, 2008, S. 174) und der Ausbildung „des praktischen Könnens" (Blömeke,
Felbrich, & Müller, 2008, S. 174) als Zielstellung des Referendariats wider. Als
Folge dieser Institutionalisierung kann es angesehen werden, dass die „nicht aus-
reichende Vorbereitung auf die Berufstätigkeit [des Hochschulstudiums] ... von
Lehramtsstudierenden signifikant häufiger genannt [wird] als von Studierenden
der Diplomstudiengänge" (Mischau & Blunck, 2006, S. 47).

Ostermann und Besser (2018) halten es als ein „zentrales Kriterium für gute universitäre Lehre …, dass diese von Studierenden als sinnstiftend und relevant für den späteren Lehrerberuf wahrgenommen wird" (S. 1355). Mithilfe der Messung von Reaktionszeiten seitens 139 Mathematiklehramtsstudierender wurde in ihrer Studie versucht, implizite Assoziationen zur Fachwissenschaft und zur Fachdidaktik aufzudecken. Die Teilnehmenden wurden dazu unter Zeitdruck mit einem Begriffspaar konfrontiert, welches sich aus einem typischen Begriff der mathematischen Fachwissenschaft (Vektor, Integral oder Funktion)[6] oder der Mathematikdidaktik (Lernziel, Schulbuch, Feedback) sowie zusätzlich aus einem Begriff der Kategorien 'Gut' (Freude, Frieden, Glück) oder 'Schlecht' (Elend, Krieg, Leid) zusammensetzt (Ostermann & Besser, 2018, S. 1357). Ergebnis dieser Untersuchung ist, dass „die mittleren Reaktionszeiten für die Zuordnung der Begriffspaare 'Fachdidaktik-Gut, Fachwissenschaft-Schlecht' … an allen drei Hochschulen signifikant geringer als die Reaktionszeit für die Zuordnung der Begriffspaare 'Fachdidaktik-Schlecht, Fachwissenschaft-Gut' [waren]" (Ostermann & Besser, 2018, S. 1357 f. Hervorhebungen im Original). Diesem Ergebnis entsprechend wird als Fazit der Studie festgehalten, dass die Studierenden in ihrer Wahrnehmung Fachdidaktik eher mit Positivem und Fachwissenschaft eher mit Negativem assoziieren (Ostermann & Besser, 2018, S. 1358).

Die Vorstellungen der Lehramtsstudierenden implizieren entsprechend dieser Ausführungen bestimmte Einstellungen und Erwartungen hinsichtlich des Lehramtsstudiums, welche sich wiederum auf das Lernen innerhalb mathematikdidaktischer Veranstaltungen auswirken (Kagan, 1992, S. 154). Winter (2003) betont die Wichtigkeit, dass „subjektive Vorstellungen von Lehramtsstudenten des Faches Mathematik … bereits während ihrer Ausbildung im Hinblick auf ihre spätere Berufstätigkeit zu berücksichtigen [sind]" (S. 86). Die von den Studierenden vorab entwickelten Vorstellungen hinsichtlich guten Unterrichts und einer guten Lehrkraft werden als stabil und unflexibel angesehen (s. Abschnitt 2.1.2) (Blömeke, 2005, S. 8; Kagan, 1992, S. 140). Dahingehend spricht Kagan auch Auswirkungen für das Erlernen von Inhalten in der Lehramtsausbildung an:

The personal beliefs and images that preservice candidates bring to programs of teacher education usually remain inflexible. Candidates tend to use the information provided in course work to confirm rather than to confront and correct their

---

[6]Jene Begriffe wurden anhand einer Pilotierung als „die in ihrer jeweiligen Kategorie aus Studierendensicht typischsten bzw. repräsentativsten Begriffe" (Ostermann & Besser, 2018, S. 1356) herausgestellt.

preexisting beliefs. Thus, a candidate's personal beliefs and images determine how much knowledge the candidate acquires from a preservice program and how it is interpreted (Kagan, 1992, S. 154).

Die bereits in Abschnitt 2.2 erläuterte Filterfunktion von Beliefs hat demnach einen starken Einfluss auf das Lernen innerhalb fachdidaktischer Veranstaltungen. Um Beliefs als in dieser Arbeit besonders fokussierten Teil von Vorstellungen zu beforschen, werden im Folgenden Vorgehensweisen hierzu hergeleitet.

2.4   Beliefs als zentraler Bestandteil von Vorstellungen

Da Beliefs in dieser Arbeit besonders betrachtet werden und Beliefs zur Disziplin der Mathematikdidaktik bisher wenig beforscht sind, werden Klassifikationen vorgestellt, die innerhalb der Beforschung von Beliefs zur Mathematik entstanden sind. Erkenntnisse hieraus werden auf das Forschungsvorhaben dieser Arbeit übertragen. Törner (2002, S. 87) differenziert in seinen Ausführungen mathematische Beliefs hinsichtlich des Abstraktionsgrades ihres Referenzobjektes. Die sich daraus ergebende Unterteilung von Beliefs wird in Abschnitt 2.4.1 vorgestellt. Als eine besondere Klasse von Beliefs widmet sich Abschnitt 2.4.2 epistemologischen Beliefs. Letztlich werden in Abschnitt 2.4.3 mit Blick auf Vorgehensweisen bei der Messung von Beliefs in Large-Scale-Assessments, unterschiedliche Ausprägungen von Beliefs herausgearbeitet. Folgerungen für die Beforschung mathematikdidaktischer Beliefs der Studierenden werden in Abschnitt 2.4.4 dargestellt.

2.4.1   Globale Beliefs

Törner (2002) unterscheidet drei Klassen mathematischer Beliefs. So bezeichnet er einige als *„domain-specific beliefs"* (S. 87 Hervorhebungen im Original). Diese Bezeichnung ist angelehnt an die unterschiedlichen Domänen der Mathematik. Es können demnach Beliefs zur Geometrie, zur Analysis oder zur Algebra beforscht werden, da alle mathematischen Teilgebiete unterschiedliche Charakteristika besitzen. Zusätzlich gibt es Forschungen, die sich mit Beliefs zu einzelnen mathematischen Objekten wie den negativen Zahlen (vgl. Rütten, 2016) oder mit Beliefs zu mathematischen Techniken wie dem Beweisen (vgl. Grundey, 2015) beschäftigen. Diese Beliefs unterscheidet Törner (2002)

von den domänenspezifischen und bezeichnet sie als *„subject-matter beliefs"*
(S. 86 f. Hervorhebungen im Original). Für die dritte Art verwendet er den
Terminus *„global beliefs"* (Törner, 2002, S. 86 Hervorhebungen im Original) und
beschreibt damit „very general beliefs" (Törner, 2002, S. 86), wie solche zum
Lehren und Lernen, zur Natur der Mathematik sowie zum Ursprung und zur Ent-
wicklung mathematischen Wissens (Törner, 2002, S. 86).

Diese drei Beliefs-Klassen unterscheiden sich vor allem durch den Grad der
Abstraktion des Belief-Objektes. Dabei kann alles, was in direkter oder indirekter
Verbindung zur Mathematik steht, als Belief-Objekt fungieren (Törner, 2002,
S. 78). Während Beliefs zu negativen Zahlen eher konkret sind, sind Beliefs zur
Natur der Mathematik als globale Beliefs vergleichsweise abstrakt. Mit dem
Ziel der Beforschung allgemeiner Beliefs zur Mathematikdidaktik wird auf einer
ähnlich abstrakten Ebene wie der von Törner beschriebenen Ebene der globalen
Beliefs agiert. Daher wird diese Ebene im Folgenden besonders betrachtet.

Klassifikationen globaler mathematischer Beliefs
Eine Aufteilung globaler Beliefs in weitere Beliefs-Klassen, wie Törner (2002)
sie vornimmt – „general beliefs including beliefs on the teaching and learning of
mathematics, on the nature of mathematics, and on the origin and development of
mathematical knowledge" (S. 86) – wird auch in anderen Forschungen vollzogen.
Der vergleichenden Betrachtung beispielhafter Klassifizierungen globaler Beliefs
können Analogien wie Differenzen entnommen werden (s. Tabelle 2.1).

Differenzen bezüglich der Klassifizierungen in Tabelle 2.1 beruhen unter
anderem darauf, dass unterschiedliche Beliefs-Träger beforscht werden. Wenn
im Modell von Voss et al. (2011, S. 235 f.) beispielsweise Beliefs über die
eigene Fähigkeit als Lehrkraft angesprochen werden, kann dies auf die Wahl
der Forschungsteilnehmenden zurückgeführt werden. Darüber hinaus beziehen
Voss et al. (2011, S. 235 f.) den Kontext schulischen Unterrichts mit besonderem
Fokus auf die kulturelle Heterogenität gesondert in ihre Klassifizierung globaler
Beliefs ein. Neben derartigen Differenzen finden sich in der tabellarischen
Auflistung auch Analogien bzw. Ähnlichkeiten der Klassifizierungen. So
werden in allen Klassifizierungen Beliefs-Klassen über die *eigene Person des
Beliefs-Trägers*, wie zum Beispiel Beliefs über das Selbst im sozialen Kontext
des mathematischen Lehrens und Lernens (Underhill, 1988), berücksichtigt. Auch
Beliefs zum Lehren und Lernen von Mathematik werden in allen Klassifikationen
erwähnt. Dabei werden sie entweder getrennt voneinander betrachtet oder als eine
gemeinsame Klasse von Beliefs aufgefasst. Letztlich finden sich auch *Beliefs
über Mathematik* in allen dargestellten Klassifikationen wieder. Voss et al. (2011,

Tabelle 2.1 Klassifikationen globaler Beliefs

	Subkategorien mathematischer Beliefs[a]	Adressaten[b]
Underhill (1988, S. 55 f.)	1. Beliefs about mathematics as a discipline 2. Beliefs about learning mathematics 3. Beliefs about mathematics teaching 4. Beliefs about self within a social context in which mathematics teaching and learning are occuring	Schülerinnen und Schüler
Pehkonen (1995, S. 19)	1. Beliefs about mathematics 2. Beliefs about oneself as a learner and as a user of mathematics 3. Beliefs about mathematics teaching 4. Beliefs about mathematics learning	Schülerinnen und Schüler
Grigutsch, Raatz, Törner (1998, S. 9)	1. Einstellungen über Mathematik 2. Einstellungen über das Lernen von Mathematik 3. Einstellungen über das Lehren von Mathematik 4. Einstellungen über sich selbst (und andere) als Betreiber von Mathematik	Lehrkräfte
Voss, Kleickmann, Kunter und Hachfeld (2011, S. 235 f.)	1. Selbstwirksamkeitsüberzeugungen 2. Überzeugungen über die Rolle der Lehrkraft 3. Überzeugungen über das mathematische Wissen (epistemologische Überzeugungen) 4. Überzeugungen über das Lehren und Lernen von Mathematik 5. Überzeugungen über kulturelle Heterogenität in der Schule	Lehrkräfte

Weitere Klassifikationen werden beispielsweise von McLeod (1992), Op't Eynde, De Corte und Verschaffel (2002), Raymond (1997) oder Woolfolk Hoy, Davis und Pape (2006) vollzogen.

[a] In Ermangelung konsistenter Begrifflichkeiten (s. Abschnitt 2.1) finden sich in den einzelnen Darstellungen unterschiedliche Begrifflichkeiten für das Beliefs-Konstrukt.

[b] Mit Blick auf Tabelle 2.1 kann die Vermutung entstehen, dass die Beforschung mathematischer Beliefs ausschließlich Schülerinnen und Schüler bzw. Lehrkräfte als Beliefs-Träger in den Blick nehmen würde. Dies wäre jedoch ein Trugschluss, da es auch Arbeiten gibt, die sich beispielsweise mit den Beliefs angehender Lehrkräfte, also Studierender und Referendare beschäftigen (vgl. Blömeke, Kaiser, & Lehmann, 2008; Schmotz, Felbrich, & Kaiser, 2010; M. Winter, 2003). Zusätzlich können weitere Akteure innerhalb des Umfeldes „Schule", wie Eltern (vgl. Gutstein, 2006), beforscht werden.

S. 235 f.) fügen in diesem Zusammenhang den Begriff 'epistemologisch' an, dem sich im Folgenden gesondert gewidmet wird.

2.4.2 Epistemologische Beliefs

Epistemologie stellt ein Teilgebiet der Philosophie dar, welches die Natur und Rechtfertigung menschlichen Wissens betrachtet. Bei der Beforschung epistemologischer Entwicklungen und jener Beliefs stehen folgende Forschungs-interessen im Vordergrund: „How individuals come to know, the theories and beliefs they hold about knowing, and the manner in which such epistemological premises are a part of and an influence on the cognitive processes of thinking and reasoning" (Hofer & Pintrich, 1997, S. 88).

Epistemologische Beliefs beziehen sich laut Hofer und Pintrich (1997, S. 119) auf individuelle Beliefs zur Natur des Wissens sowie zum Wissens-erwerb und können in vier Dimensionen unterteilt werden. Bezüglich der Natur des Wissens können Beliefs zur Verlässlichkeit[7] (*certainty of knowledge*) und zur Struktur (*simplicity of knowledge*) untersucht werden. Beliefs zur Verläss-lichkeit des Wissens beziehen sich auf den Grad zu dem angenommen wird, dass Wissen festgesetzt und fix oder veränderlich und instabil ist. Im Hinblick auf die Struktur können Beliefs auf dem Kontinuum angesiedelt werden, in dem Wissen als Ansammlung von Fakten oder als aus hochgradig zusammenhängenden Konzepten bestehend angesehen wird. Beliefs zur Wissensgenese lassen sich hingegen in die Dimensionen der Entstehung von Wissen (*source of knowledge*) sowie der Rechtfertigung und Validierung des Wissens (*justification for knowing*) unterteilen. Bezüglich der Entstehung von Wissen kann angenommen werden, dass Wissen außerhalb des Selbst entsteht und einer externen Autorität obliegt, von der aus es übertragen werden kann. Wissen kann jedoch auch als interaktionale Leistung angesehen werden, bei der jeder in Interaktion mit seiner sozialen Umwelt Wissen konstruiert. Die letzte Dimension beinhaltet Beliefs darüber, inwiefern Wissen evaluiert wird. Dabei bewegen sich Personen in einem Kontinuum dualistischer Beliefs von der Akzeptanz multipler Ansichten bis hin zum durch objektive Verfahren begründeten Wissen (Hofer & Pintrich, 1997, S. 119 ff.; Voss et al., 2011, S. 236).

---

[7]Die Übersetzungen der originalen Begrifflichkeiten von Hofer und Pintrich entsprechen den Ausführungen von Voss et al. (2011, S. 236). Hierbei wurde der Begriff „Über-zeugungen" durch den Beliefs-Begriff ersetzt.

Epistemologische Beliefs werden als komplex und sozial konstruiert angesehen. Soziokulturelle, akademische und unterrichtliche Kontexte haben einen Einfluss auf die Entstehung und Entwicklung dieser Beliefs. Innerhalb dieser Kontexte entstehen mit Beginn des Lebens generelle epistemologische Beliefs, die sich bis zum Lebensende hin weiterentwickeln. Dabei werden generelle Beliefs über „knowledge and knowing" (Muis, Bendixen, & Haerle, 2006, S. 33) in nicht-akademischen Kontexten erworben und entwickelt, wie beispielsweise in der Interaktion mit der Familie oder Freunden. Akademische Beliefs werden als jene Beliefs definiert, die mit Eintritt eines Individuums in das Bildungssystem, den akademischen Kontext, ausgebildet werden. Diese Beliefs werden, so Muis, Benedixen und Hearle (2006, S. 35), mit der Zeit klarer voneinander abgrenzbar. Die in der schulischen Laufbahn zunehmende Auseinandersetzung mit verschiedenen Disziplinen sorgt für das Entstehen von spezifischeren, auf bestimmte Disziplinen bezogene Beliefs innerhalb des unterrichtlichen Kontextes. Epistemologische Beliefs zur Mathematikdidaktik entwickeln sich demnach mit Eintritt in das Studium, da erstmals zu diesem Zeitpunkt eine unterrichtliche Auseinandersetzung mit Mathematikdidaktik als eigenständiger Disziplin stattfindet. Es wird angenommen, dass epistemologische Beliefs „Denken und Schlussfolgern, Informationsverarbeitung, Lernen, Motivation und schließlich auch akademische Leistung [beeinflussen]" (Köller, Baumert, & Neubrand, 2000, S. 229).

Buehl und Alexander (2001, S. 388) betonen in ihren Ausführungen die Unzulänglichkeit epistemologischer Beliefs, denn eine besondere Schwierigkeit in der Beforschung dieser liegt darin, dass Fragen wie 'Was ist (mathematikdidaktisches) Wissen?' selten diskutiert werden. Obwohl Individuen bestimmte Beliefs tragen, können daher Probleme bei der Artikulation dieser auftreten (Buehl & Alexander, 2001, S. 388).

2.4.3 Messung von Beliefs zur Mathematik

Aus Einblicken in die Beforschung mathematischer epistemologischer Beliefs können Erkenntnisse für die Erfassung globaler und epistemologischer Beliefs zur Mathematikdidaktik abgeleitet werden. Innerhalb der Beforschung epistemologischer Beliefs zur Mathematik sind theoretisch und empirisch erprobte Modelle entstanden, die verschiedene Perspektiven auf mathematisches Wissen widerspiegeln (s. Tabelle 2.2).

Tabelle 2.2 Modelle epistemologischer Beliefs zur Mathematik

	Ernest (1989)	Grigutsch, Raatz und Törner (1998)	COACTIV (Voss et al., 2011)
statisch	platonische Sichtweise (platonist view)	Formalismus-Aspekt	Mathematik als Toolbox (transmissiv)
	instrumentelle Sichtweise (instrumentalist view)	Schema-Aspekt	
dynamisch	*problemlösende Sichtweise (problem-solving view)*	*Prozess-Aspekt* *Anwendungs-Aspekt*	*Mathematik als Prozess (konstruktivistisch)*

In den dargestellten Konzeptionen der epistemologischen Beliefs zur Mathematik kann generell zwischen 'statischen' und 'dynamischen' Beliefs unterschieden werden (s. Tabelle 2.2). Statisch sind nach Ernest (1989, S. 21) platonische Sichtweisen (Mathematik als geschlossenes Wissenssystem) und instrumentelle Sichtweisen (Mathematik als Ansammlung von Fakten, Regeln und Fähigkeiten) auf Mathematik. Eine weitere Sichtweise nach Ernest (1989, S. 21) ist dynamischer und problembasierter Natur. Mathematik wird hiernach als ein menschliches Forschungsfeld angesehen, das kontinuierlich erweitert wird und damit kein fertiges Produkt darstellt, sondern stets offen für Revision ist (Ernest, 1989, S. 21). Diese Sichtweise bezeichnet Ernest (1989) als „problem-solving view" (S. 21).

Grigutsch, Raatz und Törner (1998) erfassen Beliefs zur Mathematik mithilfe von vier Aspekten, die in der MT21-Studie Anwendung finden (Blömeke, Müller, Felbrich, et al., 2008b). Da in dieser Studie angehende Mathematiklehrkräfte beforscht werden, die auch im Fokus dieser Arbeit stehen, werden im Folgenden Konzeptualisierungen und Ergebnisse dieser Beforschung von Beliefs zur Mathematik vorgestellt (Abschnitt 2.4.3.1). Weiterhin werden auch Konzeptualisierungen und Ergebnisse der COACTIV-Studie vorgestellt, da hieraus die in der ersten Studie eingesetzten Items zur Erhebung von Beliefs zur Mathematik und zum mathematischen Lehren und Lernen, entnommen wurden (Abschnitt 2.4.3.2).

2.4.3.1 Erhebung von Beliefs in MT21

Die Forschungen zu mathematischen Beliefs in der Studie 'Mathematics Teaching in the 21st Century (MT21)' bauen auf den vier Aspekten nach Grigutsch, Raatz und Törner (1998) auf (s. Tabelle 2.2). Diese Wissenschaftler stellen ihre Forschungen zu mathematischen Beliefs unter den Begriff der 'mathematischen Weltbilder'[8]: „Der Mathematik als komplexe Erfahrungs- und Handlungswelt steht ... eine relational strukturierte 'Welt' der Einstellungen gegenüber, die wir als *mathematisches Weltbild* bezeichnen wollen. Ein mathematisches Weltbild ist im obigen Sinne ein System von Einstellungen gegenüber (Bestandteilen) der Mathematik" (Grigutsch et al., 1998, S. 10 Hervorhebungen im Original). In einer inhaltlichen Ausdifferenzierung der einzelnen Bestandteile eines mathematischen Weltbildes wird ein Bereich als „Vorstellungen über das Wesen der Mathematik als solche wie auch ... über das (Schul- bzw. Hochschul-) Fach Mathematik" (Grigutsch et al., 1998, S. 9) bezeichnet.

Für die Untersuchung dieser Vorstellungen bei Lehrkräften nutzen Grigutsch, Raatz und Törner (1998, S. 20) ein viergliedriges Modell, das empirisch überprüft werden konnte. Die vier Aspekte (s. Tabelle 2.2) verbinden Beliefs zum Wesen der Mathematik mit solchen zum mathematischen Lehren und Lernen. Im Sinne des *Schema-Aspektes* wird Mathematik als eine Sammlung von Verfahren, Regeln und Formeln angesehen, welche von den Lernenden auswendig gelernt werden müssen und genau angeben, wie eine Aufgabe zu lösen ist (Grigutsch et al., 1998, S. 19). Die logische Strenge und Präzision der Mathematik, ihre Klarheit, Exaktheit und Eindeutigkeit werden im Rahmen des *Formalismus-Aspektes* fokussiert. Dementsprechend ist Mathematik von einer Fehlerlosigkeit gekennzeichnet und erfordert streng logisches und präzises Denken (Grigutsch et al., 1998, S. 17). In einer durch den *Prozess-Aspekt* geprägten dynamischen Vorstellung wird davon ausgegangen, dass Mathematik immer basierend auf Frage- und Problemstellungen entsteht. Sie wird nicht in Form des Auswendiglernens, sondern vielmehr durch das Verstehen von Sachverhalten und Zusammenhängen erlernt (Grigutsch et al., 1998, S. 18). „Es geht dabei ... um das Erschaffen, Erfinden bzw. Nach-Erfinden (Wiederentdecken) von Mathematik" (Grigutsch et al., 1998, S. 18). Der Wichtigkeit der Mathematik für das alltägliche Leben wird im *Anwendungs-Aspekt* Rechnung getragen (Grigutsch et al., 1998, S. 17). In ihrer Untersuchung gehen Grigutsch, Raatz und Törner (1998) davon aus, dass „diese

---

[8]Der Begriff des „Weltbildes" ist laut Voss et al. als Synonym (2011, S. 235) zum Vorstellungs-Begriff zu verstehen.

vier Aspekte die z__zentralen, wesentlichen globalen_ Elemente im mathematischen Weltbild sind" (S. 14 Hervorhebungen im Original). Sie unterscheiden mit Blick auf diese vier Aspekte die

> Positionen, daß Mathematik in vereinfachter Form in statischer Sicht als System[9] oder in dynamischer Sicht als Prozeß bzw. als Tätigkeit aufgefaßt werden kann. Beide Standpunkte sind nicht einfach voneinander zu trennen, so daß man manchmal von einer Janus-Köpfigkeit der Mathematik spricht. Dennoch sind beide Seiten in einer pragmatischen Betrachtung als Antagonismen anzusehen (Grigutsch et al., 1998, S. 11).

Die 'Janusköpfigkeit' der Mathematik meint hier die Zustimmung sowohl zu statischen wie auch zu dynamischen Sichtweisen.

Zur Untersuchung *mathematischer Beliefs* von Studierenden sowie Referendarinnen und Referendaren werden in der MT21-Studie Skalen zu den vier Aspekten von Grigutsch, Raatz und Törner (1988) eingesetzt. Im Ergebnisbericht werden lediglich die Befragungsergebnisse der Referendarinnen und Referendare gesondert dargestellt (Blömeke, Müller, Felbrich, et al., 2008b, S. 229). Dabei zeigen sich „starke positive Zusammenhänge zwischen Formalismus und Schemaorientierung einerseits, dem statischen Aspekt der Mathematik also, sowie zwischen Anwendungs- und Prozessorientierung andererseits, also dem dynamischen Aspekt der Mathematik" (Blömeke, Müller, Felbrich, et al., 2008b, S. 235). Die beiden Aspekte können jedoch nicht als gegensätzliche Positionen verstanden, denn die Daten zeigen unter anderem „keine negativen Zusammenhänge zwischen Prozess und Formalismus bzw. Schemaorientierung" (Blömeke, Müller, Felbrich, et al., 2008b, S. 235). Zusätzlich deutet „die schwach positive Korrelation zwischen Anwendungsskala und den statischen Aspekten der Mathematik … eher auf das von Expertinnen und Experten bevorzugte Muster einer Janusköpfigkeit der Mathematik hin" (Blömeke, Müller, Felbrich, et al., 2008b, S. 238). Dementsprechend scheinen die Beliefs der Probanden, sowohl statische als auch dynamische Aspekte zu umfassen. Weiterhin konnte herausgefunden werden, dass am Ende der Lehramtsausbildung dynamische Beliefs dominieren: „Insgesamt dominieren Prozess- und Anwendungsbezüge die Sicht der Referendarinnen und Referendare auf Mathematik" (Blömeke, Müller, Felbrich, et al., 2008b, S. 238).

---

[9]„System [wird] unterschieden in 'Formalismus' und 'schematische Orientierung'" (Grigutsch et al., 1998, S. 13).

Zusätzlich werden in der Studie *Beliefs zur Genese mathematischer Kompetenz* erhoben. Dabei wird zwischen begabungstheoretischen und erkenntnistheoretischen Perspektiven unterschieden. Innerhalb der *begabungstheoretischen* Perspektive bearbeiteten die Teilnehmenden Fragen zu anthropologischen Beliefs und zu solchen der Conceptual-Change-Theorie (Blömeke, Müller, Felbrich, et al., 2008b, S. 222). Im Sinne *anthropologischer Beliefs* werden „mathematische Fähigkeiten als angeboren, zeitlich stabil sowie durch demographische Merkmale determiniert" (Blömeke, Müller, Felbrich, et al., 2008b, S. 225) angesehen. Mathematische Fähigkeiten wären dementsprechend wenig veränderbar (Blömeke, Müller, Felbrich, et al., 2008b, S. 225). Auf der anderen Seite wird mit der *Conceptual-Change-Theorie* ausgedrückt, dass Lernprozesse immer von individuellen Voraussetzungen und Konzepten der Lernenden abhängen (Blömeke, Müller, Felbrich, et al., 2008b, S. 225). Ein Lernprozess bedeutet hier einen Wechsel der Konzepte, der jedoch nur dann eintritt, wenn die bisherigen Vorstellungen als nicht genügend oder unzulänglich begriffen werden. Aus einer darauf basierenden Unzufriedenheit, der verständlichen Präsentation und der angenommenen Plausibilität neuer Konzepte kann eine Änderung hervorgehen (Duit, 1995, S. 913 f.). In den Befragungsergebnissen korrelieren Antworten zu anthropologischen Aussagen und solche zur Conceptual-Change-Theorie negativ miteinander (Blömeke, Müller, Felbrich, et al., 2008b, S. 239). Die angehenden Lehrkräfte zeigen in ihren Antworten „angemessene Überzeugungen, indem sie deterministische, über die Lebenszeit stabile Vorstellungen deutlich ablehnen und das Vorverständnis von Kindern in Betracht ziehen (*Conceptual Change*)" (Blömeke, Müller, Felbrich, et al., 2008b, S. 239 Hervorhebungen im Original).

Einen weiteren Forschungsfokus bezüglich der Beliefs zur Genese mathematischer Kompetenz bildet in der MT21-Studie die Forschung nach *erkenntnistheoretischen Beliefs* der Teilnehmenden. Dabei wird zwischen *transmissiven* und *konstruktivistischen* Paradigmen unterschieden (Blömeke, Müller, Felbrich, et al., 2008b, S. 222). Transmission beinhaltet die Vorstellung einer aktiven Lehrkraft, die ihr Wissen im Sinne des 'Nürnberger Trichters' an die Lernenden übermittelt. Den Lernenden kommt hiernach eine passive Rolle zu. Laut Konstruktivistischen Paradigmen ist der Lernende selbst aktiv, sodass die Lehrkraft zum Gestalter von Lernumgebungen wird (Blömeke, Müller, Felbrich, et al., 2008b, S. 227). Die beforschten Referendarinnen und Referendare stimmten einer konstruktivistischen Sicht deutlich zu (Blömeke, Müller, Felbrich, et al., 2008b, S. 232).

Insgesamt kann festgehalten werden, dass die Antworten der Teilnehmenden „in sich hoch konsistent sind" (Blömeke, Müller, Felbrich, et al., 2008b, S. 240).

So korrelieren dynamische Überzeugungen zur Struktur der Mathematik, mit solchen zur Conceptual-Change-Theorie wie auch zum Konstruktivismus. Analog korrelieren statische Sichtweisen zur Mathematik mit transmissiven und anthropologischen Beliefs (letztere jedoch nur schwach) (Blömeke, Müller, Felbrich, et al., 2008b, S. 239 f.). „Überblickt man die Ergebnisse insgesamt muss offensichtlich von einem umfassenden *Überzeugungs-Syndrom* gesprochen werden" (Blömeke, Müller, Felbrich, et al., 2008b, S. 240 Hervorhebung im Original).

Anhand eines querschnittlichen Kohorten-Vergleichs der Teilnehmenden, die ihr Studium zum Zeitpunkt der Erhebung gerade begonnen haben, mit jenen, die sich zum Messzeitpunkt am Ende ihres Referendariats befinden, werden innerhalb der MT21-Studie Aussagen über die Entwicklung von Beliefs möglich. Blömeke et al. (2008, S. 317) sehen in den Ergebnissen der Querschnittsstudie eine Bestätigung dafür, dass sich Beliefs angehender Lehrkräfte verändern lassen. So ist die Zustimmung zu Aussagen über Mathematik als Prozess gegen Ende der Ausbildung signifikant höher, während die Zustimmung zu Aussagen über die schematische Natur der Mathematik bei angehenden Gymnasial- und Gesamtschullehrkräften am Ende des Referendariats signifikant niedriger ist[10] (Blömeke, Felbrich, & Müller, 2008, S. 315 ff.). Der Conceptual-Change-Theorie sowie der konstruktivistischen Perspektive stimmen die Teilnehmenden des späteren Zeitpunktes deutlicher zu als Studienanfängerinnen und Studienanfänger, die hingegen überzeugter sind von einer festgelegten und konstanten Begabung der Mathematiklernenden[11] (Blömeke, Felbrich, & Müller, 2008, S. 315 ff.). Mit Blick auf Studierende, die im Rahmen der vorliegenden Forschungsarbeit beforscht werden, kann entsprechend festgehalten werden, dass Untersuchungen von Blömeke et al. (2008a, S. 324) einen empirischen Hinweis für eine Veränderung der Beliefs zur Mathematik und zum mathematischen Lehren und Lernen von statischen hin zu dynamischen im Laufe der Lehramtsausbildung liefern.

2.4.3.2 Erhebung von Beliefs in COACTIV

Auf eine andere Weise operationalisieren Wissenschaftlerinnen und Wissenschaftler des Forschungsprogramms 'Professionswissen von Lehr-

---

[10]Ein signifikanter Unterschied im Bereich der Zustimmung zur Skala „Mathematik als Schematismus" findet sich bei den angehenden Grund-, Haupt- und Realschullehrkräften nicht (Blömeke, Felbrich, & Müller, 2008, S. 315 ff.).

[11]Beide Differenzen sind statistisch signifikant (Blömeke, Felbrich, & Müller, 2008, S. 315 ff.).

kräften, kognitiv aktivierender Mathematikunterricht und die Entwicklung mathematischer Kompetenz (COACTIV)' epistemologische Beliefs zur Mathematik. Die Differenzierung verschiedener Sichtweisen auf die Mathematik werden im COACTIV-Programm an Lerntheorien angelehnt (Voss et al., 2011, S. 241 f.). In Tabelle 2.3 werden Beliefs, laut denen Mathematik eine Art Toolbox darstellt, als *transmissiv* bezeichnet. Sie entsprechen einer statischen Auffassung von Mathematik, in der diese als Sammlung von Fakten und Prozeduren angesehen wird. Mit diesen Beliefs zur Mathematik werden solche zum Lehren und Lernen mathematischer Themen verbunden. Die Annahmen, dass in der Mathematik die Eindeutigkeit eines Lösungsweges vorherrsche, mathematisches Lernen rezeptiv an Beispielen und durch Vormachen vonstatten gehen sollte, um so technisches Wissen einzuschleifen, werden einer transmissiven bzw. behavioristischen Grundhaltung zugeschrieben (Voss et al., 2011, S. 241 f.). Andererseits werden Beliefs zur Dynamik der Mathematik (Mathematik als Prozess) mit den Annahmen verbunden, dass Schülerinnen und Schüler im Mathematikunterricht selbstständig und verständnisvoll diskursiv Lernen sollten und Lehrkräfte auf die mathematische Selbstständigkeit der Schülerinnen und Schüler vertrauen können. Dies entspricht einer *konstruktivistischen* lerntheoretischen Fundierung (Voss et al., 2011, S. 241 f.).

Tabelle 2.3 Skalen zur Messung von Beliefs in COACTIV (Aus Voss et al., 2011, S. 242; mit freundlicher Genehmigung von © Waxmann Verlag 2011. All Rights Reserved)

Inhaltsbereich	Lerntheoretische Fundierung	
	Transmissiv	Konstruktivistisch
Natur des Wissens	Mathematik als Toolbox	Mathematik als Prozess
Lehren und Lernen von Mathematik	Eindeutigkeit des Lösungsweges	Selbstständiges und verständnisvolles diskursives Lernen
	Rezeptives Lernen durch Beispiele und Vormachen	Vertrauen auf mathematische Selbstständigkeit der Schülerinnen und Schüler
	Einschleifen von technischem Wissen	

Im COACTIV-Programm werden Beliefs der untersuchten Lehrkräfte mithilfe von Fragebögen und Likert-Skalen erhoben. Dabei wird von der Beforschung von „Überzeugungssyndromen" (Voss et al., 2011, S. 239) gesprochen. Dieser Begriff drückt die Hypothese aus, dass Beliefs zum Wesen der Mathematik und zum mathematischen Lehren und Lernen in übergeordneten Orientierungen, der konstruktivistischen bzw. transmissiven Orientierung, zusammenfallen (Voss et al., 2011, S. 239). Den Ergebnissen entsprechend kann diese Hypothese bekräftigt werden. Lehrkräfte, die Mathematik als Prozess ansehen, neigen zur Zustimmung konstruktivistischer Beliefs im Bereich des Lehrens und Lernens von Mathematik sowie zur Ablehnung transmissiver Aussagen und vice versa (Voss et al., 2011, S. 249). Gleichzeitig sind beide Orientierungen nicht als Extrempole einer Dimension anzusehen. Sie „stellen keine sich ausschließenden gegensätzlichen Kategorien dar, sondern es handelt sich eher um zwei distinkte negativ korrelierende Dimensionen" (Voss et al., 2011, S. 244). So kann eine Lehrkraft von Aspekten beider Orientierungen überzeugt sein (Voss et al., 2011, S. 249). Auch hier wird eine Janusköpfigkeit der Mathematik in den Beliefs der Probanden möglich.

Die vorgestellten Studienergebnisse beziehen sich speziell auf Beliefs zur Mathematik und zum mathematischen Lehren und Lernen und werden in Abschnitt 2.4.4 auf die im Rahmen dieser Arbeit vollzogene Forschung übertragen.

2.4.4   Konsequenzen für die Beforschung mathematikdidaktischer Beliefs

Bar-Tal (1990, S. 12) beschreibt vier Forschungsrichtungen, die innerhalb der Beforschung von Beliefs möglich sind. Eine erste stellt Fragen nach dem Erwerb und der Veränderung von Beliefs, während innerhalb einer zweiten Richtung die Struktur von Beliefs beforscht wird. Andere Forschungsarbeiten untersuchen den Effekt und die Auswirkungen bestimmter Beliefs. Letztlich wird im Rahmen einer vierten Richtung der Inhalt von Beliefs beforscht. In dieser Arbeit wird im Besonderen der *Inhalt der studentischen Beliefs* betrachtet. Erwerb und Veränderung von Beliefs werden nicht explizit beforscht. Fragen zur *Struktur der Beliefs* werden dahingehend aufgegriffen, als dass eine Verbindung von Beliefs zur Mathematik und Beliefs zum mathematischen Lehren und Lernen mit Beliefs zur Mathematikdidaktik angenommen und in ersten Ansätzen beforscht wird. Effekte und Auswirkungen, die das Innehaben bestimmter Vorstellungen mit sich bringen, werden in einem Ausblick hypothetisch formuliert.

Die beforschten Beliefs sind mit Blick auf den Abstraktionsgrad des Referenzobjektes – die Mathematikdidaktik – als *globale* Beliefs (s. Abschnitt 2.4.1) zu bezeichnen, da sie sich wie Beliefs zur Mathematik auf eine gesamte Disziplin beziehen (vgl. Törner, 2002, S. 86 f.). Den Vorstellungen der Studierenden wird sich, wie in Abschnitt 2.1.3 dargestellt, anhand von zwei Studien genähert. Während in der ersten Studie 'Personal Concept Definitions' von Studierenden analysiert werden (Oberflächenebene), wird in einer zweiten Studie eine stärkere Subjektorientierung intendiert und sich Vorstellungen einzelner Studierender gewidmet (Tiefenebene). In der zweiten Studie werden in Anlehnung an die in Abschnitt 2.4.1 dargestellten Klassifizierungen Beliefs über Mathematikdidaktik, Beliefs über das Lehren und Lernen von Mathematikdidaktik sowie Beliefs über die eigene Person als Nutzer von Mathematikdidaktik beforscht.

Unter *Beliefs über die Mathematikdidaktik* werden epistemologische Beliefs zur Natur und Genese mathematikdidaktischen Wissens verstanden (s. Abschnitt 2.4.2). Hinsichtlich der Beforschung jener Beliefs können die vier in Abschnitt 2.4.2 dargestellten Dimensionen epistemologischer Beliefs in Anlehnung an die Ausführungen von Grigutsch, Raatz und Törner (1988) statischen und dynamischen Perspektiven zugeordnet werden (s. Tabelle 2.4).

Tabelle 2.4 Statische und dynamische Ausprägungen epistemologischer Beliefs

	statisch	*dynamisch*
Verlässlichkeit	festgesetzt und fix	veränderlich und instabil
Struktur	Ansammlung von Fakten	zusammenhängende Konzepte
Entstehung	extern, außerhalb des Selbst	intern als Leistung des Selbst
Validierung	durch objektive Verfahren	Akzeptanz multipler Ansichten

Mit Blick auf *Beliefs zum Lehren und Lernen von Mathematikdidaktik* lassen sich in Anlehnung an die Vorgehensweisen der MT21- und COACTIV-Studie *transmissive* und *konstruktivistische* Beliefs unterscheiden. Neben diesen erkenntnistheoretischen Beliefs werden auch *begabungstheoretische* Beliefs der Studierenden beachtet. Für die Beforschung von *Beliefs über die eigene Person als Nutzer von Mathematikdidaktik* können keine Vorgehensweisen abgeleitet werden, sodass hier induktiv vorgegangen wird.

Im Rahmen der Beforschung von Lehramtsstudierenden des Faches Mathematik kann angenommen werden, dass jene bereits erste Erfahrungen mit dem Begriff der Mathematikdidaktik gemacht haben. Ihre Vorstellungen hierzu stehen unter anderem in Abhängigkeit zu Erfahrungen aus der eigenen Schulzeit, der bisherigen hochschulischen Laufbahn, der Praktika, anderer pädagogischer Erfahrungen oder dem Erteilen von Nachhilfeunterricht. Doch auch wenn bereits erste Vorstellungen von dem existieren, was Mathematikdidaktik zu sein scheint, ergeben sich Schwierigkeiten in der Beforschung. Bedingt durch die Abstraktion und die Seltenheit der Beschäftigung mit eigenen (epistemologischen) Beliefs können sich Schwierigkeiten in der Artikulation dieses Aspekts der Vorstellungen ergeben (Buehl & Alexander, 2001, S. 388). Diese Schwierigkeiten können im Beforschten selbst auftreten oder auch als Verständigungsprobleme zwischen Forschenden und Beforschten entstehen (Speer, 2005, S. 371 f.). Zusätzlich kann die Methode der Erhebung die zugeschriebenen Vorstellungen der Lernenden beeinflussen (Hank, 2013, S. 101; Speer, 2005, S. 361).

Hank (2013, S. 102 ff.) listet vier Schwierigkeiten bei der Erhebung von Vorstellungen auf. Eine erste bezieht sich auf die Kontextabhängigkeit dieser (Hank, 2013, S. 102). Im Sinne des 'Evoked Concept Images' (vgl. Abschnitt 2.1.1) aktiviert eine bestimmte Fragestellung bzw. Aufforderung immer nur einen bestimmten Teil der gesamten Vorstellung (Tall & Vinner, 1981, S. 152). Auch in der Affekt-Forschung wird vom sogenannten Aktivierungsgrad eines Beliefs in einer bestimmten Situation gesprochen. In jedem Moment hat jeder Belief ein bestimmtes Aktivierungslevel, welches indiziert, wie wichtig der Belief zu diesem Zeitpunkt ist. Der Kontext kann somit einen Einfluss auf den Grad der Aktivierung eines Beliefs haben (Schoenfeld, 1998, S. 3). Die erhobenen Vorstellungen sind daher zu gewissen Teilen auch „Produkt der Umgebung, also des soziokulturellen Rahmens" (Hank, 2013, S. 102). So kann es zu (vermeintlichen) Inkonsistenzen der erhobenen Vorstellungen kommen, welche wiederum die zweite Schwierigkeit nach Hank (2013, S. 103) darstellen. Hinzukommen kann das Gefühl der Teilnehmenden, sich in einer Lern- oder Prüfungssituation zu befinden und damit Antworten zu wählen, die möglichst objektiv für richtig gehalten werden, auch wenn sie nicht der Vorstellung des Teilnehmenden entsprechen (Hank, 2013, S. 103). Letztlich ist die Auswertung und Kategorisierung der Daten immer auch ein Konstruktionsprozess des Forschenden selbst. So spielen Erwartungen und Vorstellungen des Forschenden bezüglich der Daten und Ergebnisse eine entscheidende Rolle (Hank, 2013, S. 104). „In any situation, the conceptions a student displays at a given time are a mixture of the student's true conceptions and the researcher's creation and interpretation" (Liu, 2001, S. 55). Diese Schwierigkeiten sind in den einzelnen Studien gesondert zu beachten.

Mathematikdidaktik als Referenzobjekt studentischer Vorstellungen 3

Kapitel 3 widmet sich der Mathematikdidaktik, die in den Untersuchungen dieser Arbeit das Referenzobjekt der studentischen Vorstellungen bildet. Um zu klären, was unter 'Mathematikdidaktik' verstanden werden kann, wird sich dieser Disziplin aus verschiedenen Perspektiven genähert (s. Abschnitt 1.3). Aus der Perspektive der Mathematikdidaktik als *Wissenschaft* werden verschiedene Auffassungen sowie Forschungsgegenstände und -ziele betrachtet (Abschnitt 3.1). Ausführungen zu mathematikdidaktischen Anforderungen, die in der Berufspraxis an eine Mathematiklehrkraft gestellt werden, finden sich in einem Abschnitt zur Mathematikdidaktik als *Kompetenzbereich* (s. Abschnitt 3.2). Weiterhin wird sich der studentischen Perspektive auf Mathematikdidaktik als *Lerngegenstand* innerhalb der Lehrerausbildung gewidmet (s. Abschnitt 3.3). In einem abschließenden Abschnitt 3.4 werden zusammenfassend Bezüge zwischen den drei Perspektiven unter der speziellen Fokussierung dieser Arbeit herausgestellt.

3.1 Mathematikdidaktik als Wissenschaft

An Hochschulen wird Mathematikdidaktik als Wissenschaft beispielsweise von Professorinnen und Professoren oder wissenschaftlichen Mitarbeiterinnen und Mitarbeitern verkörpert und entsprechend von Studierenden auch als solche erfahren. Dies war jedoch nicht immer so: „Die Mathematikdidaktik ist eine vergleichsweise junge Disziplin, deren wissenschaftlicher Charakter sich vor allem in den vergangenen fünfzig Jahren entwickelt und profiliert hat" (Vollstedt, Ufer, Heinze, & Reiss, 2015, S. 567). Diskussionen über die Bedeutung der Mathematik für Heranwachsende sowie über die Lehr- und Lernbarkeit der

Mathematik wurden schon seit es Schulen gibt geführt (Struve, 2015, S. 540). „Erst die Entstehung und Ausdifferenzierung von Fachdisziplinen an den Universitäten, die Einrichtung eines regulären Schulwesens und die institutionalisierte Lehrerausbildung machten aber eine systematische Beschäftigung mit Fragen der Mathematikdidaktik notwendig und möglich" (Struve, 2015, S. 540). Heutzutage hat die Mathematikdidaktik einen festen Platz an zahlreichen deutschen Hochschulen.

Kilapatrick (2008) spricht in Bezug auf die Situierung der Mathematikdidaktik an den Hochschulen von einer „blurred identity" (S. 31). Dabei bezieht er sich auf die auch in Deutschland sichtbare Tatsache, dass Mathematikdidaktik vielerorts mathematischen Fachbereichen zugeordnet ist, während sie an anderen Standorten an „erziehungswissenschaftlichen Fachbereichen, *Schools of Education* oder an separaten Institutionen wie Pädagogische[n] Hochschulen" (Blömeke, König, Kaiser, & Suhl, 2010, S. 129 Hervorhebungen im Original) angesiedelt ist (Blömeke, König, et al., 2010, S. 129; Kilapatrick, 2008, S. 31; Vollmer, 2007, S. 85).Wie Kilapatrick interpretieren auch Blömeke, König, Kaiser und Suhl (2010) diese unterschiedliche Zuordnung als eine „fehlende eindeutige Identität" (S. 129) der Mathematikdidaktik.

In der Eigenwahrnehmung der Fachdidaktikerinnen und Fachdidaktiker ist laut Vollmer zusätzlich eine fehlende Eindeutigkeit erkennbar. So beschreibt er, dass es „immer noch Repräsentanten [gäbe], die sich einer traditionellen Ausrichtung von Fachdidaktik als Methodenlehre verschrieben haben" (Vollmer, 2007, S. 90). Demgegenüber sieht sich „die Mehrzahl der Fachdidaktiker … als Vertreter einer eigenständigen wissenschaftlichen Disziplin mit eigenständiger Fragestellung, einem eigenständigen Gegenstandsbereich und eigener Forschungsperspektive, die eine entsprechende Methodologie erfordert bzw. nach sich zieht" (Vollmer, 2007, S. 90). Die Diskrepanz beider Ansichten geht auf die Frage der Wissenschaftlichkeit der Mathematikdidaktik zurück, der sich gesondert in Abschnitt 3.1.1 gewidmet wird. In dieser Auseinandersetzung wird deutlich, dass Mathematikdidaktik eine besondere Rolle zwischen Theorie und Praxis einnimmt. Ausführungen zur Situierung der Mathematikdidaktik im Spannungsfeld zwischen Theorie und Praxis finden sich in Abschnitt 3.1.2. Letztlich erfolgt in Abschnitt 3.1.3 ein Überblick über die Forschungsgegenstände und -ziele der Mathematikdidaktik. In allen Ausführungen dieses Kapitels findet eine Fokussierung auf die deutsche Mathematikdidaktik statt.

3.1.1 Die Wissenschaftlichkeit der Mathematikdidaktik

Die in den 70ern und 80ern stattfindenden Diskussionen im mathematik-
didaktischen Diskurs beschäftigten sich im Besonderen mit der Frage nach der
Wissenschaftlichkeit der Mathematikdidaktik (Struve, 2015, S. 557). „Die
Antwort auf die Frage, ob die Mathematikdidaktik eine Wissenschaft ist, hängt
natürlich von der Auffassung ab, was man unter Mathematikdidaktik versteht"
(Struve, 2015, S. 557). Nachfolgend werden unterschiedliche Verständnisse von
Mathematikdidaktik dargestellt, um Parallelen zu den von Studierenden aus-
gedrückten Verständnissen erkennen zu können.

3.1.1.1 Auffassungen von Mathematikdidaktik

In einem Artikel von 1986 beschreiben Mellis und Struve (1986), die von ihnen
zur damaligen Zeit wahrgenommenen Sichtweisen zur Mathematikdidaktik:

> Die häufigsten in der MD [Mathematikdidaktik] auftretenden Standpunkte sind:
> * MD als Elementarisierung mathematischer Begriffe und Theorien
> * MD als ingenieurwissenschaftliche Disziplin
> * MD als System von Unterrichtsvorschlägen
> * MD als Theorie mathematischer Bildung
> * MD als empirische Wissenschaft
> * MD als System didaktischer und methodischer Prinzipien des mathematischen
>   Unterrichts
> * MD als Metawissenschaft (S. 162).

Die ersten drei Standpunkte führen Mellis und Struve genauer aus. Mathematikdidaktik als *Elementarisierung*[1] *mathematischer Begriffe und Theorien* habe, so
Vertreterinnen und Vertreter dieser Auffassung, das Ziel, Mathematik für den
Unterricht mit Blick auf die Fachwissenschaft korrekt, aber schnell und leicht
zugänglich zu gestalten. Somit verwende die Mathematikdidaktik mathematische
Methoden und wäre damit als eine Wissenschaft zu bezeichnen (Mellis & Struve,
1986, S. 163).

---

[1]Mellis und Struve (1986) fügen zum Begriff der 'Elementarisierung' an, dass er „nicht im
logischen Sinne ('elementar' für den Mathematiker), sondern im kognitiv-psychologischen
Sinne ('elementar' für den Schüler)" (S. 165 Hervorhebungen im Original) zu verstehen ist.

Mathematikdidaktik als *ingenieurwissenschaftliche Disziplin* zu verstehen, stellen die Autoren einerseits als „provokant" (Mellis & Struve, 1986, S. 164) und andererseits als „teils ernst" (Mellis & Struve, 1986, S. 164) gemeint heraus. Ausschlaggebend für eine solche Auffassung ist die Fokussierung auf Unterrichtsvorschläge, welche die Mathematikdidaktik dominieren (sollen) sowie auf empirische und anwendungsbezogene Forschungen. „Aufgabe der MD [Mathematikdidaktik] ist nach dieser Auffassung die Handreichung für den Lehrer, die Umsetzung wissenschaftlicher Resultate in möglichst effektiven Anleitungen zur Erzeugung effektiven Unterrichts" (Mellis & Struve, 1986, S. 164). Mathematikdidaktik wäre demnach nicht als eine Grundlagenwissenschaft, sondern vielmehr als eine Anwendungswissenschaft anzusehen (Mellis & Struve, 1986, S. 164).

Ähnlichkeit zu dieser Sichtweise hat die Auffassung von Mathematikdidaktik als *„design science"* (Wittmann, 1995 Hervorhebungen von der Verfasserin).

> Die Mathematikdidaktik übernimmt hier [in Projekten, die es als ihre Aufgabe ansehen, nicht nur Wissen über die Konstruktion von Unterricht zu produzieren, sondern dabei das Praxisfeld von Anfang an miteinzubeziehen] das Selbstverständnis einer *design science*, wie etwa die Ingenieurwissenschaften, die Architektur oder die Medizin. Primäre Aufgabe einer *design science* ist nicht, wie etwa in den Natur- und Geisteswissenschaften, Erkenntnisse über die Welt oder den Menschen zu gewinnen, sondern Wissen über die Konstruktion von Artefakten (Maschinen, Brücken, Operationsmethoden, Unterrichtseinheiten) mit gewissen gewünschten Eigenschaften zu gewinnen und zu vermitteln (vgl. Wittmann, 1995) (Leuders, 2010, S. 13 Hervorhebungen im Original).

Auch in der dritten Auffassung von Mathematikdidaktik *als System von Unterrichtsvorschlägen* steht der Anwendungsbezug im Vordergrund. Im Gegensatz zur zweiten Auffassung wird hier jedoch jegliche theoretische Systematisierung negiert, sodass Mathematikdidaktik laut dieser Auffassung keine Wissenschaft ist (Mellis & Struve, 1986, S. 164).

Die Darstellungen von Mellis und Struve zeigen Differenzen in den Verständnissen von Mathematikdidaktik und die damit einhergehenden unterschiedlichen Ansichten zur Wissenschaftlichkeit dieser. Als Fazit halten sie fest: „Aus der Diskussion dürfte hervorgegangen sein, daß und warum die starke Wissenschaftsthese nicht unmittelbar entscheidbar ist" (Mellis & Struve, 1986, S. 165).

Mit der 1975 gegründeten Gesellschaft für Didaktik der Mathematik (GDM) erhielten deutschsprachige Mathematikdidaktikerinnen und Mathematikdidaktiker erstmals eine Interessenvertretung (Struve, 2015, S. 558). Auf deren

Internetseite findet sich heutzutage die folgende Definition von Mathematikdidaktik:

> Die Mathematikdidaktik beschäftigt sich mit dem Lernen und Lehren von Mathematik in allen Altersstufen. Sie sucht Antworten auf Fragen der Art: Was könnten, was sollten Schüler im Mathematikunterricht lernen? Wie könnte oder sollte ein bestimmter mathematischer Inhalt gelehrt, eine bestimmte mathematische Fähigkeit vermittelt werden? Wie können Schüler mehr Freude an mathematischen Tätigkeiten gewinnen? (GDM, o. J.-b)

Diese Definition wird im Folgenden genauer betrachtet, indem die gewählten Begrifflichkeiten ('Lehren und Lernen von Mathematik in allen Altersstufen') (s. Abschnitt 3.1.1.2) und angefügten Fragestellungen (Was- und Wie-Fragen) (s. Abschnitt 3.1.1.3) in die allgemeindidaktischen Ausführungen Klafkis (1970) eingeordnet werden.

3.1.1.2 Bedeutungen von 'Didaktik' nach Klafki

Klafki (1970) beschreibt vier Bedeutungen von 'Didaktik', die „bis heute, mehr oder weniger modifiziert, Geltung [haben]" (Kron et al., 2014, S. 36). Dem weitesten Verständnis entsprechend wird Didaktik als *„Wissenschaft vom Lehren und Lernen in allen Formen und auf allen Stufen"* (Klafki, 1970, S. 64 Hervorhebungen im Original) verstanden. Wie der Zusatz 'in allen Formen und auf allen Stufen' ausdrückt, bezieht sich die didaktische Wissenschaft laut diesem Verständnis auf alle Lehr- und Lern-Gelegenheiten; sie können systematisch oder gelegentlich, bewusst oder unbewusst stattfinden. Es finden nicht ausschließlich Betrachtungen des Schulunterrichts, sondern beispielsweise auch Betrachtungen des vor- und außerschulischen Lernens statt (Klafki, 1970, S. 64). Weiterhin sind nach dieser Auffassung neben Antworten auf Fragen zu den Inhalten von Lehr- und Lernprozessen (Was-Fragen), auch Antworten auf Fragen zu Verfahrensweisen, Methoden, Organisationsformen etc. (Wie-Fragen) von Interesse (Klafki, 1970, S. 65).

Ein engeres Verständnis von Didaktik wird mit der Auffassung von „Didaktik als »Theorie des Unterrichts«" (Klafki, 1970, S. 65 Hervorhebung im Original) ausgedrückt. „Didaktik in dieser Bestimmung umfasst das weite Wirklichkeitsfeld gesellschaftlich legitimierter, organisierter und auf professioneller Basis durchgeführter Lehr- und Lernprozesse, die als Unterricht definiert werden" (Kron et al., 2014, S. 37). Das Gegenstandsfeld der Didaktik wird hier im Vergleich zur ersten Auffassung eingeschränkt, da nicht alle Lehr-Lern-Prozesse Betrachtung finden, sondern nur unterrichtliche.

„*Didaktik als »Theorie der Bildungsinhalte und des Lehrplans*«" (Klafki, 1970, S. 66 Hervorhebungen im Original) spiegelt eine dritte Auffassung wider, welche die Forschungsthemen der Didaktik inhaltlich eingrenzt. Im Zentrum dieser Auffassung steht der Bildungsbegriff, der als „Komplex pädagogischer Zielvorstellungen" (Klafki, 1970, S. 67) definiert werden kann. Die „Trias von Bildungsaufgabe, Bildungsprozess und Bildungsinhalt [dient hier] als Grundlage und Aufgabe der Didaktik" (Kron et al., 2014, S. 38). Dabei findet zusätzlich zur Einschränkung der zu betrachtenden Lehr-Lern-Prozesse, eine Einschränkung hinsichtlich der Inhalte dieser statt, da „die Lehr- und Lerninhalte erst ihre Bildungsdimension [gewinnen], wenn sie wirklich Bildungsprozesse konstituieren. Dies ist keineswegs mit allen Inhalten und in allen Lehr- und Lernprozessen der Fall!" (Kron et al., 2014, S. 39)

Die letzte Auffassung von Didaktik, die Klafki (1970) erwähnt, stellt Didaktik als „Theorie der Steuerung von Lehr- und Lernprozessen" (S. 68) dar. Dabei steht die Optimierung unterrichtlicher Prozesse im Vordergrund, weshalb sie auch als „Theorie optimalen Lehrens und Lernens durch direkten Unterricht oder durch Programme und Lehrmaschinen" (Klafki, 1970, S. 67 f.) bezeichnet wird. Diese Auffassung orientiert sich an der Kybernetik[2]: „Lehr- und Lernprozesse werden in Analogie zu kybernetisch gesteuerten technischen Systemen betrachtet" (Kron et al., 2014, S. 39).

> Das erkenntnisleitende und praktische Interesse in dieser Auffassung von Didaktik ist dabei auf die Steuerung und Optimierung von Lernprozessen gerichtet; das theoretische Interesse auf die Erforschung derselben zum Zwecke der Verbesserung des Systems. Ein ausdrückliches Interesse an den kulturellen Inhalten und Normen und/oder deren kritischer Betrachtung wird nicht bekundet (Kron et al., 2014, S. 40).

Kron, Jürgens und Standop (2014) erweitern diese vier Auffassungen nach Klafki (1970) um die Auffassung von „Didaktik als Anwendung psychologischer Lehr- und Lerntheorien" (S. 40). Die Lernpsychologie bildet hier den konkreten Bezugsrahmen. Lerntheorien sollen dabei helfen, die Praxis des Lehrens und Lernens aufzuklären. „In diesem Sinne dient diese Auffassung von Didaktik zur Verbesserung aller Faktoren, die mit organisiertem Lernen und Lehren zu tun haben" (Kron et al., 2014, S. 41). Solche Faktoren sind beispielsweise individueller, kultureller, sozialer oder medialer Natur (Kron et al., 2014, S. 40).

---

[2]Kybernetik stellt eine „wissenschaftliche Forschungsrichtung [dar], die Systeme verschiedenster Art (z. B. biologische, technische, soziologische Systeme) auf selbsttätige Regelungs- und Steuerungsmechanismen hin untersucht" (Duden online, o. J.).

In der von Seiten der GDM formulierten Definition wird Mathematikdidaktik als Wissenschaft[3] des Lehrens und Lernens entsprechend der ersten
Auffassung nach Klafki dargestellt („beschäftigt sich mit dem Lernen und
Lehren von Mathematik in allen Altersstufen" (GDM, o. J.-b)). Damit findet
weder eine Einschränkung hinsichtlich der zu betrachtenden mathematischen
Lehr-Lern-Prozesse noch der Inhalte dieser statt. Gegenstände mathematikdidaktischer Forschung sind demnach alle mathematischen Lehr-Lern-Prozesse,
auch jene, die nicht in der Schule stattfinden. Es sei jedoch angemerkt, dass die
angefügten, beispielhaften Fragen in der Definition der GDM mit dem Bezug zu
'Schülern' den Schulunterricht fokussieren (vgl. GDM, o. J.-b).

3.1.1.3 Relation von Didaktik und Methodik

Weiterhin zeigt die Definition der GDM das weite Verständnis von (Mathematik-)
Didaktik, anhand der angefügten, beispielhaften Fragestellung: „Was könnten,
was sollten Schüler im Mathematikunterricht lernen? Wie könnte oder sollte ein
bestimmter mathematischer Inhalt gelehrt, eine bestimmte mathematische Fähigkeit vermittelt werden? Wie können Schüler mehr Freude an mathematischen
Tätigkeiten gewinnen?" (GDM, o. J.-b). Diese Fragen verdeutlichen, dass neben
dem inhaltsbezogenen 'Was' auch das methodische 'Wie' von der Mathematikdidaktik beforscht wird. Nach Klafki (1970, S. 72 f.) bezieht sich die Didaktik im
engeren Sinne auf Ziel- und Inhaltsentscheidungen (Was-Fragen), während sich
die Methodik mit Methoden und Medienfragen (Wie-Fragen) beschäftigt. Die
Beziehung zwischen Didaktik im engeren Sinne und Methodik beschreibt Klafki
(1970) mithilfe des Satzes vom Primat der Didaktik, der „die Vorrangstellung
der *Ziel- und Inhaltsentscheidungen* [Didaktik im engeren Sinne] *im Verhältnis
zu Methoden und Medienfragen*" (S. 73 Hervorhebungen im Original) postuliert.
„Nicht die *Gültigkeit*, d.h. die *Begründbarkeit*, sondern nur die *Realisierbarkeit*
der didaktischen Entscheidungen hängt also von Methodik ab. Umgekehrt sind
Unterrichtsmethoden überhaupt nur *begründbar* im Hinblick auf didaktische Vor-
entscheidungen" (Klafki, 1970, S. 72 Hervorhebungen im Original). Es ist, laut
Klafki (1970, S. 72), relevant die im Satz vom Primat der Didaktik ausgedrückte
Beziehung von Methodik und Didaktik zu kennen, da sonst „*ständig die Gefahr*

---

[3]Auch wenn in der Definition der GDM Mathematikdidaktik nicht explizit als Wissenschaft bezeichnet wird, ist davon auszugehen, dass ein solches Selbstverständnis seitens
der GDM vertreten wird. In einem Positionspapier der GDM heißt es beispielsweise „Die
Mathematikdidaktik hat sich in den letzten 34 Jahren zu einer eigenständigen wissenschaftlichen Disziplin entwickelt" (GDM, 1968, S. 1).

[droht], daß Methoden verabsolutiert werden" (Klafki, 1970, S. 72 Hervor-hebungen im Original). Das weite Didaktik-Verständnis, das von der GDM aus-gedrückt wird, bezieht zusätzlich zur Didaktik im engeren Sinne (Was-Fragen) auch die Methodik (Wie-Fragen) mit ein.

Ein ähnlich weites Verständnis drückt auch die Gesellschaft für Fachdidaktik (GFD) mit folgender Definition aus:

> Fachdidaktik ist die Wissenschaft vom fachspezifischen Lehren und Lernen inner-halb und außerhalb der Schule. Im Rahmen ihrer Forschungsarbeiten befasst sie sich mit
> - der Auswahl, Legitimation und der didaktischen Rekonstruktion von Lerngegen-ständen,
> - der Festlegung und Begründung von Zielen des Fachunterrichts,
> - der methodischen Strukturierung von fachbezogenen Lernprozessen,
> - der angemessenen Berücksichtigung der physischen, psychischen und sozialen Ausgangsbedingungen von Lehrenden und Lernenden sowie der Entwicklung und Evaluation von Lehr-Lernmaterialien.
>
> Die Formate fachdidaktischer Forschung unterscheiden sich somit von denen ihrer Bezugsdisziplinen, zum Beispiel von denen der allgemeinen empirischen Bildungs-forschung, der Pädagogischen Psychologie und den jeweiligen Fachwissenschaften (GFD, 2016, S. 1).

Auch hier werden die Lehr-Lern-Prozesse, die im Forschungsinteresse der Fach-didaktik stehen, auf solche innerhalb und außerhalb der Schule bezogen. Weiter-hin werden Forschungsthemen sowohl zu Fragen des Inhalts wie auch zur Methodik dargestellt. Darüberhinausgehend nimmt die Definition der GFD Bezug auf andere Disziplinen, die als Bezugsdisziplinen der Fachdidaktik deklariert werden.

3.1.1.4 Bezugsdisziplinen der Mathematikdidaktik

In der Enzyklopädie der GDM heißt es bezüglich der Bezugsdisziplinen:

> Zentrale Bezugswissenschaft der Mathematikdidaktik ist die Mathematik. Sie bedient sich aber auch der Ergebnisse und Methoden anderer Wissenschaften, wie etwa der Pädagogik, der (früher so genannten 'allgemeinen') Didaktik, der Sozio-logie, der Psychologie oder der Wissenschaftsgeschichte. Der Grundstein für wissenschaftliche Erkenntnisse über das Lehren und Lernen von Mathematik ist die spezifisch mathematikdidaktische Forschung. Aus unterschiedlichen Sichtweisen kann sie ein integratives Bild des Mathematikunterrichts formen und begründen, das dann konstruktiv in die Praxis umgesetzt werden kann (GDM, o. J.-a Hervorhebung im Original).

Als bedeutsamste Bezugswissenschaft für die Mathematikdidaktik wird in diesem Zitat die Mathematik herausgestellt. Die zentrale Beziehung zwischen Mathematik und Mathematikdidaktik wird vor allem in der von Mellis und Struve (1986, S. 163) dargestellten Auffassung von 'Mathematikdidaktik als Elementarisierung mathematischer Begriffe und Theorien' deutlich. Mathematikdidaktik bedient sich demnach mathematischer Methoden. Buchholtz, Kaiser und Blömeke (2014) erwähnen die mit einer solchen Auffassung von Mathematikdidaktik entstehende „Gefahr von eklektischen Auffassungen über ihren Forschungsgegenstand" (S. 104). In der Diskussion um die Wissenschaftlichkeit und die Forschungsgegenstände der Mathematikdidaktik werden daher „insbesondere Befürchtungen einer fehlenden Profilierung der Mathematikdidaktik durch die Übernahme konkreter Forschungsmethoden und Theorien aus den Bezugswissenschaften ohne die Entwicklung einer eigenen 'mathematikdidaktischen' Forschungsmethodik oder Theoriebildung diskutiert" (Buchholtz et al., 2014, S. 105 Hervorhebung im Original). Das Problem der Abgrenzung von anderen Wissenschaften und der Begründung eines wissenschaftlichen Alleinstellungsmerkmals der Mathematikdidaktik hält Bigalke (1985) in seinen Ausführungen wie folgt fest:

Es gibt die verbreitete Meinung, daß die Mathematik die Ziele des Mathematiklernens liefere und die Psychologie die individuellen Wege zur Erreichung dieser Ziele angebe, wobei die Soziologie noch gewisse Erkenntnisse über das Zusammenleben der am Mathematiklernen Beteiligten beisteuere. Die Erziehungswissenschaft habe dann die Aufgabe, die pädagogischen Ziele zu begründen und die wissenschaftlichen Grundlagen für eine optimale Realisierung des Weges zu den fachwissenschaftlichen und den pädagogischen Zielen bereitzustellen. Schließlich gebe die Philosophie – insbesondere als Ethik, Ästhetik und Logik – sozusagen die letzten Begründungen für den allgemeinen Mathematikunterricht und als Erkenntnistheorie und Metaphysik die Erklärungen und Rechtfertigungen von Mathematik bzw. Theorien der Mathematik überhaupt (S. 7).

Laut dieser Auffassung hätte die Mathematikdidaktik lediglich die Aufgabe der Koordinierung von Ergebnissen und Erkenntnissen anderer Disziplinen sowie die Verantwortung bezüglich des interdisziplinären Austauschs (Bigalke, 1985, S. 8). Bigalke (1985) selbst widerspricht dieser Auffassung:

Die Verhältnisse sind jedoch anders zu sehen. Die genannten Wissenschaften beschäftigen sich mit Mathematik, Erziehen, kindlicher Entwicklung, Lernen schlechthin, Erkennen, Verhaltensweisen usw.. Bei keiner ist jedoch speziell das Mathematiklernen Gegenstand der Untersuchungen. Mathematiklernen läßt sich nicht durch Addition von mathematischen Theorien und Lerntheorien verstehen. Vielmehr sind dafür mathematikdidaktische Theorien vonnöten (S. 8).

Das im Enzyklopädie-Artikel der GDM dargestellte Verständnis von Mathematikdidaktik und ihren Bezugsdisziplinen ist jenem von Bigalke ähnlich. Die Inter-
disziplinarität der Mathematikdidaktik ergibt sich durch ihre vielfältigen
Bezugsdisziplinen, an deren Ergebnisse und Methoden sich die Mathematikdidaktik bedient (GDM, o. J.-a). Gleichzeitig wird betont, dass wissenschaftliche
Erkenntnisse zu mathematischen Lehr-Lern-Prozessen „spezifisch mathematikdidaktische[r] Forschung" (GDM, o. J.-a) bedürfen. Die unterschiedlichen
Perspektiven der Bezugsdisziplinen sorgen dabei für ein „integratives Bild des
Mathematikunterrichts" (GDM, o. J.-a). Auch Buchholtz, Kaiser und Blömeke
(2014) halten fest: „Die mathematikdidaktische Erkenntnisgewinnung vollziehe
sich … gerade nicht allein in einem formal-methodischen Zusammenspiel der
Bezugswissenschaften, vielmehr mache die Komplexität des Forschungsgegen-
standes Mathematikunterricht einen synthetisierenden Forschungsprozess notwendig" (S. 105).

3.1.1.5 Eigenschaften der Mathematikdidaktik

Die in diesem Zitat von Buchholtz, Kaiser und Blömeke ausgedrückte *Komplexi-*
tät des Mathematikunterrichts lässt sich auch auf die Mathematikdidaktik übertragen. Dabei sprechen Vollstedt et al. (2015) von einer „große[n] Vielfalt im
Hinblick auf die Forschungsgegenstände bzw. Forschungsziele" (S. 567). Mit
einem Blick auf die historische Entwicklung der Mathematikdidaktik als wissenschaftliche Disziplin kann die Tendenz einer „fortlaufenden Spezialisierung von
Fragestellungen und Detailliertheit von Antworten" (Struve, 2015, S. 563) festgehalten werden. Zur steigenden Tendenz der Komplexität innerhalb der Wissenschaft der Mathematikdidaktik äußert sich Bauersfeld (1988) wie folgt: „die
Zunahme von 'Wissen' bedeutet in den Wissenschaften vom Menschen unan-
genehmerweise nicht Vereinfachung oder gar technische Beherrschbarkeit der
Probleme, sondern Zunahme von Komplexität" (S. 6 Hervorhebung im Original).
Mit der Darstellung von Mathematikdidaktik als Wissenschaft vom Menschen
gehen zusätzliche Eigenschaften dieser einher. So können keine allgemeingültigen Aussagen von ihr erwartet werden (Bigalke, 1985, S. 99). Entsprechend
ist Mathematikdidaktik *keine exakte Wissenschaft*:

> Mathematikdidaktik kann nicht zu den Wissenschaften gezählt werden, die
> in engerem Sinne als exakt bezeichnet werden. Das heißt, die Methoden der
> Mathematikdidaktik können nicht ausschließlich axiomatisch-deduktiver Art sein.
> Da der Gegenstand nicht nur sachgebundene, sondern weitgehend auch personen-
> gebundene und situationsgebundene Kategorien enthält, ist die Mathematikdidaktik
> eine empirische Wissenschaft, die sich vorwiegend sowohl hypothetisch-deduktiver
> als auch hypothetisch-konstruktiver Methoden bedient (Bigalke, 1985, S. 98).

Mathematikdidaktische Erkenntnisse und Theorien sind außer vom Inhalt immer auch abhängig von der Situation und den Personen. „Eine so aufgefasste Theorie kann [weiterhin] nie falsch sein, da 'falsch sein' ein Prädikat ist, das bei einem solchen Theorieverständnis gar nicht anwendbar ist. ... Eine Theorie kann sich lediglich bezüglich eines Sachverhaltes bewähren oder nicht bewähren" (Bigalke, 1985, S. 19 Hervorhebung im Original). Nichtsdestotrotz haben die Theorien der Mathematikdidaktik mitunter einen *normativen* Charakter: „Die Mathematikdidaktik untersucht einerseits auf deskriptive Weise den faktisch statt-findenden Unterricht und sie trifft andererseits normative Aussagen darüber, wie Mathematikunterricht gestaltet werden soll" (Leuders, 2010, S. 11). Wittmann (2009) beschreibt in ähnlicher Weise: „Die Mathematikdidaktik ist ... *präskriptiv* und *konstruktiv*, d.h. sie macht Aussagen darüber, welche Inhalte und Unterrichts-methoden bezüglich anzustrebender inhaltsbezogener oder verhaltensbezogener Qualifikationen möglichst effektiv sind, und sie betreibt die Entwicklung von Curricula, Lehrverfahren, Lernmaterialien u. dgl." (S. 2). Mit der Untersuchung des Mathematikunterrichts und Aussagen über dessen Gestaltung nimmt die Mathematikdidaktik eine besondere Rolle zwischen Theorie und Praxis des Mathematikunterrichts ein, die im Folgenden genauer betrachtet wird.

3.1.2 Mathematikdidaktik zwischen Theorie und Praxis

Wittmann (2009) hält bezüglich der Mathematikdidaktik fest, dass sie sich „durch eine betonte Anwendungsorientierung und Praxisbezogenheit aus[zeichne] und ... daher der natürliche Bezugspunkt für den Mathematiklehrer [sei]" (S. 3). In einigen von Mellis und Struve (1986, S. 162 ff.) dargestellten Auffassungen steht diese *Anwendungsorientierung* der Mathematikdidaktik im Vordergrund (z. B.: Mathematikdidaktik als ingenieurwissenschaftliche Disziplin oder Mathematik-didaktik als System von Unterrichtsvorschlägen) (s. Abschnitt 3.1.1). Schoenfeld (2000) berichtet in einem Artikel davon, dass einige Personen ihre Perspektive zur mathematikdidaktischen[4] Forschung in der Aufforderung „Tell me what works in the classroom." (S. 642) zum Ausdruck bringen. Er deutet diese Auf-forderung als eine primäre Annahme des Nutzens mathematikdidaktischer

---

[4]An dieser Stelle sei darauf hingewiesen, dass Schoenfeld als amerikanischer Forscher von 'mathematics education' und nicht von Mathematikdidaktik spricht. Beide Konzepte sind nicht gleichzusetzen, jedoch werden die aufgeführten Aspekte als ebenso für die deutsche Mathematikdidaktik geltend angesehen.

Forschung in einer direkten und praktischen Art und Weise. Auch Steinbring (1998) hält eine ähnliche Sichtweise auf Mathematikdidaktik fest:

> Die traditionell an die Didaktik gestellten Anforderungen der Unterrichtspraxis verstärken häufig die … kritisierte Sicht von der Mathematikdidaktik als einer methodischen Hilfsdisziplin, die den abstrakten mathematischen Stoff für das Lehren und Lernen in der Schule zusätzlich aufzubereiten und verdaulich zu machen hat, in Lehrplänen, in Curricula, Schulbüchern und in Unterrichtsvorschlägen, Lehrerhandbüchern und didaktisch-methodischen Anleitungen und Rezepten. Was die Mathematikdidaktik ausarbeitet, sollte doch – bitte schön – möglichst direkt und unverändert im Unterrichtsalltag benutzt werden können (S. 164).

Praktischer Nutzen ist, so Schoenfeld (2000, S. 642), Teilziel mathematikdidaktischer Forschung, allerdings wäre es ein Fehlschluss zu denken, direkte Anwendungen wären die vorrangige Aufgabe der Mathematikdidaktik. Er widerspricht der Auffassung, Mathematikdidaktik sei hauptsächlich anwendungsorientiert und expliziert zwei voneinander zu unterscheidende Absichten der Mathematikdidaktik: „Research in mathematics education has two main purposes, one pure and one applied:

- Pure (Basic Science): To understand the nature of mathematical thinking, teaching, and learning;
- Applied (Engineering): To use such understandings to improve mathematics instruction" (Schoenfeld, 2000, S. 641).

Mathematikdidaktik ist demnach nicht als reine Anwendungswissenschaft anzusehen, sondern muss darüber hinaus *Grundlagenforschung* betreiben. In einem Positionspapier der GDM (1968) heißt es: „Wissenschaftlich betriebene Mathematikdidaktik umfaßt ein breites Spektrum von didaktischer Grundlagenforschung bis zur Entwicklung und Erprobung von Lehrgängen" (S. 2). Auch hier werden beide Bereiche mathematikdidaktischer Forschung erwähnt. Schoenfeld (2000, S. 641 f.) stellt die beiden Forschungsbereiche als gleichwichtig, ihre Beziehung als ineinandergreifend und synergetisch dar. Struve (2015) hält fest: „Forschungen der Mathematikdidaktik können dabei helfen, Unterrichtsvorschläge zu entwickeln und (partiell) zu rechtfertigen. Dazu benötigt man auch Theorien; denn erst ein Verständnis von Prozessen und Phänomenen erlaubt es, diese sinnvoll und planmäßig zu beeinflussen" (S. 563). Die beiden Richtungen der Mathematikdidaktik können auch als „analytische und … konstruktive Forschungsdimension der Mathematikdidaktik" (Steinbring, 1998, S. 165) angesehen werden. Entwicklungsarbeiten gehören demnach zu einer konstruktiven Ausrichtung, während die Generierung von Wissen über mathematische Lehr-Lern-Prozesse als analytische Ausrichtung der Mathematikdidaktik anzusehen ist (Steinbring, 1998, S. 165 f.).

Im Hinblick auf die Anwendungsorientierung ist laut Bigalke (1985, S. 14) weder eine rezeptartige Erstellung von Unterrichtsvorschlägen Aufgabe der Mathematikdidaktik noch eine Weiterreichung solcher Rezepte an Lehrkräfte. Vielmehr ist es ihre Aufgabe die „Orientierungsfähigkeit [der Lehrkräfte] durch Vermittlung eines theoretischen Verständnisses" (Jahnke, Mies, Otte, & Schubring, 1974, S. 7) zu verbessern und für deren Praxis „die durch die Wissenschaft objektiv gegebenen Möglichkeiten auch individuell in angemessener Weise verfügbar zu machen" (Jahnke et al., 1974, S. 7). Eine Anwendungsorientierung der Mathematikdidaktik kann demnach nicht in rezeptartiger Form vollzogen oder erwartet werden. Statt Rezepten liefert die Mathematikdidaktik Theorien, anhand derer Rückschlüsse für die Praxis gezogen werden können (Bigalke, 1985, S. 14). „Die theoretischen Studien *sollen* und *können* den Studenten und den Lehrer *nicht* aus der Verpflichtung entlassen, durch eigene Erfahrung, eigene Initiative und eigenes Nachdenken eine begründete Einstellung zum Mathematikunterricht und zur Erziehung im allgemeinen zu entwickeln" (Wittmann, 2009, S. 8 Hervorhebungen im Original).

Sowohl im Sinne der Grundlagenforschung als auch hinsichtlich der Anwendungsorientierung steht mathematikdidaktische Wissenschaft in enger Beziehung zur Praxis des Mathematiklernens. Bigalke (1985) spricht in diesem Zusammenhang von einem beidseitigen „Geben und Nehmen" (S. 2) der Praxis auf der einen und der Wissenschaft auf der anderen Seite. Er expliziert diese Wechselbeziehung wie folgt:

> Die Mathematikdidaktik als Wissenschaft und die Praxis des Mathematiklernens sind durch das Band der mathematikdidaktischen Theorien eng aufeinander bezogen:
> einerseits greift die Praxis aufgrund der empirischen Komponente in einer mathematikdidaktischen Theorie wesentlich in die Theorie hinein und konstituiert diese mit,
> andererseits wird das Verhältnis zwischen der Praxis des Mathematiklernens und der Mathematikdidaktik wesentlich durch ein technologisches Interesse an mathematikdidaktischen Theorien bestimmt (Bigalke, 1985, S. 28).

Praxis und Wissenschaft stehen in einer wechselseitigen Beziehung, die einen engen Kontakt beider Seiten erfordert (Bigalke, 1985, S. 2). Die damalige Realität dieser Beziehung drückt Bigalke (1985) mit der Metapher eines 'Grabens' aus:

Hierin [im Geben und Nehmen von Wissenschaft und Praxis] sind aber noch manche Gräben zu überwinden. Es gibt nur wenige Lehrer und besonders wenige Fachleiter aus Ausbildungs- und Studienseminaren, die die akademisch betriebene Mathematikdidaktik als kompetent für ihre Arbeit im Unterricht ansehen. Forschungsergebnisse aus der Mathematikdidaktik werden nur selten in der Schule genutzt (S. 2 f.).

Dieses Problem zwischen mathematikdidaktischer Wissenschaft und Praxis greift auch Boaler (2008) auf und zeigt damit, dass es sich hierbei um ein internationales Problem handelt, das auch 23 Jahre nach Bigalkes Feststellung noch nicht gelöst zu sein scheint. So verwendet Boaler (2008) die Ausdrücke „pervasive gap" (S. 91) und „elusive and persistent gulf" (S. 91), um die Kluft zwischen mathematikdidaktischer Forschung und der (unterrichtlichen) Praxis zu beschreiben. Er fügt an, dass Mathematik wohl das Fach sei, welches die größte Differenz zwischen dem, was von Seiten der Wissenschaft her bekannt ist, und dem, was tatsächlich im Unterricht passiert, vorweise (Boaler, 2008, S. 91). Blömeke et al. (2010) erwähnen das auch 2010 noch „weitgehend ungelöste Theorie-Praxis-Verhältnis der Mathematikdidaktik ..., ... [das] in Deutschland durch die Trennung der beiden Ausbildungsphasen verstärkt wird" (S. 130). Die formal-theoretische Ausbildung an einer Hochschule und die Praxiorientierung im Referendariat bringt in Deutschland nicht nur eine formale, sondern auch inhaltliche Trennung der Ausbildung mit sich. Dies kann zu Situationen führen, wie sie im folgenden Zitat geschildert werden:

Der Theoretiker wird immer dazu neigen, die Schwierigkeiten der Praxis nicht richtig einzuschätzen. Umgekehrt knüpft auch der Praktiker an die Verwendbarkeit von Theorien meist nur mäßige Erwartungen. Mancher Fachleiter und Mentor pflegt seine Lehrstudenten mit den Worten zu empfangen: ‘Zuerst vergessen Sie einmal alles, was man Ihnen auf der Hochschule eingeredet hat. Wie man es wirklich macht, lernen Sie hier' (Wittmann, 2009, S. 7).

Auch wenn Wittman anfügt, dass mit einer solchen Aussage von Ausbildenden im Referendariat unter Umständen hierarchische Verhältnisse geklärt oder einer Geringschätzung praktischer Probleme entgegengewirkt werden soll, wird die Kluft zwischen Theorie und Praxis deutlich. In dem Zitat begründet Wittmann diese Kluft mit unzureichenden Erwartungen auf Seiten der Praxis hinsichtlich der Verwendbarkeit von Theorien und auf Seiten der Wissenschaft hinsichtlich der Schwierigkeiten in der Praxis. Boaler (2008) hingegen gibt als Grund für die Kluft die Beziehung zwischen dem in der Forschung produzierten Wissen und dem Lernen von Lehrkräften und anderen Nutzern der Forschungserkenntnisse an. Die Natur des erlangten Wissens eröffnet sich meist in Form einer Publikation innerhalb eines wissenschaftlichen Journals. Hierzu haben Lehrkräfte unter Umständen nur limitierten Zugang. Weiterhin muss eine Lehrkraft meist Transformationsarbeit leisten, um das in einer Publikation dargestellte neue Wissen für sich und den eigenen Unterricht nutzbar zu machen (Boaler, 2008, S. 99 ff.).

Trotz dieser Erkenntnisse scheint das Problem des Theorie-Praxis-Verhältnisses in der mathematikdidaktischen Forschung bis heute nicht überwunden zu sein. Die GFD formuliert die Ausgangslage der Fachdidaktiken im Jahr 2016 wie folgt:

> Fachdidaktische Forschung hat verschiedene Beiträge hervorgebracht, die zur substantiellen Verbesserung des Fachunterrichts genutzt werden können. Diese Erträge werden jedoch nur unzureichend wahrgenommen und genutzt. Dies gilt sowohl für die Bildungspolitik als auch für die Institutionen der Forschungsförderung, die in der Bildungsforschung beteiligten Wissenschaftsdisziplinen und die schulische Praxis (S. 1).

Dieser Aussage entsprechend besteht ein Theorie-Praxis-Problem nicht nur in der Mathematikdidaktik, sondern lässt sich generell auf alle Fachdidaktiken beziehen. Zusätzlich zur Kluft zwischen fachdidaktischer Forschung und der Schulpraxis erwähnt die GFD hier auch eine Kluft anderen Institutionen gegenüber.

Mit Betrachtung des Theorie-Praxis-Problems und der beiden Ausrichtungen mathematikdidaktischer Forschung (Grundlagenforschung und Anwendungsorientierung) ist sich zunächst generell der Mathematikdidaktik gewidmet worden. Um genauer festzustellen, was Mathematikdidaktik als Wissenschaft inhaltlich charakterisiert, werden im Folgenden Forschungsinhalte und -ziele der Disziplin betrachtet.

3.1.3 Gegenstände und Ziele mathematikdidaktischer Forschung

In der sich im 20. Jahrhundert entwickelnden Mathematikdidaktik können zunächst zwei Stränge differenziert werden, die auf den Unterschieden der Lehrerausbildungen basieren: „zum einen eine stark gymnasial orientierte stoffbezogene Mathematikdidaktik, zum anderen in enger Beziehung zur Volksschullehrerbildung an den pädagogischen Hochschulen ... eine pädagogische Mathematikdidaktik" (Steinbring, 1998, S. 165). Im Rahmen des ersten Strangs entstand der Begriff 'Stoffdidaktik', welcher die ersten Jahrzehnte die mathematikdidaktische Forschung stark beherrschte (Buchholtz et al., 2014, S. 105). Sträßer definiert Stoffdidaktik wie folgt:

> An approach to mathematics education and research on teaching and learning mathematics (i.e., didactics of mathematics), which concentrates on the mathematical contents of the subject matter to be taught, attempting to be as close as possible to disciplinary mathematics. A major aim is to make mathematics accessible and understandable to the learner (2014, S. 567).

In dieser Definition wird die Fokussierung der Stoffdidaktik auf den mathematischen Inhalt, den es zu unterrichten gilt, deutlich. Ein bekannter Vertreter der Anfänge dieser Forschungsrichtung ist Felix Klein, dessen Vorlesungen 'Elementarmathematik vom höheren Standpunkt' als charakteristisch für mathematikdidaktische Vorlesungen zur damaligen Zeit gelten (Struve, 2015, S. 547). „Until around the end of the 1970s, the so-called Stoffdidaktik was the predominant approach to didactics of mathematics in Germany, sometimes even reducing didactics of mathematics to a mere 'elementarisation' of mathematics for the purpose of teaching" (Sträßer, 2007, S. 166 Hervorhebung im Original). Das Verständnis von „Mathematikdidaktik als Elementarisierung mathematischer Begriffe und Theorien" (Mellis & Struve, 1986, S. 162) (s. Abschnitt 3.1.1) ist auf diesen speziellen Strang der Mathematikdidaktik zurückzuführen. Dabei bedient sich die *traditionelle Stoffdidaktik* mathematischer Methoden, was es zumindest aus dieser Perspektive schwierig macht, zwischen traditioneller Stoffdidaktik und Mathematik zu unterscheiden (Sträßer, 2014, S. 567). Weiterhin wird in dieser Forschungsrichtung kein Interesse hinsichtlich der an Lehr-Lern-Prozessen beteiligten Personen und mit ihnen in Verbindung stehenden Themen bekundet (Sträßer, 2014, S. 567).

Rückblickend beschreibt Sfard (2005, S. 409) die 1960er und 1970er bezüglich des Forschungsfokusses der internationalen Mathematikdidaktik als Ära des Curriculums. Diese Be-zeichnung nimmt Sträßer (2007) in seinen Ausführungen auf und fügt hinzu: „We can also see that didactics of mathematics first somehow neglected the human parts of its discipline by concentrating on the subject matter side via the focus on the curriculum" (S. 165 f.). In Deutschland spiegelt die traditionelle Stoffdidaktik eben jene Fokussierung auf fachmathematische Inhalte ohne Beachtung der Akteure in Lehr-Lern-Geschehen wider (Sträßer, 2007, S. 166).

In den 1970ern kam es zu einer Öffnung der stoffdidaktischen Perspektive (Sträßer, 2014, S. 567):

Im Zuge der stärkeren Orientierung an Unterrichtsprozessen und den Lernenden vor allem im Grundschulbereich gewannen in den 1970er Jahren neben der stoffdidaktischen Forschung auch psychologische und sozialwissenschaftliche didaktische Untersuchungen zu den kognitiven und schulischen Bedingungen des Lernens und zur Organisation von Mathematikunterricht an Bedeutung (Buchholtz et al., 2014, S. 105).

Der zunehmende Einbezug pädagogischer, psychologischer und sozialer Aspekte von LehrLern-Prozessen (Struve, 2015, S. 556) fand auch Einklang in die Stoffdidaktik. Dieser auch international erkennbare Wandel führt dazu, dass Sfard (2005) die letzten zwei Jahrzehnte des 20. Jahrhunderts rückblickend als „almost exclusively the era of the learner" (S. 409) bezeichnet. Die mathematikdidaktische Forschung widmete sich in dieser Zeit nicht mehr fokussiert dem mathematischen Inhalt, sondern im Besonderen den Mathematiklernenden. Mit Beginn des 21. Jahrhunderts spricht Sfard (2005) dann in Bezug auf die internationale mathematikdidaktische Forschung von der Ära der Lehrkraft: „I am pleased to find out that the last few years have been the era of the teacher as the almost uncontested focus of researchers' attention" (S. 409).

Dieser Einblick in die Historie der Mathematikdidaktik zeigt den Wandel mathematikdidaktischer Fokussierungen in der Forschung. Dabei erinnern die drei Bezeichnungen der Ären an die drei Eckpunkte des didaktischen Dreiecks (Curriculum (mathematischer Inhalt) – Lernende – Lehrende). Entsprechend können die grundliegenden Forschungsfragen der Mathematikdidaktik mithilfe des didaktischen Dreiecks identifiziert werden (Sträßer, 2007, S. 165). Vollstedt et al. (2015) beschreiben in ihrem Artikel im 'Handbuch der Mathematikdidaktik' Forschungsgegenstände und -ziele der mathematikdidaktischen Wissenschaft. Dabei unterteilen sie diese in vier Unterkapitel. Drei davon entsprechen den Bezeichnungen des didaktischen Dreiecks (Vollstedt et al., 2015, S. 567 ff.). Ergänzt werden die Unterkapitel zu mathematikdidaktischen Forschungen bezüglich des mathematischen Inhalts, der Lernenden und der Lehrenden durch ein Unterkapitel, das einen besonderen Blick auf Forschungsgegenstände und -ziele wirft, die in Zusammenhang mit Unterricht und anderen Lehr-Lern-Umgebungen stehen (Vollstedt et al., 2015). „Nicht unerwähnt bleiben soll allerdings, dass es [neben dem Inhalt, den Lernenden und den Lehrenden] weitere wichtige Schwerpunkte mathematikdidaktischen Arbeitens gibt. So kann fachdidaktische Forschung auch auf unterrichtliche Lernsettings und die Gestaltung von Unterrichtsprozessen zielen" (Vollstedt et al., 2015, S. 568). Um im Folgenden mathematikdidaktische Forschungsgegenstände und -ziele genauer zu betrachten, wird sich an dieser Einteilung nach Vollstedt et al. (2015) orientiert (Forschungsgegenstände und -ziele zum mathematischen Inhalt in Abschnitt 3.1.3.1, zu

Unterricht und anderen Lehr-Lern-Umgebungen in Abschnitt 3.1.3.2, zu Lernenden in Abschnitt 3.1.3.3 und zu Lehrenden in Abschnitt 3.1.3.4).

3.1.3.1 Mathematikdidaktische Forschungen zum mathematischen Inhalt

Unter anderem nach dem zweiten Weltkrieg wurde mit der „Revision der Inhalte schulischen Lernens" (Struve, 2015, S. 555) diskutiert, welcher Umfang von Mathematik in den Schulen angemessen sei (Struve, 2015, S. 555). Mit Fragen wie „Sollen alle Schüler(innen) allgemeinbildender Schulen in allen Schulstufen Mathematik lernen?" (GDM, o. J.-a) oder „Welche Bedeutung kommt der Mathematik in berufsbildenden Schulen zu?" (GDM, o. J.-a) werden auch heute in der Enzyklopädie der GDM 'Madipedia' Fragen zur *Legitimierung* mathematischer Inhalte für den Schulunterricht gestellt. „Eine zentrale Herausforderung für die Mathematikdidaktik ist es daher gerade, geeignete Fachinhalte für die unterschiedlichen Jahrgangsstufen und Schulformen festzulegen und hinsichtlich der sich wandelnden Bildungsziele zu legitimieren" (Vollstedt et al., 2015, S. 569).

Auch wenn letztendlich von der Politik und nicht von der Mathematikdidaktik Entscheidungen darüber gefällt werden, welche Inhalte für den schulischen Unterricht relevant sind, ist eine Beratung der Politik in diesen Fragen von Seiten des Faches und der Fachdidaktik vonnöten, „die wiederum nicht alleine auf Erfahrungswissen beruhen kann, sondern für die Forschung im entsprechenden Bereich Voraussetzung ist" (Vollstedt et al., 2015, S. 570).

Die zentrale Rolle der Fachdidaktik im Hinblick auf Ziele und Inhalte des Mathematikunterrichts ist damit die Entwicklung eines Curriculums, das sinnvoll abgestimmte fachliche Aspekte zusammenstellt und hinsichtlich ihrer Relevanz für die mathematische Bildung der Schülerinnen und Schüler im obigen Sinne gewichtet (Vollstedt et al., 2015, S. 570).

In der Enzyklopädie der GDM ist entsprechend folgende Tätigkeit einer Mathematikdidaktikerin bzw. eines Mathematikdidaktikers nachzulesen: Sie/ er „entwickelt und evaluiert Lehrpläne" (GDM, o. J.-a).

Diese *Curriculumsentwicklung* kann nicht losgelöst von generellen Erziehungszielen stattfinden. Sie steht in Zusammenhang mit einer „bildungstheoretische[n] Begründung von Zielen und Inhalten des Unterrichts" (Leuders, 2015, S. 216). Die Reflexion allgemeiner Erziehungsziele ist in der Mathematikdidaktik Grundlage für die Formulierung von *Lernzielen* (Bigalke, 1985, S. 94). „Lernziele des Mathematikunterrichts in kognitiven, affektiven und psychomotorischen Bereichen, ihre Auswahl, Begründung, Formulierung, Operationalisierung, Kontrolle usw., also alle Fragen der Lehrplanung [sind] wesentliche Gegenstände der Mathematikdidaktik" (Bigalke, 1985, S. 94). Zu den Lernzielen gehören auf bestimmte Inhalte fokussierte Ziele wie auch allgemeine Ziele des Mathematikunterrichts „wie etwa die Schulung des rationalen Denkens oder des Problemlösens" (Vollstedt et al., 2015, S. 569). Es gilt in der Mathematikdidaktik die Frage zu beantworten: „Was könnten, was sollten Schüler(innen) im Mathematikunterricht lernen?" (GDM, o. J.-a) und diesbezüglich „Inhalte und spezielle Unterrichtsziele im Rahmen allgemeiner Zielsetzungen des Mathematikunterrichts [zu] hinterfrag[en] bzw. [zu] rechtfertig[en]" (GDM, o. J.-a).

Die *Auswahl der mathematischen Inhalte,* die im Unterricht gelehrt werden sollen, kann nicht ausschließlich von der Relevanz des jeweiligen Inhalts in der Fachwissenschaft abgeleitet werden. Die mathematischen Inhalte müssen laut Bigalke (1985, S. 95) mit Blick auf verschiedene Bereiche reflektiert werden. Neben fachwissenschaftlichen Entwicklungen werden so beispielsweise auch von der Berufswelt geforderte Qualifikationen bei der Auswahl zu unterrichtender Inhalte bedacht. Die Prozentrechnung fügen Vollstedt et al. (2015, S. 569) als Beispiel für einen mathematischen Inhalt an, der in der Wissenschaft der Mathematik eher geringere Bedeutung hat. In der Alltags- und Berufswelt kommt ihm jedoch eine vergleichsweise hohe Bedeutung zu, sodass Prozentrechnung trotz geringer Relevanz in der Wissenschaft der Mathematik Teil des schulischen Curriculums ist. Eine Mathematikdidaktikerin bzw. ein Mathematikdidaktiker „analysiert Inhalte auf ihre Bedeutung für Anwendungen" (GDM, o. J.-a), sodass begründet Inhalte für den Mathematikunterricht ausgewählt werden können.

Zur Aufgabe der Curriculumsentwicklung gehört jedoch nicht nur die Auswahl und Legitimation entsprechender Inhalte, sondern auch deren *Reihung oder Anordnung* im Curriculum. Analog zur Auswahl der zu unterrichtenden mathematischen Inhalte kann auch deren Aufbau nicht ohne Weiteres aus den Fachwissenschaften in ein Curriculum für die Schule überführt werden:

> Bei der Erstellung von Curricula werden die Grenzen eines eventuellen fachwissenschaftlichen Aufbaus der Inhalte schnell offenbar, da sich die individuelle Entwicklung mathematischer Kompetenzen üblicherweise nicht entlang historischer Entwicklungen oder fachlicher Systematik orientiert und diese auch kaum die individuellen Bedürfnisse der Schülerinnen und Schüler berücksichtigen (Vollstedt et al., 2015, S. 570).

Entsprechend muss der Aufbau der mathematischen Inhalte für Curricula verschiedener Schulstufen und -formen aus verschiedenen Perspektiven beleuchtet werden.

Mathematische Inhalte sind als Forschungsgegenstände der Mathematikdidaktik an die Entwicklung, Reflexion und Ausarbeitung eines Curriculums gekoppelt, was neben ihrer Auswahl auch hinsichtlich ihrer *Aufbereitung*

> für die Mathematikdidaktik in mehrfacher Hinsicht eine Herausforderung [darstellt]:
> Sie muss die mathematischen Inhalte so aufbereiten, dass sie aus entwicklungs-
> psychologischer Perspektive für das zukünftige Leben der Lernenden relevant und
> aus fachlicher Perspektive im Sinne von Bruner (1960) als Spiralcurriculum auf
> jeder Niveaustufe intellektuell ehrlich und fortsetzbar repräsentiert sind (Vollstedt
> et al., 2015, S. 571).

Es ist daher auch Aufgabe der Mathematikdidaktik „mathematische Inhalte auf[zu]bereite[n], mit dem Ziel, sie bestimmten Lerngruppen zugänglich zu machen" (GDM, o. J.-a). Biehler, Scholz, Sträßer und Winkelmann (1994b) stellen in verschiedenen Kapiteln Subdisziplinen der Mathematikdidaktik dar. Dabei wird ein Kapitel als „Preparing Mathematics for Students" (Biehler et al., 1994b, S. 3 f.) bezeichnet, sodass die Aufbereitung mathematischer Inhalte für Lernende als eine mathematikdidaktische Subdisziplin dargestellt wird. Auch Leuders (2015) erwähnt in seinen Ausführungen zu Tätigkeiten, Aufgaben und Fragestellungen fachdidaktischer Forschung die „fachliche Analyse und Aufbereitung von Lerngegenständen mit didaktischer Perspektive" (S. 216).

3.1.3.2 Mathematikdidaktische Forschungen zum Unterricht und anderen Lehr-Lern-Umgebungen

Neben dem mathematischen Inhalt als Forschungsgegenstand der Mathematikdidaktik können auch Lehr-Lern-Umgebungen und im Speziellen der Mathematikunterricht als Forschungsgegenstände fungieren. „Nach klassischer Auffassung wird die Didaktik als Lehre des Lehrens betrachtet. Für das Fach Mathematik bedeutet dies, dass die Untersuchung von mathematischen Lehr-Lern-Umgebungen damit das Herzstück dessen bildet, was mathematikdidaktische Forschung leisten sollte" (Vollstedt et al., 2015, S. 573). Dabei kann die Mathematikdidaktik *Entwicklungsarbeit* leisten, um Lehr-Lern-Umgebungen und Lernmaterialien zu gestalten (Vollstedt et al., 2015, S. 573) oder aber im Sinne einer *Grundlagenforschung* Lehr-Lern-Umgebungen untersuchen, um so mathematikdidaktisches Wissen zu generieren (Vollstedt et al., 2015, S. 575).

Vollstedt et al. (2015, S. 574) heben in diesem Zusammenhang zwei Paradigmen mathematikdidaktischer Forschungen bezüglich Lehr-Lern-Umgebungen hervor. Ein erstes Paradigma bildet der *Design-Based Research* (Vollstedt et al., 2015, S. 574). Hier ist es „primäre[s] Ziel, einen Erkenntnisgewinn durch die Entwicklung substantieller Lernumgebungen zu erreichen" (Vollstedt et al., 2015, S. 574). Lernumgebungen werden mit entsprechender theoretischer Fundierung entwickelt, in Form zirkulärer Prozesse optimiert, wodurch neue Theorien entstehen oder vorhandene Theorien weiterentwickelt werden können (vgl. Hußmann, Thiele, Hinz, Prediger, & Ralle, 2013). Mit dieser Forschungsrichtung gehen „typische Tätigkeiten im Rahmen von Entwicklungen [einher, wie] … die des Gestaltens, Veränderns und Optimierens, während die Hauptaufgaben im Bereich der Grundlagenforschung die des Analysierens, Erklärens und Verstehens sind" (Hußmann et al., 2013, S. 26).

Das *sozialwissenschaftliche Paradigma* als eine weitere Möglichkeit der Beforschung von Lehr-Lern-Umgebungen wird mit dem Ziel „der Entwicklung von deskriptiven, explikativen und auch prädiktiven Modellen oder Theorien zum Mathematiklernen [verbunden]" (Vollstedt et al., 2015, S. 573). So findet hier „insbesondere auch die Generierung mathematikdidaktischen Wissens mit Hilfe von interpretativen, qualitativ-rekonstruktiven oder quantitativ-hypothesentestenden Untersuchungen von Unterricht [statt]" (Vollstedt et al., 2015, S. 575).

Diese zwei Paradigmen sind als Beispiele verschiedener wissenschaftlicher Herangehensweisen der Mathematikdidaktik an Unterricht und andere Lehr-Lern-Umgebungen anzusehen und stellen keine vollständige Zusammenfassung der mathematikdidaktischen Forschung zu Lehr-Lern-Umgebungen dar (Vollstedt et al., 2015, S. 573). Sie zeigen, dass Lehr-Lern-Umgebungen von der mathematikdidaktischen Forschung entwickelt und gestaltet wie auch mit Blick auf die Gewinnung neuen Wissens untersucht und beforscht werden.

Auch Leuders (2015, S. 216) unterscheidet in seinen Ausführungen zwischen Tätigkeiten, Aufgaben und Fragestellungen der Fachdidaktiken bezogen auf Lehr-Lern-Umgebungen zur „Erforschung von Lehr-Lern-Prozessen im (realen) Fachunterricht (Unterrichtsforschung)" (Leuders, 2015, S. 216) sowie zur „Entwicklung, Erforschung und Optimierung von Lernumgebungen im (gestalteten) Fachunterricht (fachdidaktische Entwicklungsforschung)" (Leuders, 2015, S. 216). Biehler et al. (1994b, S. 3 f.) erwähnen die Aufgabe einer Subdisziplin der Mathematikdidaktik, die Interaktion im Klassenraum zu beforschen. Auf Madipedia sind hinsichtlich der Beforschung von Lehr-Lern-Umgebungen

folgende mathematikdidaktischen Tätigkeiten aufgelistet: Eine Mathematikdidaktikerin bzw. ein Mathematikdidaktiker

- „entwickelt methodische Instrumentarien und substanzielle Unterrichtseinheiten und erforscht deren praktische Umsetzbarkeit, insbesondere im Hinblick auf die Qualität der induzierten Lernprozesse" (GDM, o. J.-a),
- „erforscht den Einsatz Neuer Medien beim Lehren und Lernen von
  Mathematik" (GDM, o. J.-a),
- „untersucht den Beitrag des Mathematikunterrichts zur Medienbildung"
  (GDM, o. J.-a),
- „entwickelt Methoden zur Vorbereitung, Gestaltung, Beobachtung und Analyse des Unterrichts" (GDM, o. J.-a).

3.1.3.3 Mathematikdidaktische Forschungen zu Mathematiklernenden

Mathematikdidaktische Forschungen zum mathematischen Inhalt sowie zu
Lehr-Lern-Umgebungen werden um Forschungen zu Lernenden ergänzt:
„Fundiertes Wissen über mathematische Lernprozesse ist eine zentrale Voraus-
setzung für organisatorische und inhaltliche Entscheidungen im Hinblick auf das
Mathematiklernen" (Vollstedt et al., 2015, S. 578). Um mathematische Inhalte für
ein Curriculum auszuwählen oder diese für den Unterricht aufzubereiten, muss
Wissen über die Lernenden und ihre Lernprozesse vorhanden sein. Ebenso spielt
Wissen bezüglich der unterrichtlichen Akteure auch in der Beforschung oder
Gestaltung von Lehr-Lern-Umgebungen eine entscheidende Rolle.

Die mathematikdidaktische Beforschung von Lernenden kann in verschiedene
Forschungsrichtungen unterteilt werden. Die *kognitive Kompetenzforschung* versucht beispielsweise, Kompetenzstände von Mathematiklernenden einschätzbar
zu machen (Vollstedt et al., 2015, S. 579). „Infolgedessen sind die Beschreibung
und Untersuchung von inhaltsbezogenen und prozessbezogenen mathematischen
Kompetenzen sowie die Entwicklung von Kompetenzstrukturmodellen Beispiele
für aktuelle Strömungen in der mathematikdidaktischen Forschung" (Vollstedt
et al., 2015, S. 579). Mithilfe solcher Modelle können Ist-Zustände bezüglich
der Kompetenzen der Lernenden festgestellt und mit Soll-Zuständen verglichen
werden. Weiterhin ist neben der Struktur mathematischer Kompetenzen auch die
Entwicklung dieser über eine bestimmte Dauer von mathematikdidaktischem
Interesse. „Neben den punktuell validen Kompetenzstufenmodellen [sind] auch
Modelle notwendig, die den Kompetenzzuwachs über mehrere Klassenstufen
oder Altersgruppen hinweg beschreiben" (Vollstedt et al., 2015, S. 580).

Das Individuum fokussierend widmen sich andere Zweige der mathematik-didaktischen Forschung den *Vorstellungen von Mathematiklernenden.* Vollstedt et al. (2015, S. 581 ff.) erwähnen diesbezüglich Forschungen zur didaktischen Reduktion, in der es unter anderem darum geht, Perspektiven von Lernenden zu erfassen, die Affekt-Forschung (s. Abschnitt 2.1.2), die Beforschung von Grund- und Fehlvorstellungen sowie Forschungen zur Änderung von Vorstellungen und Präkonzepten beispielsweise auf Grundlage der Conceptual-Change-Theorie (s. Abschnitt 2.4.3.1). Es gilt sowohl kognitive Aspekte des Mathematiklernens als auch affektive, wie Interessen oder Emotionen bezüglich Mathematik, zu beforschen (Vollstedt et al., 2015, S. 581).

Biehler et al. (1994b, S. 3 f.) erwähnen die Beschäftigung mit der *Psychologie des mathematischen Denkens* als eine Subdisziplin der Mathematikdidaktik, die mit der Beforschung von Lernenden einhergeht. Ebenso findet sich auch in den Ausführungen Leuders (2015) die fachdidaktische Aufgabe der „Erforschung von fachlichen Lernprozessen und deren psychischen und sozialen Bedingungen (fachbezogene Lernforschung)" (S. 216). Auf Madipedia werden folgende Forschungsfragen der Mathematikdidaktik in Bezug auf Lernende und deren Lernprozesse formuliert:

- „Welchen Einfluss haben Neigungen und Fähigkeiten von Schüler(inne)n auf Antworten zu den vorherigen Fragen? [Fragen danach, was Schülerinnen und Schüler im Mathematikunterricht lernen sollten und wie ihnen dies vermittelt werden kann]" (GDM, o. J.-a)
- „Wie können Schüler(innen) mehr Freude an mathematischen Tätigkeiten gewinnen?" (GDM, o. J.-a)

Zur Beantwortung dieser Fragen müssen „Lernvoraussetzungen und Lehr-Lern-Prozesse erforscht sowie geeignete empirische Methoden und theoretische Konzepte entwickelt werden" (GDM, o. J.-a).

Mathematikdidaktische Forschung beinhaltet entsprechend der vorherigen Ausführungen nicht nur Forschungen zum mathematischen Inhalt oder zu mathematischen Lehr-Lern-Umgebungen. Auch die Akteure innerhalb eines mathematischen Lehr-Lern-Prozesses erfahren eine gesonderte Betrachtung. Daher werden neben den Lernenden auch die Lehrenden in der Mathematik-didaktik beforscht.

3.1.3.4 Mathematikdidaktische Forschungen zu den Lehrenden

Forschungen zu Lehrkräften obliegen einem historischen Wandel, der sich mithilfe unterschiedlicher Forschungsparadigmen beschreiben lässt. Krauss und Bruckmaier (2014, S. 242) geben einen tabellarischen Überblick über jene Forschungsparadigmen, der in Tabelle 3.1 wiedergegeben ist. Diese Übersicht zeigt die unterschiedlichen Herangehensweisen und Fokussierungen der Beforschung von Lehrkräften.

Im Rahmen des Persönlichkeits-Paradigmas wird die Annahme vertreten, das Erreichen des Status einer guten Lehrkraft wäre auf wenige Eigenschaften der *Persönlichkeit* zurückführbar (Vollstedt et al., 2015, S. 576). „Dieses Paradigma wird heute oft als nur bedingt fruchtbar bezeichnet, da viele der gefundenen Zusammenhänge nur schwach bzw. oft auch trivial waren" (Krauss & Bruckmaier, 2014, S. 241). Basierend auf dieser Erkenntnis wird sich dem Prozess-Produkt-Paradigma zugewandt. „Dabei wurde versucht, Unterrichtsprozesse (z. B. Sozialformen, Methoden) und Zielkriterien, also die Produkte des Unterrichts, miteinander in direkten Zusammenhang zu bringen" (Vollstedt et al., 2015, S. 576). So konnten einige relevante Aspekte des *Handelns einer Lehrkraft* herausgearbeitet werden. Eine Wende in der Psychologie, die oft als „kognitive Wende" (Krauss & Bruckmaier, 2014, S. 241) bezeichnet wird, initiiert eine Erweiterung des Prozess-Produkt-Paradigmas hin zum Prozess-Mediations-Paradigma, in welchem die individuellen Prozesse der Informationsverarbeitung seitens der Lernenden verstärkt mitberücksichtigt werden (Krauss & Bruckmaier, 2014, S. 241). „Da die Anregung solcher individueller Informationsverarbeitungsprozesse letztlich jedoch wieder Aufgabe der Lehrkraft ist, gerieten folglich wieder die Lehrkräfte in den Vordergrund und zwar speziell die fachbezogenen professionellen Kompetenzen von Lehrkräften zur Anregung derartiger Lernprozesse im Unterricht" (Vollstedt et al., 2015, S. 576). Im Experten-Paradigma rückt die Suche nach einer guten Lehrkraft erneut in den Vordergrund. Im Unterschied zum Persönlichkeits-Paradigma stehen keine Persönlichkeitseigenschaften von Lehrkräften, sondern ihr *Professionswissen und ihre Kompetenzen* im Vordergrund (Krauss & Bruckmaier, 2014, S. 242).

Tabelle 3.1 Pädagogisch-psychologische Paradigmen in der Forschung zu Lehrkräften (Aus Krauss & Bruckmaier, 2014, S. 242; mit freundlicher Genehmigung von © Waxmann Verlag 2014. All Rights Reserved)

	Persönlichkeits-Paradigma	Prozess-Produkt-Paradigma	Prozess-Mediations-Paradigma	Experten-Paradigma
Zeit (grobe Näherung)	ca. 1900–1960	ca. 1960 (bis heute)	ca. 1975 (bis heute)	ca. 1985 (heute zentral)
Beeinflusst durch	Eigenschaftsorientierte Persönlichkeitstheorien (etwa ab 1940 auch Persönlichkeitstests)	Behaviorismus (Verhalten des Lehrers)	Kognitiv erweiterter Behaviorismus	Kognitivismus (Fokus auf „Denken und Wissen" des Lehrers)
Untersuchungsmethode	Tests und Fragebögen (Labor), Persönlichkeit des Lehrers im Vordergrund	Unterrichtsbeobachtung (später auch Videotechnik), Handeln des Lehrers im Vordergrund	Unterrichtsbeobachtung, auch Schülerfragebögen	Integration bisheriger Forschungsmethoden, Entwicklung von Professionswissenstests für Lehrer
Bemerkung	Nur wenige und oft schwache bzw. triviale Zusammenhänge	Erste robuste und stabile Befunde, Unterricht „messbar"	Zusätzlich Schülerkognitionen als Mediatoren (Motivationen, Emotionen, etc.)	Systematische Sicht, Schwerpunkt wieder auf Person der Lehrkraft, Professionswissen entscheidend

Basierend auf den Erkenntnissen der jeweiligen Forschungsparadigmen müssen Fragen zur *Aus- und Weiterbildung von Lehrkräften* gestellt und beforscht werden. So geraten auch Mathematikdidaktikerinnen und Mathematikdidaktiker als Lehrende angehender Lehrkräfte sowie die Hochschul-Mathematik und ihre Didaktik ins Blickfeld der mathematikdidaktischen Forschung (Vollstedt et al., 2015, S. 578).

Auch Biehler et al. (1994b) erwähnen in einem gesonderten Kapitel „Teacher Education and Research on Teaching" (S. 3) als gesonderte Subdisziplin der Mathematikdidaktik. Die „Erforschung der Entwicklung, Struktur und Wirkungen von fachbezogenen Kompetenzen und dem Verhalten von Lehrerinnen und Lehrern (Professionsforschung)" (S. 216) als fachdidaktische Aufgabe findet sich auch in den Ausführungen Leuders (2015). In Madipedia werden hingegen weder in den Fragestellungen noch in den dargestellten Vorgehensweisen, Forschungs- und Entwicklungsarbeiten der Mathematikdidaktik Aspekte, die mit der Beforschung von Lehrkräften einhergehen, erwähnt (vgl. GDM, o. J.-a).

3.1.3.5 Zwischenfazit

Ziel der Ausführungen in den einzelnen Unterkapiteln ist es, einen Überblick über mathematikdidaktische Forschungsinhalte und -themen zu erstellen, um hiermit die in den studentischen Vorstellungen mit Mathematikdidaktik verbundenen Inhalte einordnen und vergleichen zu können. In Anlehnung an die Ausführungen von Vollstedt et al. (2015) wurden Forschungsgegenstände und -ziele der mathematikdidaktischen Wissenschaft in vier Kapiteln dargestellt: Mathematikdidaktische Forschungen zum mathematischen Inhalt, zum Unterricht und anderen Lehr-Lern-Umgebungen, zu Lernenden sowie zu Lehrenden. Ergänzend zu den Ausführungen von Vollstedt et al. (2015) wurden auch Ausführungen von Leuders (2015), Biehler et al. (1994a) und der Enzyklopädie der GDM (o. J.-a) erwähnt.

Es ist an dieser Stelle anzumerken, dass drei von Biehler et al. (1994a) dargestellte Subdisziplinen der Mathematikdidaktik sich nicht in das Schema von Vollstedt et al. (2015) einsortieren lassen. So wird hier zum einen die Beforschung von Technologien für den Mathematikunterricht besonders hervorgehoben (Biehler et al., 1994b, S. 4). Dabei wird sowohl die Aufbereitung mathematischer Inhalte mithilfe der Technologie (Forschungen zum mathematischen Inhalt) wie auch deren Einsatz im Unterricht (Forschungen zum Unterricht und anderen Lehr-Lern-Umgebungen) angesprochen, sodass hier keine eindeutige Zuordnung zu einem Unterkapitel möglich ist. Außerdem wird die Beforschung der Geschichte und Epistemologie sowohl der Mathematik als auch der Mathematikdidaktik als mathematikdidaktische Subdisziplin dargestellt (Biehler et al., 1994b, S. 4). Eine derart selbstreferentielle Aufgabe der Mathematikdidaktik bezieht sich auf alle Forschungsbereiche dieser und ist daher in einem übergeordneten Sinne zu verstehen. Eine letzte Subdisziplin bildet laut Biehler et al. (1994b, S. 4 f.) die Beforschung des kulturellen Rahmens von Lehr-Lern-Prozessen und dessen Einfluss. Auch dies kann weiter ausdifferenziert, auf jede der in den Kapiteln vorgestellten Forschungsrichtungen übertragen werden.

Weiterhin betonen Biehler et al. (1994b) hinsichtlich der von ihnen deklarierten Subdisziplinen der Mathematikdidaktik: „Inevitably, the reader will find mutual overlaps, some subdisciplines will lie nearer or further away from each other, and they will be linked in different ways" (S. 5). Auch in der hier vorgenommenen Unterteilung der mathematikdidaktischen Forschungsgegenstände wird deutlich, dass es in vielen Bereichen über die Kategorien hinweg Verbindungen und unter Umständen auch Überschneidungen gibt. Weiterhin ist an die Darstellungen dieses Kapitels kein Anspruch auf Vollständigkeit hinsichtlich der von der Mathematikdidaktik betrachteten Forschungsgegenstände zu erheben.

3.2 Mathematikdidaktik als Kompetenzbereich

Die Betrachtung von Lehrkräften als Expertinnen oder Experten im Rahmen des Experten-Paradigmas (s. Abschnitt 3.1.3.4) geht mit der Beforschung professioneller Kompetenzen von Lehrkräften einher, welche unter anderem fachdidaktischer Natur sind (vgl. Kunter et al., 2011). Um sich mathematikdidaktischen Kompetenzen als Bereich der professionellen Kompetenz einer Mathematiklehrkraft zu nähern, werden zunächst Besonderheiten und Anforderungen des Lehrberufs dargestellt, die diesen als Profession charakterisieren. In diesem Zusammenhang wird auch der Kompetenz-Begriff definiert (Abschnitt 3.2.1). Die Charakteristiken des Lehrberufs und entsprechend auch die Definition von Kompetenz heben vor allem die Relevanz professionellen Wissens für eine Lehrkraft hervor. Dieser Relevanz Rechnung tragend sind einige theoretisch-konzeptionelle Arbeiten entstanden, die versuchen, jenes professionelle Wissen einer Lehrkraft in Einzelfacetten greifbar zu machen. Für die Mathematikdidaktik relevante Arbeiten werden in Abschnitt 3.2.2 vorgestellt. Die theoretisch-konzeptionellen Modelle des Professionswissens einer (Mathematik-)Lehrkraft bilden eine Grundlage für empirische Untersuchungen professionellen Wissens und professioneller Kompetenzen von (angehenden) Mathematiklehrkräften. Mit besonderem Augenmerk auf das

mathematikdidaktische Wissen und eben jene Kompetenzen werden beispielhafte Large-Scale-Assessments vorgestellt (Abschnitt 3.2.3). Abschnitt 3.2.4
gibt einen Einblick in relevante Ergebnisse dieser Studien. Insgesamt beleuchten
diese Ausführungen die wissenschaftliche Sichtweise auf und das Verständnis von
Mathematikdidaktik als Kompetenzbereich (s. Abschnitt 1.3).

3.2.1   Professionelle Kompetenzen im Lehrberuf

Den Lehrberuf mit dem Konzept einer Profession zu verbinden, ist „vergleichsweise modern[] und zugleich komplex[]" (Terhart, 2011, S. 202). Die Komplexität ergibt sich aus verschiedensten Ansätzen, Profession als solches zu definieren
und auf Basis der Definitionen abzuwägen, ob der Lehrberuf eine Profession darstellt oder nicht. Der amerikanische Erziehungspsychologe Lee Shulman (1998)
hält konstituierende Attribute einer Profession fest:

> All professions are characterized by the following attributes:
> – the obligations of *service* to others, as in a 'calling';
> – *understanding* of a scholarly or theoretical kind;
> – a domain of skilled performance or *practice*;
> – the exercise of *judgement* under conditions of unavoidable uncertainty;
> – the need for *learning from experiences* as theory and practice interact; and
> – a professional *community* to monitor quality and aggregate knowledge.
>
> These attributes are as relevant to designing the pedagogies of the professions as
> they are to understand their organization and functions (S. 516 Hervorhebungen im
> Original).

Diese Darstellung von Shulman stellt eine pragmatische Annäherungen an den
Begriff der 'Profession' dar und ist abzugrenzen von klassisch idealistischen
Professionskonzepten, die mit einer Profession vor allem einen hohen
gesellschaftlichen Status verbinden (Terhart, 2011, S. 203).

In einem ersten Attribut führt Shulman den Dienst an anderen Menschen als
Charakteristikum einer Profession aus: „Professionals are those who are educated
to serve others" (S. 516). Lehrkräfte stehen in diesem Sinne im *Dienste der
Lernenden* und verfolgen das soziale Ziel „Lernprozesse von Schülerinnen und
Schülern zu initiieren und zu unterstützen, sodass die schulischen Lernziele
erreicht werden" (Baumert & Kunter, 2011a, S. 30).

Weiterhin schreibt Shulman Professionen eine *Wissensbasis* zu. "To call
something a profession is to claim that it has a knowledge base in the academy

broadly construed. Professions legitimate their work by reference to research and *theories*" (Shulman, 1998, S. 517 Hervorhebung im Original). Dieses Merkmal einer Profession steht in engem Zusammenhang mit der hochschulischen Ausbildung, die als zentrales Merkmal einer Profession angesehen werden kann (Evetts, 2003, S. 397). Um in einer Profession arbeiten zu können, muss akademisches Wissen erworben werden, welches essenziell für das Ausüben der Profession ist. Theoretisches Wissen allein ist jedoch nicht ausreichend. Es bildet in erster Linie eine Fundierung für das Handeln in der Praxis. In allen Professionen findet daher im Anschluss an eine theoretische Ausbildung eine Ausbildungsphase statt, die eine intensiv betreute Einführung in die Praxis darstellt und den Erwerb notwendiger *Fähigkeiten* sowie die Demonstration adäquaten Verhaltens sicherzustellen versucht (Shulman, 1998, S. 518). Bezüglich des Lehramtes kann das Referendariat als eine solche Ausbildungsphase angesehen werden.

Inhaltlich wird professionelles Arbeiten als ein Arbeiten mit Risiken und Unsicherheiten beschrieben. Bezogen auf den Lehrberuf kann von einer doppelten Unsicherheit ausgegangen werden:

> Einmal ist Unterricht nur begrenzt planbar. Die interaktive Struktur des Unterrichts und die Unvorhersehbarkeit des aktuellen Verhaltens von Schülerinnen und Schülern machen den Unterrichtsdiskurs und die Gestalt des Lehrangebots auch bei sorgfältiger Vorbereitung situationsabhängig. Zum anderen gibt es auch für die Ergebnisse des Unterrichts, also die Lernerfolge der Schüler keine Garantie (Baumert & Kunter, 2011a, S. 30).

Mit den Unsicherheiten gehen, laut Shulman, Prozesse des *Urteilens* einher. Die Urteile bilden eine Brücke zwischen Theorie und Praxis. Gelernte Theorien können dabei nicht einfach übernommen werden, sondern müssen unter anderem transformiert, adaptiert, kritisiert und erweitert werden (Shulman, 1998, S. 519). *Lernen aus Erfahrungen und die Reflexion der eigenen Praxis* werden zusätzlich von Shulman wie auch von Evetts als Merkmale von Professionen angefügt. Hiermit sind selbstreferentielle Reflexionen und Erfahrungen gemeint sowie auch solche einer breiteren Community, sodass einzelne auch von den Erfahrungen anderer profitieren können (Shulman, 1998, S. 519). „No professional can function well in isolation. Professionals require membership in a community" (Shulman, 1998, S. 520). Als eine solche Community kann in engem Verständnis das Kollegium agieren. Über Zeitschriften und andere Formen der Kommunikation kann jedoch auch in einem größeren Ausmaß ein Austausch stattfinden.

Grenzen und Einschränkungen

Laut den Ausführungen von Shulman (1988) ist der Lehrberuf als Profession anzusehen. Wird eine Profession aber beispielsweise als ein Beruf mit einem grundsätzlichen Freiheitsgrad verstanden, fällt es aufgrund der „starken Einbindung in den hierarchisch-bürokratisch geregelten Apparat der Staatsschule" (Terhart, 2011, S. 204) schwerer den Lehrberuf als eine Profession zu bezeichnen. Ebenso beschreibt Terhart (2011), dass nicht für alle Schularten die Existenz eines spezifischen Wissens einvernehmlich anerkannt ist: „Insbesondere für die Arbeit an Grundschulen wurde lange und wird z. T. noch heute die Existenz einer spezifischen Wissens- und Kompetenzbasis bezweifelt, da für sie ein hoher Anteil an pädagogisch-personalen, eher diffusen und wenig spezifisch-professionellen Fähigkeiten angenommen wird" (S. 205). Es lassen sich noch weitere Punkte finden, welche die Bezeichnung des Lehrberufs als Profession zumindest erschweren[5]. Nach einer Analyse verschiedener Argumente kommt Schwarz (2013) zu dem Schluss,

> dass der Lehrerberuf, unabhängig von der konkreten Schulstufe, zumindest in großen Teilen professionalisiert ist. ... Der Beruf der Lehrerin oder des Lehrers ist zumindest soweit professionalisiert, dass es gerechtfertigt ist, von professioneller Kompetenz und damit verbunden von einer dazugehörigen professionellen Wissensstruktur als Grundlage für berufliches Handeln von Lehrerinnen und Lehrern auszugehen (S. 24 ff.).

Mit Bezug auf Shulman (1998) sowie Hoyle (2001) wird auch im Rahmen des Forschungsprogrammes COACTIV festgehalten:

> Mit der Betonung, dass erfolgreiches Unterrichten vor allem aufgrund einer gut vernetzten und umfangreichen domänenspezifischen Wissensbasis ermöglicht wird und dass diese Wissensbasis im Rahmen der strukturierten Lehreraus- und Weiterbildung vermittelbar ist, kann der Lehrberuf als Profession verstanden werden, also als ein Berufsfeld, das sich unter anderem durch eine intensive spezialisierte Ausbildung, eine Tätigkeit in autonomen und nicht-routinebasierten Situationen, eine gemeinsame theoretische Wissensbasis und spezialisierte Fertigkeiten sowie systematische Qualitätssicherung und Wissenserweiterung innerhalb des Feldes auszeichnet (Baumert & Kunter, 2011a, S. 30).

---

[5]Eine detailliertere Ausführung hierzu findet sich beispielsweise bei Schwarz (2013).

Der kompetenztheoretische Ansatz zur Bestimmung des Lehrberufs als Profession

Aufgrund der Komplexität der Verbindung des Professionsbegriffs mit dem Lehrberuf „wird seit längerem nach Ansätzen gesucht, die den professionellen Charakter von pädagogischen Berufen bzw. im engeren Sinne: von Lehrerarbeit *aus den Eigenarten dieser Arbeit selbst* zu bestimmen suchen" (Terhart, 2011, S. 205 Hervorhebungen im Original). Ein solcher Ansatz ist der „kompetenztheoretische[] Bestimmungsansatz" (Terhart, 2011, S. 206 ff.)[6], welchem auch die anfänglich dargestellten Ausführungen zu einer Profession nach Shulman (1988) zuzuordnen sind (Terhart, 2011, S. 207 f.). In diesem Ansatz wird unter anderem von der empirischen Erforschbarkeit unterrichtlicher Prozesse und der Erlernbarkeit erfolgreichen Handelns seitens einer Lehrkraft ausgegangen (Terhart, 2011, S. 207 f.). Es wird als eine zentrale Anforderung angesehen, die Aufgaben einer Lehrkraft möglichst genau zu beschreiben. In diesem Zusammenhang werden Kompetenzbereiche und Wissensdimensionen, die für die Arbeit als Lehrkraft relevant sind, definiert. Es gilt, diese theoretisch wie auch empirisch zu beforschen und zu begründen (Terhart, 2011, S. 207 f.). „Professionell ist ein Lehrer [dieser Auffassung nach] dann, wenn er in den verschiedenen Anforderungsbereichen ... über möglichst hohe bzw. entwickelte Kompetenzen und zweckdienliche Haltungen verfügt" (Terhart, 2011, S. 207).

Aus den Anforderungen der Lebens- und Arbeitswelt einer Lehrkraft werden nach dem kompetenztheoretischen Ansatz funktionale Anforderungen abgeleitet, die als Kompetenzen angesehen werden (Klieme, 2004, S. 11). Als Referenzzitat gilt in diesem Zusammenhang die folgende Definition (Klieme, 2004, S. 12):

> Dabei versteht man unter Kompetenzen die bei Individuen verfügbaren oder durch sie erlernbaren kognitiven Fähigkeiten und Fertigkeiten, um bestimmte Probleme zu lösen, sowie die damit verbundenen motivationalen, volitionalen und sozialen Bereitschaften und Fähigkeiten um die Problemlösungen in variablen Situationen erfolgreich und verantwortungsvoll nutzen zu können (Weinert, 2002, S. 27 f.).

In der Beschreibung von Kompetenzen als Elemente der Kognition werden diese mit bestimmtem Wissen verbunden, welches mit Bezug auf die Ausführungen Shulmans (1998) als Grundlage einer Profession sowie der hochschulischen Lehrerausbildung angesehen werden kann. Ebenso findet sich in Weinerts

---

[6]Neben einem kompetenztheoretischen Ansatz erwähnt Terhart (2011, S. 206 ff.) auch einen struktturtheoretischen und einen berufsbiographischen Ansatz, in denen sich dem Lehrberuf als Profession genähert wird.

Ausführung die zentrale Annahme des kompetenztheoretischen Bestimmungsansatzes wieder, erfolgreiches Handeln einer Lehrkraft könne erlernt werden. Dabei betonen Klieme und Leutner (2006, S. 880), dass Kompetenzen durch Erfahrung und Lernen erworben werden und von außen beeinflussbar sind. Es findet sich mit Bezug auf das erfahrungsbasierte Lernen eine weitere Analogie zu den Ausführungen Shulmans.

Um mithilfe von Kompetenzen die Aufgabenbereiche einer Lehrkraft möglichst genau beschreiben und auch messbar machen zu können, bedarf es „einer Verankerung in empirisch geprüften kognitionspsychologischen bzw. fachdidaktischen *Kompetenzmodellen*, die Struktur, Graduierung und Entwicklungsverläufe der Kompetenzen abbilden" (Klieme & Leutner, 2006, S. 877 Hervorhebung im Original). Im Rahmen des kompetenztheoretischen Ansatzes entstehen so Konzeptionen mathematikdidaktischen Wissens sowie jener Kompetenzen, die im Folgenden näher betrachtet werden.

3.2.2 Fachdidaktisches Wissen als Teil des Professionswissens

Mit Blick auf die Definition von Kompetenz nach Weinert (2002) sowie auf die Charakteristika einer Profession nach Shulman (1998) erhält spezifisches Wissen für Mathematiklehrkräfte eine besondere Bedeutung. „Wissen und Können – also deklaratives[7], prozedurales[8] und strategisches Wissen – [sind] zentrale Komponenten der professionellen Kompetenz von Lehrkräften" (Baumert & Kunter, 2011a, S. 33). Entsprechend der Forderung von Klieme und Leutner (2006, S. 877) nach Modellen zur Strukturierung von Kompetenzen, haben verschiedene Wissenschaftlerinnen und Wissenschaftler Dimensionen des Professionswissens voneinander unterschieden. Ein Modell zum Professionswissen einer Lehrkraft, das sich international weitgehend durchgesetzt hat (Baumert & Kunter, 2011a, S. 33), stammt von Shulman (1986, 1987). Dieses Modell bezieht sich nicht explizit auf Mathematiklehrkräfte,

---

[7]„Deklaratives Wissen bezieht sich auf das »Wissen, dass«. Dies kann sowohl einzelne Fakten umfassen … als auch komplexes Zusammenhangswissen …. Vielfach wird auch der Begriff des konzeptuellen Wissens verwendet, wenn deklaratives Wissen gemeint ist, welches tieferes Verständnis konstituiert." (Renkl, 2009, S. 4)

[8]„Prozedurales Wissen bezeichnet 'Wissen, wie', also etwas, das man in der deutschen Alltagssprache meist als Können bezeichnet." (Renkl, 2009, S. 4) Hervorhebungen im Original)

sondern generell auf das Wissen einer Lehrkraft. In Deutschland hat unter anderem der Professor für Pädagogische Psychologie Rainer Bromme (1994, 1995) Shulmans Modell aufgegriffen und weiter ausdifferenziert. Seine Ausführungen werden im Folgenden ergänzend zu jenen von Shulman dargestellt. „Vor allem die Arbeiten von Shulman und für den deutschen Sprachraum von Bromme ... haben die Bedeutung und Vielschichtigkeit des Fachwissens und des fachdidaktischen Wissens nachhaltig ins Bewusstsein der Lehrerwissensforschung gerückt" (Neuweg, 2014, S. 583).

Shulman (1986) stellt zu Beginn seiner Ausführungen fest: „As we have begun to probe the complexities of teacher understanding and transmission of content knowledge, the need for a more coherent theoretical framework has become rapidly apparent" (S. 9). In Anbetracht der Notwendigkeit eines theoretischen Modells versucht er das fachliche Wissen einer Lehrkraft in Form verschiedener Domänen und Kategorien aufzuschlüsseln. Dabei konzentriert er sich auf das Wissen zum Sachgegenstand ('Subject Matter Knowledge'), fachspezifisch-pädagogisches ('Pedagogical Content Knowledge') sowie curriculares Wissen ('Curricular Knowledge'), welche er als fachbezogene Wissenskomponenten von fächerübergreifendem pädagogischem Wissen ('General Pedagogical Knowledge') abgrenzt. In einer Fußnote erwähnt er zusätzlich Wissen über Lernende und ihre Hintergründe ('Knowledge of Learners and their Backgrounds'), organisatorisches Wissen ('Knowledge of Principles of School Organization, Finance and Management') und Wissen über historische, soziale und kulturelle Bildungsgrundlagen ('Historical, Social, and Cultural Foundations of Education') (Shulman, 1986, S. 14)[9]. Während letztere Wissens-dimensionen keine nähere Beschreibung finden, werden erstere von Shulman (1986, 1987) detaillierter dargestellt. Bromme (1994) ergänzt in seinen Aus-führungen die Wissensdimension „Philosophy of content knowledge" (S. 74). Unter Betrachtung dieser einzelnen Bereiche des professionellen Wissens einer Lehrkraft kann festgehalten werden, dass nicht alle Bereiche disjunkt zueinander sind, sondern durchaus Überschneidungspunkte beinhalten (vgl. Depaepe, Verschaffel, & Kelchtermans, 2013). „Praktisch durchgesetzt hat sich die Unterscheidung in allgemeines pädagogisches Wissen, Fachwissen und fach-didaktisches Wissen" (Bromme, 1994, S. 75).

---

[9]In einer Veröffentlichung von 1987 spricht er von folgenden Wissensfacetten: 'Content knowledge', 'General Pedagogical Knowledge', 'Curriculum Knowledge', 'Pedagogical content knowledge', 'Knowledge of Learners and their Characteristics', 'Knowledge of Educational Contexts' und 'Knowledge of Educational Ends, Purposes, and Values, their Philosophical and Historical Grounds' (Shulman, 1987, S. 8).

Tabelle 3.2 Domänen des Professionswissens nach Shulman und Bromme (In Anlehnung an Neuweg, 2014, S. 586)

Fachbezogenes Wissen					Fachindifferentes Wissen
Fachwissen – Content Knowledge (CK) (Shulman, 1986)		Fachdidaktisches Wissen			
School Mathematical Knowledge (Bromme, 1994)	Content Knowledge about Mathematics as a Discipline (Bromme, 1994)	Philosophy of School Mathematics (Bromme, 1994)	Pedagogical Content Knowledge (PCK) (Shulman, 1986 & Bromme, 1994)	Curricular Knowledge (Shulman, 1986)	General Pedagogical Knowledge (PK) (Shulman, 1986 & Bromme, 1994)

In Tabelle 3.2 werden die einzelnen Wissensbereiche nach Shulman und Bromme in Anlehnung an Neuweg (2014, S. 586) aufgelistet. Dabei fällt auf, dass 'Pedagogical Content Knowledge' (PCK) als ein Teilbereich des fachdidaktischen Wissens dargestellt wird. Schwarz (2013, S. 47) verweist darauf, dass jenes fachspezifisch-pädagogische Wissen (PCK) oftmals mit fachdidaktischem Wissen gleichgesetzt wird. Dabei kommt es jedoch je nach Verständnis zu einer begrifflichen Überschneidung. So wird in Kontinentaleuropa das fachdidaktische Wissen weiter gefasst. Hier zählen auch reflexive Elemente, wie Überlegungen zu Zielen des Mathematikunterrichts oder Begründungen für die Auswahl von Inhalten und Vorgehensweisen im Mathematikunterricht, zum fachdidaktischen Wissen. Nach Shulman (1986) und einer häufig im englischsprachigen Raum geteilten Auffassung bezieht sich das PCK überwiegend auf Fertigkeiten, während jene reflexiven Elemente als Teil des getrennt betrachteten 'curricularen Wissens' verstanden werden (Blömeke, Seeber, et al., 2008, S. 50; Schwarz, 2013, S. 47 f.). Für diese Arbeit sind besonders das fachdidaktische Wissen und darauf basierende fachdidaktische Kompetenzen von Relevanz, daher werden die einzelnen Dimensionen des fachdidaktischen Wissens gesondert betrachtet.

3.2.2.1 Fachspezifisch-pädagogisches Wissen – Pedagogical Content Knowledge

Das fachspezifisch-pädagogische Wissen (PCK) wird von Shulman (1986, S. 9) als über das Wissen zu den Sachgegenständen des Faches hinausgehendes Wissen deklariert. Es geht hierin hauptsächlich um die Lehrbarkeit eines

Fachinhaltes. Shulman (1987) beschreibt das fachspezifisch-pädagogische Wissen als „amalgam of content and pedagogy that is uniquely the province of teachers, their own special form of professional understanding" (S. 8). Fachspezifisch-pädagogische Erkenntnisse werden dabei zum einen aus der Wissenschaft erlangt, zum anderen entstehen sie aus der Erfahrung innerhalb der Praxis (Shulman, 1986, S. 9). Inhaltlich umfasst diese Wissensdomäne Kenntnisse über Repräsentationsformen eines Fachinhaltes, Illustrationen, Beispiele, Erklärungen und Demonstrationen – „in a word, the ways of representing and formulating the subject that make it comprehensible to others" (Shulman, 1986, S. 9). Hinzu kommt ein Verständnis dafür, was Lernprozesse bezüglich der spezifischen Fachinhalte erschwert oder erleichtert. Vorstellungen und Vorverständnisse von Lernenden unterschiedlichen Alters sowie unterschiedliche Hintergründe der Lernenden, die in den Lernprozess eingebracht werden, müssen bedacht und berücksichtigt werden. Im Falle von Fehlvorstellungen wird darüber hinaus strategisches Wissen benötigt, um das Verständnis der Lernenden zu 'restrukturieren' (Shulman, 1986, S. 9 f.). Zwei zentrale Komponenten dieses Wissens sind demnach das Wissen über Unterrichtsstrategien und Repräsentationsformen ('Knowledge of Instructional Strategies and Representations') und das Wissen über (Fehl-)Vorstellungen der Lernenden ('Knowledge of Students' (Mis-)Conceptions') (Depaepe et al., 2013, S. 12; in Anlehnung an Shulman, 1986).

Auch Bromme (1994) versteht unter dem „subject-matter-specific pedagogical knowledge" (S. 75) die Kenntnis verschiedener Repräsentationsformen, erwähnt jedoch zusätzlich das Wissen zur Bestimmung der zeitlichen Anordnung zu behandelnder Themen sowie Wissen zur Intensität der Beschäftigung mit fachlichen Themen als Teile des fachspezifisch-pädagogischen Wissens. Dabei müssen Lehrkräfte Strukturen und Gewichtungen der Fachinhalte innerhalb ihrer Disziplinen für den Schulunterricht verändern (Bromme, 1994, S. 75).

> Es ist für die Arbeit von Lehrern zum Beispiel erforderlich, Konzepte und Methoden der jeweiligen Disziplinen auszuwählen und mit bestimmten Schwerpunkten darzustellen, und derartige Entscheidungen können nicht alleine aus der Logik der jeweiligen Gegenstände begründet werden (Bromme, 1995, S. 110).

Das hierzu notwendige Wissen geht über die Logik der (mathematischen) Fachinhalte hinaus. Bezüglich der Mathematik ist das fachspezifisch-pädagogische Wissen, laut Bromme, vor allem an mathematische Aufgaben und ihre Nutzung gebunden. Es entsteht aus der Beziehung von curricularem Fachinhalt und Lehr-Lern-Prozessen (Bromme, 1994, S. 86). Dabei wird im fachspezifisch-pädagogischen Wissen das Wissen aus verschiedenen Bereichen, wie der wissenschaftlichen Disziplin der Mathematik, der Pädagogik sowie jenes aus der eigenen Erfahrungswelt, vereint (Bromme, 1994, S. 86).

Zusätzlich ist fachspezifisch-pädagogisches Wissen kontextabhängig und muss an die spezielle Situation des Unterrichts angepasst werden (Bromme, 1995, S. 108).

Neuweg (2014) hält auf Basis dieser Ausführungen Brommes fest: „Es [das fachspezifisch-pädagogische Wissen] entsteht durch aktive Konstruktions-, Integrations- und Transformationsleistungen des Lehrers und variiert vermutlich interindividuell sehr stark" (S. 590).

Inhaltlich fasst Bromme (1995) folgende Facetten dieses Wissens zusammen:

> 'Pedagogical content knowledge' wird dabei vor allem in den didaktischen Mitteln der Lehrer gesucht, der Art und Weise, wie sie den Stoff präsentieren und wie sie Schüleräußerungen und Schülervorkenntnisse im Unterricht berücksichtigen. Dazu gehören weiterhin die Auswahlkriterien für exemplarische Unterrichtsinhalte, Vereinfachungen komplexer Zusammenhänge und der Umgang mit didaktischen Materialien (S. 106 Hervorhebung im Original).

Damit erwähnt er ähnliche Inhalte wie auch Shulman (Repräsentationsweisen, Einbezug von Schülervorstellungen und -vorkenntnissen), zählt im Gegensatz zu Shulman jedoch auch reflexive Inhalte, wie die Auswahl von Unterrichtsinhalten, zum fachspezifisch-pädagogischen Wissen.

3.2.2.2 Curriculares Wissen – Curricular Knowledge

Das von Shulman (1986, S. 10) betrachtete 'curriculare Wissen' stellt in den Ausführungen Brommes (1994, 1995) keine gesonderte Form des professionellen Wissens einer Lehrkraft dar. Aspekte, die Shulman (1986, S. 10) hierunter versteht, wie die Auswahl und zeitliche Anordnung von Inhalten oder deren Gewichtung, lassen sich in der Beschreibung fachspezifisch-pädagogischen Wissens nach Bromme finden. Neuweg (2014, S. 590) sieht das 'Pedagogical Content Knowledge' sowie das 'Curricular Knowledge' nach Shulman als zwei Komponenten fachdidaktischen Wissens an. Das curriculare Wissen umfasst für Shulman (1986, S. 10) die Kenntnis der Lehrpläne, die für das Lehren spezieller Fächer und ihrer Inhalte in einer bestimmten Klassenstufe erstellt wurden, sowie die Kenntnis der damit in Beziehung stehenden Materialien[10]. Das Curriculum

---

[10]Schwarz (2013) verweist in diesem Zusammenhang darauf, dass in einer weiteren Sichtweise, die eher im anglo-amerikanischen Sprachraum und damit auch von Shulman vertreten wird, unter dem Begriff 'Curriculum' nicht nur der Lehrplan, sondern „die Zusammenfassung aller Elemente begriffen [wird], mittels derer der Lehr-Lern-Prozess gestaltet wird" (S. 41).

und die damit in Zusammenhang stehenden Lehrmaterialien bezeichnet Shulman (1986) als das Arzneibuch des Lehrers: „the pharmacopeia from which the teacher draws those tools of teaching that present or exemplify particular content and remediate or evaluate the adequacy of student accomplishments" (S. 10).

Einer professionellen Lehrkraft sollen, so Shulman (1986, S. 10), alternative Materialien für ein bestimmtes Thema innerhalb einer Klassenstufe bekannt sein. Dieses Wissen bezeichnet er als „knowledge of alternative curriculum materials" (Shulman, 1986, S. 10). Dabei handelt es sich einerseits um Materialien des Faches, das von der Lehrkraft selbst unterrichtet wird. Gleichzeitig stellt Shulman (1986, S. 10) den Anspruch an eine Lehrkraft, auch die zeitgleich von den Lernenden in anderen Fächern behandelten Themen bzw. curricularen Materialien zu kennen, um den Inhalt des eigenen Unterrichts mit den in anderen Fächern behandelten Themen zu verknüpfen. Diese horizontale Ausrichtung des curricularen Wissens einer Lehrkraft wird ergänzt um eine vertikale Ausrichtung. Vertikal gesehen beinhaltet das curriculare Wissen die Kenntnis um Themen und Inhalte, welche die Lernenden in der Vergangenheit bereits im Unterricht thematisiert haben sowie zukünftig noch thematisieren werden. Das vertikale Wissen ist im Gegensatz zum horizontalen fachimmanent (Shulman, 1986, S. 10).

3.2.2.3 Philosophie der Schulmathematik – Philosophy of School Mathematics

Das professionelle Wissen zur 'Philosophie der Schulmathematik' stellt eine Facette dar, um welche Bromme (1994, S. 74) die Ausführungen Shulmans ergänzt. Implizit unterrichten Lehrkräfte, laut Ausführungen Brommes, neben dem Fachinhalt auch die Philosophie dessen. Dementsprechend wirkt sich das Verständnis von Mathematik seitens der Lehrkraft auf den Unterricht und die Lernenden aus (Bromme, 1994, S. 74). „The philosophy of school mathematics contains certain judgements about what are the central concepts and procedures that should be taught, and what characterizes mathematical thought" (Bromme, 1994, S. 80). Schwarz (2013) hält jedoch fest: „In der aktuellen Diskussion werden entsprechende Konzepte häufig weniger im Kontext des Professionswissens, sondern verstärkt im Kontext der Belief-Konzepte diskutiert. Im Einklang damit wird dieser Bereich ... nicht als Teil des Professionswissens berücksichtigt" (S. 46). Diese Arbeit schließt sich der Einschätzung von Schwarz an und berücksichtigt die Philosophie der Schulmathematik im Weiteren nicht als gesonderte fachdidaktische Wissensdomäne von Lehrkräften.

3.2.2.4 Zusammenfassung

Aus kontinentaleuropäischer Perspektive wird fachdidaktisches Wissen ähnlich zu den Auffassungen Brommes (1994, 1995) als Komposition aus fachspezifisch-pädagogischem Wissen (PCK) und curricularem Wissen aufgefasst. Ergänzt um die inhaltlichen Ausführungen Shulmans (1986) kann zusammenfassend das in Tabelle 3.3 ersichtliche Modell fachdidaktischen Wissens festgehalten werden.

Tabelle 3.3 Dimensionen fachdidaktischen Wissens in Anlehnung an Shulman (1986)

Fachdidaktisches Wissen				
Fachspezifisch-pädagogisches Wissen (PCK)		Curriculares Wissen		
Wissen über Unterrichtsstrategien und Repräsentationsformen	Wissen über (Fehl-)Vorstellungen der Lernenden	Wissen über alternative Materialien	Horizontales curriculares Wissen	Vertikales curriculares Wissen

Bromme (1995) beschreibt fachdidaktisches Wissen als ein „empirisch fundiertes bzw. zu fundierendes hypothetisches Konstrukt" (S. 105). Aus dieser Beschreibung geht die Notwendigkeit hervor, fachdidaktisches Wissen und entsprechende Kompetenzen mit Blick auf ihre Existenz empirisch zu untersuchen. Dem Ziel der empirischen Untersuchung fachdidaktischen Wissens (angehender) Lehrkräfte haben sich verschiedene Studien verschrieben, von denen nachfolgend einige näher betrachtet werden.

3.2.3 Konzeptualisierungen mathematikdidaktischen Wissens

Neuweg (2014, S. 588) beschreibt die Studien im Rahmen von COACTIV ('Professionswissen von Lehrkräften, kognitiv aktivierender Mathematikunterricht und die Entwicklung mathematischer Kompetenz'), MT21 ('Mathematics Teaching in the 21st Century'), die Nachfolgestudie TEDS-M ('Teacher Education and Development Study in Mathematics') sowie die Studien des 'Learning Mathematics for Teaching (LMT)'-Projektes rund um die „Michigan-Forschungsgruppe" (Neuweg, 2014, S. 588) als sich in fruchtbarer Weise ergänzend. Dabei wollen die Studien „Lehrerwissen durch direkte Tests … erhellen, das in bedeutsamer Weise auf Schülerleistungen durchschlägt, und …

fragen, wo und wie Lehrer dieses Wissen erwerben, insbesondere, inwieweit die bestehenden Ausbildungsangebote relevante Beiträge zu dessen Aufbau leisten" (Neuweg, 2014, S. 588). Den Ausführungen Neuwegs entsprechend werden die erwähnten Studien hinsichtlich der vorgenommenen Konzeptualisierungen des mathematikdidaktischen Wissens thematisiert. Ergänzend zu den von Neuweg deklarierten Studien wird aufgrund der abweichenden Konzeptualisierung und Operationalisierung mathematikdidaktischen Wissens zusätzlich die Studie TEDS-LT ('Teacher Education and Development Study: Learning to Teach') vorgestellt.

Tabelle 3.4 Mathematikdidaktische Wissensfacetten in Large-Scale-Assessments

LMT (Ball, Thames, & Phelps, 2008)	MT21 (Blömeke, Seeber, et al., 2008)	TEDS-M (Döhrmann, Kaiser, & Blömeke, 2010)	COACTIV (Krauss et al., 2011)	TEDS-LT (Buchholtz et al., 2014)
Knowledge of Content and Students (KCS)	Lernprozess-bezogene Anforderungen	Interaktions-bezogenes Wissen	Wissen über das mathematische Denken von Schüler(inne)n (Schüleraspekt)	Unterrichts-bezogenes mathematik-didaktisches Wissen
Knowledge of Content and Curriculum			Wissen über mathematische Aufgaben (Inhaltsaspekt)	Stoff-didaktisches Wissen
Knowledge of Content and Teaching (KCT)	Lehrbezogene Anforderungen	Curriculares und planungsbezogenes Wissen	Erklärungs-wissen (Instruktions-aspekt)[a]	

[a]Die verschiedenen Aspekte werden von Krauss et al. (2011, S. 157) mit den jeweiligen Wissensfacetten verbunden.

In ihrem Artikel betonen Ball et al. (2008, S. 405) die Wichtigkeit der von Shulman identifizierten Wissensfacetten bezüglich der Beforschung von Unterricht und der Lehrerausbildung. Einzelne Wissensdomänen sollten ihrer Meinung nach sorgfältig ausdifferenziert und messbar gemacht werden. Shulman (1986, S. 9) erwähnt zwei Facetten des fachspezifisch-pädagogischen Wissens (PCK): Wissen über (Fehl-)Vorstellungen der Lernenden sowie Wissen über Unterrichtsstrategien und Repräsentationsformen (s. Abschnitt 3.2.2.4). Diese beiden Bereiche werden von Ball et al. (2008, S. 402) als mit den von ihnen formulierten

Bereichen 'Knowledge of Content and Students (KCS)' und 'Knowledge of Content and Teaching (KCT)' zusammenfallend dargestellt (s. Tabelle 3.4). Es ergeben sich so zwei verschiedene Bereiche fachdidaktischen Wissens. Zusätzlich erwähnen Ball et al. (2008, S. 403) curriculares Wissen als Teil des 'Pedagogical Content Knowledges'. Im Rahmen des COACTIV-Programms werden mathematikdidaktische Anforderungen mit der Aufgabe des *„Zugänglichmachen[s]* mathematischer *Inhalte* für *Schüler"* (Krauss et al., 2011, S. 138 Hervorhebungen im Original) verbunden. Dabei beschreiben die kursiv gedruckten Begriffe die Eckpunkte eines didaktischen Dreiecks. Jeder dieser Eckpunkte wird im COACTIV-Programm von einer mathematikdidaktischen Kompetenzfacette[11] näher beschrieben (Krauss et al., 2011, S. 138). In MT21 und TEDS-M wird mathematikdidaktisches Wissen anhand einer zeitlichen Perspektive konzeptualisiert. Es wird zwischen Anforderungen, die in der Unterrichtsplanung und solchen die im Unterrichtsgeschehen an eine Mathematiklehrkraft gestellt werden, unterschieden (Blömeke, Kaiser, & Lehmann, 2010, S. 29; Blömeke, Seeber, et al., 2008, S. 51). Die Ausführungen zum mathematikdidaktischen Wissen in TEDS-LT orientieren sich an den Bezugswissenschaften der Mathematikdidaktik. Die in Tabelle 3.4 dargestellte Gegenüberstellung zeigt Ähnlichkeiten der Konzeptualisierungen, aber auch Unterschiede. Im Folgenden werden die einzelnen in Tabelle 3.4 ersichtlichen Facetten des mathematikdidaktischen Wissens anhand der drei Aspekte nach Krauss et al. (2011, S. 138) dargestellt: Schüleraspekt, Inhaltsaspekt und Instruktionsaspekt. Dabei muss beachtet werden, dass eine Zuordnung der Facetten zu einem dieser Aspekte nicht eindeutig vollzogen werden kann, da sich die Facetten durch die unterschiedlichen Herangehensweisen der Studien unterscheiden und in einzelnen Inhalten überschneiden.

3.2.3.1 Schüleraspekt des mathematikdidaktischen Wissens

Die mathematikdidaktische Wissensfacette des *'Knowledge of Content and Students (KCS)'* wird in den Ausführungen der *Michigan-Forschungsgruppe* als ein Zusammenspiel von Fachwissen und dem Wissen über das Denken, das (Vor-) Wissen der Lernenden sowie deren Lernprozesse verbunden. Es ist demnach zu unterscheiden vom reinen Fachwissen einer Lehrkraft, denn diese kann auch mit

---

[11]In COACTIV wird von einzelnen 'Kompetenzfacetten' des mathematikdidaktischen Wissens gesprochen. Diese bestehen aus spezifischem deklarativen und prozeduralen Wissensfacetten und bilden damit Kompetenzen im engeren Sinne (Baumert & Kunter, 2011a, S. 32 f.).

hohem Fachwissen wenig Wissen darüber haben, wie Schülerinnen und Schüler einen bestimmten Fachinhalt erlernen (Hill, Ball, & Schilling, 2008, S. 375 ff.). Lehrkräfte können mithilfe des Wissens aus dieser Facette antizipieren, was Lernende bezüglich eines Fachinhaltes denken, was sie verwirren könnte, was sie interessant und motivierend finden könnten, was ihnen leicht- oder schwerfallen würde und wie sie an eine Aufgabe herangehen würden. Sie müssen mithilfe des KCS die von den Lernenden auf ihre eigene Art ausgedrückten Denkprozesse aufmerksam wahrnehmen und interpretieren, um entsprechend reagieren zu können (Ball et al., 2008, S. 401). Zur Messung dieses Wissens von Primarstufen-lehrkräften wurden Items zu vier Subkategorien erstellt:

- Common student errors: identifying and providing explanations for errors, having a sense for what errors arise with what content, etc.
- Students' understanding of content: interpreting student productions as sufficient to show understanding, deciding which student productions indicate better understanding, etc.
- Student developmental sequences: identifying the problem types, topics, or mathematical activities that are easier/more difficult at particular ages, knowing what students typically learn 'first', having a sense for what third graders might be able to do, etc.
- Common student computational strategies: being familiar with landmark numbers, fact families, etc. (Hill et al., 2008, S. 380 Hervorhebung im Original).

Das KCS kann konkretisiert werden als Wissen über typische Schülerfehler, Wissen zum Verständnis mathematischer Inhalte seitens der Lernenden, Wissen über die Entwicklung des mathematischen Verständnisses und letztlich als Wissen über typische Rechenstrategien von Lernenden.

Auch in der *MT21-Studie* wird ein Bereich des mathematikdidaktischen Wissens auf die Lernprozesse der Schülerinnen und Schüler bezogen. „*Lern-prozess*bezogene Anforderungen während des Unterrichts betreffen das unter-richtliche Handeln von Lehrperson in der unmittelbaren Interaktion mit Schülerinnen und Schülern" (Blömeke, Seeber, et al., 2008, S. 51 Hervorhebung im Original). Im direkten Unterrichtsgeschehen muss eine Mathematiklehr-kraft in der Lage sein, Antworten von Schülerinnen und Schülern einzuordnen, entsprechendes Feedback zu geben, mit angemessenen Interventionsstrategien zu reagieren und die Lernenden zu motivieren (Blömeke, Seeber, et al., 2008, S. 51). Zur Messung dieses Wissens werden Items zur Bewertung der Ange-messenheit unterschiedlicher Schülerschreibweisen, zur Rekonstruktion von Fehlvorstellungen anhand beispielhafter Schüleraussagen, zum Analysieren und Interpretieren von Schülerlösungen und zu Bewertungen von Hilfe-stellungen eingesetzt (Blömeke, Seeber, et al., 2008, S. 55 ff.). Während es in der Konzeptualisierung des schülerbezogenen Wissens nach Ball et al. (2008) im KCS auch um Aspekte geht, die zur Antizipation und Planung von Unterricht genutzt werden, beziehen sich die lernprozessbezogenen Aspekte nach MT21 ausschließlich auf im Unterrichtsgeschehen notwendiges mathematikdidaktisches Wissen.

Ähnlich zum Vorgehen in MT21 wird auch das in der Folgestudie *TEDS-M* dargestellte *interaktionsbezogene* mathematikdidaktische Wissen im Unterrichtsgeschehen selbst benötigt. Hierunter wird jenes Wissen gezählt, dass in der Analyse- und Diagnosefähigkeit mündet und zum Interpretieren und Bewerten von Schülerlösungen benutzt wird sowie zur Mitteilung eines angemessenen Feedbacks an den Lernenden befähigt. Auch die Aufgabe der Leitung von Unterrichtsgesprächen wird von diesem Wissen beeinflusst, ebenso wie das Erklären von mathematischen Sachverhalten und Herangehensweisen. In den entsprechenden Items wird von den Teilnehmenden verlangt, Schülerantworten zu Beweisideen und mathematischen Argumentationen zu analysieren und zu bewerten (Döhrmann et al., 2010, S. 175 f.).

In *COACTIV* wird in einer fokussierten, engeren Sichtweise *Wissen über typische Schülerfehler und -schwierigkeiten* als Teil des mathematikdidaktischen Wissens betrachtet. Mithilfe dieses Wissens sollen Lehrkräfte typische Schülerfehler sowie Schwierigkeiten der Lernenden „erkennen, analysieren und konzeptuell einordnen können" (Krauss et al., 2011, S. 139). Im Anschluss können diese dann für ein verständnisvolles Lernen nutzbar gemacht werden. Testitems zu dieser Kompetenzfacette konfrontieren Mathematiklehrkräfte beispielsweise mit einer falschen Lösung eines Lernenden zu einer Aufgabe. Es wird von den Teilnehmenden gefordert, Vermutungen über die Rechnung, die zu der falschen Lösung führt, herzuleiten[12] (Krauss et al., 2011, S. 139 f.).

3.2.3.2 Inhalts- und Curriculumsaspekt mathematikdidaktischen Wissens

Aufgaben beispielsweise zu Analysen von Fehlern in Schülerantworten werden in *TEDS-LT* nicht auf Lernende und Lernprozesse bezogen, sondern vielmehr als „*stoffbezogene[s] mathematikdidaktische[s] Wissen* (kurz: 'stoffdidaktisches Wissen')" (Buchholtz et al., 2014, S. 111 Hervorhebungen im Original) deklariert und sind somit dem Inhaltsaspekt zugeordnet. Das stoffdidaktische Wissen

---

[12]Eine Aufgabe lautet beispielsweise: „Bitte stellen Sie sich folgende Situation vor: Eine Schülerin berechnet für die Gleichung $(x - 3)(x - 4) = 2$ die Lösungen $x = 5$ oder $x = 6$. Was hat diese Schülerin vermutlich gerechnet?" (Krauss et al., 2011, S. 140)

spiegelt „eine *mathematisch geprägte Perspektive auf mathematikdidaktische Fragen* [wider]; diese bezieht sich auf stofflich geprägte Fragen wie Stufen der begrifflichen Strenge und Formalisierung oder durch die Fachsystematik beeinflusste Konzepte mathematischer Grund- oder Fehlvorstellungen" (Buchholtz et al., 2014, S. 110 Hervorhebungen im Original). Als Ergebnis dieser Konzeptualisierung findet in TEDS-LT eine Skala Einzug in die Testung des mathematikdidaktischen Wissens von Studierenden, die sich auf stoffdidaktisches Wissen, wie Grundvorstellungen, fachliche Analysen von Fehlern, fundamentale Ideen oder fachlich motivierte Zugänge zu Fachinhalten bezieht. Hier werden einige Dinge angesprochen, wie Grund- und Fehlvorstellungen oder Fehleranalysen, die in den anderen Studien den schülerbezogenen Bereichen mathematikdidaktischen Wissens zugeordnet werden. Die Skala des stoffdidaktischen Wissens umfasst weiterhin das Wissen zu fachlichen Diagnosen von Schülerantworten sowie das Potenzial von Aufgaben als Ausgangspunkt für Lernprozesse (Buchholtz et al., 2014, S. 111).

Auch im *COACTIV-Programm* wird sich mathematikdidaktischem Wissen gewidmet, das mit Mathematikaufgaben in Verbindung steht. Ergänzend zu den Ausführungen Shulmans wird hier das „Wissen über das didaktische und diagnostische Potenzial, die kognitiven Anforderungen und impliziten Wissensvoraussetzungen von Aufgaben, ihre didaktische Sequenzierung und die langfristige curriculare Anordnung von Stoffen" (Baumert & Kunter, 2011a, S. 37) angesprochen. Diese Ergänzung wird begründet mit der in COACTIV stattfindenden Spezialisierung auf Mathematiklehrkräfte. Während sich das Modell Shulmans (1986, 1987) generell auf Lehrkräfte bezieht, ergibt sich bei der Fokussierung auf Mathematiklehrkräfte die besondere Rolle von Aufgaben im Unterricht, die auch Bromme (1994, S. 86) in seinen Ausführungen erwähnt (s. Abschnitt 3.2.2). Eine zusätzliche Facette mathematikdidaktischer Kompetenz soll das mit Aufgaben in Verbindung stehende Wissen ergänzend berücksichtigen (Krauss et al., 2011, S. 136). Bezüglich des Inhaltes ergibt sich so die mathematikdidaktische Kompetenzfacette des *Wissens über das multiple Lösungspotenzial von Mathematikaufgaben*. Dieses Wissen ist für Mathematiklehrkräfte relevant, da der „Vergleich qualitativ unterschiedlicher Lösungswege von Aufgaben im Mathematikunterricht ... in besonderer Weise kognitive Aktivierung und mathematisches Verständnis entfalten [kann]" (Krauss et al., 2011, S. 139). Hierzu muss Mathematiklehrkräften das Potenzial einer Aufgabe hinsichtlich verschiedener Lösungswege und deren unterschiedliche Repräsentationen bekannt sein. In der Testung dieses Wissens wurden die Teilnehmenden beispielsweise gebeten, zur Frage nach der Auswirkung der Verdreifachung der Seitenlänge eines Quadrates auf den Flächeninhalt, möglichst viele verschiedene Lösungsmöglichkeiten festzuhalten (Krauss et al., 2011, S. 139 f.).

In der Konzeptualisierung mathematikdidaktischen Wissens der *LMT-Studie* wird auch *curriculares Wissen* berücksichtigt: „We have provisionally placed Shulman's third category, curricular knowledge within pedagogical content knowledge" (Ball et al., 2008, S. 402). Das „Knowledge of Content and Curriculum" (Ball et al., 2008, S. 403) wird in der Beforschung mathematikdidaktischen Wissens von der Michigan-Forschungsgruppe jedoch nicht weiter berücksichtigt.

Die Operationalisierung des Kompetenzbereiches 'fachdidaktisches Wissen' im Rahmen der *COACTIV-Studie* beschränkt sich ausschließlich auf unterrichtliche Aspekte der Fachdidaktik. Übergreifende Kompetenzen, die beispielsweise mit dem Curriculum einhergehen, werden nicht beachtet (Krauss et al., 2011, S. 158). Curriculares Wissen umfasst in *TEDS-M* die Kenntnis von Mathematiklehrplänen, das Identifizieren zentraler Themen innerhalb des Lehrplans, das Erkennen und Herstellen von curricularen Zusammenhängen, das Formulieren von Lernzielen und die Kenntnis unterschiedlicher Bewertungsmethoden (Döhrmann et al., 2010, S. 175). Es wird gemeinsam in einer Skala mit planungsbezogenem Wissen erhoben. Ebenso werden curriculare Aspekte mathematikdidaktischen Wissens auch in *MT21* und *TEDS-LT* berücksichtigt, aber in einer Skala gemeinsam mit unterrichtsbezogenem Wissen betrachtet.

3.2.3.3 Instruktionsaspekt mathematikdidaktischen Wissens

Zusammen mit dem curricularen Wissen wird in *TEDS-M planungsbezogenes Wissen* von angehenden Primar- und Sekundarstufenlehrkräften gemessen. Dieses findet in der Berufspraxis einer Mathematiklehrkraft Einsatz in der Auswahl eines angemessenen Zugangs, in der Wahl geeigneter Methoden, in der Kenntnis unterschiedlicher Lösungsstrategien, im Abschätzen möglicher Schülerreaktionen und letztlich in der Auswahl von Bewertungsmethoden (Döhrmann et al., 2010, S. 175).

Die Aufgaben beziehen sich im Bereich des *Curricularen und planungsbezogenen Wissens* insbesondere darauf, zentrale mathematische Ideen und Konzepte in Aufgaben oder Sachverhalten zu erkennen sowie mathematische Inhalte von Aufgaben in Bezug auf die nötigen Vorkenntnisse der Lernenden und ihren Schwierigkeitsgrad für diese zu analysieren. Auch Auswirkungen von Änderungen im thematischen Aufbau des Schulcurriculums auf die Unterrichtsplanung sollen dabei erkannt werden. Außerdem werden Kenntnisse über angemessene Zugänge zu einem mathematischen Thema sowie über geeignete Darstellungen und Erklärungen mathematischer Sachverhalte verlangt. Des Weiteren müssen Schüleraufgaben in Bezug auf mögliche Verstehenshürden und Schülerreaktionen analysiert werden (Döhrmann et al., 2010, S. 175 f. Hervorhebungen im Original).

Ähnlich zum 'Curricularen und planungsbezogenen Wissen' (TEDS-M) werden in *MT21* mathematikdidaktische *lehrbezogene Anforderungen* betrachtet. „Lehrbezogene Anforderungen curricularer und unterrichtsplanerischer Art stehen bereits vor Beginn des Unterrichts fest" (Blömeke, Seeber, et al., 2008, S. 51 Hervorhebung im Original). Hierunter werden all jene Anforderungen subsumiert, die in der Unterrichtsplanungsphase an die Lehrkraft herantreten. Fachinhalte auszuwählen, zu begründen und entsprechend zu vereinfachen werden als solche Anforderungen aufgefasst. Ebenso müssen verschiedene Repräsentationen genutzt werden, um den Fachinhalt aufzubereiten (Blömeke, Seeber, et al., 2008, S. 51). Zusätzlich zählt die Auswahl und Begründung der Aufgaben und des methodischen Vorgehens zu den lehrbezogenen Anforderungen einer Mathematiklehrkraft (Schwarz, 2013, S. 48). Mit der Unterrichtsplanung sind jedoch auch curriculare Anforderungen verbunden, wie die Initiierung eines Aufbaus mathematischer Kompetenzen über die Schuljahre hinweg (Blömeke, Seeber, et al., 2008, S. 51). Das Verständnis von Fachdidaktik entspricht hier dem kontinentaleuropäischen Verständnis, dass „stärker auch reflexive Elemente wie Ziel-, Inhalts-, und Methodenbegründungen" (Blömeke, Seeber, et al., 2008, S. 50) sowie curriculare Aspekte miteinbezieht (s. Abschnitt 3.2.2). In den Items zu dieser Skala werden unter anderem der kumulative Aufbau curricularer Inhalte thematisiert sowie Veranschaulichungen und Interpretationen mathematischer Begriffe (Blömeke, Seeber, et al., 2008, S. 53). Aufgrund der Differenzierung verschiedener Facetten mathematikdidaktischen Wissens anhand einer zeitlichen Perspektive wird in TEDS-M und MT21 Wissen, welches vor oder während des Unterrichts benötigt wird, voneinander unterschieden. Wissen über Vorkenntnisse der Lernenden, Verstehenshürden oder Mathematikaufgaben finden sich in den anderen Konzeptualisierungen in gesonderten Wissensfacetten wieder; in TEDS-M und MT21 werden sie allerdings als Wissen, das zur Planung von Unterricht benötigt wird, in einer gemeinsamen Wissensfacette betrachtet.

Stärker auf den Aspekt des 'Zugänglichmachens' fokussierend wird im *COACTIV-Programm* das *'Wissen über Erklärungen und Repräsentationen'* betrachtet. Zur Operationalisierung dieser Facette wurden Situationen aus dem Mathematikunterricht konstruiert und mit Fragen an die Lehrkräfte versehen, die vor allem ihr Wissen über Repräsentationen testen. In einem Beispiel äußert sich eine Schülerin dahingehend, als dass sie nicht versteht, warum $(-1) \cdot (-1) = 1$ ist. Die Lehrkräfte werden in der Testung gebeten, verschiedene Wege zu skizzieren, um der Schülerin diesen mathematischen Sachverhalt zu erläutern. In einer anderen Aufgabe werden verschiedene Formeln zur Flächeninhaltsberechnung eines Trapezes dargestellt und die Lehrkräfte sollen den didaktischen Nutzen der einzelnen Formeln erläutern (Krauss et al., 2011, S. 138 ff.). Das *KCT* ('Knowledge of Content and Teaching') wird von Hill et al. (2007) auch als „mathematical knowledge of the design of instruction" (S. 132) bezeichnet. Inhaltlich geht es hier unter anderem darum, Beispiele zu finden, die sich besonders eignen, um in einen Sachverhalt einzuführen, ihn zu vertiefen oder eine Verbindung zwischen verschiedenen Sachverhalten herzustellen. Bezüglich unterschiedlicher Repräsentationsformen muss eine Lehrkraft evaluieren können, welche Vor- und Nachteile die jeweilige Form mit sich bringt. Auch Methoden müssen wohlüberlegt ausgewählt und eingesetzt werden (Ball et al., 2008, S. 401). „Each of these tasks requires an interaction between specific mathematical understanding and an understanding of pedagogical issues that affect student learning" (Ball et al., 2008, S. 401). Mit der Aufgabe, Diskussionen zu mathematischen Sachverhalten im Lehr-Lern-Prozess zu leiten (Hill et al., 2007, S. 132), werden nicht nur methodische Entscheidungen, sondern auch sprachlich-interaktionale zum Kern des KCT.

> During a classroom discussion, a teacher must decide when to pause for more clarification, when to use a student's remark to make a mathematical point, and when to ask a new question or pose a new task to further students' learning. Each of these decisions requires coordination between the mathematics at stake and the instructional options and purposes at play (Ball et al., 2008, S. 401).

Derart sprachlich-interaktionales Wissen wird in TEDS-M und MT21 als Teil interaktionsbezogenes oder lernprozessbezogenes Wissen aufgefasst. In COACTIV und TEDS-LT findet solches Wissen keine Berücksichtigung.

Neben dem stoffdidaktischen Wissen wird in TEDS-LT in einer zweiten Skala Wissen abgefragt, dass sich nicht aus der mathematischen Perspektive auf Mathematikdidaktik ergibt, sondern aus Perspektiven anderer Bezugswissenschaften auf Mathematikdidaktik entsteht:

- eine *psychologisch geprägte Perspektive auf mathematikdidaktische Fragen*; diese umfasst Aspekte der psychologischen Beschreibung und psychologisch fundierten Diagnose von mathematischen Denkhandlungen oder der Ursache von Fehlvorstellungen;
- eine *erziehungswissenschaftlich geprägte Perspektive auf mathematik-didaktische Fragen*; diese bezieht sich auf erziehungswissenschaftlich geprägte Konzepte mathematischer Bildung, pädagogisch geprägte Aspekte von Leistungsbewertung im Mathematikunterricht, pädagogisch motivierte Interventionsmöglichkeiten bei Fehlern und Fragen der Heterogenität im Mathematikunterricht;

- eine *allgemein-didaktisch geprägte Perspektive auf mathematikdidaktische Fragen*; diese umfasst Aspekte von Lehr- und Lernformen und Unterrichts-arrangements, die spezifisch für den Mathematikunterricht sind, sowie Fragen mathematischer Curricula und Bildungsstandards für den Mathematikunterricht (Buchholtz et al., 2014, S. 110 Hervorhebungen im Original).

Das auf diesen Perspektiven basierend operationalisierte *unterrichtsbezogene mathematikdidaktische Wissen* wird auch als „erziehungswissenschaftliches-psychologisches Wissen" (Buchholtz & Kaiser, 2013, S. 110) bezeichnet. Hier wird von den getesteten Studierenden das Erinnern und Abrufen mathematischer Bildungskonzepte[13], die Reflexion über Ziele, Methoden und Grenzen mathematischer Leistungsbewertung, Kenntnisse, Anwendungs-wissen und Reflexion über psychologisch geprägte Diagnostik, die Kennt-nis spezifisch mathematischer Konzepte für das schulische Lernen und Lehren (genetisches, entdeckendes oder dialogisches Lernen) sowie letzt-lich das Kennen und Nutzen von Curricula und Bildungsstandards gefordert (Buchholtz et al., 2014, S. 111 ff.). Mit der Integration dieser Skala sollen eine „stärkere Einbindung kanonischer, spezifisch methodisch-didaktischer Inhalte und pädagogischer Fragestellungen, [eine] Vermeidung fachdidaktischer 'Ein-kleidungen' mathematischer Aufgaben … [sowie die] Realisierung einer stärkeren Differenzierung der Testitems anhand der Bezugswissenschaften für eine differenzielle Diagnostik" (Buchholtz et al., 2014, S. 112 Hervorhebung im Original) umgesetzt werden.

Die Betrachtung der einzelnen Studien zeigt Ähnlichkeiten bezüglich der Konzeptualisierung und Operationalisierung mathematikdidaktischen Wissens, jedoch auch Unterschiede. Nach einer umfassenderen Literaturdurchsicht halten auch Depaepe et al. (2013) fest, dass 'Pedagogical Content Knowledge' (PCK) in empirischen Studien unterschiedlich konzeptualisiert wird. Den Ergebnissen der Studien wird sich gesondert gewidmet.

3.2.4 Ergebnisse zur Messung mathematikdidaktischen Wissens

Den Ausführungen Brommes (1995) entsprechend ist fachdidaktisches Wissen als ein hypothetisches Konstrukt, zunächst empirisch zu fundieren (S. 105).

---

[13]Ein Item erfragt von den Teilnehmenden beispielsweise das Erinnern und Abrufen der Winter'schen Grunderfahrungen (Buchholtz, Kaiser, & Blömeke, 2014, S. 114).

Hinsichtlich dieser Fundierung werden Ergebnisse der Messungen mathematikdidaktischen Wissens vorgestellt, in denen mathematikdidaktisches Wissen in Beziehung zu anderen Wissensbereichen betrachtet und Zusammenhänge diesbezüglich beleuchtet werden (s. Abschnitt 3.2.4.1). Darüber hinaus werden Ergebnisse der Messung fachdidaktischen Wissens angehender Lehrkräfte dargestellt (s. Abschnitt 3.2.4.2).

3.2.4.1 Abgrenzungen mathematikdidaktischen Wissens zu anderen Wissensbereichen

In ihrem Artikel betonen Ball et al. (2008, S. 405) die Wichtigkeit der identifizierten Wissensfacetten bezüglich der Beforschung von Unterricht und der Lehrerausbildung. So kann ein tiefergreifendes Verständnis des Fachwissens einer Lehrkraft über Designs von Unterstützungsmaßnahmen, Optimierungen der Lehrerausbildung und Maßnahmen zur Professionsentwicklung informieren (Ball et al., 2008, S. 405). Doch werden auch Schwierigkeiten angesprochen. So kann im real stattfindenden Lehr-Lern-Kontext bestimmten Situationen mit verschiedenem Wissen entgegengetreten werden (Ball et al., 2008, S. 403).

> Consider the example of analyzing a student error. A teacher might figure out what went wrong by analyzing the error mathematically. What steps were taken? What assumptions made? But another teacher might figure it out because she has seen students do this before with this particular type of problem (Ball et al., 2008, S. 403).

Die erste Herangehensweise wird als Nutzung mathematischen Wissens dargestellt, während im zweiten Fall mathematikdidaktisches Wissen von der Lehrkraft genutzt wird, um den Fehler nachzuvollziehen (Ball et al., 2008, S. 403). Es stellt sich damit die Frage nach dem *Zusammenhang von fachdidaktischem und fachlichem Wissen.* „A remarkable point of disagreement concerns the relation between CK ['Content Knowledge'] and PCK ['Pedagogical Content Knowledge']. Some authors consider CK and PCK as distinct constructs (e.g., Baumert et al., 2010). Others consider (part of) CK covered by PCK" (Depaepe et al., 2013, S. 17). Baumert und Kunter (2006) halten diesbezüglich fest, dass beide Konstrukte, Fachwissen und fachdidaktisches Wissen, nicht eindeutig definiert sind: „Bis heute ist keineswegs ausgemacht, was unter Fachwissen und fachdidaktischem Wissen von Lehrkräften genau zu verstehen ist" (S. 492). Auch in der Betrachtung der Konzeptualisierungen mathematikdidaktischen Wissens der Studien im Rahmen von COACTIV, TEDS-M, TEDS-LT, MT21 und LMT ist kein einheitliches Bild mathematikdidaktischen Wissens erkennbar.

Nach einer Durchsicht verschiedener qualitativer Studien zum Fachwissen und fachdidaktischen Wissen von Lehrkräften halten Baumert und Kunter (2006) fest: „Zu den wichtigsten Ergebnissen der qualitativen Studien gehört der interpretative Nachweis, dass das tatsächlich im Unterricht verfügbare fachdidaktische Handlungsrepertoire von Lehrkräften weitgehend von der Breite und Tiefe ihres konzeptuellen Fachverständnisses abhängt" (S. 492). Gleichzeitig ist nachgewiesen, dass fachdidaktisches Wissen auch unabhängig vom Fachwissen intrapersonell variieren kann (Baumert & Kunter, 2006, S. 493). Dies lässt zu dem Schluss kommen, dass fachdidaktisches Wissen „eine Wissenskomponente *sui generis* zu sein scheint" (Baumert & Kunter, 2006, S. 493 Hervorhebungen im Original). Konfirmatorische Faktorenanalysen im Rahmen der COACTIV-Studie legen nahe, dass Fachwissen und fachdidaktisches Wissen nicht nur theoretisch, sondern auch empirisch voneinander zu unterscheiden sind (Baumert & Kunter, 2006, S. 495). Bezüglich des Verhältnisses beider Kompetenzbereiche wird festgehalten, dass das „Fachwissen … die Grundlage [ist], auf der fachdidaktische Beweglichkeit entstehen kann" (Baumert & Kunter, 2006, S. 496).

Die Unterscheidung zwischen mathematischem Fachwissen und mathematikdidaktischem Wissen wird in MT21 als „relativ grob[]" (Blömeke, Seeber, et al., 2008, S. 54) beschrieben. Trotzdem kann nach empirischer Prüfung auch hier festgehalten werden, dass grundsätzlich mathematisches und mathematikdidaktisches Wissen erfassbar sind. Beide Wissensbereiche sind eng verknüpft, aber trotzdem voneinander unterscheidbar (Blömeke, Seeber, et al., 2008, S. 80).

In TEDS-M wird bezüglich der internationalen Messung mathematikdidaktischen Wissens für die meisten teilnehmenden Länder festgehalten, dass die Standardfehler der Mittelwerte größer als im Mathematiktest sind. Dies lässt vermuten, dass mathematikdidaktisches Wissen weniger präzise gemessen werden kann (Blömeke, Kaiser, Döhrmann, & Lehmann, 2010, S. 209).

Dies hängt möglicherweise mit dessen heterogener Struktur, zusammengesetzt aus Mathematik und Didaktik, zusammen, der man besser mit mehrdimensionalen Skalierungsansätzen gerecht werden kann. Denkbar ist aber auch, dass die relativ neue Entwicklung von Messverfahren in diesem Bereich vorerst noch von großen Messfehler-Margen begleitet ist (Blömeke, Kaiser, Döhrmann, et al., 2010, S. 210).

Buchholtz et al. (2014, S. 102) halten fest, dass Konzeptualisierung und Operationalisierung fachmathematischen Wissens mittlerweile gängige Forschungspraxis sei. Jene des mathematikdidaktischen Wissens stellen sie jedoch als schwieriger heraus:

Wenn es um die Frage der Konzeptualisierung fachdidaktischen Wissens innerhalb von Large-Scale-Assessments geht, gelingt dies weniger leicht, da das Wissen
wenig homogen erscheint und seine Messbarkeit in schriftlichen Leistungs-
tests Psychometrie und Fachdidaktik vor Herausforderungen stellt. Die Folgen
der theoretischen Frage, was zu messen beansprucht wird, schlagen sich in der
Operationalisierung auf Itemebene nieder. So konzeptualisieren bisherige ein-
schlägige Studien das fachdidaktische Wissen in erster Linie stark mathematisch
orientiert, so dass es nicht verwunderlich scheint, dass empirisch in der Regel starke
Zusammenhänge zum fachlichen Wissen diagnostiziert werden (Buchholtz et al.,
2014, S. 103).

Nachfolgend verweisen Buchholtz et al. (2014, S. 103) bezüglich der in diesem
Zitat angesprochenen 'einschlägigen Studien' auf COACTIV, TEDS-M 2008 und
MT21. Im Rahmen der Ergebnisdokumentation der COACTIV-Studie wird entsprechen hervorgehoben, dass die „Konzeptualisierung [mathematikdidaktischen
Wissens] sehr fachnah umgesetzt wurde und somit ganz in der Tradition der
deutschsprachigen 'Stoffdidaktik' steht" (Krauss et al., 2011, S. 142 Hervorhebung im Original). Dies wird von Buchholtz et al. (2014) jedoch kritisch
gesehen:

Problematisch kann das enge Verhältnis zwischen dem in den einschlägigen Studien
oft als 'stoffdidaktisch' bezeichneten fachdidaktischen Wissen und der Mathematik
nämlich dann werden, wenn sich hinter intendiert fachdidaktischen Testauf-
gaben lediglich in den Schulkontext eingekleidete mathematische Aufgaben ver-
bergen oder wesentliche fachdidaktische Wissensinhalte wie z. B. der Umgang mit
Leistungsmessung, Heterogenität oder curricularen Gegebenheiten vernachlässigt
werden (2014, S. 103 Hervorhebung im Original).

Vor dieser Erkenntnis wurde in TEDS-LT durch eine Skala zum 'Unterrichtsbezogenen mathematikdidaktischen Wissen' eine alternative Konzeptualisierung
und Operationalisierung mathematikdidaktischen Wissens zusätzlich zum stoffdidaktischen Wissen umgesetzt (Buchholtz et al., 2014) (s. Abschnitt 3.2.3.3). Die
Ergebnisse der Studie zeigen, dass das

unterrichtsbezogene mathematikdidaktische Wissen weniger mit dem Fachwissen
zusammen[hängt], als dies im Bereich der Stoffdidaktik der Fall ist. Die Ergebnisse stellen somit einen ersten Hinweis darauf dar, dass es sich bei dem in unserem
Test konzeptualisierten unterrichts bezogenen mathematikdidaktischen Wissen um
eine vom mathematischen Fachwissen relativ unabhängige didaktische Wissensdimension handelt (Buchholtz et al., 2014, S. 121).

Neben dem mathematischen und mathematikdidaktischen Wissen wurde in einigen der Studien auch pädagogisches Wissen erhoben. Auch hiervon gilt es das mathematikdidaktische Wissen abzugrenzen. Das *pädagogisch-psychologische Wissen* wird in der COACTIV-Studie als fächerübergreifend beschrieben und findet seinen Ursprung in verschiedenen Disziplinen, vor allem aber in der Allgemeinen Didaktik und der Lehr-Lern-Psychologie (Voss & Kunter, 2011, S. 194). Im Rahmen der COACTIV-Studie wird das pädagogisch-psychologische Wissen unterteilt in das Wissen über eine effektive Klassenführung, über Unterrichtsmethoden, Leistungsbeurteilung, individuelle Lernprozesse und individuelle Besonderheiten von Schülerinnen und Schülern[14]. Im Anschluss an die Ergebnispräsentation wird bezüglich dieses Kompetenzbereiches ausgeführt, dass die angenommene Generalität, also die Fachunabhängigkeit der einzelnen Kompetenzen, nicht für alle Bereiche eindeutig ist (Voss & Kunter, 2011, S. 210). Die diagnostischen Fähigkeiten von Mathematiklehrkräften werden als Integration verschiedener Facetten aus dem fachdidaktischen sowie dem pädagogisch-psychologischen Kompetenzbereich dargestellt (Brunner, Anders, Hachfeld, & Krauss, 2011, S. 216). So spielen sowohl Wissen um Leistungsbeurteilung wie auch Wissen über das Potenzial mathematischer Aufgaben und Wissen über das mathematische Denken von Schülerinnen und Schülern eine wichtige Rolle im Einsatz diagnostischer Fähigkeiten. „Zusammengefasst erfordert also eine adäquate Beurteilung von lern- und leistungsrelevanten Schülermerkmalen sowie von Aufgabenanforderungen, dass Mathematiklehrkräfte diese verschiedenen Wissensfacetten des pädagogischen Wissens und des fachdidaktischen Wissens integrieren" (Brunner et al., 2011, S. 218).

Ball et al. (2008, S. 403) halten darüber hinaus fest, dass mit der Messung des Wissens in den einzelnen Bereichen 'nur' statisches Wissen erfasst werden kann. Wie jenes Wissen aktiv beim Unterrichten genutzt wird, bleibt dabei ungewiss. Außerdem ist es nicht immer möglich, Wissen, das zum Unterrichten von Mathematik benötigt wird, trennscharf einem der Wissensbereiche zuzuordnen. „It is not always easy to discern where one of our categories divides from the next, and this affects the precision (or lack thereof) of our definitions" (Ball et al., 2008, S. 403).

---

[14]Im Rahmen der empirischen Testung pädagogisch-psychologischen Wissens von Lehrkräften wurden Items zu allen fünf Dimensionen erprobt. „Es zeigte sich, dass sich die Facetten Wissen über Lernprozesse und Wissen über individuelle Besonderheiten nicht empirisch voneinander trennen ließen, weshalb beide Facetten zu der Skala Wissen über Schüler zusammengelegt wurden." (Voss & Kunter, 2011, S. 205 Hervorhebungen im Original)

3.2.4.2 Mathematikdidaktisches Wissen angehender Lehrkräfte

Die Ergebnisse der in Abschnitt 3.2.3 ausgeführten Studien liefern weiterhin wichtige Erkenntnisse zur fachdidaktischen Lehrerausbildung. Auch wenn im Rahmen des COACTIV-Programms keine angehenden Lehrkräfte beforscht wurden, können insbesondere durch die Verbindung unterschiedlicher Erhebungen in dieser Studie wichtige Bezüge hergestellt werden. Dabei wird das professionelle Wissen von Lehrkräften, das Fachwissen ihrer Schülerinnen und Schüler sowie der kognitive Anforderungsgehalt im Unterricht eingesetzter Aufgaben[15] und die Einschätzung der Lernenden hinsichtlich einer individuellen und respektvollen Unterstützung erhoben (Baumert & Kunter, 2011b, S. 174). „In unserer Studie haben wir das fachliche Wissen von Mathematiklehrern in Sekundarschulen untersucht und unsere Ergebnisse bestätigen die Bedeutung des fachdidaktischen Wissens für qualitätsvollen Unterricht und Lernfortschritte von Schülerinnen und Schülern" (Baumert & Kunter, 2011b, S. 184). Neben der empirisch bestätigten *Relevanz fachdidaktischen Wissens* konnte auch gezeigt werden, dass mathematisches Fachwissen und mathematikdidaktisches Wissen „im hohen Maße *ausbildungsabhängig* sind" (Baumert & Kunter, 2011b, S. 185 Hervorhebung von der Verfasserin). Dabei zeigen teilnehmende Mathematiklehrkräfte an Gymnasien überwiegend höheres fachliches und fachdidaktisches Wissen als jene anderer Schulformen (Baumert & Kunter, 2011b, S. 179 f.).

Jene Unterschiede werden auch als Ergebnis der MT21-Studie, in der Studierende sowie Referendarinnen und Referendare beforscht wurden, festgehalten: „Ein Kernergebnis unserer Studie ist, dass … quer über alle fachbezogenen Dimensionen des professionellen Wissens ein deutlicher Leistungsvorsprung der angehenden GyGS[16]-Mathematiklehrkräfte gegenüber angehenden GHR[17]-Lehrkräften festzustellen ist" (Blömeke et al., 2008, S. 101). Im Rahmen der TEDS-LT-Studie, die im Bereich des mathematikdidaktischen Wissens sowohl stoffdidaktisches Wissen testet, in Abgrenzung zu den anderen Studien jedoch auch erziehungswissenschaftlich-psychologisches Mathematikdidaktik-Wissen abfragt, kann ergänzend herausgefunden werden, dass

---

[15]Der kognitive Anforderungsgehalt eingesetzter Aufgaben wird anhand der Klassifikation einer Zusammenstellung aller im Schuljahr gestellten Klassenarbeiten und auszugsweise auch anderen Aufgaben eingeschätzt (Baumert & Kunter, 2011b, S. 174).

[16]Mit der Abkürzung GyGS sind Gymnasien und Gesamtschulen gemeint.

[17]Die Abkürzung GHR steht für Grund-, Haupt- und Realschulen.

die in vielen Studien bisher identifizierten starken Zusammenhänge zwischen Fachwissen und fachdidaktischem Wissen ... sich ... eher auf den durch die mathematischen Fachinhalte geprägten Bereich der Stoffdidaktik ... beschränken, während sich das erziehungswissenschaftlich-psychologische Wissen im fortgeschrittenen Studium als ein relativ unabhängiger Wissensbereich herausbildet (Buchholtz & Kaiser, 2013, S. 139).

Während GHR-Studierende hier in den Bereichen des fachmathematischen und stoffdidaktischen Wissens schlechter abschneiden als die GyGS-Studierenden, sind im erziehungswissenschaftlich-psychologischen Wissen keine Leistungsunterschiede festzustellen (Buchholtz & Kaiser, 2013, S. 139)

Da in MT21 drei verschiedene Kohorten getestet wurden (Beginn der Lehramtsausbildung, Studierende im Hauptstudium sowie Referendarinnen und Referendare) können unter Berücksichtigung des querschnittlichen Untersuchungsdesigns Aussagen über die *Entwicklung des Wissens angehender Lehrkräfte* getroffen werden. Demnach konnte festgestellt werden, dass das fachwissenschaftliche und fachdidaktische Wissen der angehenden Mathematiklehrkräfte über die Dauer der Ausbildung hinweg zunimmt. Thesen, die ausdrücken, dass es in der Ausbildung zu einer kontinuierlichen Entwicklung des Professionswissen kommt oder dass sich der Umfang der fachbezogenen Lerngelegenheiten auf den Umfang des erworbenen Wissens auswirkt, können laut Ausführungen durch die Studienergebnisse gestützt werden (Blömeke et al., 2008, S. 145–149):

Die signifikanten Unterschiede zwischen der ersten und der dritten MT21-Kohorte in allen Subdimensionen und die erreichten großen Effektstärken stützen deutlich die Annahme, dass im Laufe der Lehrerausbildung bei angehenden Mathematiklehrerinnen und -lehrern ein erheblicher Fortschritt im fachbezogenen Wissen stattfindet ... Dabei kann sowohl in Mathematik als auch in Mathematikdidaktik von einer kontinuierlichen substanziellen Entwicklung im Laufe der Lehrerausbildung ausgegangen werden (Blömeke et al., 2008, S. 163).

Mittels einer Selbstauskunft der Studierenden werden in MT21 auch Informationen über *Lerngelegenheiten während des Studiums* gewonnen. Mit Bezug zur mathematikdidaktischen Ausbildung geben „die Studienanfängerinnen und -anfänger ... an, vor allem rezeptiv zu lernen" (Felbrich, Müller, & Blömeke, 2008, S. 344). 'Rezeptives' Lernen findet als eine Lehrmethode in Vorlesungen statt (Felbrich et al., 2008, S. 333). In Verbindung mit den Leistungen der Studierenden wird im Anschluss an eine Korrelationsberechnung festgehalten: „Allerdings scheinen die Leistungswerte der Personen höher zu sein, welche die besuchten Lehrveranstaltungen als weniger rezeptiv einschätzen" (Felbrich et al., 2008, S. 354). Entsprechend wird die empirisch gestützte Hypothese festgehalten: „Lehrmethoden [kommen] für die mathematikdidaktischen Leistungen möglicherweise eine größere Rolle zu als für mathematische Leistungen, und zwar insbesondere einer modellhaften und wenig rezeptiven Gestaltung der Lehrveranstaltung" (Felbrich et al., 2008, S. 360). Unter modellhaften Lehrmethoden werden Seminarsitzungen verstanden, die förderlich für mathematikdidaktische Leistungen zu sein scheinen (Felbrich et al., 2008, S. 333). Der mathematikdidaktischen hochschulischen Ausbildung angehender Lehrkräfte wird sich nachfolgend gesondert gewidmet.

3.3   Mathematikdidaktik als Lerngegenstand

Da in der vorliegenden Arbeit Studierende beforscht werden, wird Mathematikdidaktik nicht nur als Wissenschaft und Kompetenzbereich, sondern zusätzlich auch als Ausbildungsdisziplin hinsichtlich der Entwicklung professioneller Kompetenzen und des Erlernens mathematikdidaktischen Professionswissens betrachtet. Zunächst wird sich mithilfe eines Modells aus der Experten-Novizen-Forschung der Entwicklung angehender Lehrkräfte im Laufe ihrer Ausbildung gewidmet (s. Abschnitt 3.3.1). Dabei wird die Relevanz und Funktion wissenschaftlichen Wissens für die praktische Lehrertätigkeit herausgearbeitet. Darüber hinaus werden deutschlandweite Vorgaben und Standards zur fachdidaktischen Ausbildung angehender Lehrkräfte betrachtet (s. Abschnitt 3.3.2).

3.3.1   Entwicklung vom Novizen-Stadium zur Expertise

> The know-how of cashiers, drivers, carpenters, teachers, managers, chess masters, and all mature, skillful individuals is not innate, like a bird's skill at building a nest. We have to learn (Dreyfus & Dreyfus, 1986, S. 19).

Mit Verweis auf Shulman (1998) sowie Baumert und Kunter (2011a) wurde in Abschnitt 3.2.1 auf die Unsicherheiten des Lehrberufs als Profession eingegangen. Ähnlich bezeichnen auch Dreyfus und Dreyfus (1986) das Lehren als „unstructured [area]. Such areas contain a potentially unlimited number of possibly relevant facts and features, and the ways those elements interrelate and determine other events are unclear" (S. 20). Charakteristisch für solch unstrukturierte Tätigkeiten ist es, dass es „kein objektiv definierbares Set von Tatsachen und Faktoren gibt, das die Problemstellung, die zulässigen Handlungen und das Ziel der Aktivität vollständig bestimmt" (Neuweg, 2004, S. 297). Dementsprechend reicht theoretisches Wissen zur Ausübung der Lehrtätigkeit nicht aus, es dient jedoch als Fundierung für das praktische Handeln (Shulman, 1998, S. 518).

Mithilfe eines fünfstufigen Modells, das sich auf den generellen Fertigkeitserwerb innerhalb einer unstrukturierten Domäne bezieht, beschreiben Dreyfus und Dreyfus (1986, S. 16–51) die Entwicklung hin zur Expertise genauer. Neuweg (1999, 2004) greift diese Arbeiten auf und bezieht sie konkret auf die Entwicklung von Lehrkräften. Tabelle 3.5 stellt die Entwicklungsstufen vom Novizen über das Fortgeschrittenen-, das Kompetenz- und das Könner-Stadium hin zur Expertise mit den Kennzeichen und den im Vergleich zur vorherigen Stufe auftretenden Neuerungen[18] der jeweiligen Phasen dar.

Tabelle 3.5 Modell des Fertigkeitserwerbs nach Dreyfus und Dreyfus (1986) (Aus Neuweg, 2004, S. 313 Hervorhebungen im Original; mit freundlicher Genehmigung von © Waxmann Verlag 2004. All Rights Reserved)

	Novize	Fort-geschrittener	Kompetenz-stadium	Könner	Experte
Berücksichtigte Elemente	kontextfrei	kontextfrei und *situational*	kontextfrei und situational	kontextfrei und situational	kontextfrei und situational
Sinn für das Wesentliche	nein	nein	*erarbeitet*	*unmittelbar*	unmittelbar
Wahrnehmung der Gesamtsituation	analytisch	analytisch	analytisch	*holistisch*	holistisch
Bestimmung des Verhaltens	durch Regeln	durch Regeln und Richtlinien	durch extensive *Planung*	durch begrenzte Planung	*intuitiv*

Angehende Lehrkräfte im *Novizen-Stadium* sind zunächst mit einer Komplexität der Praxis konfrontiert, der sie zu diesem Zeitpunkt noch nicht gerecht werden können. Eine Reduzierung der Komplexität kann anhand der Vermittlung einfacher

---

[18]Die Neuerungen bzw. entscheidenden Entwicklungen einer jeweiligen Stufe im Vergleich zur vorherigen sind in der Tabelle durch Kursivdruck gekennzeichnet.

Handlungsregeln vollzogen werden, welche die Aufmerksamkeit der angehenden Lehrkräfte auf einzelne, verbal greifbare und beschreibbare Faktoren lenken (Neuweg, 1999, S 364).

> Der Neuling lernt dadurch, eine Situation analytisch wahrzunehmen, das Bild der Situation gleichsam *bottom up* aus diesen Merkmalen aufzubauen, ohne freilich für die Tatsache empfänglich zu sein, daß sich die Bedeutung einzelner Merkmale oft erst im Gefüge des Ganzen ergibt (Neuweg, 2004, S. 301 Hervorhebungen im Original).

Dementsprechend gelingt einem Novizen oder einer Novizin keine holistische Wahrnehmung der Gesamtsituation. Die Regeln und Merkmale, die in dieser Phase erfahren werden, bezeichnet Neuweg (1999) „als ‘Immer-und-überall’-Regeln" (S. 364 Hervorhebung im Original). Sie werden übergreifend, unabhängig von der konkreten Situation angewandt. „Ihre Funktion ist denen der Stützräder am ersten Fahrrad vergleichbar – sie bewahren vor Schaden, müssen aber abgelegt werden, wenn der Lernende weiterkommen will" (Neuweg, 2004, S. 301).

Die zweite Stufe der oder des *Fortgeschrittenen (Advanced Beginner)* zeichnet sich durch situative Wahrnehmung aus:

> Der ... bedeutsame Lernschritt ... vollzieht sich durch die Konfrontation mit wiederkehrenden bedeutungsvollen Elementen im Problemfeld, die sich nur erfahren lassen, die der Lehrende aber nicht hätte vorweg beschreiben können, weil sie ihrem Wesen nach über präzise Definitionsregeln nicht faßbar sind (Neuweg, 2004, S. 303).

Zu den kontextunabhängigen Merkmalen in der Aufmerksamkeit der angehenden Lehrkraft gesellen sich so auch situative, die nicht klar verbal fassbar sind, sondern für die ein ‘Gefühl’ entwickelt werden muss (Neuweg, 1999, S. 364). „Der Junglehrer lernt [beispielsweise], den interessiert-aufmerksamen vom gelangweilten und auch vom geheuchelt-aufmerksamen Schülerblick zu unterscheiden" (Neuweg, 2004, S. 304). Die kontextunabhängigen Regeln werden entsprechend ergänzt durch situative Richtlinien (Neuweg, 2004, S. 303 f.).

Die Ansammlung von immer mehr Richtlinien und Regeln wird für die angehende Lehrkraft erdrückend, sodass eine hierarchische Anordnung hinsichtlich der Relevanz einzelner Regeln und Richtlinien vollzogen werden muss. In diesem Zusammenhang müssen konkrete Entscheidungen getroffen werden (Dreyfus & Dreyfus, 1986, S. 23 f.). Solche Relevanz-Entscheidungen spiegeln sich in bewussten Zielsetzungen wider. Es werden konkrete Handlungspläne erstellt, indem Alternativen abgewogen und Situationen systematisch durchdacht werden. Die Lehrkraft geht in diesem *Kompetenzstadium* also weder starr regelgeleitet, wie in den Stufen zuvor, noch intuitiv, wie in den folgenden Stufen, vor (Neuweg, 1999, S. 365).

Durch den Aufbau eines reichen Erfahrungsschatzes gelangt die kompetente Lehrkraft von einer analytischen zu einer ganzheitlichen Wahrnehmung des Geschehens und somit in das Stadium *einer Könnerin oder eines Könners (Proficiency)*. Sie verfügt „über eine mentale Bibliothek von typischen und *perspektivisch wahrgenommenen* Situationen, also über Muster relativer Salienz" (Neuweg, 2004, S. 309 Hervorhebungen im Original). Verdichtete Situationsmuster und typisierte Situationen sorgen für die intuitive Fähigkeit, Muster zu nutzen, ohne sie in einzelne Faktoren zerlegen zu müssen (Neuweg, 1999, S. 365). Dabei wird Intuition wie folgt definiert:

> When we speak about intuition or know-how, we are referring to the understanding that effortlessly occurs upon seeing similarities with previous experiences. [...] *Intuition or know-how, as we understand it, is neither wild guessing nor supernatural inspiration, but the sort of ability we all use all the time as we go about our everyday tasks* (Dreyfus & Dreyfus, 1986, S. 28 f. Hervorhebungen im Original).

Während Lehrkräfte auf dieser Stufe Situationen ihren Erfahrungen gemäß ganzheitlich und intuitiv erfassen, findet die auf diese intuitive Erfassung folgende Handlungsentscheidung bewusst statt. Es wird analytisch darüber nachgedacht, was zu tun ist (Dreyfus & Dreyfus, 1986, S. 29; Neuweg, 1999, S. 365).

Während Könnerinnen oder Könner Situationen intuitiv erfassen, Handlungsentscheidungen jedoch bewusst fällen, hat *die Expertin oder der Experte* bereits so viele Erfahrungen gesammelt, dass einzelne Situationen intuitiv angemessene Verhaltensweisen auslösen (Neuweg, 2004, S. 310). „Der/ die Lehrerexperte/-expertin sieht in der Situation – jede für sich einzigartig und dennoch nicht unvertraut – schon die in ihr angelegte Handlungsaufforderung; Wahrnehmung, Beurteilung der und Reaktion auf die Situation verschmelzen zu einer Einheit" (Neuweg, 1999, S. 366). Intuitiv abgerufene „Situationstyp-Handlungs-Assoziationen" (Neuweg, 2004, S. 310) bedeuten dabei jedoch nicht, dass Lehrkräfte mit Expertise nicht mehr nachdenken und ständig richtig liegen. Wenn es die Zeit erlaubt und die Ergebnisse entscheidend sind, dann sollten die Intuitionen vor dem Handeln kritisch reflektiert werden (Dreyfus & Dreyfus, 1986, S. 31 f.).

Zusammenfassend halten Dreyfus und Dreyfus (1986) fest:

What should stand out is the progression *from* the analytic behavior of a detached subject, consciously decomposing his environment into recognizable elements, and following abstract rules, *to* involved skilled behavior based on an accumulation of concrete experience and the unconscious recognition of new situations as similar to whole remembered ones (S. 35 Hervorhebungen im Original).

Dabei wird die Entwicklung in Stufen gefasst. Angehende Lehrkräfte entwickeln ihre Kompetenzen von Stufe zu Stufe vom regelgeleiteten 'Knowing-That' zum erfahrungsbasierten 'Know-How' (Dreyfus & Dreyfus, 1986, S. 19).

Bedeutung wissenschaftlichen Wissens in der Entwicklung

Bezogen auf die Lehrerausbildung halten Blömeke et al. (2008, S. 136) fest, dass die Studierenden zu Beginn der Ausbildung als Novizen anzusehen sind. „Sie verfügen weder über systematisches professionelles Wissen noch über systematische Handlungserfahrungen in der Rolle von Lehrpersonen" (Blömeke et al., 2008, S. 136). Mit dem Erlernen professionellen Wissens im Studium kann dann die Stufe des/der Fortgeschrittenen erreicht und vollendet werden (Blömeke et al., 2008, S. 136). Im Referendariat kann darüber hinaus durch systematische Handlungserfahrung das Kompetenzstadium erlangt werden. Die vierte und fünfte Stufe sind Entwicklungsstufen, die erst nach der Ausbildung mit Eintritt in das Berufsleben erreicht werden können (Blömeke et al., 2008, S. 136 f.).

Blömeke et al. (2008) verbinden den Erwerb professionellen Wissens im Rahmen des Studiums mit dem auf praktischer Erfahrung basierenden Entwicklungsmodell. Auch Neuweg (2004) beschreibt den Wissenserwerb im Studium in Zusammenhang mit dem dargestellten Modell. Er hält fest, dass es „in der Stufenprogression vom Novizen zum Experten … nicht zu einer Differenzierung oder Proceduralisierung formalisierten und ursprünglich expliziten Wissens, sondern zu einer qualitativen Neuorganisation des Denkens [komme]" (Neuweg, 2004, S. 297). Die Entwicklung vom Knowing-That zum Know-how (Dreyfus & Dreyfus, 1986, S. 19) macht deutlich, dass im Rahmen der hochschulischen Ausbildung keine direkte Handlungskompetenz vermittelt werden kann (Neuweg, 1999, S. 367). Warum das Erlernen wissenschaftlichen Wissens dennoch relevant ist, kann der Betrachtung der höheren Stufen entnommen werden.

Im Kompetenzstadium (Stufe 3) benötigt die Lehrkraft laut Neuweg (1999) zur Loslösung von Regeln „sowohl einen kognitiven Stil als auch eine differenzierte, bewusstseinsfähige kognitive Struktur, der er/sie Wissen um Haupt- und Nebenwirkungen einzelner Handlungen und um logische und empirische Beziehungen zwischen verschiedenen Zielen entnehmen kann" (S. 369). Wissenschaftliches Wissen, das für die in dieser Phase stattfindenden *reflexiven Prozesse* benötigt wird, erhöhe, so Neuweg (1999, S. 368), zusätzlich die Chancen, dass die Reflexion nicht nur die Prozesse im Klassenzimmer, sondern auch curriculare, bildungs- und gesellschaftstheoretische Themen berücksichtigt. Ebenso finden auch in den Stufen 4 und 5 reflexive Prozesse statt, für die spezifisches Wissen benötigt wird:

> Erst wenn ExpertInnen reflektieren, nehmen sie Probleme wahr, und das Ausmaß, in dem sie das tun, ist unter anderem Funktion sowohl der Breite ihres Wissens als auch einer intellektuellen, an den Wissenschaften weiterentwickelten, zur Persönlichkeitsdisposition gewordenen und eben nicht nur praktizistischen Neugierde (Neuweg, 1999, S. 369).

Weiterhin kann es bei der Arbeit mit Menschen immer wieder dazu kommen, dass auch erfahrene Lehrkräfte auf Situationen treffen, in denen sie mit ihrer Erfahrung nicht weiterkommen. Hier werden *analytische Situationsdeutungen* und bewusst *rationale Entscheidungen* für und gegen bestimmte Handlungen notwendig, für welche wissenschaftliches Wissen benötigt wird (Neuweg, 1999, S. 368).

Wissenschaftliches Wissen erhält, laut Neuweg (1999), in den vermeintlich vom Wissen losgelösten Stufen 4 und 5, welche sich durch zunehmende Intuition kennzeichnen, zusätzlich Relevanz: Das unter anderem im Rahmen des Studiums erworbene „Wissenschaftswissen verdichtet sich zu einem Hintergrundwissen" (Neuweg, 1999, S. 368), welches in diesen Stufen Sichtweisen, Problemsensibilisierungen, Interpretationsrahmen, Wahrnehmungen und Verhalten beeinflusst, auch wenn sich nicht aktiv daran zurückerinnert wird (Neuweg, 1999, S. 368). Wissenschaftswissen bezüglich der intuitiven Prozesse der Stufen 4 und 5 ist „weniger als Handlungs-, vielmehr als Hintergrund-, Interpretations- und Reflexionswissen aufzufassen, bleibt in diesen Funktionen aber unverzichtbar" (Neuweg, 1999, S. 363).

Letztlich sieht Neuweg (1999) eine Aufgabe der hochschulischen Ausbildung in der Dekonstruktion bisheriger Theorien zum Unterrichten seitens der Studierenden:

Angehende LehrerInnen verfügen als ehemalige SchülerInnen bereits über langjährige, ebenso perspektivische wie selektive und an teils problematischen Modellen orientierte Vorerfahrung. Wenn die (möglichst im Einklang mit dem Stand der Forschung formulierten) Handlungsregeln der ersten Stufe auf fruchtbaren Boden fallen und die LehrerInnen die für Wissenskonstruktionsprozesse der späteren Stufen nötige Erfahrungsoffenheit besitzen sollen, bedarf es zunächst einer De-Konstruktion ihrer bisherigen Theorien über Unterricht. Diese ist, wenn überhaupt, wesentlich über die Breite, die Differenziertheit, die Pluralität und das kritische Moment wissenschaftlicher Problembetrachtung und über institutionelle Distanz zur Praxis zu gewinnen (S. 367 f.).

Die Ausführungen in diesem Zitat zeigen neben der Wichtigkeit der hochschulischen wissenschaftlichen Ausbildung auch die Relevanz der Beschäftigung mit studentischen Vorstellungen.

3.3.2   Empfehlungen für die fachdidaktische Lehrerausbildung

Im Anschluss an die Darstellung der Relevanz des Erwerbs wissenschaftlichen Wissens in der Lehrerausbildung (s. Abschnitt 3.3.1) wird sich in diesem Kapitel der Frage gewidmet, *welches* Wissen in der hochschulischen mathematikdidaktischen Ausbildung von den Studierenden erworben werden soll. Das Hochschulstudium in Deutschland ist mittlerweile in den meisten Bundesländern als ein gestuftes Studium bestehend aus Bachelor und Master aufgebaut ([Sekretariat der Ständigen Konferenz der Kultusminister der Länder in der Bundesrepublik Deutschland] KMK, 2017a, S. 194). Aus den Vorgaben zur Anerkennung der Bachelor- und Master-Studiengänge ist erkennbar, dass sich das Hochschulstudium aus einem Studium der Bildungs- bzw. Erziehungswissenschaften, zwei Fachwissenschaften und ihrer Fachdidaktiken sowie schulpraktischer Studien (Praktika, Praxissemester) zusammensetzt (KMK, 2017c, 2017a, S. 197–201). Vollmer erwähnt, dass „mit der Einführung der Bachelor-Master-Strukturen eine erfreuliche, aber auch brisante Ausweitung fachdidaktischer Lehre … [einhergeht], die es in der Vergangenheit in dieser Deutlichkeit und in diesem Umfang (ca. 12–15 % des Gesamtstudiums) so nicht gegeben hat" (Vollmer, 2007, S. 88).

    Um die Qualität der Lehre an den Hochschulen zu sichern, haben verschiedene Verbünde Standards und Empfehlungen zur fachdidaktischen Ausbildung verfasst. Tabelle 3.6 gibt einen Überblick über unterschiedliche Ausführungen, auf die im Folgenden näher eingegangen wird.

Tabelle 3.6   Empfehlungen für das Hochschulstudium der Fachdidaktik

KMK (2017b) Fachdidaktisches Wissen	KMK (2017b) Studieninhalte der Mathematikdidaktik	GFD (2004) Fachdidaktische Kompetenzen	DMV, GDM, MNU (2008) Mathematik-didaktische Kompetenzen
Fachdidaktische Positionen und Strukturierungs-ansätze, Bildungswirk-samkeit fachlicher Inhalte	Themenfelder und Standards des Mathematikunterrichts	Theoriegeleitete fachdidaktische Reflexion	Fachbezogene Reflexions-kompetenzen
Ergebnisse fach-didaktischer und lernpsychologischer Forschung	Mathematikbezogene Lehr-Lern-Forschung		Mathematik-didaktische Basis-kompetenzen
Grundlagen der Leistungsbeurteilung	Fachdidaktische Diagnose, Lernstandsbestimmung, Förderkonzepte	Fachbezogenes Diagnostizieren und Beurteilen	Mathematik-didaktische diagnostische Kompetenzen
Merkmale von Lernenden, Lern-umgebungen differenziert gestalten	Planung und Ana-lyse differenzierenden Mathematikunterrichts	Fachbezogenes Unterrichten	Mathematikunter-richts-bezogene Handlungs-kompetenzen
Komplexe Sachver-halte adressaten-gerecht darstellen		Fachbezogene Kommunikation	
	Kooperationen bzgl. inklusiven Unterrichts		
		Entwicklung und Evaluation	

Mit Blick auf Tabelle 3.6 können erste Gemeinsamkeiten hinsichtlich der dargestellten fachdidaktischen Studieninhalte, Wissensfacetten und Kompetenzen festgehalten werden. Der Bereich der fachdidaktischen Diagnose und Beurteilung findet beispielsweise in allen Empfehlungen als eigenständiger Bereich Berücksichtigung. Einzig in den Formulierungen fachdidaktischen Wissens der KMK (2017b) wird lediglich von Leistungsbeurteilungen und nicht von fachdidaktischer Diagnostik gesprochen. Es lassen sich jedoch auch Differenzen der unterschiedlichen Empfehlungen erkennen. Beispielsweise findet sich der Aspekt zu Kooperationen im inklusiven Unterricht einzig in den Ausführungen der KMK (2017b) als Studieninhalt der Mathematikdidaktik. Um die einzelnen Bereiche genauer vergleichen zu können, ist eine detailliertere Beschreibung dieser notwendig.

3.3.2.1 Standards der Kultusministerkonferenz

Die Ständige Konferenz der Kultusminister der Länder in der Bundesrepublik Deutschland (KMK) (2004) „sieht es als zentrale Aufgabe an, die Qualität schulischer Bildung zu sichern. Ein wesentliches Element zur Sicherung und Weiterentwicklung schulischer Bildung stellt die Einführung von Standards und deren Überprüfung dar" (S. 3). Auch wenn diese Standards keinen verpflichtenden Charakter für die Länder haben, sondern in Form gesellschaftlicher Erwartungen formuliert wurden (Vollmer, 2007, S. 87), sind sie „jedoch in ihrer orientierenden Wirkung nicht zu unterschätzen" (Vollmer, 2007, S. 86). Bezugsrahmen für die Standards bilden die von den Ländern in den Schulgesetzen formulierten Bildungs- und Erziehungsziele (KMK, 2004, S. 3). Die Standards beschreiben „Schwerpunkte in Studium und Ausbildung und ordnen sie Kompetenzen zu, die erreicht werden sollen" (KMK, 2004, S. 3). Dabei ist der Kompetenzbegriff ähnlich zu jenem nach Weinert (2002) definiert (s. Abschnitt 3.2.1): Kompetenz wird als ein Zusammenspiel von Kenntnissen, Fähigkeiten und Fertigkeiten sowie Einstellungen beschrieben (KMK, 2004, S. 4, 2017b, S. 3).

Im Anschluss an die Ausarbeitung bildungswissenschaftlicher Standards für die Lehrerausbildung wurde die „Notwendigkeit gesehen, ländergemeinsame inhaltliche Anforderungen für die Fachwissenschaften und deren Didaktiken zu entwickeln" (KMK, 2017b, S. 2). Das in Kooperation mit Fachwissenschaftlerinnen und Fachwissenschaftlern sowie Fachdidaktikerinnen und Fachdidaktikern entstandene Dokument soll als Rahmung der fachlichen Ausbildung angehender Lehrkräfte dienen. Dabei beziehen sich die Standards auf die erste Phase der Ausbildung und stellen dar, was Absolventinnen und Absolventen des Hochschulstudiums können bzw. wissen sollten (KMK, 2017b, S. 2 ff.). Während des Studiums sollen sich Studierende dementsprechend anschlussfähiges Fachwissen, Erkenntnis- und Arbeitsmethoden der Fächer sowie anschlussfähiges fachdidaktisches Wissen aneignen (KMK, 2017b, S. 3 f.). Zum Bereich des fachdidaktischen Wissens wird Folgendes festgehalten:

Studienabsolventinnen und -absolventen

- haben ein solides und strukturiertes Wissen über fachdidaktische Positionen und Strukturierungsansätze und können fachwissenschaftliche bzw. fachpraktische Inhalte auf ihre Bildungswirksamkeit hin und unter didaktischen Aspekten analysieren,
- sind in der Lage, komplexe Sachverhalte adressatengerecht, auch in einfacher Sprache darzustellen,
- kennen und nutzen Ergebnisse fachdidaktischer und lernpsychologischer Forschung über das Lernen in ihren Fächern bzw. Fachrichtungen,
- kennen die Grundlagen fach- bzw. fachrichtungs- und anforderungsgerechter Leistungsbeurteilung
- haben fundierte Kenntnisse über Merkmale von Schülerinnen und Schülern, die den Lernerfolg fördern oder hemmen können und darüber, wie daraus Lernumgebungen differenziert zu gestalten sind (KMK, 2017b, S. 4).

Diese allgemeinen fachdidaktischen Aspekte werden nachträglich auf die einzelnen Fächer übertragen (KMK, 2017b, S. 7 ff.). In einem Kompetenzprofil für angehende Lehrkräfte der Mathematik wird nicht zwischen mathematischen und mathematikdidaktischen Aspekten unterschieden (KMK, 2017b, S. 38). Mathematikdidaktische und mathematische Kompetenzen sind hier eng miteinander verknüpft und als kaum voneinander trennbar dargestellt. Es folgt jedoch eine Auflistung von Studieninhalten, die zwischen mathematischen und mathematikdidaktischen Studieninhalten unterscheidet (KMK, 2017b, S. 39 f.). Das Studium der Mathematikdidaktik soll die angehenden Lehrkräfte demnach in *Themenfelder und Standards des Mathematikunterrichts* sowie die *mathematikbezogene Lehr-Lern-Forschung* einführen. Letztere wird konkretisiert durch die Angabe von inhaltlichen Bereichen dieser Forschungsrichtung wie der Motivation oder individueller Vorstellungen und Fehler seitens der Lernenden. Auch deren Dispositionen, Lernprozessverläufe und Schwierigkeiten sowie Aufbau und Wirkung von Lernumgebungen werden erwähnt. Zusätzlich sollten innerhalb des Studiums *fachdidaktische Diagnosen* thematisiert und mit *Lernstandsbestimmungen* sowie *Förderkonzepten* verbunden werden. Hinsichtlich der Heterogenität der Lernenden, mit welcher Lehrkräfte in ihrer Praxis umgehen müssen, sollen im Studium Differenzierungsmaßnahmen angesprochen werden, sodass Kompetenzen bezüglich der *Planung und Analyse differenzierenden Unterrichts* angebahnt werden sollen. Letztlich sollen *Möglichkeiten der Kooperation* im Lehrberuf beispielsweise mit sonderpädagogischen Lehrkräften bei der Planung, Durchführung und der diagnostischen Reflexion von inklusivem Unterricht kennengelernt und behandelt werden (KMK, 2017b, S. 40).

3.3.2.2 Fachdidaktischer Orientierungsrahmen der GFD

Schon vor den Ausarbeitungen der KMK zur fachwissenschaftlichen und fachdidaktischen Ausbildung angehender Lehrkräfte an Hochschulen wurden von der im Jahre 2000 gegründeten Gesellschaft für Fachdidaktik e. V. (GFD) von Fachdidaktikerinnen und Fachdidaktikern verschiedener Fächer Standards für die fachdidaktische Ausbildung an Hochschulen formuliert.

> Gerade weil die Fachdidaktiken sich neben Erziehungswissenschaft und Fachwissenschaften als dritte, eigenständige wissenschaftliche Säule der Lehrerausbildung begreifen, haben die inzwischen über 20 Mitgliedsgesellschaften der GFD einen einheitlichen Entwurf fachdidaktischer Kompetenzen und zu erreichender Standards für die erste Phase der Lehrerbildung erarbeitet (Vollmer, 2007, S. 92).

Dieser Entwurf ist fachübergreifend formuliert und beschreibt „unabdingbare Kompetenzen ..., wie sie während des Hochschulstudiums – auch im Hinblick auf deren Fortsetzung in der zweiten Phase – verbindlich erreicht werden müssten" (Vollmer, 2007, S. 92). Übergreifende Kompetenzbereiche werden dabei durch einzelne Kompetenzen ausdifferenziert und mit Standards verbunden. Folgende fachdidaktischen Kompetenzbereiche werden festgehalten: „fachbezogenes Unterrichten" (Vollmer, 2007, S. 92), „fachbezogenes Diagnostizieren und Beurteilen" (Vollmer, 2007, S. 92), „theoriegeleitete fachdidaktische Reflexion" (Vollmer, 2007, S. 92), „fachbezogene Kommunikation" (Vollmer, 2007, S. 92) und „Entwicklung und Evaluation" (Vollmer, 2007, S. 92). Jeder dieser fünf Kompetenzbereiche wird ausdifferenziert in zwei Kompetenzen und dazugehörige Standards.

Der Kompetenzbereich der *theoriegeleiteten fachdidaktischen Reflexion* umfasst dabei einerseits das Rezipieren, Reflektieren und Anwenden fachdidaktischer Theorien zusätzlich aber auch die Herstellung von Bezügen zwischen jenen fachdidaktischen Theorien und solchen aus den Fach- und Bildungswissenschaften. Standards hierzu sind die strukturierte und systematische Darstellung, Erläuterung und Beurteilung fachdidaktischer Konzeptionen und Theorien sowie die Bezugnahme zur Praxis. Hinzu kommt das Herstellen von Zusammenhängen zwischen fachwissenschaftlichen, bildungswissenschaftlichen und fachdidaktischen Theorien und Konzeptionen sowie der Bezug jener Theorien unter fachdidaktischer Perspektive auf die Praxis ([Gesellschaft für Fachdidaktik e. V.] GFD, 2004, S. 1).

Das *fachbezogene Unterrichten* erfordert die Kompetenzen, Fachunterricht „in unterschiedlicher Breite und Tiefe begründet zu planen" (GFD, 2004, S. 1) und adressatengerecht zu gestalten (GFD, 2004, S. 1). Dementsprechend sollen Studienabsolventinnen und -absolventen für die Planung von Unterricht relevante

Konzepte und Theorien kennen und mit ihrer Hilfe Entscheidungen begründet und reflektiert treffen können. Sie sollten in der Lage sein, Lernumgebungen in Anpassung an die jeweilige Lerngruppe zu gestalten und dabei Selbsttätigkeit und Eigenverantwortung der Lernenden als bedeutsam einschätzen. Fachliche Lehr-Lern-Prozesse sollten exemplarisch an den Lernenden orientiert werden (GFD, 2004, S. 1).

Hinsichtlich des *fachbezogenen Diagnostizierens und Beurteilens* sollen auf der einen Seite Modelle und Kriterien von Leistungsüberprüfungen wie Lernstandserhebungen oder anderen Beurteilungen auf den fachlichen Lernprozess des jeweiligen Lernenden bezogen werden. Solche Modelle, die dazugehörigen Kriterien sowie Interpretationen ihrer Ergebnisse müssen daher gekannt werden (GFD, 2004, S. 1 f.). Zusätzlich sollten die angehenden Lehrkräfte dazu in der Lage sein, „gesellschaftliche Einflüsse auf zu erwerbende fachliche Kompetenzen der Schüler [und Schülerinnen] und deren Beurteilung, auch unter historischer Perspektive, [zu] erläutern" (GFD, 2004, S. 2). Andererseits wird diesem Bereich die Kompetenz der Analyse und Beurteilung eigener Lernprozesse und Lehrfahrungen zugeordnet. In den zugehörigen Standards werden besonders Eigen- und Fremdreflexion sowie -evaluation betont, die dazu dienen sollen, Effekte des Fachunterrichts zu erkennen sowie auch eigene Lehr- und Lernleistungen mitsamt ihren Ergebnissen zu analysieren und zu beurteilen. Außerdem sollten Möglichkeiten der Überprüfung von Lernwirkungen gekannt, ausgewählt und angewendet werden (GFD, 2004, S. 2).

Fachliche oder auch fächerübergreifende Themen zu kommunizieren und Kommunikationsprozesse innerhalb und außerhalb des Unterrichts zu analysieren, sind Kompetenzen, die im Kompetenzbereich der *fachbezogenen Kommunikation* zusammenfallen. Studierende sollen hier Kriterien der (fachlichen) Kommunikation, Kommunikationsmodelle und -strategien kennen, erlernen und in der Praxis darlegen können. Dies soll exemplarisch ziel- und adressatengerecht eingeübt werden. Gleichzeitig sollen Kompetenzen hinsichtlich der Analyse fachdidaktisch relevanter Kommunikationsabläufe erworben werden (GFD, 2004, S. 2).

Der letzte Kompetenzbereich bezieht sich auf *Entwicklung und Evaluation* und umfasst Kompetenzen, die sich auf die fachdidaktische Forschung beziehen oder die Schulentwicklung betreffen. Fachdidaktische Forschung sollte von den Studierenden angemessen rezipiert, erläutert und beurteilt werden können. Durch das Planen, Durchführen und Auswerten im Rahmen eigener wissenschaftlicher Arbeiten sollte zusätzlich die Kompetenz erlangt werden, an Forschungsvorhaben mitzuwirken. Die Weiterentwicklung von Unterricht, Curricula und Schule kann und sollte durch fachdidaktische Perspektiven bereichert werden (GFD, 2004, S. 2).

3.3.2.3 Empfehlungen von DMV, GDM sowie MNU

Während die Ausführungen der GFD (2004) derart allgemein bleiben, dass sie auf die hochschulische Lehre aller Fachdidaktiken übertragen werden können und sollen, sind jene der KMK (2017b) in einem ersten Schritt allgemein, dann aber fachspezifisch dargestellt worden. Die fachspezifischen Ausführungen der KMK (2017b) bleiben jedoch eher oberflächlich, da sie im Kompetenzprofil nicht zwischen mathematischen und mathematikdidaktischen Kompetenzen unterscheiden und die Angaben zu mathematikdidaktischen Studieninhalten nicht weiter ausgeführt werden. Als Antwort auf dieses Desiderat können die Empfehlungen zu Standards für die Ausbildung von Lehrkräften im Fach Mathematik der Deutschen Mathematiker-Vereinigung (DMV), der Gesellschaft für Didaktik der Mathematik (GDM) und des Verbandes zur Förderung des MINT-Unterrichts (MNU) (2008) herangezogen werden.

> Die Fachdidaktik als Wissenschaft vom fachspezifischen Lernen zielt auf theoretische und empirische Erkenntnisse zu fachlichen Lehr- und Lernprozessen und ihren Bedingungen. Lehramtsstudierende erwerben
>
> 1) in ihren fachwissenschaftlichen Studien fachbezogene Reflexionskompetenz, die sie mit Blick auf ihr künftiges Berufsfeld in den fachdidaktischen Studien vertiefen,
> 2) in ihren fachdidaktischen einschließlich der schulpraktischen Studien mathematik-didaktische Basiskompetenzen, insbesondere mathematikdidaktische diagnostische Kompetenzen, sowie theoretisch reflektierte mathematikunterrichtsbezogene Handlungskompetenzen.
>
> Der Erwerb dieser Kompetenzen erfolgt in einem wissenschaftlichen Studium und wird in reflektierten Praxisphasen während des Studiums aufgebaut und einer praxisbetonten Phase vertieft (DMV et al., 2008, S. 13).

Das hier ausgedrückte Verständnis zur Rolle der Mathematikdidaktik in der Lehrerausbildung sowie zum Zweck und Inhalt der mathematikdidaktischen Ausbildung wird bezüglich bestimmter Bereiche durch inhalts- und prozessbezogene Kompetenzen näher ausgeführt.

Ein erster der insgesamt vier Bereiche bezieht sich auf *fachbezogene Reflexionskompetenzen.* Studierende sollen diesbezüglich dazu in der Lage sein, Erkenntnisweisen der Mathematik von jenen anderer Fächer abzugrenzen und deren Spezifität zu beschreiben. Zusätzlich sollten Rolle und Bild der Mathematik als Wissenschaft in der Gesellschaft reflektiert werden (DMV et al., 2008, S. 13).

Mathematikdidaktische Basiskompetenzen schließen an diesen Aspekt an und beinhalten unter anderem die Kenntnis und Bewertung mathematischer Bildungskonzepte sowie „die Bedeutung des Schulfaches Mathematik für die Gesellschaft und Schulentwicklung" (DMV et al., 2008, S. 13). Weiterhin umfassen jene Basiskompetenzen theoretisches Wissen zu zentralen Denkhandlungen der Mathematik, wie der Begriffsbildung, der Modellierung, dem Problemlösen und der mathematischen Argumentation. Eine weitere Kompetenz besteht darin zentrale Themenfelder des Mathematikunterrichts mit verschiedenen Dingen, wie Zugangsweisen, Grundvorstellungen, paradigmatischen Beispielen, begrifflichen Vernetzungen, typischen Präkonzepten und Verstehenshürden sowie Stufen der begrifflichen Strenge und Formalisierung zu verbinden. Dabei sollen jene Themenfelder mit ihren fachwissenschaftlichen Hintergründen verknüpft werden. Auch kommunikationsbedingte Kompetenzen, wie die Reflexion der Rolle von Alltags- und Fachsprache in Prozessen der Begriffsbildung, sind Teil jener mathematikdidaktischer Basiskompetenzen. Das genetische oder entdeckende Lernen als Beispiele für Konzepte des Lehrens und Lernens von Mathematik in der Schule sollen von den Studierenden gekannt und bewertet werden können. Darüber hinaus sollen auch Möglichkeiten zum Lernen fächerübergreifender Inhalte innerhalb des Schulfaches Mathematik beschrieben werden können. Auch curriculare Gegebenheiten, wie Bildungsstandards und Lehrpläne sowie Schulbücher sollten evaluiert und reflektiert genutzt werden können. Letztlich wird es zu den mathematikdidaktischen Basiskompetenzen gezählt, fachdidaktische Forschungsergebnisse angemessen zu rezipieren und mit dem eigenen Kenntnisstand zu vernetzen (DMV et al., 2008, S. 13).

In Abgrenzung zu den beschriebenen Basiskompetenzen sollten die Studierenden zusätzlich *mathematikdidaktische diagnostische Kompetenzen* im Laufe ihres Hochschulstudiums erwerben. Dieser Bereich bezieht sich auf Kompetenzen im Umgang mit Kompetenzmessungen, Leistungsüberprüfungen und -bewertungen. Diagnostizieren meint dabei das Beobachten, Analysieren und Interpretieren mathematischer Lernprozesse. Lehrkräfte müssen strukturierte Interviews und informelle Gespräche als diagnostische Verfahren führen, nutzen und auswerten können. Die Konstruktion und der Einsatz von diagnostischen Aufgaben sowie die Analyse der Lösungen der Lernenden sind wichtige Kompetenzen zur Erstellung einer fachdidaktischen Diagnose. Die erhaltenen diagnostischen Ergebnisse fordern es weiterhin von Lehrkräften, Förderpläne zu erstellen. Methoden und Arrangements des Unterrichts sollten bezüglich ihres diagnostischen Potenzials beschrieben werden können. Im Hinblick auf die leistungsbezogene Heterogenität der Lernenden sollen Studierende vor allem

Konzepte und Untersuchungen zur Rechenschwäche und mathematischen Hochbegabung kennen (DMV et al., 2008, S. 14).

Einen letzten Kompetenzbereich bilden die *mathematikunterrichtsbezogenen Handlungskompetenzen*. Wesentliche Elemente einer Lernumgebung, wie Aufgaben, Lehr-Lern-Materialien, Technologien und Unterrichtsmethoden sollten von den Studierenden gekannt und „zur zielgerichteten Konstruktion von Lerngelegenheiten" (DMV et al., 2008, S. 14) genutzt werden können. Ebenso ist auch die Kenntnis und Abwägung verschiedener Interventionsstrategien beispielsweise in Bezug auf Fehler, heuristische Hilfen oder den Umgang mit Begriffen notwendig. In den diagnostischen Kompetenzen wurde bereits auf die Heterogenität der Lernenden eingegangen, diese findet jedoch auch in den unterrichtsbezogenen Handlungen Einklang, sodass Verfahren zum Umgang mit Heterogenität gekannt und bewertet werden sollten. Studierende sollten während ihres Studiums einen Einblick in wissenschaftliche Verfahren empirischer Unterrichtsforschung erhalten und Ergebnisse für die Gestaltung ihres Unterrichts nutzen können (DMV et al., 2008, S. 14). Dementsprechend sollen sie auch „den Umgang mit Verfahren empiriegestützter Unterrichtsentwicklung (z. B. durch zentrale Leistungsmessung) [reflektieren]" (DMV et al., 2008, S. 14).

3.3.2.4 Vergleichende Zusammenfassung

Mit Blick auf diese unterschiedlichen Empfehlungen fällt auf, dass Kompetenzen, wie die *Gestaltung, Planung oder Analyse von Unterricht* oder das Handeln der Lehrkraft im Unterricht in allen Empfehlungen Einklang finden. Ebenso werden auch *diagnostische Kompetenzen* in allen Ausführungen erwähnt. Darüber hinaus finden sich in allen Empfehlungen Ausführungen zu *reflexiven fachbezogenen Kompetenzen*, die von den Studierenden erworben werden sollen. Es sollen diesbezüglich fachwissenschaftliche Inhalte hinsichtlich ihrer Bildungswirksamkeit (KMK, 2017b, S. 4), spezifische mathematische Erkenntnisweisen in Abgrenzung zu anderen Fächern, Rolle und Bild der Mathematik in der Gesellschaft (DMV et al., 2008, S. 13) oder generell Zusammenhänge zwischen Fachwissenschaft, Fachdidaktik und Bildungswissenschaft (GFD, 2004a, S. 1) reflektiert werden.

Andere Kompetenzen erfahren eine unterschiedliche Gewichtung. So werden beispielsweise Kompetenzen zur fachbezogenen Kommunikation im Rahmen der Ausarbeitungen der GFD (2004, S. 2) als gesonderter Kompetenzbereich dargestellt, während ähnliche Aspekte von der KMK (2017b, S. 4) in den fachunabhängigen Ausführungen eher oberflächlich erwähnt werden. Hier findet zur adressatengerechten Darstellung komplexer Inhalte ein Bezug auf die Verwendung einer einfachen Sprache statt (KMK, 2017b, S. 4). Die Empfehlungen der DMV, GDM und MNU (2008) ordnen das „Reflektieren d[er] Rolle von Alltagssprache und Fachsprache bei mathematischen Begriffsbildungsprozessen" (S. 13) den mathematikdidaktischen Basiskompetenzen zu (DMV et al., 2008, S. 13). Demnach erwähnen alle Konzeptionen kommunikative Kompetenzen, gewichten diese jedoch unterschiedlich. Ebenso wird auch der von der GFD (2004, S. 2) dargestellte Kompetenzbereich der 'Entwicklung und Evaluation' in den anderen Konzeptionen nicht als gesonderter Kompetenzbereich angesehen. Er findet sich aber in Ansätzen beispielsweise auch in den von der DMV, GDM und MNU formulierten mathematikdidaktischen Basiskompetenzen wieder („Rezipieren fachdidaktische[r] Forschungsergebnisse" (DMV et al., 2008, S. 10)). Zu diesem Bereich der 'Entwicklung und Evaluation' gehörige Kompetenzen zur Mitwirkung an Forschungsvorhaben oder an der Schulentwicklung werden lediglich von der GFD (2004, S. 2) formuliert, wie solche zur Kooperation bezüglich inklusiven Unterrichts ausschließlich von der KMK (2017b, S. 40) erwähnt werden. Die Ausführungen der DMV, GDM und MNU (2008) zeichnen sich im Besonderen durch den Fachbezug und die dadurch entstehenden spezifischen Inhalte der mathematikdidaktischen Ausbildung aus. Während zusammenfassend einerseits Analogien zwischen den Empfehlungen gefunden werden können, finden sich andererseits hinsichtlich der Erwähnung oder Gewichtung einzelner Kompetenzen auch Differenzen der Ansätze. Es entsteht somit kein gänzlich einheitliches Bild der von Studierenden zu erlangenden fach- bzw. mathematikdidaktischen Kompetenzen.

3.4   Perspektiven auf und Dimensionen von Mathematikdidaktik

Die Ausführungen des Kapitels 3 dienen dazu, ein hinreichend umfangreiches Verständnis davon zu erlangen, was Mathematikdidaktik ist. Dabei nähert sich diese Arbeit der Mathematikdidaktik aus verschiedenen Perspektiven (Mathematikdidaktik als Wissenschaft, Kompetenzbereich und Lerngegenstand). Auf Grundlage dieser Betrachtungen können folgende Aspekte zur Mathematikdidaktik festgehalten werden:

> Mathematikdidaktik ist zum einen die Wissenschaft mathematischen Lehrens und Lernens. Dabei übernimmt sie die Rollen einer Grundlagen- sowie einer Anwendungswissenschaft und steht in einer engen Beziehung zur Praxis des Mathematiklehrens und -lernens. Es sind ihre zentralen Aufgaben diese Praxis mitzugestalten sowie grundlegendes Wissen zu mathematischen Lehr-Lern-Prozessen zu generieren.

In der Praxis einer Mathematiklehrkraft stellt Mathematikdidaktik zum anderen einen Bereich dar, der durch das Zusammenspiel verschiedener kognitiver Fähigkeiten und Fertigkeiten sowie damit verbundener motivationaler, volitionaler und sozialer Bereitschaften und Fähigkeiten (Weinert, 2002, S. 27 f.) dazu beiträgt, die vielfältigen Anforderungen des Berufsalltags einer Mathematiklehrkraft zu bewältigen (Mathematikdidaktik als Kompetenzbereich).

Das hierzu benötigte Wissen und darauf aufbauende Kompetenzen sollen von (angehenden) Lehrkräften für das Fach Mathematik erworben werden, sodass Mathematikdidaktik weiterhin eine Ausbildungsdisziplin und einen Lerngegenstand darstellt. Dabei spielt der Erwerb wissenschaftlichen Wissens in der Kompetenzentwicklung der angehenden Lehrkräfte eine entscheidende Rolle. Es wird in der Praxis vor allem zur Reflexion und Situationsanalyse benötigt.

Diese Zusammenfassung der einzelnen Betrachtungsweisen ist nicht als vollständige Beschreibung der Mathematikdidaktik anzusehen, da beispielsweise selbstreferentielle Aufgaben dieser nicht erwähnt werden. Ob und inwiefern Mathematikdidaktik in einzelnen studentischen Vorstellungen von diesen Auffassungen abweicht, wird vor allem in der zweiten Studie dieser Arbeit untersucht.

Bezogen auf Inhalte der Mathematikdidaktik zeichnen weder die unterschiedlichen Auffassungen zur Mathematikdidaktik als Wissenschaft (s. Abschnitt 3.1.1), die einzelnen Konzeptualisierungen mathematikdidaktischen Wissens und jener Kompetenzen (s. Abschnitt 3.2.2 & 3.2.3) noch die Empfehlungen für die fachdidaktische Ausbildung an der Hochschule (s. Abschnitt 3.3.2) ein eindeutiges Bild.

Mit Blick auf die Praxis kann das Tätigkeitsfeld einer Mathematiklehrkraft in vier Dimensionen unterteilt werden:

- die *„fachliche* Dimension (Lernprozesse beziehen sich auf Lerninhalte, deren fachliche Struktur von der Mathematik bestimmt ist)" (Wittmann, 2009, S. 2 Hervorhebung im Original)
- die *„pädagogische* (einschließlich gesellschaftswissenschaftliche) Dimension (Lernprozesse intendieren übergeordnete Lernziele an Lerninhalten)" (Wittmann, 2009, S. 2 Hervorhebung im Original)
- die *„psychologische* (einschließlich soziologische) Dimension (Lernprozesse müssen die Dispositionen der Lernenden berücksichtigen)" (Wittmann, 2009, S. 2 Hervorhebung im Original)

- die „*konstruktive* Dimension (Planung und praktischer Vollzug des Unterrichts erfordern mündige und handwerkliche gekonnte Entscheidungen …)" (Wittmann, 2009, S. 2 Hervorhebung im Original)

Diese vier Dimensionen ähneln den in Abschnitt 3.1.3 bezüglich der Mathematikdidaktik als Wissenschaft dargestellten Bereichen mathematikdidaktischer Forschungsgegenstände und -ziele: Forschungen zum mathematischen Inhalt, zum Unterricht und anderen Lehr-Lern-Umgebungen und zu Lernenden. Auch die in den Large-Scale-Assessments dargestellten Wissens- und Kompetenzfacetten der Mathematikdidaktik in Abschnitt 3.2.3 sind einem Schüler-, einem Inhalts- und einem Instruktionsaspekt zugeordnet. Aus der Perspektive der Mathematikdidaktik als Lerngegenstand werden in allen Empfehlungen für das Hochschulstudium Inhalte zur Gestaltung, Planung oder Analyse von Unterricht, diagnostische Kompetenzen und reflexive fachbezogene Kompetenzen erwähnt. Die von Wittmann (2009, S. 2) erwähnte 'pädagogische Dimension' steht in Zusammenhang mit Lernzielen, welche zu curricularen Forschungsgegenständen der Mathematikdidaktik gezählt werden können und in Abschnitt 3.1.3 den 'Forschungen zum mathematischen Inhalt' (in Anlehnung an Vollstedt et al., 2015, S. 569) sowie in Abschnitt 3.2.3 den mathematikdidaktischen Kompetenzen und Wissensfacetten bezüglich des 'Inhaltsaspekts' zugeordnet wurden. Darüber hinaus bilden nach Vollstedt et al. (2015, S. 567) auch Lehrkräfte einen Bereich mathematikdidaktischer Forschungsgegenstände und -ziele. Eine Dimension, die speziell auf die Lehrenden eingeht, gibt es laut Wittmanns (2009, S. 2) Ausführungen zum Tätigkeitsfeld einer Mathematiklehrkraft sowie laut den Konzeptualisierungen mathematikdidaktischen Wissens bzw. jener Kompetenzen (s. Abschnitt 3.2.3) nicht. In den Empfehlungen für die fachdidaktische Ausbildung der GFD (2004a, S. 2) werden Selbst- und Fremdreflexionen erwähnt, in denen die angehenden Lehrkräfte selbst bzw. ihre Handlungen zum 'Lehr-Lern-Gegenstand' werden. Derartige Inhalte werden in den anderen Empfehlungen nicht erwähnt. Im Hinblick auf die Ausführungen der einzelnen Kapitel und die Dimensionen nach Wittmann (2009, S. 2) werden für die weiteren Betrachtungen vier inhaltliche Dimensionen der Mathematikdidaktik in Tabelle 3.7 festgehalten.

Tabelle 3.7 Inhaltliche Dimensionen der Mathematikdidaktik

	Wissenschaft (Forschungsgegenstände und -ziele) (s. Abschnitt 3.1.3)	Kompetenzbereich (Wissens- und Kompetenzfacetten) (s. Abschnitt 3.2.3)	Lerngegenstand (s. Abschnitt 3.3.2)
Fachliche Dimension ('mathematischer Inhalt')	Forschungen zum mathematischen Inhalt	Inhaltsaspekt	Reflexive fachbezogene Kompetenzen
Konstruktive Dimension ('Unterricht')	Forschungen zum Unterricht und anderen Lehr-Lern-Umgebungen	Instruktionsaspekt	Analyse, Planung und Gestaltung von Unterricht
Psychologisch-soziologische Dimension ('Lernende')	Forschungen zu den Lernenden	Schüleraspekt	Fachdidaktisches Diagnostizieren
Ausbildungsdimension ('Lehrende')	Forschungen zu Lehrkräften	–	(Selbst- und Fremdreflexion)

Hinsichtlich der Didaktik im Referendariat halten Kron, Jürgens und Standop (2014, S. 19) nach einer Durchsicht von Ausbildungsplänen unterschiedlicher Bundesländer drei didaktische Orientierungen fest. Eine erste stellt dabei die *fachstrukturelle Orientierung* dar. Aufbau und Inhalte der Ausbildung im Referendariat orientieren sich hier stark an fachwissenschaftlichen Themen, während häufig Beziehungen zu Enkulturations-, Sozialisations- und Personalisationsprozessen fehlen (Kron et al., 2014, S. 19). Diese Orientierung wird als „klassisch[]" (Kron et al., 2014, S. 19) bezeichnet. Bezogen auf die vier Dimensionen in Tabelle 3.7 wird Didaktik in dieser Orientierung vor allem aus der fachlichen Dimension betrachtet.

Der *unterrichtsfunktionalen Orientierung* entsprechen Aufbau und Inhalte, die „Konzepte für Planung, Durchführung, Evaluation und Begründung von Unterricht" (Kron et al., 2014, S. 19) fokussieren. Rechtsvorschriften, verbales und nonverbales Verhalten, Lernzielbestimmungen, didaktische Analysen und das Tafelbild sind beispielhafte Themen, die im Rahmen dieser Orientierung im Referendariat thematisiert werden (Kron et al., 2014, S. 19). Dabei kann von einem „primär technischen Interesse an Unterricht" (Kron et al., 2014, S. 19) gesprochen werden. Hier stehen vor allem didaktische Inhalte aus der konstruktiven Dimension im Fokus.

Eine dritte und letzte Orientierung stellt die *handlungsbezogene Orientierung* dar. Hier spielen die in der fachstrukturellen Orientierung häufig fehlenden Enkulturations-, Sozialisations- und Personalisationsprozesse eine entscheidende Rolle. Dabei wird „zunächst auf die gesellschaftliche und individuelle Situation der Auszubildenden und der SchülerInnen ein[gegangen]. Es wird auf die Interdependenz sowie auf die Entwicklung bzw. Veränderbarkeit wesentlicher Faktoren und Zusammenhänge von Schule und Unterricht sowie der Lehr- und Lernprozesse selbst hingewiesen" (Kron et al., 2014, S. 19). Die Lernenden und Lehrenden werden hier in ihrer Individualität besonders berücksichtigt, sodass sowohl die psychologische als auch ausbildungsorientierte Dimension im Vordergrund stehen.

Diese drei Orientierungen sind als Extreme zu verstehen (Kron et al., 2014, S. 19), in denen Didaktik hauptsächlich aus einer bzw. zwei der vier inhaltlichen Dimensionen betrachtet wird. Ob sich in den geäußerten Vorstellungen der Studierenden ähnliche ein- bzw. mehrdimensionale Betrachtungen der Mathematikdidaktik erkennen lassen, wird in der ersten Studie untersucht.

Teil II
Forschungsvorhaben der Arbeit

Untersuchungsinteresse und Forschungsfragen

'Mathematikdidaktische Lernprozesse der Studierenden werden von den individuellen Vorstellungen zur Mathematikdidaktik beeinflusst' (s. Abschnitt 2.2) – Auf dieser Grundannahme baut das Forschungsinteresse dieser Arbeit auf, die Vorstellungen zur Mathematikdidaktik von Bachelorstudierenden im Lehramt Mathematik zu untersuchen. Den studentischen Vorstellungen wird sich in Form von zwei Studien explorativ genähert, wobei in einer ersten Annäherung Oberflächenmerkmale der Vorstellungen vergleichsweise vieler Studierender beforscht werden, während die zweite Studie nur wenige Teilnehmende betrachtet und es zum Ziel hat, tiefere Einblicke in die individuellen Vorstellungen einzelner Studierender zu erlangen. Im Fokus beider Studien stehen Fragen nach *Inhalten der studentischen Vorstellungen* (s. Abschnitt 2.4.4).

Inhaltsbezogene Beliefs der Studierenden als Oberflächenmerkmale ihrer Vorstellungen zur Mathematikdidaktik
Ein erstes Ziel dieser Arbeit ist es, die in den studentischen Vorstellungen mit Mathematikdidaktik verbundenen Inhalte herauszuarbeiten. Formulierungen von den Studierenden, die zur Erklärung der eigenen Vorstellungen genutzt werden, können als 'Personal Concept Definitions' angesehen werden und bilden die Grundlage für die Analysen der ersten Studie (s. Abschnitt 2.1.1). Sie sind situative, persönliche Rekonstruktionen des Konzepts der Mathematikdidaktik. In diesem Zusammenhang stehen zunächst kognitive Aspekte der Vorstellungen im Vordergrund, die im Folgenden als *inhaltsbezogene Beliefs* bezeichnet und als *Oberflächenmerkmal* der studentischen Vorstellungen angesehen werden. Aus dieser Zielsetzung heraus ergibt sich die erste Forschungsfrage der vorliegenden Arbeit:

1) Welche Inhalte nennen die Studierenden, wenn sie ihren Vorstellungen von
   Mathematikdidaktik und mathematikdidaktischen Anforderungen an eine
   Lehrkraft Ausdruck verleihen?

In dieser Fragestellung wird Mathematikdidaktik in ihrer Gesamtheit erwähnt
('Vorstellungen von Mathematikdidaktik'). Dies wird ergänzt um einen Zusatz zu
'mathematikdidaktischen Anforderungen', die an eine Lehrkraft gestellt werden.
Dieser Zusatz richtet den Blick auf die Praxis des Mathematikunterrichts und
thematisiert daher im Besonderen die Perspektive der Mathematikdidaktik als
Kompetenzbereich (s. Abschnitt 3.2). Da dieser Bereich zukünftig besondere
Relevanz für die angehenden Lehrkräfte haben wird und die Inhalte der Ausbildung auf die Praxis des Mathematikunterrichts ausgerichtet sind, wird sich
dieser Perspektive gesondert genähert[1].

Die Analyse der studentischen Antworten wird im Speziellen auf die
mit Mathematikdidaktik verbundenen Inhalte gerichtet. Diese werden als
inhaltsbezogene Beliefs bezeichnet und sind Teil des subjektiven Wissens
der Studierenden, das von vielfältigen Faktoren, wie den Erfahrungen als
Schülerin bzw. Schüler, als Studierende bzw. Studierender, etc. abhängt. Mit
der Beantwortung offener Fragen nennen die Studierenden Inhalte, die ihrer
Meinung nach zur Mathematikdidaktik gehören. Dabei können diese Inhalte
auf Wissen bzw. Fakten beruhen, beispielsweise, wenn die Studierenden einen
bestimmten Inhalt in einer universitären Veranstaltung bereits als mathematikdidaktischen Inhalt kennengelernt und erfahren haben. „But each time, the
individual makes his own choice of the facts (and beliefs) to be used as reasons
and his own evaluation on the acceptability of the belief in question" (Pehkonen,
1994, S. 180). Es kommt demnach zu einer Auswahlsituation, in der die
Studierenden ihre persönliche Auswahl von Inhalten der Mathematikdidaktik zu
Papier bringen, um eine 'Personal Concept Definition' von Mathematikdidaktik
zu formulieren. In diesem Auswahlprozess spielen auch affektive Komponenten
eine Rolle (Pehkonen, 1994, S. 180). Es kann beispielsweise davon ausgegangen
werden, dass erfahrene Inhalte der Mathematikdidaktik, die sich konträr zu den
individuellen Vorstellungen verhalten, weniger stark wahrgenommen (Schwarz,
2013, S. 58) und somit auch in den Antworten nicht erwähnt werden. Ebenso
können Inhalte, die in der hochschulischen Lehre bereits als mathematikdidaktischer Inhalt erfahren wurden und die als zur eigenen Vorstellung passend

---

[1]Nähere Ausführungen zu dieser Entscheidung finden sich in Abschnitt 6.1.1.

evaluiert wurden, stärker wahrgenommen werden (Schwarz, 2013, S. 58) und somit auch in den Antworten Erwähnung finden (s. Abschnitt 2.1.2). Die von den Studierenden genannten Inhalte der Mathematikdidaktik sind demnach als Teil des subjektiven Wissens und somit als inhaltsbezogene Beliefs der Studierenden anzusehen.

Vor dem Hintergrund der in Kapitel 3 aus den verschiedenen Perspektiven dargestellten Inhalte von Mathematikdidaktik stellt sich mit der Analyse studentischer Texte die der Fragestellung 1) untergeordnete Frage:

> Welche Abweichungen und Übereinstimmungen finden sich zwischen den von den Studierenden zum Ausdruck gebrachten und den von der Wissenschaft als 'mathematikdidaktisch' deklarierten Inhalten?

In der Beantwortung dieser Fragestellung wird eine normative Perspektive eingenommen, die mit der Gegenüberstellung einer 'Personal Concept Definition' als subjektivem, individuellem Verständnis der Mathematikdidaktik und einer objektiveren Sichtweise in Ähnlichkeit zur 'Formal Concept Definition' vergleichbar ist (s. Abschnitt 2.1.1). Die studentischen Ausführungen werden hierzu mit den in Kapitel 3 dargestellten Inhalten der Mathematikdidaktik verglichen. In diesen ersten Annäherungen an die studentischen Vorstellungen wird sich an den von den Studierenden genannten Inhalten orientiert (Codeorientierung). Die Individualität der einzelnen Studierenden steht hier weniger im Fokus. In einer zweiten Zielsetzung der ersten Studie werden die Studierenden stärker in ihrer Individualität betrachtet (Fallorientierung).

Identifikation verschiedener Typen hinsichtlich der inhaltsbezogenen Beliefs
Törner und Grigutsch sehen es als eine Aufgabe der Fachdidaktik an, Vorstellungen[2] nicht nur zu identifizieren, sondern auch „Charakteristiktypen herauszufiltern" (1994, S. 213). Entsprechend dieser Forderung nach einer Typenbildung werden die Antworten der Studierenden hinsichtlich des Vorhandenseins voneinander unterscheidbarer Typen untersucht. Grundlage liefern hierzu die im Rahmen der ersten Zielsetzung anhand der studentischen Texten herausgearbeiteten Inhalte der Mathematikdidaktik. In Abschnitt 3.4 werden vier inhaltliche Dimensionen der Mathematikdidaktik dargestellt: (1) fachliche

---

[2]Törner und Grigutsch (1994) sprechen hier von 'mathematischen Weltbildern', was laut Voss, Kleickmann, Kunter und Hachfeld als ein Synonym zum Vorstellungsbegriff darstellt (2011, S. 235).

Dimension ('mathematischer Inhalt'), (2) konstruktive Dimension ('Unterricht'), (3) psychologische Dimension ('Lernende') und (4) die Ausbildungsdimension ('Lehrende'). Die von den Studierenden genannten Inhalte werden diesen vier Dimensionen zugeordnet. Kron et al. (2014) halten in ihren Ausführungen „drei didaktische Grundorientierungen" (S. 19) fest, die sich dadurch auszeichnen, dass sie Didaktik inhaltlich hauptsächlich aus einer (oder zwei) Dimensionen betrachten (s. Abschnitt 3.4). Mit der Fragestellung nach Typen hinsichtlich der geäußerten inhaltsbezogenen Beliefs der Studierenden wird untersucht, ob sich ähnlich dieser Grundorientierungen eindimensionale bzw. mehrdimensionale Sichtweisen auf die Inhalte der Mathematikdidaktik in den Antworten der einzelnen Studierenden zeigen. In Frage 2) wird jenes Forschungsziel festgehalten:

2) Welche Typen hinsichtlich der geäußerten inhaltsbezogenen Beliefs von Mathematikdidaktik lassen sich basierend auf den Antworten der Studierenden identifizieren?

Die Untersuchung möglicher Charakteristiktypen bedingt in einem weiteren Schritt die Untersuchung der Abhängigkeit zwischen der Typenzugehörigkeit und anderen Variablen. Dabei wird untersucht, ob sich bestimmte Typen hinsichtlich sekundärer Merkmale, wie dem Geschlecht, der angestrebten Schulart, dem Alter oder der pädagogischen Vorerfahrung, signifikant voneinander unterscheiden. In Anlehnung an die Auffassung, dass Beliefs in Systemen vorliegen (s. Abschnitt 2.1.2), kann darüber hinaus angenommen werden, dass die Beliefs zur Mathematikdidaktik mit jenen zur Mathematik und zum mathematischen Lehren und Lernen in Verbindung stehen. Daher wird die Typenzugehörigkeit auch mit diesen Beliefs in Verbindung gebracht. In der folgenden untergeordneten Fragestellung wird dieses Forschungsinteresse ausgedrückt:

Unterscheiden sich die gebildeten Typen hinsichtlich ihrer sekundären Merkmale und ihren Beliefs zur Mathematik und zum mathematischen Lehren und Lernen?

In der Zielsetzung werden die einzelnen studentischen Antworten mit ähnlichen Antworten in Typen zusammengeführt, sodass hier stärker als in der ersten Zielsetzung auch der individuelle Fall im Vordergrund steht. Durch die Typenbildung wird sich bestimmten Gruppen gewidmet, der Einzelfall wird demnach nicht explizit, sondern nur indirekt betrachtet. In der zweiten Studie wird diesem Umstand Rechnung getragen, indem sich explizit einzelnen Studierenden gewidmet wird.

Tiefere Einblicke in einzelne studentische Vorstellungen

Die Fragestellungen 1) und 2) thematisieren inhaltsbezogene Beliefs zur Mathematikdidaktik, die als 'Oberflächenmerkmale' der studentischen Vorstellungen anzusehen sind. Das Untersuchungsinteresse dieser Arbeit ist mit Blick auf die Definition von 'Vorstellungen' (s. Abschnitt 2.1.3) jedoch weiter gefasst. Mithilfe von Interviews werden in einer zweiten Studie tiefere Einblicke in die Vorstellungen einzelner Studierender intendiert. In Anlehnung an die Klassifizierungen mathematischer Beliefs (s. Abschnitt 2.4) werden in der zweiten Studie globale Beliefs zur Mathematikdidaktik beforscht. Es gilt daher die folgende Forschungsfrage zu beantworten:

3) Welche globalen Beliefs zur Mathematikdidaktik werden von den Studierenden geäußert?

Die globalen Beliefs werden ausdifferenziert in epistemologische Beliefs über die Mathematikdidaktik, Beliefs über das Lehren und Lernen von Mathematikdidaktik sowie Beliefs über das eigene Nutzen von Mathematikdidaktik (s. Abschnitt 2.4). Während die epistemologischen Beliefs den Blick allgemein auf Mathematikdidaktik richten, wird mit Beliefs zum Lehren und Lernen im Besonderen auch die Perspektive der Mathematikdidaktik als Lerngegenstand und mit den Beliefs zur eigenen Nutzung auch die Perspektive der Mathematikdidaktik als Wissenschaft beleuchtet.

Letztlich werden in der zweiten Studie auch Einstellungen und Emotionen als affektive Teilkonzepte von Vorstellungen, die Lernprozesse beeinflussen, berücksichtigt (s. Abschnitt 2.1.2, 2.1.3 und 2.2):

4) Welche Emotionen und Einstellungen werden von den Studierenden im Zusammenhang mit Mathematikdidaktik erwähnt?

Die Beantwortungen der einzelnen Fragen werden mithilfe einer schriftlichen Befragung (Studie I) und daran anschließenden Leitfadeninterviews (Studie II) vollzogen. Das genauere Vorgehen innerhalb der Studien sowie die Wechselbeziehung beider Studien werden in Kapitel 5 gesondert dargestellt.

Methodologische Verortung und Untersuchungsdesign

5

Aufgrund des bisher wenig untersuchten Forschungsgegenstands dieser Arbeit – Vorstellungen von Studierenden zur Mathematikdidaktik – kann nicht auf bereits existierenden Hypothesen diesbezüglich aufgebaut werden. Mithilfe eines explorativen Vorgehens wird daher eine Generierung von Hypothesen intendiert. „Eine explorative Studie ('exploratory study') dient der genauen Erkundung und Beschreibung eines Sachverhaltes mit dem Ziel, wissenschaftliche Forschungsfragen, Hypothesen oder Theorien zu entwickeln" (Döring & Bortz, 2016e, S. 192 Hervorhebung im Original). Es werden in den beiden Studien dieser Arbeit verschiedene Aspekte der studentischen Vorstellungen beleuchtet und deskriptiv dargestellt (Döring & Bortz, 2016e, S. 192), um so Theorien und Hypothesen generieren zu können. Die Arbeit ist somit einer hochschuldidaktischen Grundlagenforschung zuzuordnen. Praktische, anwendungsbezogene Aspekte, wie Ansätze zum Umgang mit oder zur Veränderung von studentischen Vorstellungen, bilden keinen Forschungsfokus dieser Arbeit.

Hinsichtlich des wissenschaftstheoretischen Paradigmas wird ein Mixed-Methods-Ansatz verwendet. Den studentischen Vorstellungen wird sich im Rahmen zweier Studien genähert. Das Vorgehen der ersten Studie stellt ein „Transferdesign" (Kuckartz, 2014, S. 87) dar, welches von Kuckartz (2014, S. 87) als eine mögliche Form eines Mixed-Methods-Designs angesehen wird. Charakteristisch für ein solches Transferdesign ist die Überführung eines Datentyps in einen anderen.

© Der/die Herausgeber bzw. der/die Autor(en), exklusiv lizenziert durch Springer Fachmedien Wiesbaden GmbH, ein Teil von Springer Nature 2020
K. Manderfeld, *Vorstellungen zur Mathematikdidaktik,* Studien zur theoretischen und empirischen Forschung in der Mathematikdidaktik, https://doi.org/10.1007/978-3-658-31086-8_5

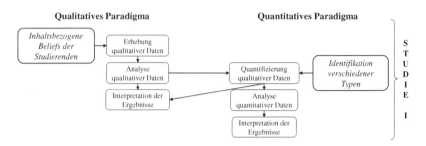

Abbildung 5.1   Forschungsdesign der ersten Studie

Abbildung 5.1 stellt das Vorgehen im Rahmen der ersten Studie dieser Arbeit dar. Das Forschungsinteresse (s. Kapitel 4) bezieht sich hier auf Inhalte, die von den partizipierenden Studierenden mit Mathematikdidaktik verbunden werden (Inhaltsbezogene Beliefs). Um diesem Forschungsinteresse nachzugehen, wurden Studierende aufgefordert, Texte zur Mathematikdidaktik zu verfassen. Diese Texte sind als qualitative Daten zu kennzeichnen. Im Anschluss an die Analyse der Texte werden die von den Studierenden mit Mathematikdidaktik verbundenen Inhalte deskriptiv dargestellt, jedoch auch mit Blick auf die Häufigkeit der Nennung eines Inhaltes quantifiziert (Transferprozess der Quantifizierung). Die Resultate der qualitativen Analyse werden dazu in Zahlen (Häufigkeiten) umgewandelt (Kuckartz, 2014, S. 87). Die Präsentation und Interpretation der Ergebnisse zur ersten Forschungsfrage nach inhaltsbezogenen Beliefs der Studierenden bezieht sich daher auf qualitative sowie quantitative Ergebnisse.

Zur Bearbeitung der zweiten Forschungsfrage, die mit der Identifikation von Typen einhergeht, werden die quantifizierten Daten verwendet. Die Frage danach, ob Inhalte bestimmter Dimensionen (s. Abschnitt 3.4) von einzelnen Studierenden besonders häufig erwähnt wurden, steht hier im Vordergrund. Anhand von Häufigkeitswerten werden zur Typenbildung quantitative Analysen vollzogen. Unter Rückbezug auf die qualitativen Daten und die Ergebnisse zur ersten Forschungsfrage werden die quantitativen Ergebnisse interpretiert und diskutiert.

Was Kuckartz (2014, S. 90) in seinen Ausführungen für eine beispielhafte Studie zum Transferdesign festhält, kann auch auf die erste Studie dieser Arbeit übertragen werden: „Die Studie basiert allein auf einer qualitativen Datengrundlage, die sowohl qualitativ als auch, nach einer Transformation der qualitativen Daten, quantitativ ausgewertet wird" (2014, S. 90). Dabei findet die Integration quantitativer und qualitativer Verfahren in der Phase der Datenanalyse statt. Hier werden Methoden der qualitativen und quantitativen Forschung miteinander kombiniert auf dasselbe Datenmaterial angewandt. Mit Blick auf die erste Forschungsfrage zu von den Studierenden genannten Inhalten der Mathematikdidaktik kann dargelegt werden, dass die Ergebnisse der qualitativen Datenanalyse prioritär sind. Hier werden die quantifizierten Daten lediglich genutzt, um additive Aussagen über die zahlenmäßige Verteilung der genannten mathematikdidaktischen Inhalte zu machen. Bei der Identifikation von Typen, dem zweiten Forschungsinteresse, stellen Häufigkeitswerte den zentralen Analysegegenstand dar, sodass hier quantitative Untersuchungen vorrangig sind (vgl. Kuckartz, 2014, S. 65). Generell hält Kuckartz (2014) zu Transferdesigns fest: „Beim Transferdesign ist die Frage, welchem Strang des Designs die Priorität eingeräumt wird, quasi a-priori durch die Richtung der Transformation schon weitgehend vorentschieden, d. h. … beim Quantitizing den quantitativen Methoden" (S. 90).

Mit dem Ziel der Gewinnung tieferer Einblicke in Vorstellungen einzelner Studierender wird an die erste Studie eine zweite angeschlossen. Auf Basis der im Ergebnis der ersten Studie festgehaltenen Typen werden für die zweite Studie bestimmte Teilnehmerinnen und Teilnehmer ausgewählt, die in einer Interviewstudie zu ihren Vorstellungen befragt werden. Erhebung, Analyse und Ergebnisinterpretation sind hier dem qualitativen Paradigma zuzuordnen (s. Abbildung 5.2).

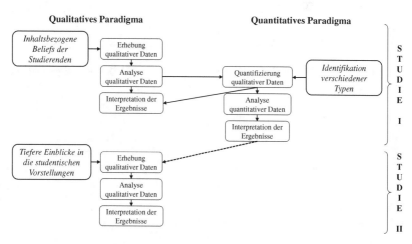

Abbildung 5.2 Gesamtes Forschungsdesign der vorliegenden Arbeit

Unter Betrachtung beider Studien kann von einem „Vertiefungsdesign" (Kuckartz, 2014, S. 78) gesprochen werden[1]. Die vorranging quantitative erste Studie als Fragebogenerhebung mit 127 Teilnehmenden liefert erste Erkenntnisse über die Vorstellungen der Studierenden. Mithilfe der zweiten qualitativen Studie werden anhand von Interviews mit einer Auswahl an Teilnehmenden der ersten Studie vertiefende Erkenntnisse möglich. „Da in der quantitativen und qualitativen Teilstudie beim Vertiefungsmodell … dieselben Personen untersucht werden, können die qualitativen und quantitativen Befunde direkt aufeinander bezogen und in ihrer Gesamtheit interpretiert werden" (Döring & Bortz, 2016e, S. 185). Einen inhaltlichen Überblick über das gesamte Forschungsvorhaben ermöglicht Abbildung 5.3.

F1: Welche Inhalte nennen Studierende, wenn Sie ihren Vorstellungen von Mathematikdidaktik und mathematikdidaktischen Anforderungen an eine Lehrkraft Ausdruck verleihen?

F2: Welche Typen hinsichtlich der geäußerten inhaltsbezogenen Beliefs von Mathematikdidaktik lassen sich basierend auf den Antworten der Studierenden identifizieren?

Fragebogenerhebung: offenes Antwortformat

Datenerhebung: WiSe17/18   SoSe18   SoSe18
                      (N=23)   (N=27)   (N=103, davon für die Analyse verwendet N=77)

Auswertungsmethoden: • inhaltlich strukturierende qualitative Inhaltsanalyse
                          • typenbildende qualitative Inhaltsanalyse
                          • Clusteranalyse
                          • Varianzanalyse, χ^2-Test

F3: Welche globalen Beliefs zur Mathematikdidaktik werden von den Studierenden geäußert?

F4: Welche Emotionen und Einstellungen werden von den Studierenden im Zusammenhang mit Mathematikdidaktik erwähnt?

Interviewstudie: Leitfadeninterviews

Datenerhebung: Auswahl von Interviewpartnerinnen und -partnern aus Studie I
                      (N=14, davon im Ergebnisbericht präsentiert N=4)

Auswertungsmethode: inhaltlich strukturierende qualitative Inhaltsanalyse

(Seitenbeschriftungen: Forschungsfragen, Studie I, Forschungsfragen, Studie II)

Abbildung 5.3 Überblick über das Forschungsvorhaben (N: Anzahl der Probanden, WiSe: Wintersemester, SoSe: Sommersemester)

---

[1]Es handelt sich nicht um eine Triangulation, da mithilfe der zweiten Studie zusätzliche, tiefergreifende Erkenntnisse erlangt werden sollen. Eine Validierung der Forschungsergebnisse der ersten Studie ist nicht Fokus der zweiten Studie (Kuckartz, 2014, S. 58).

Im Folgenden werden die methodischen Grundlagen, Ergebnisse, Interpretationen und Diskussionen für die erste Studie in den Kapiteln 6 bis 8 dargestellt. Das Vorgehen und die Ergebnisse der zweiten Studie werden im Anschluss in den Kapiteln 9 bis 11 thematisiert.

Teil III

Studie I - Inhaltsbezogene Beliefs & Identifikation von Typen

Methodische Grundlagen 6

In einer ersten Studie werden Inhalte der Mathematikdidaktik herausgearbeitet, die von den Studierenden in ihren 'Personal Concept Definitons' erwähnt werden (inhaltsbezogene Beliefs). Darauf basierend werden verschiedene Typen hinsichtlich der inhaltsbezogenen Beliefs gebildet. Das Vorgehen innerhalb der ersten Studie hinsichtlich der Datenerhebung (s. Abschnitt 6.1), der Datenaufbereitung (s. Abschnitt 6.2), des methodischen Vorgehens zur Analyse der Daten (s. Abschnitt 6.3) sowie hinsichtlich der Gütekriterien der Analyse bzw. der Datenerhebung (s. Abschnitt 6.4) werden im Folgenden thematisiert.

6.1 Datenerhebung

In der ersten Studie wird die Fragebogenmethode angewandt, welche als besonders effizient gilt, da in kurzer Zeit Antworten von vielen Studierenden gesammelt werden können (Döring & Bortz, 2016b, S. 398). Es wird so möglich, sich in einem ersten Schritt vielen Studierendenvorstellungen zur Mathematikdidaktik auf einer Oberflächenebene zu nähern.

> Unter der wissenschaftlichen Fragebogenmethode („questionnaire method") verstehen wir die zielgerichtete, systematische und regelgeleitete Generierung und Erfassung von verbalen und nummerischen Selbstauskünften von Befragungspersonen zu

Elektronisches Zusatzmaterial Die elektronische Version dieses Kapitels enthält Zusatzmaterial, das berechtigten Benutzern zur Verfügung steht.
https://doi.org/10.1007/978-3-658-31086-8_6

ausgewählten Aspekten ihres Erlebens und Verhaltens in schriftlicher Form…. Die drei zentralen Elemente der schriftlichen Befragung sind a) die Befragungspersonen, b) der Fragebogen sowie c) die Situation, in der Fragebogen beantwortet wird (Döring & Bortz, 2016b, S. 398).

Bevor Analysemethoden und Ergebnisse der ersten Studie vorgestellt werden, wird mit Bezug auf die drei zentralen Elemente der Befragung nach Döring und Bortz (2016b) das Vorgehen zur Gewinnung der Daten innerhalb der ersten Studie dargestellt. Zunächst wird sich dem Erhebungsinstrument, dem Fragebogen, gewidmet (s. Abschnitt 6.1.1). Darauf folgt die Darstellung der Befragungsdurchführung in Abschnitt 6.1.2 sowie die Beschreibung der Stichprobe (s. Abschnitt 6.1.3).

6.1.1 Erhebungsinstrument

Zur Annäherung an die mathematikdidaktischen Vorstellungen der Studierenden wird ein nicht-standardisierter, qualitativer Fragebogen eingesetzt. Die Teilnehmenden werden hierin dazu aufgefordert sich schriftlich, in eigenen Worten zu ihrer Vorstellung von Mathematikdidaktik zu äußern.

Im Kern basiert die unstrukturierte schriftliche Befragungstechnik darauf, dass die Befragten die Aufforderung erhalten, einen Aufsatz (essay) zu schreiben oder sich anderweitig ausführlich schriftlich zu äußern. Der nicht-standardisierte Fragebogen enthält die entsprechende Arbeitsaufforderung sowie viel Platz, da sich die Befragten in eigenen Worten artikulieren sollen. Ergänzend können am Ende eines nicht-standardisierten Fragebogens einige Fragen nach sozialstatistischen oder sonstigen relevanten Hintergrundinformationen stehen (Döring & Bortz, 2016e, S. 401).

Der im Paper-Pencil-Format eingesetzte Fragebogen entspricht hinsichtlich seines Aufbaus diesen Ausführungen. Zu Beginn wird von den Partizipierenden verlangt, einen persönlichen Code nach einer vorgegebenen Vorschrift zu erstellen und anzugeben. So wird eine Anonymisierung ermöglicht und gleichzeitig kann so überprüft werden, ob Studierende mehrfach an der Befragung teilgenommen haben. Im Anschluss werden die Studierenden aufgefordert ihr Verständnis von Mathematikdidaktik auszudrücken. Der Arbeitsauftrag hierzu lautet: *„Bitte* *beschreiben Sie in einigen Sätzen, was Sie unter 'Mathematikdidaktik' verstehen.*" Da eine ähnliche Fragestellung in einer Vorstudie eingesetzt wurde und von den Partizipierenden oft Stichworte verfasst wurden, deren Zusammenhang nicht immer deutlich war, ist der Zusatz 'in einigen Sätzen' angefügt. Ebenso wird versucht, die gewollte Subjektivität der Antwort durch den Ausdruck 'was Sie unter … verstehen' zu verdeutlichen. Die Teilnehmenden sollen erkennen, dass nicht gelernte Definitionen von Mathematikdidaktik erfragt werden, sondern dass es vielmehr um ihre eigene, persönliche Vorstellung geht. Mit Blick auf diese erste Arbeitsaufforderung ist auf das Konzept der 'Personal Concept Definition' zu verweisen (s. Abschnitt 2.1.1). Die Studierenden sollen mit dieser ersten offenen Schreibaufforderung dazu angeregt werden, ihre subjektive Definition zum Konzept der Mathematikdidaktik zu verfassen. Eine derart personale Rekonstruktion „is then the form of words that the student uses for his own explanation of his (evoked) concept image" (Tall & Vinner, 1981, S. 152). Dementsprechend werden die Antworten der Studierenden als eine evozierte Ausführung der eigenen Vorstellungen zur Mathematikdidaktik angesehen.

Da „sehr umfangreiche und komplexe Antworten … schriftlich nicht zu erwarten [sind]" (Döring & Bortz, 2016b, S. 398), wird mithilfe einer zweiten Frage intendiert, mehr über die Vorstellungen der Studierenden zu erfahren. Die Studierenden sollen zusätzlich folgende Frage beantworten: „*Welche mathematikdidaktischen Anforderungen muss eine Mathematiklehrkraft Ihrer Meinung nach erfüllen?*" Hier wird speziell die Perspektive der Mathematikdidaktik als Kompetenzbereich betrachtet, da sie für das spätere Berufsleben der Studierenden eine hohe Relevanz hat. Außerdem wird vermutet, dass die Studierenden bei Fragen zur Perspektive der Mathematikdidaktik als Lerngegenstand oder Wissenschaft nicht ihre Vorstellungen, sondern das bisher im Studium erlernte Wissen wiederzugeben versuchen. Auch in der zweiten Aufforderung wird die gewollte Subjektivität der Antworten durch den Zusatz 'Ihrer Meinung nach' bestärkt. „Die Offenheit des Vorgehens soll eine optimale Annäherung an den Untersuchungsgegenstand gewährleisten und die Chance erhöhen, dass sich auch neue und unerwartete Inhalte in den erhobenen Daten zeigen" (Döring & Bortz, 2016b, S. 322).

Mit Blick auf die zweite Studie werden die Studierenden im Fragebogen gefragt, ob Sie sich bereiterklären zusätzlich mehr zu ihren Vorstellungen von Mathematikdidaktik in einem *Interview* zu erzählen. Hierzu werden sie gebeten ihre E-Mail-Adresse anzugeben. In der mündlichen Einleitung der Befragung wird auf die dadurch entstehende Aufgabe der Anonymität deutlich hingewiesen (s. Abschnitt 6.1.2). Für einen Teil der Probanden endete die Befragung an dieser Stelle mit einem angefügten Dank für die Unterstützung. Da die Studierenden der Erhebungszeitpunkte I und II (s. Abschnitt 6.1.2) zusätzlich für das MoSAiK-Teilprojekt an einer Online-Umfrage teilnehmen (s. Abschnitt 1.1), werden hier keine Personenangaben etc. erhoben. Die Angabe des Codes machte es möglich, diese Angaben aus der Online-Umfrage zu gewinnen. In Erhebungszeitpunkt III ist dieses Vorgehen nicht möglich, daher folgen hier Items zur *Erfassung personenbezogener Daten* (Geschlecht, Alter, angestrebte Schulart, Studienfach neben Mathematik, Fachsemester, Bestehen des ersten fachdidaktischen Teilmoduls sowie Items zur pädagogischen Vorerfahrung).

Weiterhin sollen die Studierenden *Items zu den persönlichen Beliefs zur Mathematik und zum mathematischen Lehren und Lernen* auf einer sechsstufigen Likert-Skala[1] beantworten, die der Dokumentation der COACTIV-Studie entnommen wurden (Baumert et al., 2008). Die Studierenden der Erhebungszeitpunkte I und II füllen diese Items in der Online-Umfrage aus. Die Online-Umfrage ist Teil der Reflexionsarbeit innerhalb des MoSAiK-Teilprojektes (s. Abschnitt 1.1), in welcher den Studierenden Rückmeldungen über die Entwicklung ihrer Beliefs zur Verfügung gestellt werden. Um diese Entwicklungen deutlicher erkennen zu können, werden die von COACTIV verwendeten vier Skalenstufen auf sechs erhöht. „Je größer die Anzahl der Skalenstufen ist, desto größer ist auch die Differenzierungskapazität einer Skala" (Rolka, 2006, S. 64). Insgesamt werden die bereits in Abschnitt 2.4.3.2 dargestellten sieben Skalen aus der COACTIV-Studie verwendet:

- 'Mathematik als Toolbox' (5 Items),
- 'Mathematik als Prozess' (4 Items),
- 'Eindeutigkeit des Lösungsweges' (2 Items),
- 'Rezeptives Lernen durch Beispiele und Vormachen' (12 Items),
- 'Einschleifen technischen Wissens' (4 Items),

---

[1] 1 – 'stimme gar nicht zu', 2 – 'stimme nicht zu', 3 – 'stimme eher nicht zu', 4 – 'stimme eher zu', 5 – 'stimme zu' oder 6 – 'stimme ganz zu'

- 'Selbstständiges und verständnisvolles diskursives Lernen' (12 Items) und
- 'Vertrauen auf mathematische Selbstständigkeit der Schülerinnen und Schüler' (5 Items) (Baumert et al., 2008, S. 65 f. & 76 ff.).

6.1.2 Durchführung der Befragung

Die Erhebung der Daten fand an der Universität Koblenz-Landau, speziell am Campus Koblenz, statt. Hier werden Lehrkräfte für Gymnasien, Realschulen plus, Berufsbildende Schulen sowie Grundschulen ausgebildet (Universität Koblenz-Landau, o. J.). „Bei allen Lehrämtern – mit Ausnahme der berufsbildenden Schulen – wird in den ersten vier Semestern mit dem Fach Bildungswissenschaften und zwei fachwissenschaftlichen Fächern begonnen. Ab dem 5. Semester richtet sich das Studium an dem jeweiligen schulartspezifischen Schwerpunkt aus" (Universität Koblenz-Landau, o. J.). Diesem Zitat ist zu entnehmen, dass Studierende aller Lehrämter zu Beginn die gleiche Ausbildung erfahren[2]. Mit Blick auf die Mathematikdidaktik, die zur fachwissenschaftlichen Ausbildung gezählt wird, kann festgehalten werden, dass die Studierenden aller Lehrämter, auch angehende Lehrkräfte für Berufsbildende Schulen, zwei Veranstaltungen im Bachelor absolvieren müssen. Ein erstes Modul zu *'fachwissenschaftlichen und fachdidaktischen Voraussetzungen'* ist laut Studienverlaufsplan im ersten oder zweiten Semester zu belegen (Mathematisches Institut der Universität Koblenz-Landau, Campus Koblenz, 2014, S. 11). Teil dieses Moduls ist neben einer Vorlesung und einer Übung zur 'Elementarmathematik vom höheren Standpunkt', eine Vorlesung zu *'didaktischen und methodischen Grundlagen des Mathematikunterrichts'*. Im weiteren Verlauf des Bachelors wird laut exemplarischer Studienverlaufspläne im dritten oder vierten Semester von den Studierenden ein fachdidaktisches Modul zu *'fachdidaktischen Bereichen'* (Modul 5) besucht. Hierzu gehört eine Vorlesung zur *'Didaktik der elementaren*

---

[2]Eine Ausnahme bilden fachmathematische Veranstaltungen. Hier besuchen angehende Lehrkräfte für Grundschulen bereits ab Beginn des Studiums andere Veranstaltungen als angehende Lehrkräfte für weiterführende Schulen. Die mathematikdidaktischen Veranstaltungen im Bachelor finden jedoch schulartenübergreifend statt.

Algebra und Zahlenbereichserweiterungen' sowie eine Vorlesung zur *'Didaktik der Geometrie'*, welche jeweils durch Übungen ergänzt werden. Einen dritten Teil des fachdidaktischen Moduls 5 bildet ein *fachdidaktisches Seminar*. Die beiden Vorlesungen werden jährlich im Sommersemester und das Seminar in jedem Semester angeboten, sodass es möglich ist, nicht alle Veranstaltungen zu diesem Modul in einem Semester zu besuchen. Die Kenntnis der Inhalte des ersten fachdidaktischen Moduls werden für die Teilnahme an diesem fünften Modul vorausgesetzt (Mathematisches Institut der Universität Koblenz-Landau, Campus Koblenz, 2014, S. 11 ff.).

Beliefs zur Mathematikdidaktik sind als auf eine bestimmte Disziplin bezogene Beliefs anzusehen, die sich innerhalb von Lehr-Lern-Kontexten entwickeln (Muis, Benedixen & Haerle, 2006, S. 35). Es kann davon ausgegangen werden, dass sich Beliefs zur Mathematikdidaktik mit Eintritt in das Studium zu entwickeln beginnen, da zu diesem Zeitpunkt (im Regelfall) erstmalig lehr-lern-prozessbezogene Auseinandersetzungen mit Mathematikdidaktik als Disziplin stattfinden (s. Abschnitt 2.4.2). Aus dieser Betrachtung heraus wird die Studie nicht mit Studienanfängerinnen und -anfängern durchgeführt. Vielmehr sollen in ihrem Studium weiter fortgeschrittene Studierende befragt werden, da davon auszugehen ist, dass diese bereits eine Vorstellung zur Mathematikdidaktik aufgebaut haben.

Aufgrund des Studienaufbaus haben alle Teilnehmenden der Befragungen bereits die erste Vorlesung zu *'didaktischen und methodischen Grundlagen des Mathematikunterrichts'* besucht. In Anlehnung an die im theoretischen Hintergrund dargestellten Dimensionen mathematikdidaktischer Inhalte werden die Vorlesungsinhalte in Tabelle 6.1 eingeordnet. Die dargestellten Inhalte wurden mithilfe von Informationen der Dozierenden zusammengestellt. Dabei kann davon ausgegangen werden, dass je nach Semester und Dozierendem unterschiedliche Schwerpunkte, Darstellungen, Erklärungen, etc. genutzt wurden. Festzuhalten ist, dass die aufgelisteten Inhalte die Vorlesung der letzten sechs Semester bestimmt haben. Es zeigt sich anhand Tabelle 6.1, dass Inhalte zu jeder Dimension besprochen wurden, sodass unter anderem ausgeschlossen werden kann, dass nur eine Dimension der Mathematikdidaktik von den Studierenden kennengelernt wurde.

Tabelle 6.1 Zentrale Themen der ersten fachdidaktischen Vorlesung

Themenbereich	Gelehrte Inhalte
Fachliche Dimension	Bildungsrelevanz der Mathematik (u. a. Grunderfahrungen nach Winter (1995) im Mathematikunterricht) Grundvorstellungen und Aspekte (u. a. in Anlehnung an Greefrath, Oldenburg, Siller, Ulm, & Weigand, 2016b; Vom Hofe, 1995) E-I-S-Prinzip (u. a. in Anlehnung an Bruner, 1973) Spiralprinzip (u. a. in Anlehnung an Bruner, 1970) Mathematisches Modellieren (u. a. in Anlehnung an Blum & Leiß, 2005; Maaß, 2009) didaktische Phänomenologie* (in Anlehnung an Freudenthal, 1983) Beweisen im Mathematikunterricht* (u. a. in Anlehnung an Fischer & Malle, 1985; Meyer & Prediger, 2009)
Konstruktive Dimension	Spannungsfeld Unterricht: Mathematik als Prozess oder Produkt (Vermittlung von Kalkülen vs. einsichtige Erarbeitungen; konvergente, ergebnisorientierte vs. offene prozessorientierte Unterrichtsführung; etc.) (u. a. in Anlehnung an Danckwerts & Vogel, 2006) Operatives Prinzip (u. a. in Anlehnung an Wittmann, 1985) Genetisches Prinzip (u. a. in Anlehnung an Freudenthal, 1991; Wagenschein, 1970)
Psychologisch-soziologische Dimension	Konstruktivistische Betrachtung von Lernprozessen (u. a. in Anlehnung an Reich, 2008) Lernprozesse u. a. mit Blick auf Theorien von Piaget und Inhelder (1971), Bruner (u. a. 1970, 1973), Wygotsky (1964)* Stufen des Begriffsverständnisses (u. a. in Anlehnung an Vollrath & Weigand, 2007) Problemlösen nach Polya (1995)*
Ausbildungs-dimension	Beruf „Mathematiklehrkraft" unter Aspekten der Professionalisierung* (u. a. in Anlehnung an Kunter et al., 2011)

Anmerkung: Die mit * markierten Inhalte wurden nicht in jedem Semester thematisiert.

Die aktuelle Bearbeitung eines fachdidaktischen Themas kann die Antworten der Studierenden beeinflussen. Aus diesen Gründen wurde entschieden, den Fragebogen in den Semesterferien bzw. zu Beginn der ersten Vorlesung des fünften Moduls einzusetzen. Zum fachdidaktischen Seminar des fünften Moduls findet in jedem Semester eine Einführungsveranstaltung in der vorlesungsfreien Zeit statt, welche genutzt wurde, um den Fragebogen einzusetzen. Eine solche Erhebung fand sowohl in der Vorbereitungsveranstaltung zum Wintersemester 2017/18 als auch zum Sommersemester 2018 statt. Zusätzlich wurden Studierende zu Beginn des Sommersemesters 2018 in der ersten Vorlesungssitzung des Moduls 5 befragt. Die Befragungen wurden jeweils direkt zu Beginn der Veranstaltung eingesetzt. Es ergeben sich somit drei Erhebungszeitpunkte, die in Tabelle 6.2 dargestellt sind.

Tabelle 6.2   Überblick über die Erhebungszeitpunkte

Erhebungszeitpunkt I	Erhebungszeitpunkt II	Erhebungszeitpunkt III
14.09.2017	03.04.2018	10.04.2018
Vorbereitungssitzung für das Seminar	Vorbereitungssitzung für das Seminar	Erste Vorlesungssitzung zu Modul 5
$N = 23$	$N = 27$	$N = 103$, davon für die Analyse verwendet $N = 77$

Zu allen drei Erhebungszeitpunkten wurde der Fragebogen von mir in mündlicher Form eingeleitet. Dabei war ich in keiner der Veranstaltungen als hauptverantwortliche Dozentin tätig und den Studierenden höchstens aus der Begleitung von Reflexionsprozessen (s. Abschnitt 1.1) bekannt. In der *Einführung der Befragung* erwähnte ich, dass es sich um eine Erhebung handelt, die im Zusammenhang mit meinem Dissertationsprojekt steht. Die Datenerhebungsmethode kann somit als reaktiv bezeichnet werden: „Bei *reaktiven Datenerhebungsmethoden* wissen die untersuchten Personen, dass sie an einer Studie teilnehmen. Die im Zuge der Datenerhebung generierten Daten unterliegen somit unterschiedlichen Verzerrungen" (Döring & Bortz, 2016b, S. 323 Hervorhebungen im Original). Auf derart mögliche Verzerrungen wird im Anschluss der Ergebnispräsentation in Kapitel 8 eingegangen. Mit der Erwähnung der Einbettung in ein Dissertationsvorhaben wurde zusätzlich kurz das generelle Forschungsinteresse der Dissertation, subjektive Vorstellungen von Studierenden zur Mathematikdidaktik zu beforschen, dargestellt. In diesem Zusammenhang wurde die Subjektivität betont, indem dargelegt wurde, dass es nicht Ziel der Dissertation ist, bestimmte Vorstellungen als 'falsch' oder 'richtig' zu deklarieren oder das Kennen bzw. Wissen von Lerninhalten zu überprüfen. Die Anonymität der Umfrage wurde betont wie auch, dass es keine Weitergabe der Antworten an Dozierende gibt und die Bearbeitung des Fragebogens somit in keinem Zusammenhang zum Bestehen des Moduls steht. Im Hinblick auf die Anonymität wurde darauf hingewiesen, dass am Ende des Fragebogens eine Frage zur Bereiterklärung des Führens eines Interviews zu finden ist. Falls sich jemand dazu bereiterklären wolle, an einem Interview teilzunehmen, solle die E-Mail-Adresse angegeben werden. Es wurde an dieser Stelle ausdrücklich darauf hingewiesen, dass die E-Mail-Daten vertraulich behandelt werden und einzig von mir zur Kontaktaufnahme genutzt werden.

Im Anschluss an diese Einführung wurden die Fragebögen ausgeteilt. Zur Bearbeitung hatten die Studierenden so viel Zeit, wie von ihnen benötigt wurde. Dies belief sich zu den Erhebungszeitpunkten I und II auf ca. 20 Minuten, während die Erhebung zum dritten Zeitpunkt aufgrund der zusätzlichen Items zur Person, zu Beliefs zur Mathematik und zum mathematischen Lehren und Lernen ca. 35 Minuten dauerte.

Zu den Erhebungszeitpunkten I und II kann eine 100 %-ige Rücklaufquote festgehalten werden. Alle Teilnehmenden bearbeiteten den Fragebogen und gaben ihn ab. Zum dritten Zeitpunkt betrug die Rücklaufquote ca. 68 %. Von den ca. 150 anwesenden Personen wurden 103 Fragebögen zurückgegeben. Die übrigen 47 Studierenden hatten zum Großteil den Fragebogen bereits zu Zeitpunkt I oder II ausgefüllt, sodass sie nicht erneut an der Umfrage teilnahmen. Tabelle 6.2 ist zu entnehmen, dass von den 103 Fragebögen 77 in die Analyse bzw. Auswertung aufgenommen wurden. In zwei Fällen nahmen Studierende sowohl an der Befragung des zweiten sowie des dritten Zeitpunktes teil. Hier wurde entschieden, die Antworten des zweiten Zeitpunktes in die Analyse einzubeziehen und jene des dritten Zeitpunktes unberücksichtigt zu lassen. Ein weiterer Fragebogen musste von der Analyse ausgeschlossen werden, da die handschriftlichen Antworten nicht lesbar sind. Mithilfe des Kriteriums von mindestens vier mit Mathematikdidaktik verbundenen Inhalten (entsprechend vier Codierungen) wurden weitere 23 Texte als zu wenig aussagekräftig für die Analyse bewertet.

6.1.3 Beschreibung der Stichprobe

Zur Ergebnispräsentation werden die Antworten von 127 Teilnehmenden herangezogen. Wie Tabelle 6.3 entnommen werden kann, sind in der Stichprobe mehr Frauen (67,7 %) als Männer (32,3 %) vertreten. Hinsichtlich der angestrebten Lehrämter wird zwischen zwei Gruppen unterschieden. Eine erste Gruppe wird gebildet von angehenden Mathematiklehrkräften für Grundschulen (GS) oder Förderschulen[3] (FS). In einer zweiten Gruppe werden Studierende, die später an Realschulen plus (RS+), an Berufsbildenden Schulen (BBS) oder an Gymnasien (Gym) unterrichten möchten, zusammengefasst. Beide Gruppen kommen in der Stichprobe in nahezu gleichen Anteilen vor (s. Tabelle 6.3).

---

[3]Wie den Ausführungen in Abschnitt 6.1.2 entnommen werden kann, ist es generell nicht möglich am Campus Koblenz ein Lehramt für Förderschulen zu studieren. Aufgrund der Studienstruktur, laut der in den ersten vier Semestern die beiden gewählten Fächer und Bildungswissenschaften von Studierenden aller Lehrämter gleichermaßen studiert werden, ist es möglich die ersten vier Semester am Campus Koblenz zu studieren und erst für die darauffolgenden Semester, die für das Förderschullehramt spezifisch sind, an den Campus Landau zu wechseln.

Tabelle 6.3 Verteilung der Geschlechter und angestrebten Lehrämter in der Stichprobe

		Weiblich	Männlich	*Summe*	*Prozent*
Lehramt für Grund- und Förderschulen	FS	1	0	*65*	*51,2 %*
	GS	51	13		
Lehramt für Weiterführende Schulen	RS+	7	3	*61*	*48 %*
	BBS	4	1		
	Gym	22	24		
Fehlend		1	0	*1*	*0,8 %*
Summe		*86*	*41*	*127*	*100 %*
Prozent		*67,7 %*	*32,3 %*	*100 %*	

In Abschnitt 6.1.2 ist beschrieben, dass bewusst darauf verzichtet wurde, Studierende der ersten Semester zu befragen. Mit Blick auf das Fachsemester, in welchem sich die Probanden zum Zeitpunkt der Befragung befinden, ist ein Mittel von 5,02 Semestern (SD = 2,23) anzugeben. Tabelle 6.4 kann hinsichtlich des Alters ein arithmetisches Mittel von 22,38 Jahren (SD = 3,39 Jahre) festgehalten werden.

Tabelle 6.4 Deskriptive Statistiken zum Alter und Fachsemester

	Min	*Max*	*M*	*SD*	*Median*
Alter (in Jahren)	19	50	22,38	3,39	22
Fachsemester*	2	18	5,02	2,23	4

Anmerkung: M = arithmetisches Mittel, SD = Standardabweichung, N = 127, *N = 124

Wie in Abschnitt 2.1.3 dargestellt sind die individuellen Vorstellungen der Studierenden in hohem Maße von ihren Erfahrungen abhängig. Dabei spielen die Erfahrungen der eigenen Schulzeit, des Studienbeginns sowie pädagogische Vorerfahrungen, die außerhalb des Studiums erworben werden, eine wichtige Rolle. Um derartige Verbindungen zu den studentischen Vorstellungen zur Mathematikdidaktik untersuchen zu können, wurden die Teilnehmenden zusätzlich nach ihren pädagogischen Vorerfahrungen gefragt. Bis auf fünf Studierende geben alle Teilnehmenden an, pädagogische Vorerfahrungen zu besitzen (s. Tabelle 6.5). Vergleichsweise häufig wird Nachhilfe oder Hausaufgabenbetreuung als Einzelunterricht sowie das Betreuen von Kindern angegeben.

Tabelle 6.5 Pädagogische Vorerfahrung der Probanden

Verfügen Sie über pädagogische Erfahrungen außerhalb ihres Studiums?	Anzahl der Studierenden, die entsprechendes angekreuzt haben (Prozentwerte)
nein	5 (3,9 %)
Betreuung von Kindern	77 (60,6 %)
Gestaltung von Freizeitaktivitäten	56 (44,1 %)
Nachhilfe/ Hausaufgabenbetreuung – als Einzelunterricht	87 (68,5 %)
Nachhilfe/ Hausaufgabenbetreuung – für Lerngruppen/Schulklassen	32 (25,2 %)
Eigene Unterrichtstätigkeit an Schulen außerhalb des Studiums	32 (25,2 %)
Ausbildung im pädagogischen Bereich	2 (1,6 %)
Freiwilliges soziales Jahr, Zivildienst im pädagogischen Bereich	30 (23,6 %)
Mein Vater/ Meine Mutter sind/ist als Lehrer/in tätig.	8 (6,3 %)

6.2 Datenaufbereitung

Im Anschluss an die Fragebogenerhebung wurden die von den Studierenden verfassten Antworten digitalisiert. Hierzu wurden die Texte in einem ersten Schritt in je ein Word-Dokument überführt, wobei Rechtschreibung, Grammatik und Zeichensetzung nicht geglättet, sondern entsprechend des Originals übernommen wurden. Die einzelnen Word-Dokumente wurden im Weiteren in eine MAXQDA-Datei[4] eingepflegt. Dabei wurden die Dokumente mit den persönlichen Codes der Studierenden betitelt. Die Daten der quantitativen Befragung zu den Beliefs zur Mathematik und zum mathematischen Lehren und Lernen sowie die statistischen Personenangaben wurden zu den Erhebungszeitpunkten I und II im Rahmen einer Online-Umfrage, die mit LimeSurvey realisiert wurde, erhoben und im Anschluss in eine Excel- und dann in eine SPSS[5]-Datei transformiert. Fehlende Werte traten hier nicht auf, da der Fragebogen nicht beendet

---

[4]Es wurde im Rahmen der Studie mit einer portablen „MAXQDA plus 12"-Version gearbeitet.

[5]Hier wurde „IBM SPSS Statistics Version 25" verwendet.

werden konnte, ohne alle Felder auszufüllen. Auch ein mehrfaches Ankreuzen von Antworten zu einem Item war nicht möglich. Anders ist dies bei der Erhebung zum dritten Zeitpunkt. Hier wurden Antworten zu den Items zur Beliefs zur Mathematik und zum mathematischen Lehren und Lernen sowie Personenangaben im Rahmen des Paper-Pencil-Fragebogens erhoben. Die Angaben wurden in einer SPSS-Datei digitalisiert und gespeichert. Fehlende Werte sowie Items mit mehrfach ausgewählten Antworten erhielten den Eintrag '999'. Es gibt zur Bildung der Subskalen keine inversen Items, die recodiert werden müssten. Die Bildung der Skalen wird mithilfe des arithmetischen Mittelwertes vollzogen. Falls fehlende Werte in den Items einer Skala auftauchen, wird zur betreffenden Skala für die jeweilige Person kein Mittelwert berechnet. Für die Daten der Stichprobe zur ersten Studie wurde somit eine SPSS- und eine MAXQDA-Datei mit den Antworten aller Partizipierenden angelegt.

6.3   Datenanalyse

Im Rahmen der ersten empirischen Teilstudie werden Texte von den Studierenden formuliert, die ihr Verständnis von Mathematikdidaktik wiederzugeben versuchen. Die zentrale Fragestellung, welche die Analyse jenes Materials in einem ersten Schritt leitet, beschäftigt sich mit den Inhalten der Mathematikdidaktik, die von den Studierenden in den Antworten auf die offenen Fragen des Fragebogens zum Ausdruck gebracht werden. Diese Fragestellung bedingt eine beschreibende Wiedergabe der von den Studierenden erwähnten Inhalte und somit eine deskriptive Analyse der studentischen Antworten. Während das Verfahren der Kodierung gemäß Grounded-Theory erklärenden Charakter besitzt (Döring & Bortz, 2016b, S. 546) und als „weniger geeignet … für deskriptive Analysen" (Kuckartz, 2016, S. 82) gilt, hat die Kodierung im Sinne der qualitativen Inhaltsanalyse „zusammenfassend-deskriptiven Charakter" (Döring & Bortz, 2016b, S. 546). Letztere eignet sich damit besser zur Beantwortung der Fragestellung. Die qualitative Inhaltsanalyse wird von Döring und Bortz (2016b) als eine „Zwischenposition" (S. 541) zwischen qualitativen und quantitativen Verfahren dargestellt. Entsprechend dieser Positionierung werden „nicht selten Stichproben von Dokumenten bearbeitet, die hinsichtlich ihres Umfanges weit über die sonst in der qualitativen Forschung üblichen Stichprobengrößen hinausgehen" (Döring & Bortz, 2016b, S. 541). Als übliche Stichprobengrößen der qualitativen Forschung werden von Döring und Bortz (2016d) ein- bis zweistellige Teilnehmerzahlen dargestellt: „Qualitative Studien arbeiten meist mit relativ *kleinen*

Stichproben im ein- bis zwei-, selten im dreistelligen Bereich" (S. 302 Hervor-hebungen im Original). Die im Rahmen der ersten Fragestellungen zu ana-lysierenden Antworten von 127 Studierenden stellen ein solches Hinausgehen über übliche Stichprobengrößen in der qualitativen Forschung dar. Das qualitativ inhaltsanalytische Vorgehen zur Analyse dieser Texte wird hinsichtlich der ver-wendeten speziellen Formen genauer vorgestellt (Abschnitt 6.3.1 und 6.3.2).

6.3.1 Inhaltlich strukturierende qualitative Inhaltsanalyse

Mit Blick auf die qualitative Inhaltsanalyse lassen sich eine Reihe unter-schiedlicher Verfahren in der Literatur erkennen. Schreier (2014) spricht in diesem Zusammenhang von einem „Dickicht der Begrifflichkeiten" (Absatz 0). Generell versteht sie unter einer qualitativen Inhaltsanalyse ein „Verfahren zur Beschreibung ausgewählter Textbedeutungen" (Schreier, 2014, Absatz 4), das sich vor allem über die Verwendung von Kategorien zur Analyse beschreiben und von anderen Methoden abgrenzen lässt (Schreier, 2014, Absatz 4). Analog zu Variablen erfassen Kategorien Ausprägungen für die jeweiligen Textstellen. Das „Herzstück" (Schreier, 2014, Absatz 4) der qualitativen Inhaltsanalyse bildet somit das Kategoriensystem.

Mayring (2015, S. 67) unterscheidet mit Blick auf unterschiedliche Ziel-setzungen der qualitativen Inhaltsanalyse drei Grundformen des Inter-pretierens. Dabei geht es in der Analyse der studentischen Texte weder darum, die Studierendentexte auf wenige Kernaussagen zusammenzufassen, wie es der Grundform *„Zusammenfassung"* (Mayring, 2015, S. 67 Hervorhebung im Original) entspräche, noch sie durch zusätzliches Material zu *explizieren*, was eine zweite Zielsetzung des Interpretierens darstellt (Mayring, 2015, S. 67). Das Herausarbeiten bestimmter Aspekte, die laut Vorstellung der Studierenden Inhalte von Mathematikdidaktik darstellen, stellt eine *„Strukturierung"* (Mayring, 2015, S. 67 Hervorhebung im Original) des Textmaterials dar und bedingt die Anwendung einer strukturierenden Analysetechnik.

Weiterhin unterteilt Mayring (2015, S. 68) die qualitative Inhaltsanalyse mit dem Ziel der Strukturierung in vier verschiedene Verfahren: die formale, inhalt-liche, typisierende und skalierende Strukturierung. Kuckartz (2016, S. 97 ff.) beschreibt in seinen Ausführungen drei Grundarten der qualitativen Inhaltsana-lyse. Auch hier wird eine inhaltlich-strukturierende qualitative Inhaltsanalyse dargestellt sowie weiterhin eine typenbildende und evaluative qualitative Inhalts-analyse. Die erste Fragestellung, welche an die Studierendentexte herangetragen wird, fragt nach den von den Studierenden mit Mathematikdidaktik verbundenen Inhalten. Diese Fragestellung bedingt die Identifizierung von Themen und Subthemen in den Antworten, sodass es (zunächst) weder um eine Typenbildung noch um eine Bewertung im Sinne einer evaluativen Analyse geht. Eine *inhaltlich strukturierende qualitative Inhaltsanalyse* stellt eine geeignete Methode dar, um die von den Studierenden mit Mathematikdidaktik verbundenen Inhalte herauszuarbeiten.

Mayring (2015) und Kuckartz (2016) stellen für diese Analysemethode unterschiedliche Abläufe dar, die sich an zehn (Mayring, 2015, S. 104) bzw. sieben Phasen (Kuckartz, 2016, S. 100) orientieren. Für die praktische Umsetzung der inhaltlich strukturierenden qualitativen Inhaltsanalyse im Rahmen der ersten Teilstudie wird sich an den Ausführungen Kuckartz' (2016) orientiert. Gründe hierfür liegen zum einen in der Offenheit seines Ansatzes (vgl. Schreier, 2014, Absatz 12): „Anstatt … die einzig wahre Strategie zur Bildung von Kategorien am Material zu präsentieren, scheint es mir sinnvoller, eine Guideline zu entwickeln, welche die Freiheit zu unterschiedlichen Wegen lässt" (Kuckartz, 2016, S. 83). Zum anderen fügt Kuckartz (2016, S. 101–111) in seinen Ausführungen explizite, detaillierte Beschreibungen der einzelnen Analysephasen an, während Mayring (2015, S. 103 f.) ähnliche Phasen ohne nähere Erläuterung lässt.

Für die Durchführung einer inhaltlich strukturierenden qualitativen Inhaltsanalyse empfiehlt Kuckartz (2016) die Orientierung an sieben Phasen:

1) „Initiierende Textarbeit: Markieren wichtiger Textstellen, Schreiben von Memos
2) Entwickeln von thematischen Hauptkategorien
3) Codieren des Materials mit den Hauptkategorien
4) Zusammenstellen aller mit der gleichen Hauptkategorie codierten Textstellen
5) Induktives Bestimmen von Subkategorien am Material
6) Codieren des kompletten Materials mit dem ausdifferenzierten Kategoriensystem
7) Einfache und komplexe Analysen, Visualisierungen" (S. 100)

Die Umsetzung der einzelnen Phasen im Rahmen der ersten Studie wird im Folgenden erläutert.

Dazu werden die Antworten der Studierenden auf die erste Frage ('Bitte beschreiben Sie in einigen Sätzen, was Sie unter ‚Mathematikdidaktik' verstehen?') und die zweite Frage ('Welche mathematikdidaktischen Anforderungen muss eine Mathematiklehrkraft Ihrer Meinung nach erfüllen?') zusammen betrachtet und analysiert.

1) Initiierende Textarbeit

Die Phase der initiierenden Textarbeit hat das Ziel „ein erstes Grundverständnis für den Text auf Basis der Forschungsfrage(n) zu entwickeln" (Kuckartz, 2016, S. 56). Dieser erste Schritt wurde im Anschluss an die erste Datenerhebung im Wintersemester 2017/18 vollzogen. Entsprechend wurden die 23 Antworten dieses Erhebungszeitraumes für die Arbeitsphase herangezogen. Die einzelnen Antworten wurden hierzu ausgedruckt und manuell bearbeitet. Wichtige Begriffe wurden markiert sowie Fragen, Ideen und Kommentare an der entsprechenden Stelle notiert. Fallzusammenfassungen als „systematisch ordnende, zusammen-fassende Darstellung der Charakteristika dieses Einzelfalls" (Kuckartz, 2016, S. 58) versuchen, stichwortartig die mit Mathematikdidaktik verbundenen Inhalte zu extrahieren. Dabei wurde darauf geachtet kausale oder andersartige Ver-bindungen der erwähnten Inhalte auch in den Fallzusammenfassungen wider-zuspiegeln. Weiterhin wurden unter der Überschrift 'Besonderes' über die erwähnten Inhalte hinausgehende Auffälligkeiten der Texte festgehalten. So zum Beispiel: 'Es findet eine Gewichtung statt, laut der die Lernenden wichtiger sind als der Inhalt der Unterrichtsstunde'. Mehrfach finden sich in den Memos Kommentare, wie: *'In fast jedem Satz findet sich die Formulierung 'die Lehrkraft sollte"* oder *'Häufige Verwendung von normativ wertenden Ausdrücken wie 'am besten', 'optimal"*.

2) Entwickeln von thematischen Hauptkategorien

Kuckartz (2016, S. 63 ff.) unterscheidet in seinen Ausführungen zwei Möglichkeiten der Kategorienbildung. Zum einen erwähnt er die theoretische Kategorienbildung (a priori, deduktiv) und zum anderen die Kategorienbildung am Material (induktiv). Diese Formen der Kategorienbildung können in der konkreten Umsetzung eines Forschungsprojektes miteinander verbunden werden.

> Die Mischung von A-priori-Kategorienbildung und Kategorienbildung am Material geschieht nahezu ausschließlich in einer Richtung: Es wird mit A-priori-Kategorien begonnen und im zweiten Schritt folgt die Bildung von Kategorien bzw. Subkate-gorien am Material, weshalb man auch von *deduktiv-induktiver Kategorienbildung* sprechen kann (Kuckartz, 2016, S. 95 Hervorhebungen im Original).

Ein solches deduktiv-induktives Vorgehen wurde auch in der vorliegenden Forschungsarbeit umgesetzt. In Abschnitt 3.4 wurden vier Dimensionen mathematikdidaktischer Inhalte festgehalten: (1) Die *fachliche* Dimension, in der mathematische Inhalte den Gegenstand der Mathematikdidaktik bilden; (2) die *konstruktive* Dimension, in der es um Planung und Durchführung von Unterricht geht; (3) die *psychologisch-soziologische* Dimension, in der die Lernenden und ihre Lernprozesse besondere Betrachtung finden; und letztlich (4) die *Ausbildungs-dimension*, in der Lehrkräfte Gegenstand mathematikdidaktischen Interesses sind.

Diesen inhaltlichen Dimensionen entsprechend wurden vier Bereiche als Hauptkategorien definiert: (1) 'mathematischer Inhalt', (2) 'Unterricht', (3) 'Lernende'
und (4) 'Lehrende'. In der ersten Phase der initiierenden Textarbeit wurden die in
den Fallzusammenfassungen extrahierten mathematikdidaktischen Inhalte mit den
Hauptkategorien verbunden. Dies stellte eine erste von Kuckartz (2016, S. 102)
empfohlene Überprüfung der Anwendbarkeit der Hauptkategorien dar.

3) Erster Codierprozess: Codieren des gesamten (bis zu diesem Zeitpunkt vorhandenen) Materials mit den Hauptkategorien

Nach Festlegung der Hauptkategorien und der ersten Prüfung ihrer Anwendbarkeit wird das gesamte, bis dato vorhandene Material mithilfe der Hauptkategorien
codiert, indem die Texte sequentiell durchgegangen und Textabschnitte einer der
vier Hauptkategorien zugewiesen werden. Es werden nur jene Textstellen codiert,
die mit Blick auf die Forschungsfrage sinntragend sind. Kommt es zu einem
Zweifelsfall, dann dient die Gesamteinschätzung des Textes als Entscheidungs-
kriterium (Kuckartz, 2016, S. 102). Die Zuordnung zu den Hauptkategorien stellt
demnach einen interpretativen Akt dar. „Die in der klassischen Inhaltsanalyse
erhobene Forderung nach disjunkten, präzise definierten Kategorien wird häufig
so missverstanden, dass man annimmt eine Textstelle könne nur einer einzigen
Kategorie zugeordnet werden" (Kuckartz, 2016, S. 103). Ist das Kategoriensystem jedoch nicht bewusst so konstruiert, dass sich bestimmte Kategorien
ausschließen, kann eine Textstelle auch mehreren Kategorien zugeordnet werden
(Kuckartz, 2016, S. 103).

Die Umsetzung dieser dritten Phase bedingt eine Entscheidung über die Einheit der zu codierenden Segmente, der Codiereinheit. In der qualitativen Inhaltsanalyse wird unter der Codiereinheit „eine Textstelle verstanden, die mit einer
bestimmten Kategorie, einem bestimmten Inhalt … in Verbindung steht"
(Kuckartz, 2016, S. 41). Entsprechend den Empfehlungen Kuckartz' (2016, S. 43)
wurde entschieden, die qualitativ inhaltsanalytische Arbeit mit Sinneinheiten als
Codiereinheit umzusetzen. So werden „Aussagen, die bei der späteren Analyse
auch außerhalb des Kontextes noch verständlich sind" (Kuckartz, 2016, S. 84)
codiert. In der vorliegenden Studie sind dies zum Teil ganze Sätze, Teilsätze oder
auch einzelne Begriffe, je nach Kontextgebundenheit. Dabei spielt allerdings
auch die technische Umsetzbarkeit eine Rolle. Bei einer unmittelbar aufeinander-
folgenden Nennung mehrerer inhaltlicher Aspekte, die in derselben Kategorie
codiert werden sollen, ist es bei der MAXQDA-Software nicht möglich, einen
Sinnabschnitt mehrfach in der gleichen Kategorie zu codieren. In solchen Fällen
musste auf die Codierung des Kontextes verzichtet werden.

Die erste Codierung von Textstellen zu den Hauptkategorien wurde mit den 23 Texten des Wintersemesters 2017/18 vollzogen. Im Anschluss fand in Form der Anlegung eines Kodierleitfadens eine genaue Beschreibung der Hauptkategorien statt. Die Tabellen 6.6, 6.7, 6.8 und 6.9 geben die finalen Beschreibungen der Hauptkategorien wieder, die alle Änderungen beinhalten, die während des Codierens der restlichen Texte vorgenommen wurden.

Tabelle 6.6 Kategoriendefinition der Hauptkategorie 'mathematischer Inhalt'

Name der Kategorie:	Mathematischer Inhalt
Inhaltliche Beschreibung:	Im Sinne der Definition von Stoffdidaktik beziehen sich die Kodierungen auf „mathematical contents of the subject matter to be taught .... A major aim is to make mathematics accessible and understandable" (Sträßer, 2014, S. 567). Es wird sich also an den mathematischen Themen orientiert, die es zu vermitteln gilt.
Anwendung der Kategorie:	Die Kategorie 'mathematischer Inhalt' wird codiert, wenn mathematische Inhalte, also fachliche Inhalte der Lehr-Lern-Prozesse, im Fokus stehen. Aspekte der Aufbereitung mathematischer Inhalte für Lehr-Lern-Prozesse werden hierzu gezählt, ebenso wie curriculare Themen. Die Kategorie wird auch angewendet, wenn kein expliziter Verweis auf mathematische Inhalte vollzogen wird, die Umsetzung des Angesprochenen aber zwangsläufig eine fokussierte Betrachtung des Fachinhaltes erfordert (vgl. Bsp. 1 und 3).
Beispiele:	1) „Auch müssen bzw. sollten der Lehrkraft mehrere Wege bekannt sein, wie man an eine Aufgabenstellung/Problemstellung herangehen kann" (Dokument KOZK6GT, Absatz 4) 2) „Brücke zwischen Realität und Mathematik herstellen können" (Dokument EEDK7NR, Absatz 8) 3) „Daher ist es wichtig den SuS den Lehrstoff in einer sinnvollen Reihenfolge beizubringen und das Niveau nach und nach zu steigern" (Dokument SHSH0HF, Absatz 3)
Abgrenzung zu anderen Kategorien:	Die Kategorie wird nicht codiert, wenn … … auf das mathematische Fachwissen einer Lehrkraft Bezug genommen wird. Bsp.: „Die Mathematiklehrkraft sollte selbst sehr gute Kenntnisse des Schulstoffs der Mathematik haben" (Dokument GHTK0LH, Absatz 5). Dann wird die Kategorie 'Lehrende' codiert. … Grundvorstellungen im Sinne „individueller Grundvorstellungen" (Greefrath et al., 2016b, S. 18 f.) als individuelle Vorstellungen einzelner Lernender dargestellt werden. Bsp.: „Dabei ist es wichtig, die Hintergründe der Schüler/innen zu analysieren und verstehen. Dabei spielen verschiedene Grundvorstellungen eine wichtige Rolle." (Dokument HASH2DD, Absatz 3) Dann wird die Kategorie 'Lernende' codiert.

Tabelle 6.7 Kategoriendefinition der Hauptkategorie 'Unterricht'

Name der Kategorie:	Unterricht[a]
Inhaltliche Beschreibung:	Die Kodierungen beziehen sich auf „primär technische[]" (Kron et al. 2014, S. 19) Inhalte der Mathematikdidaktik, die zur „Planung, Durchführung, Evaluation oder Begründung von Unterricht" (Kron et al. 2014, S. 19) notwendig sind.
Anwendung der Kategorie:	Die Kategorie 'Unterricht' wird codiert, wenn Aspekte der Unterrichtsgestaltung, wie Kenntnis, Auswahl oder Nutzung von Methoden, genannt werden oder beschrieben wird, wie Mathematikunterricht aussehen soll. Auch generelle Ziele von Unterricht, wie die Vermittlung von (mathematischem) Wissen, werden hier codiert. Die Inhalte dieser Kategorie lassen sich häufig auch auf andere Fachdidaktiken beziehen.
Beispiele:	1) „Unter Mathematikdidaktik verstehe ich die Lehre der Mathematik verständlich zu vermitteln" (Dokument ACNS6SL, Absatz 3) 2) „Eine Person, die Wissen vermittelt, muss über verschiedene Methoden der Vermittlungstechnik verfügen" (Dokument CEDN8SE, Absatz 3) 3) „Die Didaktik bietet quasi Werkzeuge, an welchen sich Lehrpersonen bedienen können, um ihren Unterricht zu gestalten" (Dokument DMLP3PL, Absatz 3)
Abgrenzung zu anderen Kategorien:	–

[a]Im Folgenden werden mathematikdidaktische Aspekte zu diesem Bereich dem Oberbegriff 'Unterricht' zugeordnet. Der Zusatz 'und andere Lehr-Lern-Umgebungen' wird aus Gründen der Simplifizierung weggelassen. Nichtsdestotrotz muss bedacht werden, dass sich Mathematikdidaktik nicht zwangsläufig nur mit dem schulischen Lehren und Lernen von Mathematik beschäftigt.

Tabelle 6.8 Kategoriendefinition der Hauptkategorie 'Lernende'

Name der Kategorie:	Lernende
Inhaltliche Beschreibung:	Die Kodierungen beziehen sich auf „fachliche Lernprozesse und deren psychischen und sozialen Bedingungen" (Leuders, 2015, S. 216). Es wird sich an den Lernprozessen wie auch an den Lernenden als Individuen orientiert.
Anwendung der Kategorie:	Die Kategorie 'Lernende' wird codiert, wenn eine besondere Berücksichtigung der individuellen Lernerdispositionen deutlich wird oder Lernprozesse im Fokus stehen.
Beispiele:	1) „…um den Schülern bestmögliches Lernen zu ermöglichen, unter anderem durch gewählte Differenzierung, um verschiedenen Lernständen gerecht zu werden" (Dokument UKTB6MS, Absatz 3) 2) „Es beinhaltet […] das individuelle Fördern und Fordern von Schülern" (Dokument TZRK7KB, Absatz 3) 3) „Zusätzlich sollte die Lehrkraft versuchen, die Kritik an SuS in Maßen zu halten, um sie nicht einzuschüchtern" (Dokument ACNS6SL, Absatz 5)
Abgrenzung zu anderen Kategorien:	Die Kategorie wird nicht codiert, wenn … … Grundvorstellungen im Sinne „universeller Grundvorstellungen" (Greefrath et al., 2016b, S. 18 f.) erwähnt werden, die es als Ziel des Mathematikunterrichts zu entwickeln gilt und die von der Lehrkraft gekannt werden sollten (individuelle Grundvorstellungen werden nicht vorab gekannt, sondern in der Interaktion erkannt) oder die Kenntnis typischer Fehler als mathematikdidaktische Anforderung dargestellt wird. Bsp.: „Das bedeutet, sie muss die Grundvorstellungen über die Themen kennen" (Dokument BANS2NR, Absatz 5). Dann wird die Kategorie 'mathematischer Inhalt' codiert. … es um allgemeine Tätigkeiten geht, wie das Vermitteln des Fachinhaltes an die allgemeine Schülerschaft oder generelle Aspekte einer Unterrichtsgestaltung, wie den Einbezug der Lernenden. Bsp.: „Unter Mathematikdidaktik verstehe ich lernen, wie man Schülerinnen und Schülern mathematische Themen lehrt" (Dokument BANS2NR, Absatz 3). Dann wird die Kategorie 'Unterricht' codiert. … es um curriculare Fragen, wie die Reihung der Inhalte geht. Bsp.: „Man kann hier erfahren, welche Themen in welchem Alter für Schüler/innen dar werden, welche Themen in welchem Schuljahr behandelt werden sollen." (Dokument GLRM6HO, Absatz 3) Dann wird die Kategorie 'mathematischer Inhalt' codiert.

Tabelle 6.9 Kategoriendefinition der Hauptkategorie 'Lehrende'

Name der Kategorie:	Lehrende
Inhaltliche Beschreibung:	Die Kodierungen beziehen sich auf die Aus- und Weiterbildung und Beforschung von (angehenden) Mathematiklehrkräften (Vollstedt et al. 2015, S. 578), auf selbstreflexive Kompetenzen einer Mathematiklehrkraft (GFD, 2004a, S. 2) oder auf andere Aspekte bezüglich der Person der Mathematiklehrkraft, die nicht einer anderen Kategorie zugeordnet werden können.
Anwendung der Kategorie:	Die Kategorie „Lehrende" wird codiert, wenn die Person der Lehrkraft im Fokus steht. So zum Beispiel, wenn Charaktereigenschaften bzw. Persönlichkeitsmerkmale einer Lehrkraft Erwähnung finden oder aber die Aus- und Weiterbildung von Lehrkräften angesprochen wird. Zusätzlich wird die Kategorie dann codiert, wenn von Wissensfacetten oder Kompetenzen einer Lehrkraft gesprochen wird, die keiner anderen Kategorie zugeordnet werden können (bspw. dem Fachwissen einer Mathematiklehrkraft).
Beispiele:	1) „sich über aktuelle Forschungsdebatten informieren" (Dokument MHTF5EG, Absatz 5) 2) „Zum einen Fachlichkeit aber gerade in Mathe auch Empathie" (Dokument AMNK6ME, Absatz 5) 3) „Ein Mathematiklehrkraft sollte fachlich in der Lage sein, alle Fragen zu beantworten, die ein Schüler stellt" (Dokument AHRM5KW, Absatz 5)
Abgrenzung zu anderen Kategorien:	Die Kategorie wird nicht codiert, wenn … … es um Tätigkeiten, Kompetenzen oder Wissensfacetten einer Lehrkraft geht, welche anderen Kategorien zugeordnet werden können. Bsp.: „So sollte die Lehrkraft eine Methodenvielfalt kennen" (Dokument BRDA1WS, Absatz 5). Bei diesem Beispiel würde die Kategorie „Unterricht" codiert.

4) Zusammenstellung aller mit der gleichen Kategorie codierten Textstellen
In einem vierten Schritt wurden alle Textstellen, die mit derselben Hauptkategorie codiert sind, zusammengestellt. Im Anschluss daran fand die Ausdifferenzierung in Subkategorien statt (Kuckartz, 2016, S. 106).

5) Induktives Bestimmen von Subkategorien am Material
Ziel der induktiven Kategorienbildung ist es über die Hauptkategorien hinausgehend festzuhalten, welche Inhalte von den Studierenden mit Mathematikdidaktik und mit mathematikdidaktischen Anforderungen an eine Lehrkraft verbunden werden. Aus diesem Grund sind die zu bildenden Subkategorien nach Kuckartz (2016) als „thematische Kategorien (Themencodes)" (S. 34) zu kenn-

zeichnen. „Hier bezeichnet eine Kategorie ein bestimmtes Thema, auch ein Argument, eine bestimmte Denkfigur etc. ... Die Kategorien haben hier die Funktion von Zeigern, sie zeigen auf eine bestimmte Stelle, ein bestimmtes Segment, im Text" (Kuckartz, 2016, S. 34).

Allerdings soll auch die Möglichkeit gegeben sein, natürliche Kategorien (In-vivo-Codes) zu bilden. „Dabei handelt es sich um die Terminologie und die Begriffe, die von den Handelnden im Feld selbst verwendet werden" (Kuckartz, 2016, S. 35). Ein Beispiel für eine derart natürliche Subkategorie ist die zur Hauptkategorie 'mathematischer Inhalt' gebildete Subkategorie 'Grundlagen des Faches'. In einem der Studierendentexte findet sich folgende Aussage: „Unter 'Mathematikdidaktik' verstehe ich eine Lehre, die Grundlagen des Fachs darstellt" (Dokument GLRM6HO, Absatz 3). Da hier ein besonderes Verständnis von Mathematikdidaktik zum Ausdruck gebracht wird, wurde die Formulierung als Bezeichnung der Subkategorie übernommen. Auch die anderen Bezeichnungen der Subkategorien sind nahe an den Formulierungen der Forschungsteilnehmenden und daher auf einem niedrigen Abstraktionsniveau. Die Bildung der Subkategorien wurde in einem ersten Schritt anhand der 23 Studierendentexte vom Wintersemester 2017/18 vollzogen. Im Sinne einer Systematisierung und Organisierung des entstandenen Kategoriensystems wurden verschiedene Subkategorien zu übergeordneten Subkategorien zusammengefasst.

6) Zweiter Codierprozess: Codieren des kompletten Materials mit den ausdifferenzierten Kategorien

Die sechste Phase bedingt einen Codierprozess des gesamten Materials anhand des im fünften Schritt ausdifferenzierten Kategoriensystems. Hierbei musste das Kategoriensystem an manchen Stellen angepasst werden. Da die Hauptkategorien an den ersten 23 Texten erprobt und auch die Subkategorien mithilfe dieser Texte induktiv gebildet wurden, war es möglich die Textstellen der restlichen 104 Texte direkt den Subkategorien zuzuweisen, ohne dass vorab eine gesonderte Codierung in die Hauptkategorien stattfand.

Die siebte Phase besteht aus einfachen und komplexen Analysen sowie Visualisierungen. Die Umsetzung dieser Phase wird in der Ergebnispräsentation in Abschnitt 7.1 dargestellt.

6.3.2 Analysen zur Typenbildung

Um der zweiten Forschungsfrage *(Welche Typen hinsichtlich der geäußerten inhaltsbezogenen Beliefs von Mathematikdidaktik lassen sich basierend auf den Antworten der Studierenden identifizieren?)* nachzugehen, wird sich an der typenbildenden qualitativen Inhaltsanalyse in Anlehnung an Kuckartz (2016,

S. 143 ff.) orientiert. Mit der Typenbildung soll untersucht werden, ob sich ähnlich der Grundorientierungen nach Kron et al. (2014, S. 19) *ein- bzw. mehrdimensionale Sichtweisen* auf die Inhalte der Mathematikdidaktik in den Antworten der Studierenden zeigen (s. Abschnitt 3.4 & Kapitel 4). Dabei kann auf die Codierung des Textmaterials aus der inhaltlich strukturierenden qualitativen Inhaltsanalyse zurückgegriffen werden (s. Abschnitt 6.3.1). Die Typenbildung wird auf Grundlage der Codierhäufigkeit der Hauptkategorien pro Teilnehmer bzw. Teilnehmerin vollzogen. Die Anzahlen der Codierungen in den Hauptkategorien sind entsprechend als primäre Merkmale der Typenbildung zu kennzeichnen. „Primär nennt man solche Merkmale, die konstitutiv für die Typenbildung sind" (Kuckartz, 2016, S. 154).

Insgesamt wurden pro studentischer Antwort mindestens vier und maximal 22 Codierungen vorgenommen (M = 9,29 Codierungen, SD = 3,62 Codierungen). Aufgrund der Streuung der absoluten Anzahlen werden für die Typenbildung *relative Häufigkeiten* verwendet. Zur Illustration dieser Vorgehensweise dient folgendes Beispiel: In den Antworten des Studenten mit dem Code EADA9PV wurden insgesamt acht Codierungen vorgenommen, sechs davon in der Kategorie 'mathematischer Inhalt' und zwei in der Kategorie 'Lehrende'. Die Kategorien 'Unterricht' und 'Lernende' wurden nicht codiert. Für die Typenbildung werden die relativen Häufigkeiten der Codierungen in den Hauptkategorien herangezogen: 0,75 in der Kategorie 'mathematischer Inhalt', 0,25 in der Kategorie 'Lehrende' und jeweils 0 in den Kategorien 'Unterricht' und 'Lernende'. Es ist zu beachten, dass durch die Bildung relativer Häufigkeiten Informationen verloren gehen. Wurden in den Antworten einer Studentin oder eines Studenten vergleichsweise viele Codierungen vorgenommen, kann dies beispielsweise ein Zeichen dafür sein, dass eine besonders umfangreiche, vielschichtige Vorstellung von Mathematikdidaktik vorliegt. Mit der Verwendung relativer Häufigkeiten können derartige Informationen nicht zur Typenbildung beitragen. Die Frage nach ein- bzw. mehrdimensionalen Sichtweisen auf mathematikdidaktische Inhalte bedingt Vergleiche der Anteile von Codierungen in den unterschiedlichen Hauptkategorien, daher wird die Typenbildung mit relativen Häufigkeiten vollzogen, obwohl hiermit ein Informationsverlust einhergeht.

Bedingt durch die Fragestellung muss bezüglich des Differenzierungsgrades der Typenbildung festgehalten werden, dass eindimensionale Betrachtungen aller vier Inhaltsdimensionen der Mathematikdidaktik möglich sind. Ebenso muss es möglich sein, Studierendenantworten als mehrdimensional hinsichtlich der mit Mathematikdidaktik verbundenen Inhalte zu beschreiben. Demnach muss die Typenbildung mindestens fünf Typen generieren.

Hinsichtlich des Verfahrens der Typenbildung wurde sich für die Bildung merkmalsheterogener Typen entschieden. Diese „natürliche Typologie[]" (Kuckartz, 2016, S. 151) zeichnet sich durch ein induktives Vorgehen aus,

> d.h. die Forschungsteilnehmenden werden so zu Typen gruppiert, dass die einzelnen Typen intern möglichst homogen und extern möglichst heterogen sind. So gebildete Typen sind fast immer polythetisch, d.h. die zu einem Typ gehörenden Individuen sind bezüglich der Merkmale des Merkmalsraums nicht alle völlig gleich, sondern einander nur besonders ähnlich (Kuckartz, 2016, S. 151).

Dabei können Typen durch Techniken des systematischen und geistigen Ordnens oder auch mithilfe statistischer Algorithmen bestimmt werden (Kuckartz, 2016, S. 151). „Für Letzteres sind clusteranalytische Verfahren besonders gut geeignet" (Kuckartz, 2016, S. 151). Entsprechend dieser Empfehlung wird zur Bildung von Typen eine Clusteranalyse durchgeführt.

6.3.2.1 Clusteranalytisches Vorgehen

Fallorientierte Analysen haben im Gegensatz zu variablenorientierten das Ziel, die Beziehungen zwischen Fällen zu untersuchen (Ähnlichkeitsstrukturen) und eine empirische Klassifikation der Fälle zu erzeugen (Kuckartz, 2007, S. 237). Variablenorientierte Verfahren suchen hingegen „nach kausalen Modellen für die Beziehung zwischen den Variablen" (Kuckartz, 2007, S. 237). Aus der Betrachtung der Forschungsfrage ergibt sich die Umsetzung einer fallorientierten Clusteranalyse.

Zur Clusteranalyse mit SPSS können drei verschiedene Verfahren ausgewählt werden. Eine erste Möglichkeit bilden sogenannte 'hierarchische' Clusteranalysen.

> Die hierarchischen Fusionierungsverfahren sind zwar sehr genau, aber auch sehr rechenaufwendig; so muss schließlich in jedem Schritt eine Distanzmatrix zwischen allen gerade aktuellen Clustern ermittelt werden. Die Rechenzeit steigt somit mit der dritten Potenz der Fallzahl an, was bei einigen tausend Fällen selbst Großrechner ins Schwitzen bringt. Man verwendet daher bei hohen Fallzahlen andere Methoden (Bühl, 2012, S. 650).

Da in der vorliegenden Untersuchung 127 und nicht mehrere tausend Fälle betrachtet werden, kann ein hierarchisches Verfahren angewendet werden. Zusätzlich besteht ein Nachteil anderer Verfahren, wie der 'Clusterzentrenanalyse', darin, dass die Anzahl der zu bildenden Cluster nicht induktiv im Rahmen der Clusteranalyse bestimmt wird, sondern vorab eingegeben werden muss (Bühl, 2012, S. 650). Die Verwendung einer 'Two-Step-Clusteranalyse' setzt voraus, dass die Variablen normalverteilt sind. Mithilfe des Shapiro-Wilk-Anpassungstests lässt sich feststellen, dass für die Werte der Variablen 'rInhalt'[6], 'rUnterricht'[7], 'rLernende'[8] und 'rLehrende'[9] keine Normalverteilung angenommen werden kann. Es besteht bei allen vier Variablen eine signifikante ($p < 0.05$) Abweichung von der Normalverteilung. (vgl. Bühl, 2012, S. 403) Aus diesen Gründen wird die Clusteranalyse mithilfe eines *hierarchischen Verfahrens* vollzogen. Das Vorgehen dieser Analyse kann wie folgt beschrieben werden:

> Bei den hierarchischen Verfahren bildet am Anfang jeder Fall ein eigenes Cluster. Im ersten Schritt werden die beiden am nächsten benachbarten Cluster zu einem Cluster vereinigt; dieses Vorgehen kann dann so lange fortgesetzt werden, bis nur noch zwei Cluster übrig bleiben (Bühl, 2012, S. 632).

Die relativen Häufigkeiten, anhand derer die Clusteranalyse vollzogen wird, sind intervallskalierte bzw. metrische Variablen. Aufgrund dieses Skalenniveaus können bestimmte Ähnlichkeits- und Distanzmaße zur Clusteranalyse verwendet werden. „Der euklidische Abstand zwischen zwei Punkten x und y ist [dabei] die kürzeste Entfernung zwischen beiden" (Bühl, 2012, S. 645). Da in der durchzuführenden Clusteranalyse die Ausprägungen von vier Variablen (relative Häufigkeit in jeder Hauptkategorie) einbezogen werden, ergibt sich ein 4-dimensionaler Fall. Der Abstand bzw. die Distanz (*dist*) zwischen den einzelnen Punkten wird wie folgt berechnet: $dist = \sqrt{\sum_{i=1}^{4} (x_i - y_i)^2}$ (vgl. Bühl, 2012, S. 645). Die Voreinstellung in SPSS ist die *quadrierte euklidische Distanz*. „Durch die Quadrierung werden große Differenzen bei der Distanzberechnung stärker berücksichtigt" (Bühl, 2012, S. 645). Diese Einstellung wird für die Clusteranalyse verwendet, sodass sich folgende Distanzberechnung ergibt: $dist = \sum_{i=1}^{4} (x_i - y_i)^2$. Die Distanz zwischen den Werten einer bzw. eines ersten Teilnehmenden (Index 1) und einer bzw. eines zweiten (Index 2) berechnet sich daher wie folgt:

---

[6]rInhalt = relativer Anteil der Codierungen in der Hauptkategorie 'mathematischer Inhalt'

[7]rUnterricht = relativer Anteil der Codierungen in der Hauptkategorie 'Unterricht'

[8]rLernende = relativer Anteil der Codierungen in der Hauptkategorie 'Lernende'

[9]rLehrende = relativer Anteil der Codierungen in der Hauptkategorie 'Lehrende'

$$dist = (rInhalt_1 - rInhalt_2)^2 + (rUnterricht_1 - rUnterricht_2)^2$$
$$+ (rLernende_1 - rLernende_2)^2 + (rLehrende_1 - rLehrende_2)^2.$$

Weiterhin gilt es, eine Entscheidung hinsichtlich einer Fusionierungsmethode zu fällen. Hierzu schreibt Bühl: „Da einige dieser Methoden (Nächstgelegener Nachbar, Entferntester Nachbar) offensichtlich Nachteile haben, andere nur noch schwer zu durschauen sind, ist es zu empfehlen, die voreingestellte und einsichtige Methode »Linkage zwischen den Gruppen« zu verwenden" (Bühl, 2012, S. 650 Hervorhebung im Original). Dieser Empfehlung wurde nachgegangen. Dabei zeichnet sich die Methode der *'Verlinkung zwischen den Gruppen'* durch folgendes Vorgehen aus:

> Die Distanz zwischen zwei Clustern ist der Durchschnitt der Distanzen von allen möglichen Fallpaaren, wobei jeweils ein Fall aus dem einen und der andere Fall aus dem anderen Cluster genommen wird. Die zur Distanzberechnung benötigte Information wird also aus allen theoretisch möglichen Distanzpaaren ermittelt (Bühl, 2012, S. 649).

Mit diesen Entscheidungen wird die Clusteranalyse durchgeführt und eine Typenbildung induktiv am Material vollzogen.

Zur Bestimmung der Anzahl der Typen kommt innerhalb der Zuordnungsübersicht im SPSS-Output (s. Abbildung 7.12) dem Koeffizienten eine entscheidende Bedeutung zu (Bühl, 2012, S. 634):

> Es handelt sich hierbei um den Abstand der beiden jeweiligen Cluster, und zwar im gewählten Abstandsmaß .... An der Stelle, wo sich dieses Abstandsmaß zwischen zwei Clustern sprunghaft erhöht, sollte man die Zusammenfassung zu neuen Clustern abbrechen, da sonst relativ weit voneinander entfernte Cluster zusammengefasst werden würden (Bühl, 2012, S. 634).

Zur Festlegung einer Anzahl von Typen kann demnach die Suche nach einer 'sprunghaften Erhöhung' des Koeffizienten dienen. In einem Dendogramm werden die einzelnen Fusionierungsschritte der hierarchischen Clusteranalyse dargestellt. Hier kann entnommen werden, welche Cluster im jeweiligen Schritt zusammengeführt werden:

> Schließlich wird noch das angeforderte Dendrogramm ausgegeben, welches eine Visualisierung des in der Zuordnungsübersicht wiedergegebenen Fusionierungsablaufs darstellt. Es identifiziert die jeweils zusammengefassten Cluster und die Werte des Koeffizienten bei jedem Schritt. Dabei werden nicht die Originalwerte,

sondern auf einer Skala von 0 bis 25 relativierte Werte dargestellt. Zusammengefasste Cluster werden durch senkrechte Linien gekennzeichnet (Bühl, 2012, S. 635).

Mithilfe dieses Dendrogramms lassen sich über die Bestimmung der Typen hinausgehend die einzelnen Fälle den gebildeten Clustern zuordnen.

6.3.2.2 Varianzanalysen zur Messung von Unterschieden zwischen den Typen

Varianzanalytische Verfahren werden eingesetzt, um verschiedene Stichproben ($n > 2$) hinsichtlich der Unterschiede ihrer Mittelwerte auf Signifikanz zu testen (Sedlmeier & Renkewitz, 2013, S. 418). Ausgang bildet hierbei die Nullhypothese, dass alle Stichproben (Gruppen/Typen) den gleichen Mittelwert besitzen (Sedlmeier & Renkewitz, 2013, S. 422).

> Mit der Varianzanalyse prüfen wir nun, ob sich die beobachteten Stichprobenmittelwerte stärker voneinander unterscheiden als zu erwarten wäre, wenn die Nullhypothese korrekt wäre. Mit anderen Worten: Die Varianzanalyse beantwortete die Frage, ob zwischen den Stichprobenmittelwerten Unterschiede bestehen, die nicht mehr plausibel durch eine zufällige Abweichung der Stichprobenmittelwerte vom *gleichen* Populationsmittelwert erklärt werden können. Dies geschieht … durch eine Betrachtung von Varianzen. Ein Grund für diese Konzentration auf Varianzen liegt einfach darin, dass die Frage nach den Unterschieden zwischen Mittelwerten gleichbedeutend ist mit der Frage nach der Variation dieser Mittelwerte (Sedlmeier & Renkewitz, 2013, S. 422 f.).

Da es ein Ziel der Typenbildung ist, möglichst heterogene Typen bzw. Gruppen zu bilden, ist mithilfe von Varianzanalyse zu überprüfen, ob sich die Mittelwerte der gebildeten Gruppen hinsichtlich der zur Typenbildung hinzugezogenen Variablen signifikant unterscheiden.

Die Abweichung der relativen Codierhäufigkeit in einer der Hauptkategorien bei einer bzw. einem Teilnehmenden zum Mittelwert der gesamten Stichprobe kann dabei aus zwei Perspektiven betrachtet werden. Sie kann einerseits durch die Gruppenzugehörigkeit (Varianz$_{zwischen}$) und andererseits durch interindividuelle Unterschiede innerhalb der Gruppe (Varianz$_{innerhalb}$) erklärt werden. Die Varianz$_{zwischen}$ kommt dabei durch die Unterscheidung der jeweiligen Gruppenmittelwerte der Typen zustande. Die Varianz$_{innerhalb}$ entsteht durch die unterschiedlichen Ausprägungen der Individuen in jeder Gruppe bzw. jedem Typ. Gäbe es entsprechend der Nullhypothese keinen Unterschied zwischen den Gruppen, wären beide Varianzen gleich und könnten als Schätzungen für die

Gesamtvarianz der Population herangezogen werden. Im Extremfall, bei genau gleichen Gruppenmittelwerten, wäre die Varianz$_{zwischen}$ gleich null (Bühner & Ziegler, 2009, S. 335 f.).

Es kann also getestet werden, ob die *Varianz zwischen* signifikant größer als die *… Varianz innerhalb* ist. Dies wird mithilfe des F-Test geprüft. Fällt das Ergebnis signifikant aus, weichen die Mittelwerte stärker voneinander ab, als aufgrund des Zufalls zu erwarten ist (Bühner & Ziegler, 2009, S. 336).

Im Fall eines statistisch signifikanten Unterschieds zwischen zwei Typen kann die Bedeutsamkeit dessen mithilfe des Effektstärkemaßes η^2 bewertet werden (Bühner & Ziegler, 2009, S. 342 f. & 366). Für $.01 < \eta^2 \leq .06$ wird von einem kleinen, für $.06 < \eta^2 \leq .14$ von einem mittleren und für $\eta^2 > .14$ von einem großen Effekt gesprochen (Bühner & Ziegler, 2009, S. 368; Cohen, 1988, S. 286 f.).

Für den Einsatz einer ANOVA werden vier Voraussetzungen angegeben:

1. „Normalverteilung
2. Varianzhomogenität
3. Unabhängigkeit der Beobachtungen
4. Intervallskalenniveau" (Bühner & Ziegler, 2009, S. 372)

Da die Analysen mit relativen Häufigkeiten vollzogen werden, kann ein Intervallskalenniveau vorausgesetzt werden; aufgrund der Anlage der Studie auch die Unabhängigkeit der Beobachtungen. Anders ist dies bei der Normalverteilung. Hierzu halten Bühner und Ziegler (2009) fest: „Liegt keine Normalverteilung vor, bieten sich andere Testverfahren an. Allerdings sei hier auch erwähnt, dass die Varianzanalyse stabil gegenüber Verletzungen der Normalverteilung ist, sodass es nicht ratsam ist, sofort ein anderes Verfahren zu nutzen, das eventuell weniger teststark ist" (S. 372). Hier herrscht in der Literatur jedoch keine Einigkeit. Als Alternative wird der Kruskal-Wallis-Test angefügt (Bühner & Ziegler, 2009, S. 372). Khan und Rayner (2003) halten im Anschluss an eine Analyse zum Effekt der Abweichung von der Normalverteilung auf die ANOVA und den Kruskal-Wallis-Test fest: „The Kuskal-Wallis test does not seem to be an appropriate test for small samples (say n < 5). Even for non-normal data, the ANOVA test is a better option then the Kruskal-Wallis test for small sample sizes (say n = 3)" (S. 204). Im Anschluss an die Typenbildung wird hier also die Größe der Typen für die Varianzanalysen zu berücksichtigen sein. Eine weitere Voraussetzung der ANOVA ist die Gleichheit der Varianzen innerhalb der Gruppen. Die Überprüfung dieser Voraussetzung wird mithilfe des Levene-Tests vollzogen. Ist die Annahme der Varianzhomogenität laut dieser Testung nicht gegeben, wird ein robustes Verfahren angewandt, der Welch-Test. „Welch's F adjusts F and the residual degrees of freedom to combat problems arising from violations of the homogeneity of variance assumption" (Field, 2013, S. 444).

Im Anschluss an eine Varianzanalyse kann die Nullhypothese verworfen oder beibehalten werden. „Können wir aufgrund des Ergebnisses der Varianzanalyse die Alternativhypothese annehmen, so bedeutet dies lediglich, dass die Populationsmittelwerte der untersuchten Gruppen nicht alle gleich sind. Wir wissen aber nach wie vor nicht, zwischen welchen Gruppen Mittelwertunterschiede bestehen" (Sedlmeier & Renkewitz, 2013, S. 441). Hierzu sind post-hoc-Tests von Nöten, in welchen alle möglichen Gruppenkombinationen hinsichtlich der Mittelwertunterschiede paarweise verglichen werden. Hierzu muss zwischen einer Vielzahl an in der Literatur und auch in SPSS vorzufindenden Verfahren ausgewählt werden (Bühner & Ziegler, 2009, S. 550). Da davon auszugehen ist, dass die Größen der gebildeten Typen nicht gleich sind, wird der Empfehlung von Field nachgegangen: „if sample sizes are very different use Hochberg's GT2" (2013, S. 459). Im Falle einer Ungleichheit der Varianzen empfiehlt Field Folgendes: „If there is any doubt that the population variances are equal then use the Games-Howell procedure because this generally seems to offer the best performance" (2013, S. 459). Den Ergebnissen beider Post-hoc-Tests kann das Signifikanzlevel des Mittelwertunterschieds, die Differenz der Gruppenmittelwerte sowie das 95 %-Konfidenzintervall entnommen werden.

6.3.2.3 χ^2-Tests zur Messung von Unterschieden bezüglich nominalskalierter Variablen

Weiterhin werden Unterschiede zwischen den Typen hinsichtlich sekundärer Informationen sowie der Zustimmung zu mathematischen Beliefs und jenen zum Lehren und Lernen von Mathematik untersucht (s. Kapitel 4). Testungen von Unterschieden zwischen den Typen (Typenzugehörigkeit als nominale, unabhängige Variable; Faktor) hinsichtlich intervallskalierter abhängiger Variablen (Alter, Semester, Beliefs zur Mathematik, Beliefs zum mathematischen Lehren und Lernen) werden anhand einfaktorieller Varianzanalysen durchgeführt. Geht es um die Testung von Unterschieden zwischen den Typen hinsichtlich nominalskalierter Variablen, wie dem Geschlecht oder der angestrebten Schulart, werden χ^2-*Tests* (Chi-Quadrat-Test) durchgeführt. Dabei wird das Bestehen eines Zusammenhangs zwischen der Zuordnung zu einem Typ sowie einer zweiten Variable, wie dem Geschlecht, untersucht (χ^2-Test für zwei Variablen). „Mit dem χ^2-Test für zwei Variablen [können wir] nun prüfen, ob

die in der Stichprobe beobachteten Häufigkeiten der verschiedenen Merkmalskombinationen signifikant von einer Häufigkeitsverteilung abweichen, die in der
Population angenommen wird" (Sedlmeier & Renkewitz, 2013, S. 553). Ähnlich der Nullhypothese bei der Varianzanalyse gilt auch hier die Nullhypothese,
dass die Variablen nicht zusammenhängen. Der Ablauf des Tests kann wie folgt
beschrieben werden:

> Die beobachteten Häufigkeiten werden mit den unter der Nullhypothese erwarteten
> Häufigkeiten verglichen. Als Maß für die Diskrepanz zwischen beobachteten und
> erwarteten Häufigkeiten dient der χ^2-Wert. Ist der mit dem χ^2-Wert verbundene ρ
> -Wert kleiner als das zuvor festgelegte Signifikanzkriterium α, so ist das Ergebnis
> signifikant – das Stichprobenergebnis kann nicht plausibel als zufällige Abweichung
> von der Nullhypothese erklärt werden und die Nullhypothese wird entsprechend
> zurückgewiesen (Sedlmeier & Renkewitz, 2013, S. 554).

Wird beispielsweise das Geschlecht betrachtet, dann wurde in Abschnitt 6.1.3
dargestellt, dass von den 127 befragten Studierenden ca. 68 % weiblich und
ca. 32 %, männlich sind. Sofern Unabhängigkeit zwischen dem Geschlecht
und der Zugehörigkeit zu einem Typ besteht, sollten sich diese Anteile der
Geschlechter auch innerhalb der einzelnen Typen wiederfinden. Aus der Häufigkeit des jeweiligen Geschlechts in der Gesamtpopulation sowie der Häufigkeit
der Zuordnung zu einem Typ wird eine erwartete Häufigkeit berechnet, die mit
der beobachteten Häufigkeit verglichen wird (Sedlmeier & Renkewitz, 2013,
S. 555 f.). Voraussetzungen für die Durchführung eines χ^2-Tests sind die eindeutige Zuordnung jeder Person zu einem Merkmal jeder Variable sowie die
Unabhängigkeit der Beobachtungen. Beides wird in der vorliegenden Studie
erfüllt. „Eine Voraussetzung der χ^2-Tests ist umstritten. Dabei geht es um
die Frage, ob in allen Merkmalsausprägungen bzw. Merkmalskombinationen
bestimmte minimale erwartete Häufigkeiten gegeben sein müssen, damit der χ^2
-Test zu einem korrekten Ergebnis führt" (Sedlmeier & Renkewitz, 2013, S. 564).
Sedlmeier und Renkewitz halten diesbezüglich abschließend fest: „Der χ^2-Test
scheint auch bei kleinen erwarteten Häufigkeiten robust zu sein" (Sedlmeier &
Renkewitz, 2013, S. 565).

6.4 Gütekriterien

Die Diskussion um eine Einigung zur Bewertung qualitativer Forschungen wird
vor allem durch drei verschiedene Grundpositionen geprägt: „Universalität von
Gütekriterien (also gleiche Kriterien für qualitative und quantitative Forschung),

Spezifizität von Gütekriterien für die qualitative Forschung und Ablehnung von Gütekriterien für die qualitative Forschung" (Kuckartz, 2016, S. 202). Döring und Bortz (2016c) halten fest: „Es herrscht heute weitgehende Übereinstimmung dahingehend, dass es sinnvoll und notwendig ist, die wissenschaftliche Qualität qualitativer Forschungsprozesse und Forschungsergebnisse einer Bewertung zu unterziehen. Damit diese intersubjektiv nachvollziehbar ist, muss man sich auf die Grundlagen einer solchen Bewertung einigen" (S. 107). Dieses Zitat zeigt, dass die Position der grundsätzlichen Ablehnung von Gütekriterien für die qualitative Forschung heutzutage kaum noch vertreten wird. Da die qualitative Forschung einem wissenschaftstheoretischen Paradigma folgt, das in wesentlichen Teilen von jenem der quantitativen Forschung abweicht, kann eine Übernahme quantitativer Kriterien problematisch sein. „Größere Akzeptanz" (Döring & Bortz, 2016c, S. 107) als die Ablehnung oder Übernahme von Kriterien erfährt die Position, eigene Kriterien für die qualitative Forschung zu entwickeln. Für den qualitativen Teil dieser Arbeit wird sich demnach an Gütekriterien orientiert, die spezifisch für die qualitative Forschung erstellt wurden.

Da die qualitative Inhaltsanalyse in Anlehnung an Kuckartz (2016) durchgeführt wurde, erscheint es sinnvoll, die von ihm dargestellten Gütekriterien der qualitativen Forschung heranzuziehen. Er unterscheidet zwischen „*interner Studiengüte*, d.h. Zuverlässigkeit, Verlässlichkeit, Auditierbarkeit, Regelgeleitetheit, intersubjektiver Nachvollziehbarkeit, Glaubwürdigkeit, etc., und *externer Studiengüte*, d.h. Fragen der Übertragbarkeit und Verallgemeinerbarkeit" (Kuckartz, 2016, S. 203 Hervorhebungen im Original).

Kriterien der internen Studiengüte beziehen sich unter anderem auf den *Prozess des Codierens*, der in der qualitativen Inhaltsanalyse von zentraler Bedeutung ist. „Bei der Nennung des Stichworts 'Gütekriterien qualitativer Inhaltsanalyse' assoziieren die meisten vermutlich als erstes 'Intercoder-Reliabilität'" (Kuckartz, 2016, S. 206). Dieses Maß entstammt der quantitativen Inhaltsanalyse, daher kann in Anlehnung an die anfänglichen Ausführungen festgehalten werden, dass quantitative Maßzahlen der Güte, wie die Berechnung von prozentualer Übereinstimmung, Cohens Kappa etc. nicht einfach auf das qualitativ inhaltsanalytische Codieren übertragen werden können (Kuckartz, 2016, S. 210). Nichtsdestotrotz gilt auch für das qualitative Codieren die Forderung, dass die Ergebnisse mehrerer Codierender bei der Anwendung eines Kategoriensystems übereinstimmen sollten (Kuckartz, 2016, S. 210). Ein „intersubjektiv-konsensuales Textverständnis" (Schreier, 2014, Absatz 4) wird häufig anhand des Verfahrens des *konsensuellen Codierens* zu erlangen versucht. Dabei wird das Codieren des gleichen Materials unabhängig voneinander von mehreren Personen durchgeführt. Anschließend werden die Codierungen verglichen (Kuckartz, 2016, S. 211). Dieses Verfahren wurde im Rahmen der ersten Studie eingesetzt. Das Vorgehen sah wie folgt aus:

- Codieren der Antworten von 23 Studierenden, die im Wintersemester 2017/18 an der Befragung teilnahmen, durch mich; Erstellung von Subkategorien und Anfertigung des Kategorienhandbuchs und Kategorienleitfadens
- Einführung zweier wissenschaftlicher Hilfskräfte in die qualitative Inhaltsanalyse und das Kategoriensystem
- Unabhängiges Codieren der 23 Antworten durch die Hilfskräfte
- Gemeinsame Besprechung aller vorgenommener Codierungen, Diskussion bei Uneinigkeit, Änderungen des Kategoriensystems
- Erneutes Codieren der Antworten durch mich mithilfe des geänderten Kategoriensystems, Übernahme der Änderungen in das Kategorienhandbuch und den Kategorienleitfaden
- Erhebung der Antworten von 104 Studierenden im Sommersemester 2018 und Codierung jeder Antwort durch eine Hilfskraft (Aufteilung der Antworten: je 52 pro Hilfskraft) und mich
- Besprechung der Codierungen von je einer Hilfskraft und mir, bei Uneinigkeit/ Unklarheit wurde die jeweils andere Hilfskraft hinzugezogen, Verbesserungen am Kategorienleitfaden
- Codierung von ca. 27,6 % des gesamten Materials (die ersten 35 Texte nach alphabetischer Sortierung) durch einen außenstehenden Doktoranden mithilfe des endgültigen Kategorienleitfadens zur Berechnung einer Intercoder-Übereinstimmung

Bei den beiden wissenschaftlichen Hilfskräften, die den Codierprozess aktiv mitbegleitet haben, handelt es sich um einen Bachelorstudenten und eine Masterstudentin. Der Bachelorstudent studiert Mathematik für das Lehramt an Grundschulen, während die Masterstudentin Mathematik für das Lehramt an Gymnasien studiert. Hinsichtlich ihrer zweiten Fächer ist der Bachelorstudent als eher naturwissenschaftlich orientiert zu beschreiben (Zweitfach Chemie), während die Masterstudentin mit dem Zweitfach Germanistik während des Codierprozesses auch eine linguistische Perspektive einnahm. Die Unterschiedlichkeit der Perspektiven dieser Hilfskräfte sorgte im Codierprozess für Diskussionen, von denen das Codieren in vielfacher Hinsicht profitieren konnte.

Aufgrund der quantitativen Ausrichtung der ersten Studie (s. Kapitel 5) und des relativ geringen Umfangs der Texte wurde entschieden, eine Intercoder-Übereinstimmung zu berechnen. Ein externer Doktorand der Mathematikdidaktik, der im Rahmen seiner Qualifikationsarbeit qualitativ inhaltsanalytisch arbeitet, erklärte sich hierzu bereit. Von den insgesamt 338 Codierungen wurden 237 gleichermaßen vorgenommen[10], 44 Codierungen unterschieden sich und 57 wurden nur von einer Partei (der Forschungsgruppe oder dem Intercoder) vorgenommen. Die relative Übereinstimmung beträgt daher $p_0 = 0,70$. Für die Berechnung der Intercoder-Übereinstimmung schlägt Kuckartz (2016, S. 216) folgende Rechnung vor: $\kappa = \frac{p_0 - p_e}{1 - p_e}$ mit $p_e = \frac{1}{Anzahl\ der\ Kategorien}$. Da das Kategoriensystem mit der ersten Ebene der Unterkategorien in die Berechnung der Übereinstimmung eingeflossen ist (Anzahl der Kategorien $= 16$) ergibt sich: $\kappa = 0,68$. „Als Faustregel gilt: Kappa-Werte von 0,6 bis 0,8 gelten als gut" (Kuckartz, 2016, S. 210).

In Tabelle 6.10 werden über den Codierprozess hinausgehende Aspekte, die zur Beurteilung der internen Studiengüte herangezogen werden können, mit den Ausführungen dieser Arbeit verbunden.

Tabelle 6.10 Kriterien der internen Studiengüte der ersten Studie (In Anlehnung an Kuckartz, 2016, S. 204 f.)

Phase des Forschungsprozesses[a]	Kriterien	Ausführungen in dieser Arbeit
Datenerfassung	Fixierung der Daten	s. Abschnitt 6.1
	Anonymisierung der Daten	
Durchführung der qualitativen Inhaltsanalyse	Angemessenheit der inhalts-analytischen Methode zur Fragestellung (Begründung)	s. Abschnitt 6.3
	Beschreibung der Anwendung der qualitativen Inhaltsanalyse	s. Abschnitt 6.3
	Computerunterstützung	MAXQDA 2012
	Illustration zur Bedeutung der Kategorien durch konkrete Beispiele (Zitate)	s. Abschnitt 6.3, 7.1.1 & 7.2.1
	Wurden alle erhobenen Daten berücksichtigt?	Nein, s. Abschnitt 6.1.2

(Fortsetzung)

---

[10]Eine Codierung wird als 'gleich' bewertet, wenn unter Berücksichtigung eines Toleranz-bereiches zu einem Textsegment von den unabhängigen Codierenden die gleiche Kategorie gewählt wird. Der Toleranzbereich bezieht sich hier darauf, dass Anfang und Ende der Codierung nicht identisch sein müssen, der inhaltliche Kern der Textstelle jedoch schon.

Tabelle 6.10 (Fortsetzung)

Phase des Forschungsprozesses[a]	Kriterien	Ausführungen in dieser Arbeit
Durchführung der qualitativen Inhaltsanalyse	Anfertigung von Memos (Wann?, Wie sehen sie aus?)	s. Abschnitt 6.3
	Berücksichtigung abweichender Fälle (Extrem- und Ausnahmefälle)	Ausnahmefälle sind im Rahmen der ersten Studie als jene zu kennzeichnen, in denen Mathematikdidaktik mit Inhalten verbunden wird, die nur vereinzelt genannt werden. Subkategorien mit nur vereinzelten Nennungen werden in Abschnitt 7.1.1 dargestellt.
	Verwendung von Originalzitaten (Nach welchen Kriterien wurden sie ausgewählt?)	Ja, zur Begründung der Auswahl s. Abschnitt 7.1.1 & 7.2.1
	Begründen der Schlussfolgerungen in den Daten	s. Abschnitt 7.1.3, 7.2.3 & Kapitel 8
	Dokumentation und Archivierung	Die Originaltexte der Studierenden, die zugehörigen Word-Dateien sowie verschiedene Versionen der MAXQDA-Datei wurden archiviert. In der Arbeit werden beispielhafte Texte sowie die zugehörigen Codierungen dokumentiert (s. Abschnitt 7.1.1 & 7.2.1).

[a](Dabei entfallen in Studie I Kriterien, die mit der Transkription von oder dem Umgang mit Audio- oder Videoaufnahmen in Zusammenhang stehen.)

Die Kriterien der internen Studiengüte beziehen sich vor allem auf die qualitativ inhaltsanalytische Auswertungsarbeit. Kriterien der *externen Studiengüte* hängen stärker von der gesamten Anlage der Studie, wie dem Forschungsdesign, ab (Kuckartz, 2016, S. 203). Zur Erhöhung der Übertragbarkeit und Verallgemeinerbarkeit der Ergebnisse wurden Kolloquien, Doktorandentreffen und Tagungen genutzt, um die Forschungsergebnisse dieser Arbeit mit Personen außerhalb des Forschungsprojektes zu diskutieren ('peer briefing') (Kuckartz, 2016, S. 218). Darüber hinaus wurden die Teilnehmenden der zweiten Studie mit den Forschungsresultaten der ersten Studie konfrontiert. Die Ergebnisse dieses 'member checkings' sind in Kapitel 8 dargestellt (Kuckartz, 2016, S. 218).

In der quantitativen Forschung beziehen sich Gütekriterien nicht auf Auswertungsverfahren, sondern auf Messinstrumente (Döring & Bortz, 2016c, S. 107). In der ersten Studie werden Beliefs zur Mathematik und zum Lehren und Lernen von Mathematik mithilfe der im COACTIV-Projekt verwendeten Skalen erhoben (Baumert et al., 2008). „Die Objektivität ist bei vollstandardisierten psychologischen Tests (ebenso wie bei vollstandardisierten Fragebögen) ein relativ unkritisches und eigentlich redundantes Testgütekriterium, denn durch die Standardisierung des Instruments bleibt den Testanwendenden eigentlich gar kein Raum für subjektive Abweichungen" (Döring & Bortz, 2016b, S. 442). Es kann demnach von einer Objektivität der eingesetzten Skalen ausgegangen werden. Zusätzlich wird die Reliabilität als ein Gütekriterium quantitativer Messinstrumente dargestellt. „Die Reliabilität bzw. Zuverlässigkeit, Präzision oder Messgenauigkeit ('reliability') gibt an, wie gering oder stark ein Test durch Messfehler verzerrt ist" (Döring & Bortz, 2016b, S. 442). Aussagen über die Reliabilität einer Skala werden häufig mithilfe der internen Konsistenz und der Berechnung von Cronbachs Alpha getätigt (Döring & Bortz, 2016b, S. 443). Die im Online-Anhang und in Abschnitt 7.2.2 genauer dargestellten Analysen der einzelnen Skalen liefern Werte für Cronbachs Alpha im Bereich von .65 bis .87. „Die untere Grenze für eine Klassifizierung der Skalen-Reliabilität, bildet der in der *beliefs*-Forschung üblicherweise verwendete Wert von $\alpha = .60$. Als gut können vor diesem Hintergrund Werte ab .70 bezeichnet werden" (Blömeke, Müller, Felbrich, et al., 2008b, S. 221 Hervorhebung im Original). Ausgehend von dieser Einschätzung wird eine interne Konsistenz der verwendeten Skalen angenommen. Eine Ausnahme bildet die Skala zum '*Einschleifen technischen*

Wissens' mit $\alpha = .46$. Diese Skala wird aufgrund der mangelnden internen Konsistenz nicht für die weiteren Analysen herangezogen. Die Validität der eingesetzten Skalen wurde im Rahmen des COACTIV-Projektes überprüft, sodass an dieser Stelle auf die entsprechenden Ausführungen beispielsweise zur Konstruktvalidität (vgl. bspw. Voss et al., 2011, S. 243 f.) verwiesen wird.

Ergebnisse, Interpretation und Diskussion der studentischen Antworten

7

Mit Blick auf die Forschungsfragen zur ersten Studie wird sich in einem ersten Abschnitt dieses Kapitels den aus den Antworten der Studierenden herausgearbeiteten Inhalten der Mathematikdidaktik gewidmet (s. Abschnitt 7.1). Auf diesen Ausführungen basierend werden dann die Ergebnisse der Typenbildung in Abschnitt 7.2 dargestellt.

7.1 Von den Studierenden erwähnte Inhalte der Mathematikdidaktik

Zur Beantwortung der ersten Forschungsfrage[1] wird im Folgenden das im Rahmen der inhaltlich strukturierenden qualitativen Inhaltsanalyse (s. Abschnitt 6.3.1) entwickelte Kategoriensystem vorgestellt. Dabei findet eine kategorienbasierte Auswertung der Hauptkategorien statt, welche die Beschreibung der zur jeweiligen Hauptkategorie induktiv erstellten Subkategorien beinhaltet und somit darstellt, was zur jeweiligen Hauptkategorie in den Antworten der Studierenden genannt wird. Entsprechend der Empfehlungen von Kuckartz (2016, S. 118 f.) werden die Subkategorien um die Angabe ihrer Codierhäufigkeit ergänzt (s. Abschnitt 7.1.1).

---

[1]Welche Inhalte nennen Studierende, wenn Sie ihren Vorstellungen von Mathematikdidaktik und mathematikdidaktischen Anforderungen an eine Lehrkraft Ausdruck verleihen?

© Der/die Herausgeber bzw. der/die Autor(en), exklusiv lizenziert durch Springer Fachmedien Wiesbaden GmbH, ein Teil von Springer Nature 2020
K. Manderfeld, *Vorstellungen zur Mathematikdidaktik,* Studien zur theoretischen und empirischen Forschung in der Mathematikdidaktik, https://doi.org/10.1007/978-3-658-31086-8_7

Nach diesen Darstellungen findet im Sinne der untergeordneten Forschungsfrage[2] ein Vergleich zwischen den seitens der Studierenden mit Mathematikdidaktik verbundenen Inhalten und jenen, die in Kapitel 3 als Inhalte der Mathematikdidaktik aus den unterschiedlichen Perspektiven herausgearbeitet werden, statt (s. Abschnitt 7.1.2). Anschließend werden die Ergebnisse interpretiert und diskutiert (s. Abschnitt 7.1.3).

7.1.1　Ergebnisse der inhaltlich strukturierenden qualitativen Inhaltsanalyse

Die in den studentischen 'Personal Concept Definitions' mit Mathematikdidaktik verbundenen Inhalte werden vier deduktiv erstellten Hauptkategorien – 'mathematischer Inhalt', 'Unterricht', 'Lernende' und 'Lehrende' – zugeordnet (s. Abschnitt 6.3.1). Abbildung 7.1 gibt einen Überblick über das Kategoriensystem, wobei jeweils nur die erste Ebene der Subkategorien dargestellt ist. Die in der Abbildung ersichtliche Angabe der prozentualen Häufigkeiten bezieht sich auf die Gesamtmenge aller Codierungen (N = 1.180).

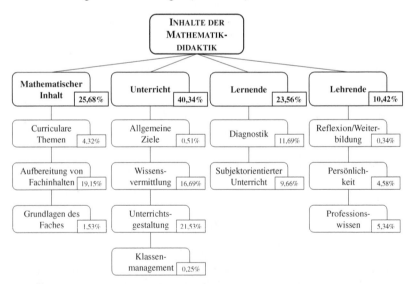

Abbildung 7.1　Übersicht des gesamten Kategoriensystems

---

[2]Welche Abweichungen und Übereinstimmungen finden sich zwischen den von den Studierenden zum Ausdruck gebrachten und den von der Wissenschaft als 'mathematikdidaktisch' deklarierten Inhalten?

Abbildung 7.1 stellt dar, dass die meisten Codierungen der Hauptkategorie 'Unterricht' zugehören (40,34 %), während mit 10,42 % aller Codierungen die Hauptkategorie 'Lehrende' am seltensten codiert wurde. Besonders häufig finden die Subkategorien 'Wissensvermittlung', 'Aufbereitung von Fachinhalten' und 'Unterrichtsgestaltung' Verwendung. In nur vereinzelten Fällen werden Inhalte der Mathematikdidaktik mit 'Allgemeinen Zielen', der 'Reflexion/ Weiterbildung' von Lehrkräften oder mit dem 'Klassenmanagement' verbunden. Die folgenden Ausführungen stellen genauer dar, welche Textstellen den jeweiligen Haupt- und Subkategorien zugeordnet sind. Dabei werden beispielhafte Codierungen angeführt, die einen Eindruck in studentische Ausführungen und einen Überblick über diese liefern.

7.1.1.1 Die fachliche Dimension mathematikdidaktischer Inhalte

In einem ersten Schritt wird sich den von den Studierenden erwähnten Inhalten der Mathematikdidaktik gewidmet, die speziell eine Auseinandersetzung mit mathematischen Fachinhalten verdeutlichen (Hauptkategorie 'mathematischer Inhalt'). Von den insgesamt 1.180 vorgenommenen Codierungen beziehen sich 303 auf mathematikdidaktische Inhalte, die mit einer Betrachtung des Fachinhaltes einhergehen. Dies entspricht ca. 25,68 % aller Codierungen. Sieben dieser Codierungen erwähnen allgemein den 'Umgang' der Mathematikdidaktik mit Mathematik: „Mathematikdidaktik behandelt für mich den Umgang von Mathematik" (Dokument BGDN9NS, Absatz 3) oder „Da Mathematik sich von anderen Fächern unterscheidet, ist es nötig, diese speziell anzugehen" (Dokument MRHL9KK, Absatz 3). Diesen Äußerungen kann kein spezifischer Inhalt der Mathematikdidaktik bezogen auf den mathematischen Fachinhalt entnommen werden. Anders ist dies bei den restlichen Äußerungen, die einer Subkategorie zugeordnet werden konnten. Abbildung 7.2 zeigt die zur Hauptkategorie 'mathematischer Inhalt' gebildeten Subkategorien.

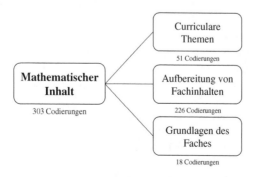

Abbildung 7.2 Subkategorien zur fachlichen Dimension

Codierungen der Subkategorie 'Curriculare Themen'
In 51 Codierungen werden *'Curriculare Themen'* als Inhalte der Mathematikdidaktik beschrieben. In zwei dieser Codierungen werden allgemeine
curriculare Themen, die sich nicht weiterausdifferenzieren lassen angesprochen.
So antwortete ein Student auf die Frage, welche mathematikdidaktischen
Anforderungen eine Mathematiklehrkraft seiner Meinung nach erfüllen sollte, mit
dem Stichpunkt „mathematikdidaktische Prinzipien verstehen, um Curriculum zu
durchblicken" (Dokument AGTB4BM, Absatz 7). Ähnlich beschreibt ein anderer
Teilnehmer sein Verständnis von Mathematikdidaktik unter anderem mit dem
Stichpunkt „Lehrplan in Mathematik" (Dokument ATNK5KZ, Absatz 4). Diesen
allgemeinen Formulierungen, in denen generell der Lehrplan und das Verständnis des Curriculums als mathematikdidaktische Inhalte dargestellt werden, stehen
andere Textstellen gegenüber, die in weiteren Subkategorien zusammengefasst
werden (s. Abbildung 7.3).

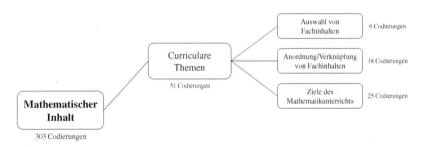

Abbildung 7.3   Codierungen zur Subkategorie 'Curriculare Themen'

In der Subkategorie *'Auswahl von Fachinhalten'* sind sechs Textstellen
zusammengefasst, die sich mit der Frage beschäftigen, welche Inhalte im
Mathematikunterricht vermittelt werden sollen, „sprich … was … wird gelehrt
oder gelernt" (Dokument EEDK7NR, Absatz 3). Dabei beschreiben drei
Studierende dies explizit als Aufgabe der Lehrkraft („Die Lehrkraft sollte in der
Lage sein, geeignete Inhalte … auszuwählen" (Dokument UVHH1PS, Absatz
5)). Zwei Studierende führen weiter aus, wie die Fachinhalte beschaffen sein
sollten, die für den Unterricht ausgewählt werden. Es sollten ihren Ausführungen
nach „lebenspraktische & -relevante Inhalte" (Dokument ENTM0HG, Absatz
5) ausgewählt werden, welche „immer mal wieder im Leben benötigt [werden]"
(Dokument GJSA1MS, Absatz 3).

Sind Fachinhalte ausgewählt, gilt es in einem nächsten Schritt, „den zu vermittelnden Stoff in einer sinnvollen aufeinander aufbauenden Reihenfolge zu strukturieren" (Dokument KAOA5MH, Absatz 3). Textausschnitte, welche eine solche Anordnung oder Reihung von Fachinhalten thematisieren, werden in der Subkategorie '*Anordnung/Verknüpfung von Fachinhalten*' codiert. Insgesamt finden sich 18 solcher Textstellen. Eine Studentin stellt die Anordnung der Fachinhalte als einen Lehrinhalt dar: „Man kann hier [in der Mathematikdidaktik] erfahren, welche Themen in welchem Alter für Schüler/innen dar werden, welche Themen in welchem Schuljahr behandelt werden sollen" (Dokument GLRM6HO, Absatz 3). Sie bezieht sich hier auf hochschulische mathematikdidaktische Lehr-Lern-Prozesse. Andere hingegen beschreiben in ihren Antworten explizite Kriterien, welchen eine Anordnung von Fachinhalten genügen sollte, sowie Anforderungen, die diesbezüglich an eine Mathematiklehrkraft gestellt werden:

- „Daher ist es wichtig, den SuS den Lehrstoff in einer sinnvollen Reihenfolge beizubringen" (Dokument SHSH0HF, Absatz 3)
- „logisch nachvollziehbare[r] Aufbau des Stoffes" (Dokument EEDK7NR, Absatz 10)
- „Themenbereiche immer mit anderen verknüpfen" (Dokument DFSK6HM, Absatz 5)
- „verschiedene Verknüpfungen und [P]arallelen der mathematischen Themen untereinander aufzeigen und darstellen können" (Dokument KYNB7RK, Absatz 6).
- „Einordnung [eines Stoffes] in das gesamte Feld der Mathematik" (Dokument PAOW0KS, Absatz 5)
- „das Niveau nach und nach zu steigern" (Dokument SHSH0SF, Absatz 3)
- „Dies sollte … so erfolgen, dass aufbauend … weitere Inhalte verstanden und richtig eingeordnet werden können" (Dokument CSNT6RM, Absatz 3).

In einer Textstelle wird explizit auf das „Spiralprinzip" (Dokument NNFH0HY, Absatz 4) verwiesen.

Darüber hinaus werden in 25 Textstellen '*Ziele des Mathematikunterrichts*' als mathematikdidaktischer Inhalt deklariert. Äußerungen, die allgemeine Ziele schulischer Bildung beschreiben, sowie jene, die generell das Erlernen und Anwenden von Fachinhalten als Ziel einer Wissensvermittlung darstellen, werden in der Kategorie 'Unterricht' codiert. „Fachdidaktik heißt auch, zielorientiert

vorzugehen, d. h. was soll erreicht werden" (Dokument EEDK7NR, Absatz 4).
Hinsichtlich der Ziele des Mathematikunterrichts erwähnen einige Studierende
die mathematikdidaktische Anforderung an eine Lehrkraft, „die zu erwerbenden
Kompetenzen [zu] kennen" (Dokument UVHH1PS, Absatz 6). Es gilt die
Frage, „was sollten sie [die Schülerinnen und Schüler] können" (Dokument
AMOW7MK, Absatz 3), zu beantworten. Während in diesen Textstellen generell
das Festlegen und Kennen von Zielen und zu erreichenden Kompetenzen
angesprochen wird, geben andere Textstellen Antwort auf die Frage, welche Ziele
mit dem Unterrichten von Mathematik einhergehen:

- „Entwicklung und Training des Problemlösens als Primärfaktor menschlicher
  Intelligenz" (Dokument KHRB9HD, Absatz 3)
- „abstraktes Denken" (Dokument KYNB7RK, Absatz 4)
- „strukturiertes Denken" (Dokument EJNK3UR, Absatz 6)
- „den Nutzen der Mathematik für den Alltag verständlich … machen"
  (Dokument FARK0EG, Absatz 3)

Ein Student erwähnt die Entwicklung von Grundvorstellungen im Sinne uni-
verseller Grundvorstellungen nach Greefrath et al. (2016b, S. 18 f.) als Ziel
des Mathematikunterrichts („Hierbei ist es zum einen wichtig Grundvorstellungen … zu übermitteln" (Dokument KYNB7RK, Absatz 4)). Neben
diesen kognitiven Zielen werden auch affektive Ziele von den Studierenden
genannt, wie das Näherbringen der „Faszination der Mathematik" (Dokument
ACNS6SL, Absatz 5), „Spaß" (Dokument HHTB4BS, Absatz 5) oder „Interesse
für Mathematik" (MECV4EM, Absatz 5). Mathematikdidaktik wird in den
Äußerungen dieser Studierenden mit den Anforderungen an eine Lehrkraft verbunden, diesen Zielen nachzukommen.

Zu der Darstellung, welche Ziele es zu erreichen gilt, kommt laut zweier
Studierender „die Illustration, warum diese Fähigkeit lohnenswert zu
erwerben ist" (Dokument KHRB9HD, Absatz 3). Hier wird die Notwendigkeit einer Legitimation von Zielen des Mathematikunterrichts ausgedrückt. Eine
Legitimation der Fachinhalte und der damit verbundenen Ziele wird von einer
Studentin als Aufgabe einer Mathematiklehrkraft dargestellt: „damit man selbst
als Lehrender im Unterricht vermitteln kann, warum die Schüler das lernen
sollen" (Dokument LMDL0LH, Absatz 3).

Insgesamt wurden 4,32 % der vorgenommenen Codierungen (N = 1.180) mit der Subkategorie 'curriculare Themen' codiert. Deutlich häufiger finden sich im Rahmen der Hauptkategorie 'mathematischer Inhalt' Codierungen von Textstellen, die eine Auseinandersetzung mit der Aufbereitung von Fachinhalten widerspiegeln.

Codierungen der Subkategorie 'Aufbereitung von Fachinhalten'
Der Subkategorie *'Aufbereitung von Fachinhalten'* sind 226 Codierungen und demnach 74,59 % aller Textstellen der Hauptkategorie 'mathematischer Inhalt' zugeordnet. In diesen Textstellen wird die Auswahl von Fachinhalten bereits vorausgesetzt und stattdessen wird die Frage, wie die Fachinhalte für die Schülerinnen und Schüler zugänglich gemacht werden können, thematisiert. „Unter Mathematikdidaktik verstehe ich ein 'Netz' aus Theorien & Praxis-/ Anwendungsmustern, welches Lehrkräften hilft bzw. es überhaupt erst ermöglicht, mathematische Sachverhalte schülergerecht aufzuarbeiten" (Dokument RRHT5TG, Absatz 3). Ähnlich wie in dieser Textstelle wird das Aufbereiten von Fachinhalten für den schulischen Unterricht auch in den anderen Textstellen als Inhalt der Mathematikdidaktik dargestellt oder mit mathematikdidaktischen Anforderungen an eine Mathematiklehrkraft verbunden. „Es geht [in der Mathematikdidaktik] darum, den SuS auf unterschiedlichster Art und Weise Mathematik zu veranschaulichen" (Dokument ANTG4MF, Absatz 3). Insgesamt betonen zehn Studierende das Veranschaulichen mathematischer Inhalte: „Mathematische Begriffe sollen gut veranschaulicht werden, um den Lernenden eine bessere Vorstellung zu geben, was die Mathematik eigentlich bedeutet und was dahinter steckt" (Dokument GVRR0RK, Absatz 3). Die Aufbereitung mathematischer Inhalte folgt laut einiger Studierendentexte dem Ziel, „SuS die Mathematik verständlich [zu] machen" (Dokument SRHK4MW, Absatz 3). Neben den Anforderungen, mathematische Inhalte verständlich zu machen und mathematische Konzepte zu veranschaulichen, wird auch erwähnt, dass die Mathematik interessant zu präsentieren ist („Die Mathematik sollte den SuS als interessant präsentiert werden." (Dokument TZRK7KB, Absatz 3)).

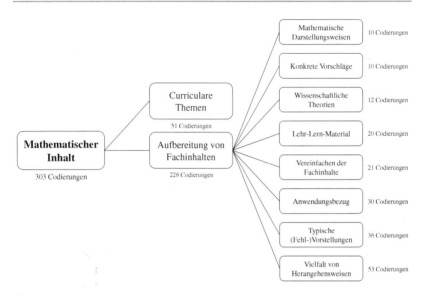

Abbildung 7.4 Codierungen zur Subkategorie 'Aufbereitung von Fachinhalten'

Über derartige Zielformulierungen der Aufbereitung mathematischer Inhalte gehen einige Codierungen hinaus, da sie konkrete Vorschläge oder Tätigkeiten zur Aufbereitung mathematischer Fachinhalte liefern. Jene werden in Form weiterer Subkategorien zusammengefasst (s. Abbildung 7.4). Eine Studentin verbindet Mathematikdidaktik beispielsweise damit, ein „Verständnis für besondere Darstellungsweisen mathematischer Probleme und Darstellungen zu entwickeln" (Dokument PJNN9NH, Absatz 5). Insgesamt werden in zehn Codierungen *'mathematische Darstellungsweisen'* als Inhalt der Mathematikdidaktik genannt („Außerdem verstehe ich darunter [unter der Mathematikdidaktik] mathematische Inhalte auf verschiedene Weisen darstellen zu können" (Dokument SJML6BS, Absatz 3)).

Explizite Vorschläge zur Aufbereitung mathematischer Inhalte sind in der Subkategorie *'konkrete Vorschläge'* subsumiert. Folgende beispielhafte Textstellen sind dieser Subkategorie zugeordnet:

- „anschauliche Beispiele" (Dokument RTSF5NL, Absatz 3)
- „Lösungswege darbieten" (Dokument CSNK3KR, Absatz 5)
- „innermathematische & außermathematische Probleme besprechen" (Dokument GHTK8NS, Absatz 5)

- „einen Regelhefter anlegen, weil es viele Regeln und Ausnahmen in Mathe gibt" (Dokument IPMB5BI, Absatz 9)
- „Ansätze zum Herleiten geben" (Dokument FJNB4OS, Absatz 9).

In 12 Codierungen werden *'wissenschaftliche Theorien'* erwähnt. Dabei geht es um Methoden, Modelle, Prinzipien oder Konzepte, um Mathematik den Schülerinnen und Schülern näherzubringen: „Verschiedene Prinzipien werden verwendet, um den Schülern das Verstehen komplexer Inhalte zu erleichtern" (Dokument GHTK8NS, Absatz 3). In vier Textstellen wird explizit auf das EIS-Prinzip nach Bruner (1973) Bezug genommen.

'Lehr-Lern-Material' kann genutzt werden, um mathematische Fachinhalte aufzubereiten. 16 der 20 Codierungen dieser Subkategorie zeigen eine Beschäftigung mit Aufgaben: „Auswahl geeigneter … Aufgaben" (Dokument EWMB5GW, Absatz 8), „Unter Mathematikdidaktik verstehe ich ein tiefes Verständnis für mathematische Aufgaben" (Dokument YBOM0HS, Absatz 3) oder „Aufgaben formulieren zu können" (Dokument CBMD9SK, Absatz 10)). Eine Studentin erwähnt es zusätzlich als mathematikdidaktische Anforderung an eine Lehrkraft, „hinreichend viele informatische Anwendungen [zu] beherrschen (Geogebra, Freemat, …)" (Dokument AWRK4NR, Absatz 5).

„Des Weiteren sollte eine Mathematiklehrkraft in der Lage sein, schwierige Sachverhalte so runterzubrechen, dass die Schüler diesen verstehen, aber trotzdem der 'richtige Inhalt' erhalten bleibt" (Dokument SRFB8BK, Absatz 5). Textstellen wie diese sind der Subkategorie *'Vereinfachen der Fachinhalte'* zugeordnet. Insgesamt wird in 21 Textstellen vom „Vereinfachen" (Dokument SMLB7BJ, Absatz 3), von der „didaktischen Reduktion" (Dokument SDRL3DF, Absatz 4), dem „Elementarisieren" (Dokument UVHH1PS, Absatz 3) oder Ähnlichem gesprochen.

In enger Verbindung zum Lehr-Lern-Material steht die Subkategorie *'Anwendungsbezug'*. Hier werden Textstellen codiert, in welchen die Aufbereitung fachlicher Inhalte anhand einer „Verbindung zur Lebenswirklichkeit [der Schülerinnen und Schüler]" (Dokument ANTG4MF, Absatz 5) dargestellt wird. Es wird als mathematikdidaktische Anforderung ausgedrückt, „die reale Welt der Kinder und Jugendlichen mit der Welt der Mathematik verknüpfen zu können" (Dokument PJNN9NH, Absatz 6). In 30 Textstellen werden „Verknüpfungen von Mathematik und Alltag" (Dokument FARK0EG, Absatz 5), das Herstellen einer „Brücke zwischen Realität und Mathematik" (Dokument EEDK7NR, Absatz 8) oder eine „Erklärung der Anwendung der Mathematik" (Dokument DMNN4ZA, Absatz 3) ausgedrückt.

Das Kennen und Bedenken von (Grund-)Vorstellungen wird in 15 Textstellen als mathematikdidaktische Anforderung an eine Lehrkraft dargestellt: „Das bedeutet, sie muss die Grundvorstellungen über die Themen kennen" (Dokument BANS2NR, Absatz 5) oder „Ein Mathematiklehrer muss besonders in mathemat. Vorstellungen zur Erarbeitung von Themen geschult sein, damit sich das Kind 'das Richtige' unter Dividieren, Multiplizieren etc. vorstellt und somit auch die Operationen und mathemat. Ideen richtig anwenden kann" (Dokument IGM4PW, Absatz 5). In der Verwendung der Begrifflichkeiten 'Grundvorstellung' bzw. 'Vorstellung' wird in diesen Textstellen deutlich, dass es sich nach vom Hofe (1995) um *„eine didaktische Kategorie des Lehrers* [handelt], die im Hinblick auf ein didaktisches Ziel aus inhaltlichen Überlegungen hergeleitet wurde und Deutungsmöglichkeiten eines Sachzusammenhangs bzw. dessen mathematischen Kerns beschreibt" (S. 123 Hervorhebungen im Original). Wird es in den Textstellen zum Ausdruck gebracht, dass eine Lehrkraft Grundvorstellungen kennen sollte, dann wird dies als Kenntnis normativ geprägter Grundvorstellungen verstanden, die bei der Aufbereitung mathematischer Inhalte bedacht werden. Anders verhält es sich, wenn es als mathematikdidaktische Anforderung angesehen wird, in der Interaktion mit einem Schüler oder einer Schülerin individuelle Grundvorstellungen als *„individuelle Erklärungsmodelle"* (Vom Hofe, 1995, S. 123 Hervorhebungen im Original) des Lernenden zu erkennen oder nachzuvollziehen. In diesem Fall wird die Hauptkategorie 'Lernende' verwendet. Neben den 15 Textstellen zu Grundvorstellungen werden in der Subkategorie *'Typische (Fehl-)Vorstellungen'* auch Äußerungen codiert, welche die Kenntnis und den Umgang mit typischen Fehlerquellen erwähnen:

- „Sie muss typische Fehlerquellen kennen" (Dokument BANS2NR, Absatz 5),
- „Unter Mathematikdidaktik verstehe ich denjenigen Bereich des Mathematikunterrichts, der auf die verschiedenen Möglichkeiten … typische Fehler von Schülern zu beheben, eingeht" (Dokument EADA9PV, Absatz 3).
- „Die Lehrkraft muss verstehen, wo Probleme im Verständnis sein könnten und versuchen Lösungen mittels besonderer Methoden zusammen mit den Schülern zu finden" (Dokument LMDL0LH, Absatz 5).

Insgesamt wird in 36 Textstellen auf typische (Fehl-)Vorstellungen und den Umgang mit diesen Bezug genommen.

Die am häufigsten verwendete Subkategorie im Bereich der Aufbereitung von Fachinhalten ist mit 53 Codierungen die Subkategorie *'Vielfalt von Herangehensweisen'*. „Als Lehrkraft muss man in der Lage sein, Kindern mathematische Wege, Formeln und Regeln auf unterschiedlichen Wegen zu vermitteln" (Dokument MHEW4BP, Absatz 5). Im Gegensatz zu Textstellen, die Mathematikdidaktik generell mit der Vermittlung von Wissen oder dem Erklären von Inhalten verbinden (Codierung in der Kategorie 'Unterricht'), wird mit der Betonung, Inhalte auf verschiedene Arten zu erklären oder zu vermitteln, eine Aufbereitung dieser Inhalte auf unterschiedliche Weisen zum Ausdruck gebracht. In 25 Codierungen wird dargestellt, verschiedene Erklärungen oder Herangehensweisen im Unterricht zu nutzen: „Außerdem sollte man in der Lage sein, ein und denselben Sachverhalt auf verschiede Arten erklären zu können" (Dokument UKTB6MS, Absatz 5) oder „Mathematikdidaktik bedeutet, zu wissen, wie man ein math. Problem auf versch. Weisen vermitteln kann" (Dokument GCHM5MS, Absatz 3). Darüber hinaus wird in 28 Codierungen das Kennen, Anwenden und Nachvollziehen verschiedener Lösungswege für eine Aufgabe als Inhalte der Mathematikdidaktik herausgestellt: „Das heißt, dass [in der Mathematikdidaktik] verschiedene Methoden und Vorgehensweisen zur Lösung von z. B. von gewissen Gleichungen und anderen mathematischen Problemstellungen vorgestellt werden" (Dokument KAOA5MH, Absatz 3). „Er/Sie [die Mathematiklehrkraft] sollte ein Verständnis dafür haben, dass es in der Mathematik viele verschiedene Möglichkeiten gibt Aufgaben zu lösen" (Dokument SHRV8BS, Absatz 5)).

Codierungen der Subkategorie 'Grundlagen des Faches'
Zur Hauptkategorie 'mathematischer Inhalt' zählt noch eine weitere Subkategorie. Bei der Bezeichnung dieser Kategorie handelt es sich um einen In-Vivo-Code. Die Terminologie entstammt den Ausführungen einer Teilnehmenden (s. Abschnitt 6.3.1). Sie schreibt: „Unter 'Mathematikdidaktik' verstehe ich eine Lehre, die Grundlagen des Faches darstellt. ... Bei 'Mathematikdidaktik' werden wichtige Begriffe der Mathematik gelernt" (Dokument GLRM6HO, Absatz 3). Dabei wird Mathematikdidaktik als hochschulischer Lerngegenstand dargestellt, sodass sich das Lernen wichtiger mathematischer Begriffe auf das Lernen an der Hochschule im Fach Mathematikdidaktik bezieht. Aus dieser Darstellung ist die Bezeichnung der Subkategorie *'Grundlagen des Faches'* entnommen. Insgesamt finden sich 18 Sinnabschnitte in dieser Subkategorie, die mit Mathematikdidaktik als Lerngegenstand das Erlernen mathematischer Hintergründe zu den schulischen Fachinhalten verbinden:

- „Darunter [unter Mathematikdidaktik] verstehe ich, dass man Hintergründe zu einzelnen mathematischen Prinzipien und fachlichen Inhalten bekommt" (Dokument LMDL0LH, Absatz 3)

- „Es werden [in der Mathematikdidaktik] selten komplexe mathematische Terme berechnet oder erstellt, sondern eher erklärt wie diese entstanden oder anzuwenden sind" (Dokument IDKK0KS, Absatz 3)
- „Verständnis der Geschichte & Hintergründe von Mathematik" (Dokument MJNH7AB, Absatz 6)
- „Unter Mathematikdidaktik verstehe ich die Arbeit von Mathematik, Mathematiklehre, mathematische Geschichte in Kombination" (Dokument IDKK0KS, Absatz 3)
- „Für mich sollten wir [in der Mathematikdidaktik] … neues zur Mathematik lernen" (Dokument DMNN4ZA, Absatz 3)

7.1.1.2 Die konstruktive Dimension mathematikdidaktischer Inhalte (Hauptkategorie 'Unterricht')

„Unter Mathematikdidaktik verstehe ich das 'Wie' des Mathematikunterrichts. Nicht was wird unterrichtet, sondern wie" (Dokument VUOB6WW, Absatz 3). Während alle bisher vorgestellten Subkategorien Inhalte der Mathematikdidaktik beschreiben, die sich aus dem Umgang mit mathematischen Fachinhalten ergeben (fachliche Dimension), wird in diesem Zitat ein anderer Blickwinkel auf Inhalte der Mathematikdidaktik deutlich. In der Hauptkategorie 'Unterricht' werden all jene als Inhalte der Mathematikdidaktik deklarierten Aspekte zusammengeführt, die „primär technisch[]" (Kron et al., 2014, S. 19) der „Planung, Durchführung, Evaluation oder Begründung von Unterricht" (Kron et al., 2014, S. 19) dienen. Abbildung 7.5 ist eine Übersicht über die diesbezüglich gebildeten Subkategorien.

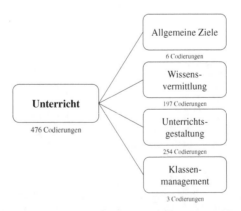

Abbildung 7.5 Subkategorien zur konstruktiven Dimension

Codierungen der Subkategorie 'Allgemeine Ziele'
Im Sinne einer Begründung von Unterricht werden in einer ersten Subkategorie Textstellen zusammengeführt, die *'Allgemeine Ziele'* des Unterrichtens als Inhalte der Mathematikdidaktik anfügen. Beispiele derart allgemeiner, nicht fachspezifischer Ziele, die von den Studierenden mit Mathematikdidaktik verbunden werden, sind:

- „zielorientiertes Arbeiten vermitteln" (Dokument EJNK3UR, Absatz 5)
- „nicht nur Inhalte beibringen, sondern auch andere Bereiche wie Kommunikation oder Bewertung fördern" (Dokument SDRL3DF, Absatz 11)
- „ein selbstständiges Leben zu ermöglichen" (Dokument ENTM0HG, Absatz 5)
- „damit die Schüler Probleme selbstständig lösen können" (Dokument UVHH1PS, Absatz 3).

Insgesamt wird, wie in Abbildung 7.5 ersichtlich, in sechs Textstellen auf derart allgemeine Ziele des Unterrichtens eingegangen.

Codierungen der Subkategorie 'Wissensvermittlung'
In Aussagen, wie: „Unter Mathematikdidaktik verstehe ich lernen, wie man Schülerinnen und Schülern mathematische Themen lehrt" (Dokument BANS2NR, Absatz 3), „Ich verstehe unter Mathematikdidaktik die Art und Weise, wie die Lehrperson ihren Schülern das Wissen vermittelt" (Dokument DFSK6HM, Absatz 3) oder „Mathematikdidaktik sollte erklären, wie man am besten Inhalte vermittelt" (Dokument SFKM1HF, Absatz 3), wird Mathematikdidaktik mit einer *'Wissensvermittlung'* bzw. mit Arten und Weisen einer solchen verbunden. Abbildung 7.5 ist zu entnehmen, dass der Subkategorie 'Wissensvermittlung' 197 Textstellen zugeordnet sind, was ca. 41,39 % der gesamten Codierungen zum 'Unterricht' entspricht. In diesem Zusammenhang finden sich 20 Textstellen, in denen Mathematikdidaktik normativ mit einem besten, optimalen, produktivsten, richtigen oder verständlichsten Weg der Wissensvermittlung verbunden wird: „In Mathematikdidaktik werden Strategien gesucht, wie man Schülern am besten das Wissen vermittelt" (Dokument AUHE5ES, Absatz 3). Ergänzend zu der Verbindung von Mathematikdidaktik mit Formen der Wissensvermittlung wird es als mathematikdidaktische Anforderung an eine Lehrkraft dargestellt, „gut erklären [zu] können" (Dokument STSM3SE, Absatz 5) bzw. „so erklären [zu] können, dass (im Optimalfall) alle Schüler den Stoff verstehen und anwenden können" (Dokument UATT9TZ, Absatz 5).

Codierungen der Subkategorie 'Unterrichtsgestaltung'
Die mit der Kategorie 'Unterricht' verbundenen Inhalte der Mathematikdidaktik sind in der Definition der Hauptkategorie als primär technische Inhalte
beschrieben (s. Abschnitt 6.3.1). Folgenden Zitates macht jene Zuschreibung
besonders deutlich: „Die Didaktik bietet quasi Werkzeuge, an welchen sich
Lehrpersonen bedienen können, um ihren Unterricht zu gestalten" (Dokument
DMLP3PL, Absatz 3). Während es in den Codierungen zur 'Wissensver-
mittlung' um Techniken bzw. Arten und Weisen der Wissensvermittlung geht,
stehen ähnlich technische Aspekte der Unterrichtsgestaltung in der Subkategorie
'Unterrichtsgestaltung' im Fokus. Es geht um „Unterrichtsformen" (Dokument
RTSF5NL, Absatz 3), „Unterrichtsstrategien" (Dokument AUHE5ES, Absatz
3), „Verfahren" (Dokument BINM6KR, Absatz 3), „Herangehenstechniken"
(Dokument PHSK3KS, Absatz 3) sowie „Mittel und Möglichkeiten" (Dokument
MGRZ0LT, Absatz 3) des Unterrichtens von Mathematik. „Es soll [in der
Mathematikdidaktik] vermittelt werden, in welcher Klassenstufe ich meinen
Unterricht wie am besten gestalte bzw. welche (sinnvollen) Möglichkeiten es
gibt" (Dokument BGDN9NS, Absatz 3). Dabei lassen sich (Sub-)Subkategorien
definieren, welche eine weitere Ausdifferenzierung der genannten Inhalte von
Mathematikdidaktik widerspiegeln (s. Abbildung 7.6).

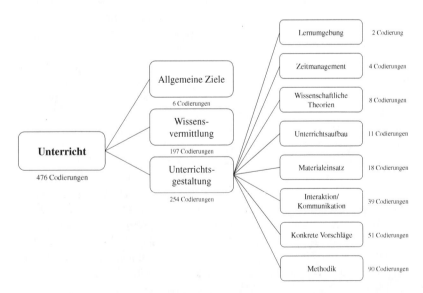

Abbildung 7.6　Codierungen zur Subkategorie 'Unterrichtsgestaltung'

In zwei Texten wird die '*Lernumgebung*' erwähnt: „Da kann alles Mögliche mit einbezogen werden: Von Frontalunterricht, über Gruppenarbeit, das Material, sogar die Lernumgebung" (Dokument MMLB2SL, Absatz 3) und „Unter Mathematikdidaktik verstehe ich einmal didaktische Zusammenhänge, sprich wer, was, wo und wie wird gelehrt und gelernt" (Dokument EEDK7NR, Absatz 3). Mit dem 'Wo' in dieser Ausführung wird auf die Lernumgebung Bezug genommen.

In vier Textstellen wird auf das '*Zeitmanagement*' im Unterricht eingegangen. Hierzu werden die Erwartungshaltungen geäußert, „ausreichend Zeit mit der Beantwortung von Fragen zu verbringen" (Dokument ACNS6SL, Absatz 3), „keinen Zeitdruck auszuüben" (Dokument IMLB4GM, Absatz 5) oder Inhalte „ausführlich genug zu behandeln" (Dokument ACNS6SL, Absatz 3). Ein Student formuliert sein Verständnis von Mathematikdidaktik wie folgt: „Didaktik der Mathematik bedeutet für mich empirische Kenntnisse zu reflektieren und daraus … eine Zeiteinteilung zu entwickeln, die es möglichst vielen Schülern ermöglicht mit angemessenem Zeitaufwand neue Fähigkeiten zu erwerben und zu verinnerlichen" (Dokument KHBR9HD, Absatz 3).

Darüber hinaus werden in acht Textstellen „theoretische Ansätze" (Dokument KASK6BM, Absatz 3), „Modelle" (Dokument MJNH7AB, Absatz 3), „Prinzipien" (Dokument MRHL9KK, Absatz 3) oder „Leitfäden" (Dokument RCNK0VL, Absatz 3) erwähnt, die „in der Praxis richtig angewendet werden [müssen]" (Dokument BINM6KR, Absatz 6) und „von denen ausgehend Unterrichtskonzepte entworfen werden können" (Dokument KASK6BM, Absatz 3). Diese Textstellen sind der Subkategorie '*wissenschaftliche Theorien*' zugeordnet.

„Weiterhin sollte er [die Mathematiklehrkraft] die Grundlage haben, eine Unterrichtsstunde bestmöglich aufzubauen" (Dokument GHTK0LH, Absatz 5). Mathematikdidaktik beinhaltet laut einigen Studierenden weiterhin spezifische Aspekte des '*Unterrichtsaufbaus*'. In sieben der elf dieser Subkategorie zugeordneten Codierungen wird vor allem die Strukturierung des Unterrichts als mathematikdidaktische Anforderung an eine Mathematiklehrkraft dargestellt: „Außerdem muss sie ihren Unterricht und ihre Lehrweise klar strukturieren können" (Dokument DFSK6HM, Absatz 5). Aus der Perspektive der Mathematikdidaktik als Lerngegenstand formuliert eine Studentin: „Es sollte vermittelt werden, wie eine Unterrichtsstunde optimalerweise ablaufen sollte" (Dokument GHTK0LH, Absatz 3).

In anderen Textstellen wird Mathematikdidaktik damit verbunden, „wie man Material später gut in den Unterricht einschließen kann" (Dokument USNB4BF, Absatz 3). Im Vergleich zu Codierungen innerhalb der Subkategorie '*Aufbereitung von Fachinhalten*' werden Materialien hier nicht mit dem mathematischen Fachinhalt und dessen Aufbereitung verbunden, sondern es geht in diesen Textstellen generell um das „richtige Anwenden von Lehrmaterialen" (Dokument ARRG6HV, Absatz 5), also den 'Materialeinsatz' im Unterricht. „Meistens gibt es für jedes Thema bestimmte Materialien, die eingesetzt werden können, um die Aufmerksamkeit der Schüler zu bekommen" (Dokument IPMB5BI, Absatz 4). Sieben der insgesamt 18 Codierungen dieser Subkategorie beziehen sich auf „das Einbringen von Medien" (Dokument FARK0EG, Absatz 3). So wird es als mathematikdidaktische Anforderung formuliert, „vielfältige Präsentationsmedien zeigen und nutzen [zu] können" (Dokument STSM3SE, Absatz 5).

„Außerdem geht es für mich bei Mathematikdidaktik auch um das richtige Verhalten eines Mathelehrers den Schülern gegenüber" (Dokument BINM6KR, Absatz 3). „In der Mathematikdidaktik sollte Studierenden an der Uni vermittelt werden, wie sie am besten im Schulunterricht im Fach Mathematik mit Schülerinnen und Schülern arbeiten" (Dokument GHTK0LH, Absatz 3). „Wichtige didaktische Prinzipien dienen in der Mathematikdidaktik dazu, kennenzulernen und zu verstehen wie beispielsweise in verschiedenen Lerngruppen zu handeln ist" (Dokument KOZK6GT, Absatz 4). Diese Beispiele zur Subkategorie 'Interaktion/ Kommunikation' stellen es als Inhalt der Mathematikdidaktik dar, „Handlungsmuster ... zu entwickeln" (Dokument KHRB9HD, Absatz 3). In einigen Textstellen wird das Eingehen auf die Lernenden und ihre Fragen[3] oder der Umgang mit Fehlern, Kritik oder falschen Lösungen in der Interaktion mit den Lernenden[4] thematisiert. Hinsichtlich der Kommunikation im Unterricht werden in 39 dieser Subkategorie zugeordneten Textstellen, unter anderem „präzise Formulierungen von Arbeitsaufträgen" (Dokument SRHK4MW, Absatz 8) oder „die Fähigkeit, eigenes Wissen so in Worte zu packen, dass es für das Publikum verständlich wird" (Dokument KION6KM, Absatz 5) mit der Mathematikdidaktik verbunden. Mathematiklehrkräfte „sollen sich von der 'sprachlichen' Mathematik ihren Schülern anpassen, also nicht nur fachliche Fremdwörter nutzen" (Dokument SGRK7UR, Absatz 5).

'Konkrete Merkmale/ Vorschläge' zum Mathematikunterricht sind in 51 Textstellen zu finden. Beispiele hierzu sind:

---

[3]Bsp.: „Meiner Meinung nach ist es wichtig auf die SuS, vor allem auf die Fragen der SuS einzugehen" (Dokument ACNS6SL, Absatz 3).

[4]Bsp.: „Zusätzlich sollte die Lehrkraft versuchen die Kritik an SuS in Maße zu halten, um sie nicht einzuschüchtern" (Dokument ACNS6SL, Absatz 5).

- „Es wird [in der Mathematikdidaktik] überlegt, was für die Schüler am sinnvollsten ist, ob es sinnvoller ist Schüler selbst überlegen zu lassen oder [ob] man als Lehrkraft den Schülern eine genaue Anleitung gibt, schwierige Aufgaben zu lösen" (Dokument AUHE5ES, Absatz 3)
- „so zu planen, dass [beispielsweise] die Schüler möglichst eigenständig ... mathematische Kompetenzen erlangen können" (Dokument AMNK6NE, Absatz 3)
- „den Unterricht so zu gestalten, dass die Schüler Spaß haben" (Dokument UATT9TZ, Absatz 5).
- „In Mathematik gibt es auch die Möglichkeit, viele kleine Tests vorzubereiten. Diese sollte man dann einhalten" (Dokument IPMB5BI, Absatz 8)

Mathematikunterricht ist mithilfe der Mathematikdidaktik so zu gestalten, dass er

- „interessant" (Dokument ENTM0HG, Absatz 3)
- „spannend[]" (Dokument BINM6KR, Absatz 6),
- „zielorientiert" (Dokument VUOB6WW, Absatz 5),
- „problemorientiert" (Dokument VUOB6WW, Absatz 5)
- „fordernd" (Dokument DML3PL, Absatz 5) ist.

In der Subkategorie 'Methodik' werden alle Textstellen zusammengefasst, die Mathematikdidaktik mit der Entwicklung, der Kenntnis, der Auswahl und dem Einsatz von Methoden verbinden: „Unter Mathematikdidaktik verstehe ich, verschiedene Methoden, ... um den SuS mathematische Inhalte beizubringen" (Dokument ANTG4MF, Absatz 3), „So sollte die Lehrkraft eine Methodenvielfalt kennen, wie [man] den Schülerinnen und Schülern den Stoff vermittelt" (Dokument BRDA1WS, Absatz 5 Hervorhebung im Original) oder „Unter Mathematikdidaktik verstehe ich das Erlernen einiger Methoden, um den Unterrichtsstoff gezielt und verständlich an die Schüler zu übermitteln" (Dokument FJNB4OS, Absatz 3)). Insgesamt wurden in dieser Subkategorie 90 Textstellen codiert, was 35,43 % aller Codierungen der Subkategorie 'Unterrichtsgestaltung' darstellt.

Codierungen der Subkategorie 'Klassenmanagement'
In einer letzten Subkategorie der Kategorie 'Unterricht' werden drei Textstellen zusammengeführt, die das 'Klassenmanagement' und den Umgang mit Störungen im Mathematikunterricht thematisieren: „Methoden, Vielfältigkeit von Aufgaben, Klassenmanagement zählen zu den [mathematikdidaktischen] Themen" (Dokument MHTK2HV, Absatz 3). „Außerdem denke ich, dass man [in der

Mathematikdidaktik] über Störungen im Matheunterricht belehrt wird und wie man diese beheben kann" (Dokument PDKM7SP, Absatz 3). Letztere Aussage ist in zwei Codierungen unterteilt: 1) Belehrung über Störungen und 2) Belehrung über die Behebung von Störungen.

7.1.1.3 Die psychologisch-soziologische Dimension mathematikdidaktischer Inhalte

Während Mathematikdidaktik in den Codierungen der Hauptkategorie 'Unterricht' als „die Lehre über das Unterrichten von Mathematik" (Dokument AUHE5ES, Absatz 3) aufgefasst wird, stellen die Codierungen zur Hauptkategorie 'Lernende' Mathematikdidaktik (auch) als die „Lehre vom Lernen" (Dokument AGTB4BM, Absatz 3) dar. „Unter Mathematikdidaktik verstehe ich die Wissenschaft, die sich damit beschäftigt, wie Kinder in der Auseinandersetzung mit Mathematik lernen" (Dokument IGDM4PW, Absatz 3). Dabei werden „lernpsychologische Aspekte berücksichtig[t]" (Dokument EWMB5GW, Absatz 9). Entsprechend wird es als mathematikdidaktische Anforderung an eine Lehrkraft angesehen „sowohl fachbezogenes als auch schülerbezogenes Wissen zu besitzen" (Dokument TZRK7KB, Absatz 5). Eine Studentin drückt diesbezüglich eine Hierarchie aus, laut welcher der Lernende genauso oder auch mehr Beachtung finden sollte als der Fachinhalt: „Eine Lehrkraft muss auf individuelle und persönliche Bedürfnisse eingehen und die Person mindestens genauso, wenn nicht mehr als das Wissen im Blick haben" (Dokument CEDN8SE, Absatz 5). Abbildung 7.7 zeigt die Anzahl der Codierungen, die insgesamt in der Kategorie 'Lernende' zu finden sind sowie die beiden Subkategorien, die hierzu gebildet wurden.

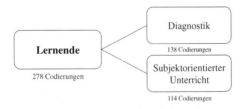

Abbildung 7.7 Subkategorien zur psychologisch-soziologischen Dimension

Codierungen der Subkategorie 'Diagnostik'

Diagnose wird in Anlehnung an Hußmann, Leuders und Prediger (2007) wie folgt verstanden: „Was Diagnose ist, lässt sich in der folgenden einfachen und pragmatischen Kurzdefinition festhalten: *Diagnose im Alltag dient dazu, Schülerleistungen zu verstehen und einzuschätzen mit dem Ziel, angemessene pädagogische und didaktische Entscheidungen zu treffen*" (S. 1 Hervorhebungen im Original). In der Subkategorie 'Diagnostik' werden folglich Aussagen codiert, die es als Inhalt der Mathematikdidaktik oder als mathematikdidaktische Anforderung an eine Lehrkraft deklarieren „die SuS [zu] verstehen" (Dokument BGOS4RM, Absatz 5): „Mathematikdidaktik soll dabei helfen, die Schülersituationen näher zu bringen, damit ein erfolgreicher Lernprozess stattfinden kann" (Dokument MRHL9KK, Absatz 3), „Die Didaktik kann/soll helfen, sich in 'Mathe-Anfänger' hineinversetzen zu können" (Dokument SGRK7UR, Absatz 3). Neben diesen allgemeinen Aussagen, die auf diagnostische Zielstellungen übertragbar sind, werden auch differenziertere diagnostische Inhalte und Anforderungen mit der Mathematikdidaktik verbunden, die in weiteren Subkategorien erfasst werden (s. Abbildung 7.8).

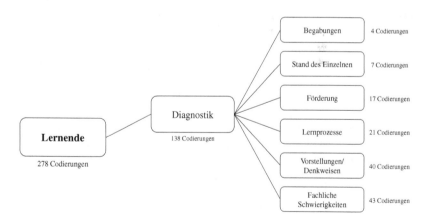

Abbildung 7.8 Codierungen zur Subkategorie 'Diagnostik'

Einer ersten (Sub-)Subkategorie sind Sinnabschnitte der Studierendentexte zugeordnet, die sich auf *'Begabungen'* der Lernenden beziehen. Drei Studierende beschreiben es als Inhalt der Mathematikdidaktik oder als mathematikdidaktische Anforderungen „Stärken [zu] erkennen" (Dokument AALL9MK, Absatz 9),

„Begabungen ... der Kinder mit der Mathematik [zu] erkennen und an[zu] gehen"[5] (Dokument FARK0EG, Absatz 3) oder beziehen sich auf den „Umgang ... mit (Hoch-)Begabten Schülern" (Dokument CVRR8MM, Absatz 5).

Allgemeiner wird ohne Verweis auf Begabungen in sieben Textstellen auf den 'Stand des Einzelnen' Bezug genommen. Hierzu finden sich Aussagen wie:

- „Analyse des Entwicklungsstandes/ Wissensschatzes" (Dokument MHTF5EG, Absatz 3)
- „Vorkenntnisse testen" (Dokument FARK0EG, Absatz 3),
- „Lernstand einschätzen" (Dokument GCHM3MS, Absatz 5)
- „sich mit den Fragen: Was können die Schüler/was sollten sie können, beschäftigen" (Dokument AMOWK7MK, Absatz 3).

Individuelle 'Förderung' kann als Folge einer diagnostischen Analyse des Lernstandes angesehen werden. „Dabei [bei Mathematikdidaktik] spielt die Förderung von lernschwachen- und lernstarken Kindern eine große Rolle" (Dokument KTSH3LS, Absatz 3). Es wird in den 17 Textstellen dieser Subkategorie als mathematikdidaktische Anforderung beschrieben, „leistungsschwache Kinder [zu] fördern und leistungsstarke Kinder zu fordern" (Dokument MHEW4BP, Absatz 5).

Während es in der Subkategorie 'Stand des Einzelnen' um den aktuellen Wissens- oder Lernstand einer Schülerin oder eines Schülers geht, werden 'Lernprozesse' in 21 Textstellen als Inhalte der Mathematikdidaktik oder mit mathematikdidaktischen Anforderungen in Verbindung stehend dargestellt:

- „Jeder lernt den Stoff auf unterschiedliche Weise und in unterschiedlicher Geschwindigkeit und dies sollte berücksichtigt werden" (Dokument AHRM5KW, Absatz 5).
- „Mathematikdidaktik beschreibt also Lernvorgänge von Schülern in der Mathematik" (Dokument AGTB4BM, Absatz 3).
- „Antwort auf die Frage: ... Wie lernen SuS?" (Dokument CBMD9SK, Absatz 6)
- „Auch wissenschaftliche Erkenntnisse zur Entwicklung von Kindern sind meiner Meinung nach relevant" (Dokument KASK6BM, Absatz 3)
- „Analyse der indiv. Lernprozesse der Schülerinnen und Schüler" (Dokument KHRB9HD, Absatz 5)

---

[5]In dieser Textstelle werden zwei verschiedene Aspekte angesprochen, sodass hier zwei Codierungen vorgenommen wurden (Begabungen erkennen und Begabungen angehen).

„Ein weiterer Teil der Mathematikdidaktik ist meiner Meinung nach auch das Verstehen wie Kinder/ Schüler mathematisch denken" (Dokument SJFN8BL, Absatz 3). „Dabei [in der Mathematikdidaktik] geht es auch darum zu verstehen, was sich die SuS unter den einzelnen Themen der Mathematik vorstellen" (Dokument BGOS4RM, Absatz 3). Entsprechend dieser Aussagen werden Inhalte der Mathematikdidaktik, die mit 'Vorstellungen/ Denkweisen' der Lernenden in Verbindung stehen, gesondert codiert. In den 40 dieser Kategorie zugeordneten Textstellen geht es darum, „das Schülerverständnis von Mathematik [zu] verstehen" (Dokument CSNT6RM, Absatz 8), zu „wissen, wie SuS in versch. Altersstufen denken" (Dokument CBMD9SK, Absatz 10) oder zu „lernen, die Gedankenvorgänge ihrer SchülerInnen zu 'entziffern'" (Dokument MRFD7DR, Absatz 5). Mathematikdidaktik ist laut der Antwort eines Studenten „die Wissenschaft verschiedener Denkweisen und der korrekte Umgang mit diesen" (Dokument CNTK7KS, Absatz 3).

„Außerdem bedeutet Didaktik auch, dass die Lehrkraft die Probleme der Schüler & Schülerinnen versteht" (Dokument GHTK8NS, Absatz 3). Die am häufigsten verwendete Subkategorie im Bereich 'Diagnostik' beinhaltet Textstellen, die sich mit 'Fachlichen Schwierigkeiten' von Lernenden befassen. „Es müssen Kenntnisse erlangt werden, wie Schülerprobleme erkannt und wie mit diesen möglichst effektiv umgegangen werden kann" (Dokument KOZK6GT, Absatz 4). Es geht hierbei in den studentischen Ausführungen um

- das „Erkennen" (Dokument AALL9MK, Absatz 9),
- das „Analysieren" (Dokument AHRA5HB, Absatz 5),
- das „Hineinversetzen" (Dokument MRFD7DR, Absatz 5) in,
- das „Eingehen" (Dokument EMDM3GB, Absatz 5) auf,
- den „Umgang mit" (Dokument ATNK5KZ, Absatz 7),
- und das „Beheben" (Dokument MTSG8GS, Absatz 3) von fachlichen Schwierigkeiten.

Insgesamt sind in dieser Subkategorie 138 Codierungen zu finden, was ca. 31,16 % der gesamten Codierungen in der Kategorie 'Diagnostik' (N = 138) ausmacht.

Codierungen der Subkategorie 'Subjektorientierter Unterricht'
In der Subkategorie *'Subjektorientierter Unterricht'* befinden sich Textstellen, die den Unterricht betreffen, aber eine Anpassung des Unterrichts an die Individuen in der Klasse thematisieren und somit die Individualität der Lernenden besonders berücksichtigen. Die Bezeichnung der Subkategorie geht dabei auf

das Prinzip der Subjektorientierung zurück: „Zu fordern ist vielmehr auch, daß
sich der Mathematikunterricht an den lernenden Subjekten orientiere, an ihren
Erfahrungen, Vorstellungen, Bedürfnissen, Wünschen, Interessen (Prinzip der
Subjektorientierung)" (Bauer, 1988, S. 216).

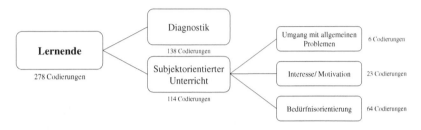

Abbildung 7.9 Codierungen zur Subkategorie 'Subjektorientierter Unterricht'

Von den 114 Codierungen in dieser Subkategorie (s. Abbildung 7.9)
beschreiben 21 allgemein die Anpassung des Unterrichts oder bestimmter
Elemente des Unterrichts an die Lernenden. „Eine Wissensvermittlung richtet
sich immer an einen Menschen und ist dabei sehr individuell und flexibel"
(Dokument CEDN8SE, Absatz 3). „Es ist zwingend erforderlich den Unterricht
auf die SuS anzupassen, sodass diese dem Unterricht folgen können" (Dokument
SHSH0HF, Absatz 3). Dabei wird eine Anpassung von

- Methoden („individuelle Methoden entwickeln (auf die Klasse/ SuS
  abgestimmt)" (Dokument ANTG4MF, Absatz 5)),
- Aufgaben („Aufgaben der Lerngruppe entsprechend wählen" (Dokument
  AALL9MK, Absatz 9))
- oder Inhalten („auf … der Zuhörerschaft angepasste[] Stoffe und Inhalte
  zurückzugreifen" (Dokument CVRR8MM, Absatz 3)) erwähnt.

Zwei Studierende nennen die Anpassung der Didaktik an die Lernenden: „Hierbei muss die jeweilige Didaktik auf die Klasse oder den individuellen SuS
angepasst werden" (Dokument ANTG4MF, Absatz 3). „Dabei gibt es nicht
'die eine richtige Didaktik', meiner Meinung nach muss auf viele individuelle
Faktoren geachtet werden, um beispielsweise ein didakt. Prinzip auszuwählen,
mit welchem man arbeiten kann" (Dokument DMLP3PL, Absatz 3).

Codierungen der Subkategorie 'Umgang mit allgemeinen Problemen'
In einer ersten Subkategorie zum subjektorientierten Unterricht werden sechs Textstellen zusammengeführt, die den *'Umgang mit allgemeinen Problemen'* im Unterricht thematisieren. Es geht in diesen Textstellen nicht um fachliche Schwierigkeiten beispielsweise beim Lösen einer Aufgabe, sondern um soziale oder psychische Probleme der Lernenden:

- „Unter Mathematikdidaktik verstehe ich … ihnen [den Lernenden] die Angst vor der Mathematik zu nehmen" (Dokument TOBK6ES, Absatz 3)
- „die [N]egativ-Einstellung vieler SuS kennen und beheben" (Dokument SFKM1HF, Absatz 5),
- „bei Problemen Rücksicht nehmen" (Dokument TZRK7KB, Absatz 5)
- „auch wie ich als Lehrperson mit den Problemen meiner SuS im Unterricht umgehen soll" (Dokument VUOB6WW, Absatz 3).

Darüber hinaus werden von den Studierenden Inhalte der Mathematikdidaktik genannt, die mit dem *'Interesse und der Motivation'* der Lernenden in Zusammenhang stehen:

- „Ich erhoffe mir [in der Mathematikdidaktik] zu erlernen, wie ich Schüler für Mathematik begeistern kann" (Dokument PDKM7SP, Absatz 3)
- „Anpassung [des Mathematikunterrichts] an die Interessen … der SuS" (Dokument MJNH7AB, Absatz 5)
- „Er [die Mathematiklehrkraft] sollte das Interesse der Schüler wecken" (Dokument AMOW7MK, Absatz 5)
- „Motivieren von SchülerInnen" (Dokument MMSL9NS, Absatz 3)

Insgesamt lassen sich 23 derartiger Textstellen in den Antworten der Studierenden finden.

Die meisten Codierungen im Bereich des 'subjektorientierten Unterrichts' sind in der Kategorie *'Bedürfnisorientierung'* zu finden (N = 64). Hier wird Mathematikdidaktik mit der Konzeption eines subjektorientierten Unterrichts verbunden, der sich an den Bedürfnissen der Lernenden orientiert:

- „Fachwissen so vermitteln können, dass sie [die Lehrkraft] auf die individuellen Bedürfnisse jedes Schülers eingehen kann" (Dokument VSNB9BK, Absatz 5)
- „Mathematikdidaktik ist für mich bzw. umfasst für mich die Aufgabe, den Schülern mathematische Inhalte entsprechend ihres Leistungsniveaus näher zu bringen" (Dokument UKTB6MS, Absatz 3)

- „Sie [die Mathematiklehrkraft] sollte altersentsprechend die Mathematik den Schüler/innen vermitteln können." (Dokument MHTR1LA, Absatz 5)
- „um den SuS in jedem Alter/ Stand/ Gesellschaftsklasse/ Behinderung etc. bestmöglich heranzuführen" (Dokument CBMD9SK, Absatz 9)
- „Mathematikdidaktik soll lehren, wie man später einen guten, fachlich differenzierten Mathematikunterricht hält" (Dokument KWGB0BR, Absatz 3)

7.1.1.4 Die Ausbildungsdimension mathematikdidaktischer Inhalte

„Unter Mathematikdidaktik verstehe ich einmal didaktische Zusammenhänge, sprich, wer, was, wo und wie wird gelehrt und gelernt" (Dokument EEDK7NR, Absatz 3). Entsprechend dieser Definition einer Studentin beschäftigt sich Mathematikdidaktik mit den Akteuren des Unterrichts, zu denen auch die Lehrenden zählen. Zur Hauptkategorie 'Lehrende' sind induktiv drei Subkategorien gebildet worden (s. Abbildung 7.10).

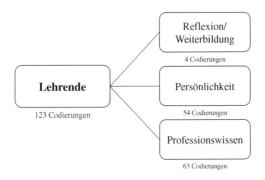

Abbildung 7.10 Subkategorien zur Ausbildungsdimension

Codierungen der Subkategorie 'Reflexion/ Weiterbildung'
In einer ersten Subkategorie sind vier Textstellen zusammengeführt, die *'Reflexion und Weiterbildung'* als Inhalt der Mathematikdidaktik darstellen. „Meines Erachtens gehört zur Mathematikdidaktik nicht nur die richtige Methode und Herangehensweise zu verstehen. Mit eigener Reflexion sich immer kritisch gegenüber zu stehen gehört für mich auch dazu" (Dokument HASH2DD, Absatz 5). Neben der in diesem Zitat erwähnten Reflexion verbinden zwei Studierende auch die Weiterbildung mit mathematikdidaktischen Anforderungen an eine Lehrkraft: „Bereitschaft zur Fortbildung" (Dokument EJNK3UR, Absatz 9) und „sich über aktuelle Forschungsdebatten informieren" (Dokument MHTF5EG,

Absatz 5). Zur Ausbildung von Mathematiklehrkräften erwähnt eine Studentin Folgendes: „Trotz dessen sehe ich die persönliche Förderung zu wenig ausgeprägt im Studium, dies sollte nicht nur Aufgabe der Pädagogik, sondern auch der Didaktik sein, damit eine gute Reflexion der SuS gewährleistet sein kann" (Dokument HASH2DD, Absatz 5). Hier wird die Aufgabe der Mathematikdidaktik deutlich, angehende Lehrkräfte auszubilden.

Codierungen der Subkategorie 'Persönlichkeit'
In 54 Textstellen wird Mathematikdidaktik bzw. werden mathematikdidaktische Anforderungen mit Persönlichkeitseigenschaften der Lehrkraft verbunden. Da hier verschiedenste Eigenschaften der *'Persönlichkeit'* vereinzelt genannt werden, wurde darauf verzichtet, diese in Form weiterer (Sub-)Subkategorien auszudifferenzieren. Einen Einblick in die Ausführungen der Studierenden zu dieser Subkategorie liefern folgende Eigenschaften, die mit Mathematikdidaktik verbunden werden:

- „Einfallsreichtum" (Dokument MENB1KB, Absatz 5)
- „gut organisiert sein" (Dokument LASN7NT, Absatz 5)
- „dann sollte man eine starke Persönlichkeit tragen, um für Ruhe in der Klasse zu sorgen, damit etwas beigebracht werden kann" (Dokument IMPB5BI, Absatz 7)
- „eine Mathematiklehrkraft sollte zudem belastbar und flexibel sein" (Dokument TZRK7KB, Absatz 5)
- „Offenheit für neue Ansätze" (Dokument AALL9MK, Absatz 9)
- „Menschenkenntnis" (Dokument PDKM7SP, Absatz 5)
- „Anpassungsvermögen" (Dokument MJNH7AB, Absatz 8)
- „Freude am eigenen Fach, denn nur ein motivierter Lehrer kann Kindern effizient Inhalte vermitteln" (Dokument HRDB4SE, Absatz 6).

Während die bisher dargestellten Persönlichkeitseigenschaften nur vereinzelt genannt werden, finden Geduld und Empathie in je 14 Textstellen Erwähnung: „Der Lehrer sollte geduldig sein, da mathematisches Lehren besonders lange braucht" (Dokument KYNB7RK, Absatz 6), „Sie [die Mathematiklehrkraft] muss sich in den Schüler hineinversetzen können" (Dokument KTSH3LS, Absatz 5) und „gerade in Mathe auch Empathie [besitzen]" (Dokument AMNK6NE, Absatz 5).

Codierungen der Subkategorie 'Professionswissen'
Eine weitere Subkategorie zur Hauptkategorie 'Lehrende' wird als *'Professionswissen'* bezeichnet. Hier sind alle Äußerungen codiert, die Mathematikdidaktik

oder mathematikdidaktische Anforderungen mit Professionswissen verbinden. In einer Textstelle findet sich die folgende Antwort auf die Frage nach den mathematikdidaktischen Anforderungen an eine Mathematiklehrkraft: „Fachwissen + päd. Wissen + psych. Wissen" (Dokument CBDM9SK, Absatz 9). Während diese die einzige Textstelle ist, in der das *'psychologische Wissen'* erwähnt wird, finden sich insgesamt fünf Textstellen, die das *'pädagogische Wissen'* thematisieren: „Mathematikdidaktik umfasst einen fachlichen, didaktischen und pädagogischen Teil" (Dokument HASH2DD, Absatz 3). Die Frage nach mathematikdidaktischen Anforderungen wird in einem Text wie folgt beantwortet: „Fachwissen und Pädagogisches Wissen sollten vorhanden sein" (Dokument MHTK2HV, Absatz 5). „Hierbei ist auch die Richtigkeit des Fachwissens von hoher Bedeutung und natürlich darf das [P]ädagogische nicht fehlen" (Dokument NNFH0HY, Absatz 7).

Am häufigsten (N = 56) wird das *'Fachwissen'* als mathematikdidaktische Anforderung dargestellt (s. Abbildung 7.11):

- „Eine Mathematiklehrkraft sollte fachlich in der Lage sein, alle Fragen zu beantworten, die ein Schüler stellt" (Dokument AHRM5KW, Absatz 5).
- „Sie sollte zudem ein sehr gutes fachliches Wissen haben, um die Themen zu erklären" (Dokument BANS2NR, Absatz 6).
- „Sie muss die Inhalte, die sie vermittelt, wirklich verstanden haben" (Dokument LASN7NT, Absatz 5).
- „Zudem sollte gutes Hintergrundwissen bzw. zum Beispiel mathematisch-geschichtliches Grundwissen vorhanden sein" (Dokument IDKK0KS, Absatz 5).

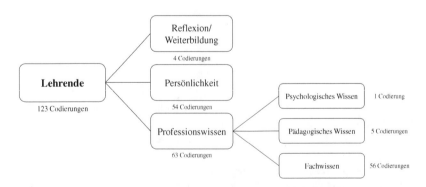

Abbildung 7.11 Codierungen in der Subkategorie 'Professionswissen'

7.1.1.5 Codierhäufigkeiten in den Antworten der Studierenden

Zu Beginn des Abschnitts 7.1.1 stellt Abbildung 7.1 einen Überblick über das Kategoriensystem und die Häufigkeiten der einzelnen Kategorien dar. Neben der Betrachtung der Codierhäufigkeiten im Gesamten ist es möglich, die Häufigkeiten der Codierung einer Kategorie in den Antworten der einzelnen Studierenden zu betrachten. Insgesamt wurden im Durchschnitt 9,29 Codierung pro Antwort[6] eines Teilnehmers oder einer Teilnehmerin vorgenommen ($M = 9,29$; $SD = 3,65$). Das Minimum liegt hier bei vier Codierungen, während 22 Codierungen das Maximum darstellen. Für die Ergebnisse in Tabelle 7.1 wurden die Codierungen einer Teilnehmerin bzw. eines Teilnehmers addiert und als Grundwert für die prozentuale Darstellung verwendet.

Tabelle 7.1 Deskriptive Statistik der Codierungen in den Hauptkategorien

Hauptkategorie	*Min*	*Max*	*M*	*SD*
'Mathematischer Inhalt'	0 %	87,50 %	25,11 %	20,08 %
'Unterricht'	0 %	88,89 %	41,57 %	21,81 %
'Lernende'	0 %	83,33 %	23,13 %	18,59 %
'Lehrende'	0 %	63,64 %	10,18 %	12,42 %

Anmerkungen: Min = Minimum, Max = Maximum, M = arithmetischer Mittelwert, SD = Standardabweichung

Tabelle 7.1 ist zu entnehmen, dass in den Antworten der Teilnehmenden im Mittel 25,11 % der gesamten Codierungen in der Hauptkategorie 'mathematischer Inhalt' vorgenommen wurden. Ein Blick auf die Minima der prozentualen Anteile der jeweiligen Kategorien zeigt, dass es Texte gibt, in denen eine bestimmte Kategorie gar nicht codiert wurde. In 22 studentischen Antworten wurde kein mit Mathematikdidaktik verbundener Inhalt herausgearbeitet, der mit der Betrachtung des 'mathematischen Inhalts' einhergeht. Ebenso gibt es drei Antworten, die keine Codierung im Bereich 'Unterricht' aufweisen. Die Hauptkategorie 'Lernende' ist in 26 Antworten nicht verwendet worden, während mathematikdidaktische Inhalte zu den 'Lehrenden' insgesamt in 56 Texten keine Erwähnung finden.

---

[6]Die Codierungen beziehen sich hier sowohl auf die Antworten zur ersten als auch zur zweiten Schreibaufforderung im Fragebogen (s. Abschnitt 6.1.1).

Weiterhin fällt mit Blick auf Tabelle 7.1 auf, dass die Spannbreite zwischen Minima und Maxima in allen Kategorien mindestens 63 % beträgt. Aufgrund der Standardabweichungen von ca. 12–22 % kann darauf geschlossen werden, dass die Antworten der Studierenden hinsichtlich der Anzahl der Codierungen in den jeweiligen Hauptkategorien heterogen sind, was eine Typenbildung nahelegt.

7.1.2 Vergleich der studentischen Antworten mit wissenschaftlichen Ausführungen

Neben der Frage danach, welche Inhalte von den Studierenden zur Mathematikdidaktik erwähnt werden, richtet eine untergeordnete Fragestellung[7] den Blick auf den Vergleich der von den Studierenden genannten Inhalte mit jenen, die in Kapitel 3 als Inhalte der Mathematikdidaktik aus den verschiedenen Perspektiven (Mathematik als Wissenschaft, als Kompetenzbereich oder als Lerngegenstand) dargestellt werden. Nachfolgend werden die Vergleiche bezogen auf die einzelnen Inhaltsdimensionen der Mathematikdidaktik ausgeführt.

7.1.2.1 Vergleich mathematikdidaktischer Inhalte der fachlichen Dimension

Einige Studierende erwähnen in ihren Ausführungen Inhalte der Mathematikdidaktik, die mit der *Kenntnis eines Curriculums* einhergehen. Die Verortung curricularer Themenfelder in die Mathematikdidaktik entspricht einem kontinentaleuropäischen Verständnis (Blömeke, Seeber, et al., 2008, S. 50). Das Kennen und Nutzen von Curricula und Bildungsstandards ist laut TEDS-M und TEDS-LT ein Aspekt des unterrichtsbezogenen mathematikdidaktischen Wissens (Buchholtz et al., 2014, S. 111 f.; Döhrmann et al., 2010, S. 175). Auch in den mathematikdidaktischen Standards zur Lehrerausbildung wird das Evaluieren und reflektierte Nutzen von Lehrplänen und Bildungsstandards als zu erwerbende Kompetenz dargestellt (DMV et al., 2008, S. 13). Von Seiten der Wissenschaft ist eine Entwicklung, kritische Prüfung und Bearbeitung der Curricula gefordert (Bigalke, 1985, S. 92; Vollstedt et al., 2015, S. 570). Shulman (1986, S. 10) erwähnt in seinen Ausführungen zusätzlich zu einer horizontalen,

---

[7]Welche Abweichungen und Übereinstimmungen finden sich zwischen inhaltsbezogenen Beliefs der Studierenden und Inhalten, die von der mathematikdidaktischen Wissenschaft als „mathematikdidaktisch" deklariert sind?

auch eine vertikale Lehrplankenntnis. *Vertikale, fächerübergreifende Kenntnisse* können mit der von Seiten der DMV, GDM und MNU (2008, S. 13) formulierten mathematikdidaktischen Basiskompetenz verbunden werden, laut der Studierende in der Lage sein sollten, Möglichkeiten des fächerverbindenden Lernens zu beschreiben. Sie sollten zusätzlich Erkenntnisweisen der Mathematik von jenen anderer Fächer abgrenzen können (DMV et al., 2008, S. 13). Auch die Wissenschaft der Mathematikdidaktik geht interdisziplinären, fächerübergreifenden Aufgaben nach (Bigalke, 1985, S. 92). Eine Kenntnis der Lehrpläne anderer Fächer und der Verbindungsmöglichkeiten zu diesen werden in den Ausführungen der Studierenden nicht erwähnt.

Eine Subkategorie zu curricularen Themen bildet in der Analyse der studentischen Äußerungen die *'Auswahl von Fachinhalten'*. In den Ausführungen von Bromme (1994, S. 110) und der MT21-Studie (Blömeke, Seeber, et al., 2008, S. 51) wird die begründete Auswahl von Fachinhalten als Teil des mathematikdidaktischen Wissens einer praktizierenden Lehrkraft dargestellt. Bromme (1994, S. 75) erwähnt es in diesem Zusammenhang zusätzlich als Teil des fachdidaktischen Wissens, die Gewichtung (Intensität) der Behandlung eines mathematischen Fachinhaltes im Mathematikunterricht zu bestimmen. Ähnlich wird auch unter Betrachtung der Mathematikdidaktik als Wissenschaft das Auswählen geeigneter Fachinhalte sowie deren Gewichtung erwähnt (Bigalke, 1985, S. 95; Vollstedt et al., 2015, S. 569). In den Ausführungen zur Mathematikdidaktik als Lerngegenstand, die im theoretischen Hintergrund hinzugezogen werden, sind keine Standards oder Kompetenzen zur Auswahl von Fachinhalten formuliert. Einige Studierende verbinden es in ihren Ausführungen mit Mathematikdidaktik, Fachinhalte für den Mathematikunterricht auszuwählen. Eine Gewichtung dieser hinsichtlich der Intensität ihrer Behandlung wird von den Studierenden nicht erwähnt.

Die „zentrale Rolle der Fachdidaktik im Hinblick auf … die Entwicklung eines Curriculums" (Vollstedt et al., 2015, S. 570) bedingt Überlegungen zur *'Anordnung und Verknüpfung der Themen'*. Das Herstellen von Verknüpfungen mathematischer Themen untereinander sowie mit ihren fachwissenschaftlichen Hintergründen wird von DMV, GDM und MNU (2008, S. 13) als in der Lehrerausbildung zu erwerbende mathematikdidaktische Basiskompetenz beschrieben. Unter der Betrachtung der Mathematikdidaktik als Kompetenzbereich wird dargestellt, dass mathematikdidaktisches Wissen und mathematikdidaktische

Kompetenzen zur zeitlichen Anordnung von Fachinhalten im Unterricht und zur Initiierung eines langanhaltenden Kompetenzaufbaus von Nöten sind (Baumert & Kunter, 2011a, S. 37; Blömeke, Seeber, et al., 2008, S. 51; Bromme, 1994, S. 75). Auch in einigen studentischen Antworten wird Mathematikdidaktik mit der Anordnung von Themen sowie deren Verknüpfungen untereinander verbunden.

Laut der Studie TEDS-LT gehört es zum mathematikdidaktischen Wissen, mathematische *Bildungskonzepte* zu kennen (Buchholtz et al., 2014, S. 111). Entsprechend wird das Kennen und Bewerten mathematischer Bildungskonzepte und der Bedeutung des Schulfaches sowie das Reflektieren der Rolle und des Bildes der Mathematik in der Gesellschaft laut DMV, GDM und MNU (2008, S. 10 ff) zum mathematikdidaktischen Lerngegenstand in der Lehrerausbildung. (Angehende) Lehrkräfte sollten „fachwissenschaftliche bzw. fachpraktische Inhalte auf ihre Bildungswirksamkeit hin und unter didaktischen Aspekten analysieren" (KMK, 2017b, S. 4) können. In der Wissenschaft werden derartige Analysen und Reflexionen genutzt, um den Mathematikunterricht im Allgemeinen sowie das Unterrichten bestimmter Fachinhalte zu legitimieren (Bigalke, 1985, S. 94; Vollstedt et al., 2015, S. 569). In Anlehnung an die jeweiligen Erziehungsziele gilt es als Aufgabe der mathematikdidaktischen Wissenschaft, *Lernziele* zu formulieren, auszuwählen und zu begründen (Bigalke, 1985, S. 94). Auch praktizierende Mathematiklehrkräfte müssen, so die Ausführungen zu TEDS-M, mithilfe mathematikdidaktischen Wissens Lernziele formulieren (Döhrmann et al., 2010, S. 175). In den Antworten der Studierenden finden sich 25 Textstellen, die auf Ziele des Mathematikunterrichts eingehen. Zwei Studierende erwähnen dabei auch die Aufgabe der Legitimation des Unterrichtens bestimmter Fachinhalte und der damit verbundenen Ziele. Auf Bildungskonzepte oder die Rolle der Mathematik in der Gesellschaft wird von den Studierenden nicht explizit eingegangen.

Neben curricularen Themen wurden in der Hauptkategorie 'mathematischer Inhalt' auch Textstellen codiert, welche die *Aufbereitung mathematischer Inhalte* thematisieren. Mithilfe von Tabelle 7.2 können die von den Studierenden hierzu erwähnten Inhalte der Mathematikdidaktik mit den verschiedenen wissenschaftlichen Ausführungen verglichen werden.

Tabelle 7.2 Vergleich mathematikdidaktischer Inhalte zur 'Aufbereitung von Fachinhalten'

Studierende	Kompetenzbereich	Lerngegenstand	Wissenschaft
Mathematische Darstellungs-weisen	Repräsentationsformen, Zugänge und Darstellungen kennen, auswählen, nutzen und evaluieren (Ball et al., 2008, S. 401; Blömeke, Seeber, et al., 2008, S. 51; Bromme, 1994, S. 75; Buchholtz et al., 2014, S. 111; Döhrmann et al., 2010, S. 175; Krauss et al., 2011, S. 138; Shulman, 1986, S. 9)	In der Lage sein, komplexe Sachverhalte adressatengerecht darzustellen (KMK, 2017b, S. 4)	Mathematische Inhalte aufbereiten, mit dem Ziel, sie bestimmten Lern-gruppen zugänglich zu machen (Biehler et al., 1994a, S. 3 f.; GDM, o. J. -a; Leuders, 2015, S. 216; Vollstedt et al., 2015, S. 571)
Vereinfachen der Fachinhalte	Vereinfachen von Fachinhalten (Blömeke, Seeber, et al., 2008, S. 51; Bromme, 1995, S. 106)		
Lehr-Lern-Material Anwendungs-bezug	Analyse, Auswahl, Begründung, Nutzung und Wissen von/ über Aufgaben (Bromme, 1994, S. 86; Buchholtz et al., 2014, S. 111; Döhrmann et al., 2010, S. 175; Krauss et al., 2011, S. 139; Schwarz, 2013, S. 48) Beispiele finden (Ball et al., 2008, S. 401)	Konstruktion diagnostischer Aufgaben (DMV et al., 2008, S. 14) Schulbücher evaluieren und reflektiert nutzen (DMV et al., 2008, S. 13)	
Vielfalt von Herangehens-weisen	Kenntnis unterschiedlicher Erklärungen und Lösungsstrategien (Döhrmann et al., 2010, S. 175; Krauss et al., 2011, S. 139)		
Typische (Fehl-) Vorstellungen	Abschätzen möglicher Schülerreaktionen, Hürden sowie Wissen über typische Fehler, Denkweisen, Herangehensweisen, Grundvor-stellungen (Ball et al., 2008, S. 401; Buchholtz et al., 2014, S. 111; Döhrmann et al., 2010, S. 175; Krauss et al., 2011, S. 139)	Zu Themenfeldern des Mathematikunterrichts Zugangsweisen, Grundvorstellungen, Vernetzungen, typische Präkonzepte und Verstehenshürden sowie Stufen der begrifflichen Strenge und Formalisierung beschreiben (DMV et al., 2008, S. 13)	

Während in den hinzugezogenen Ausführungen zur Wissenschaft der Mathematikdidaktik allgemein über das Aufbereiten mathematischer Inhalte gesprochen wird (vgl. Biehler et al., 1994a; GDM, o. J.-a; Leuders, 2015; Vollstedt et al., 2015), lassen sich in den Ausführungen der Studierenden sowie in jenen zur Mathematikdidaktik als Kompetenzbereich und als Lerngegenstand differenzierte Aspekte zur Aufbereitung mathematischer Fachinhalte extrahieren (s. Tabelle 7.2). Inhalte wie Repräsentationsformen und Darstellungsweisen werden aus allen Perspektiven auf Mathematikdidaktik erwähnt. Auch andere von den Studierenden genannte Aspekte, wie das Vereinfachen der Fachinhalte, die Vielfalt von Herangehensweisen sowie typische (Fehl-)Vorstellungen werden in anderen Konzeptionen als Inhalte der Mathematikdidaktik dargestellt. Hinsichtlich der Aufbereitung mathematischer Inhalte mithilfe von Lehr-Lern-Materialien erfahren in den Ausführungen zur Mathematikdidaktik als Kompetenzbereich und als Lerngegenstand Mathematikaufgaben besondere Beachtung (Bromme, 1994, S. 86; Buchholtz et al., 2014, S. 111; Döhrmann et al., 2010, S. 175; DMV et al., 2008, S. 13; Krauss et al., 2011, S. 139; Schwarz, 2013, S. 48). Einige Studierenden verbinden Mathematikdidaktik in diesem Zusammenhang mit einem Anwendungsbezug, der ihrer Meinung nach bei der Aufbereitung mathematischer Inhalte eine Rolle spielt. Dieser wird in den anderen Konzeptionen nicht besonders hervorgehoben. Das Evaluieren und reflektierte Nutzen von Schulbüchern, welches von DMV, GDM und MNU (2008, S. 13) als mathematikdidaktische Basiskompetenz dargestellt wird, findet keine Erwähnung in den Antworten der Studierenden. Darüber hinaus nennen einige Studierende konkrete Vorschläge zur Aufbereitung mathematischer Inhalte oder generell wissenschaftliche Theorien, die zur Aufbereitung genutzt werden können. Jene Subkategorien lassen sich nicht mit den hinzugezogenen Ausführungen zur Mathematikdidaktik vergleichen.

In einer dritten Subkategorie zum mathematischen Inhalt sind Textstellen zusammengefasst, in denen es als mathematikdidaktischer Inhalt dargestellt wird, *'Grundlagen des Faches Mathematik'* zu erlernen. Die zugehörigen Codierungen beschreiben Mathematikdidaktik als Lerngegenstand. In den Textstellen wird die Erwartung an die mathematikdidaktische Hochschullehre ausgedrückt, „dass man Hintergründe zu einzelnen mathematischen Prinzipien und fachlichen Inhalten bekommt" (Dokument LMDL0LH, Absatz 3). In den Ausführungen zur Mathematikdidaktik als Lerngegenstand finden sich derartige Inhalte der Mathematikdidaktik nicht. Die DMV, GDM und MNU (2008) erwähnen das „Beschreiben spezifische[r] Erkenntnisweisen des Faches Mathematik" (S. 13) als mathematikdidaktische, fachbezogene Reflexionskompetenz. Hier werden allerdings die Reflexion und das Abstrahieren von Besonderheiten der Mathematik fokussiert und nicht das Erlernen neuer mathematischer Begriffe, Hintergründe oder Anwendungen, wie es in den studentischen Textstellen formuliert wird.

In den wissenschaftlichen Ausführungen zur Mathematikdidaktik als Kompetenzbereich und als Lerngegenstand werden darüber hinaus mathematik-didaktische Inhalte erwähnt, die mit *Leistungsbewertungen* einhergehen. Die Angemessenheit von Schreibweisen oder Schülerantworten zu bewerten (Blömeke, Seeber, et al., 2008, S. 51; Buchholtz et al., 2014, S. 111), Bewertungsmethoden zu kennen (Döhrmann et al., 2010, S. 175) sowie diese mit Zielen, Methoden und Grenzen zu verbinden (Buchholtz et al., 2014, S. 111), sind Kompetenzen, die im Rahmen der einzelnen Studien als mathematik-didaktisch deklariert werden. Entsprechend formuliert es die KMK (2017b, S. 4) als fachdidaktisches Wissen, Kenntnisse zu den Grundlagen von Leistungsbe-urteilungen zu besitzen. Auch im Rahmen mathematikdidaktischer diagnostischer Kompetenzen wird von DMV, GDM und MNU (2008, S. 14) der Umgang mit und das Wissen zu Kompetenzmessungen, Leistungsüberprüfungen und – bewertungen angefügt. In den Antworten der Studierenden finden sich keine Text-stellen, in der Mathematikdidaktik mit Wissen oder Kompetenzen bezüglich der Leistungsbewertung verbunden wird.

7.1.2.2 Vergleich mathematikdidaktischer Inhalte der konstruktiven Dimension

In der Hauptkategorie 'Unterricht' wird eine erste Subkategorie von *'allgemeinen Zielen'* gebildet. In diese Kategorie werden Textstellen eingeordnet, in welchen nicht Lernziele des Mathematikunterrichts, sondern vielmehr Ziele des all-gemeinen Unterrichtens mit Mathematikdidaktik verbunden werden. Bigalke (1985) führt dahingehend aus: „Auch die fächerübergreifenden Aspekte des Mathematikunterrichts [sind] als wichtige Gegenstände der Mathematikdidaktik zu nennen: die Erziehung des Schülers zur Selbstständigkeit, zur Kreativität, zum heuristischen Denken usw." (S. 96). Allgemeine Erziehungsziele sind Gegen-stände der Mathematikdidaktik, da Lernziele für den Mathematikunterricht nur basierend auf der Reflexion der Erziehungsziele formuliert werden können

(Bigalke, 1985, S. 94). In den wissenschaftlichen Ausführungen lassen sich keine mathematikdidaktischen Kompetenzen und Wissensfacetten, die sich aus der Betrachtung von Mathematikdidaktik als Lerngegenstand oder Kompetenzbereich ergeben, wiederfinden, welche die Beschäftigung mit allgemeinen Zielen des Unterrichts ausdrücken.

'*Wissensvermittlung*' sowie Arten und Weisen dieser werden in den Texten der Studierenden mehrfach mit Mathematikdidaktik verbunden. Auch wird das Erklären mathematischer Inhalte erwähnt. Im Bereich der Forschungen zur Mathematikdidaktik als Kompetenzbereich werden das Erklären mathematischer Sachverhalte (Döhrmann et al., 2010, S. 175) sowie spezifisch mathematische Arten und Weisen (Konzepte) der Vermittlung, wie das genetische Lernen (Buchholtz et al., 2014, S. 111), als mathematikdidaktische Inhalte dargestellt. In der Lehrerausbildung gilt es daher, jene Arten und Weisen bzw. Konzepte kennenzulernen und diese zu bewerten (DMV et al., 2008, S. 13) sowie die Fähigkeit zu entwickeln, mathematische Themen zu kommunizieren (GFD, 2004, S. 2).

Die '*Gestaltung von Unterricht*' ist eine in den Antworten der Studierenden häufig codierte Subkategorie. Der Bereich des fachbezogenen Unterrichtens beinhaltet in der Auflistung fachdidaktischer Kompetenzen der GFD (2004, S. 1) die Fähigkeiten, Fachunterricht adressatenorientiert zu gestalten und begründet zu planen. DMV, GDM und MNU (2008, S. 14) sehen es als mathematik-didaktische diagnostische Kompetenz an, Unterrichtsarrangements und -methoden mit diagnostischem Potenzial zu beschreiben. Auch in den Standards der KMK (2017b, S. 4) findet sich das Gestalten von (differenzierenden) Lern-umgebungen wieder. Neben solch allgemeinen Kompetenzen werden auch spezi-fischere dargestellt, die Tabelle 7.3 zu entnehmen sind. In den Ausführungen zur Mathematikdidaktik als Wissenschaft wird die „Entwicklung, Erforschung und Optimierung von Lernumgebungen im (gestalteten) Fachunterricht (fach-didaktische Entwicklungsforschung)" (Leuders, 2015, S. 216) sowie die „Erforschung von Lehr-Lern-Prozessen im (realen) Fachunterricht (Unterrichts-forschung)" (Leuders, 2015, S. 216) angesprochen, ohne genauer auf Elemente der Unterrichtsgestaltung einzugehen. Aus diesem Grund sind diese Aus-führungen nicht in Tabelle 7.3 dargestellt.

Tabelle 7.3 Vergleich mathematikdidaktischer Inhalte zur 'Unterrichtsgestaltung'

Studierende	Kompetenzbereich	Lerngegenstand
Lernumgebung		Gestaltung und Wirkung von Lernumgebungen (KMK, 2017b, S. 40)
Wissenschaftliche Theorien		Kennen und Bewerten von Verfahren für den Umgang mit Heterogenität im Unterricht (DMV et al., 2008, S. 14) Kennen von Verfahren qualitativer und quantitativer empirischer Unterrichtsforschung und Nutzen der Ergebnisse (DMV et al., 2008, S. 14) Reflektierter Umgang mit Verfahren empiriegestützter Unterrichtsentwicklung (DMV et al., 2008, S. 14)
Materialeinsatz	Umgang mit didaktischen Materialien (Shulman, 1986, S. 10)	Kennen wesentlicher Elemente von Lernumgebungen und Nutzen dieser zur zielgerichteten Konstruktion von Lerngelegenheiten (Methoden, Medien, Lehr-Lern-Materialien, Aufgaben) (DMV et al., 2008, S. 14)
Methoden	Auswahl und Begründung des methodischen Vorgehens (Ball et al., 2008, S. 401; Döhrmann et al., 2010, S. 175; Schwarz, 2013, S. 48)	
Interaktion/ Kommunikation	Art und Weise der Berücksichtigung und Einordnung von Schüleräußerungen (Blömeke, Seeber, et al., 2008, S. 51; Bromme, 1995, S. 106) Angemessenes Feedback geben (Blömeke, Seeber, et al., 2008, S. 51; Döhrmann et al., 2010, S. 175) Interventionsstrategien einsetzen (Blömeke, Seeber, et al., 2008, S. 51) Leitung von Unterrichtsgesprächen (Döhrmann et al., 2010, S. 175) Sprachlich-interaktionale Entscheidungen (Ball et al., 2008, S. 401)	Kooperation mit sonderpädagogisch qualifizierten Lehrkräften und sonstigem pädagogischen Personal (KMK, 2017b, S. 40) Fähigkeit zur Analyse von Kommunikationsprozessen im Unterricht (GFD, 2004, S. 2) Reflexion der Rolle von Alltags- und Fachsprache (DMV et al., 2008, S. 13) Kenntnis und Abwägung fachspezifischer Interventionsmöglichkeiten (DMV et al., 2008, S. 14)

Sowohl Lernumgebungen als auch wissenschaftliche Theorien werden von den Studierenden und auch von der Literatur zur Mathematikdidaktik als Lerngegenstand erwähnt (DMV et al., 2008, S. 14; KMK, 2017b, S. 40). Während jene Themen nicht in den Konzeptualisierungen der Literatur zur Mathematikdidaktik als Kompetenzbereich zu finden sind, wird hier der Einsatz bzw. Umgang mit Materialien und Methoden als mathematikdidaktisches Wissen bzw. derartige Kompetenzen dargestellt (Ball et al., 2008, S. 401; Döhrmann et al., 2010, S. 175; Schwarz, 2013, S. 48; Shulman, 1986, S. 10). Ebenso gehen auch die Darstellungen von DMV, GDM und MNU (2008, S. 14) auf das Kennen und Nutzen jener Elemente ein. Im Bereich der Interaktion und Kommunikation wird von den Studierenden das Eingehen auf die Lernenden, ihre Fragen und Fehler sowie die Rolle der Lehrkraft im Unterricht thematisiert. In den Darstellungen zu Mathematikdidaktik als Kompetenzbereich werden zusätzlich Interventionsstrategien angeführt (Blömeke, Seeber, et al., 2008, S. 51), die auch DMV, GDM und MNU (2008, S. 14) erwähnen, nicht aber die Studierenden. Die Rolle von Fach- und Alltagssprache im Unterricht wird darüber hinaus in den mathematikdidaktischen Standards zur Lehrerausbildung als zu erreichende mathematikdidaktische Kompetenz dargestellt, welche von den Studierenden vereinzelt Erwähnung findet (DMV et al., 2008, S. 13). Mit der Kooperation mit sonderpädagogisch qualifizierten Lehrkräften und sonstigem pädagogischen Personal wird von der KMK (2017b, S. 14) ein interaktionaler Aspekt angefügt, der sich nicht in den Ausführungen der Studierenden wiederfinden lässt. Diese beschreiben in einigen Antworten zusätzlich Aspekte des Unterrichtsaufbaus und erwähnen konkrete Vorschläge für den Mathematikunterricht, welche sich nicht mit den wissenschaftlichen Ausführungen vergleichen lassen. Weiterhin nennen einige Studierende das Zeitmanagement als mathematikdidaktischen Inhalt, der sich in keiner anderen Darstellung wiederfindet.

Eine letzte Subkategorie zur Hauptkategorie 'Unterricht' wird in der Analyse der Antworten der Studierenden vom *'Klassenmanagement'* gebildet. Es lässt sich hier kein Pendant in den Konzeptualisierungen von Mathematikdidaktik als Lerngegenstand, Kompetenzbereich oder Wissenschaft finden. Im Rahmen der COACTIV-Studie wird das „Wissen über effektive Klassenführung" (Baumert & Kunter, 2011a, S. 32) explizit als vom fachdidaktischen Wissen getrennter Teil des pädagogisch-psychologischen Wissens einer Lehrkraft betrachtet (Baumert & Kunter, 2011a, S. 32).

7.1.2.3 Vergleich mathematikdidaktischer Inhalte der psychologisch-soziologischen Dimension

Im Bereich der 'Lernenden' bilden Inhalte zur *'Diagnostik'* eine Subkategorie. Analyse- und Diagnosefähigkeiten werden auch im Rahmen von TEDS-M als Teil der Mathematikdidaktik dargestellt (Döhrmann et al., 2010, S. 175); ebenso auch in COACITV als „Wissen über Diagnostik von Schülerwissen und Verständnisprozessen" (Baumert & Kunter, 2011a, S. 38). In TEDS-LT werden Kenntnisse und Anwendungswissen über psychologisch geprägte Diagnostik als Teil des mathematikdidaktischen Wissens betrachtet (Buchholtz et al., 2014, S. 111). In der Ausbildung sollen angehende Mathematiklehrkräfte Ergebnisse fachdidaktischer und lernpsychologischer Forschung über das Lernen im Fach kennen und nutzen können (KMK, 2017b, S. 4). Tabelle 7.4 stellt die weiter ausdifferenzierenden Subkategorien zur Diagnostik vergleichend zu den in der Literatur erwähnten Aspekten gegenüber.

Tabelle 7.4 Vergleich mathematikdidaktischer Inhalte zur 'Diagnostik'

Studierende	Kompetenzbereich	Lerngegenstand	Wissenschaft
Vorstellungen/ Denkweisen	Vorstellungen und Vorverständnisse von Lernenden rekonstruieren (Blömeke, Seeber, et al., 2008, S. 51; Hill et al., 2008, S. 375; Shulman, 1986, S. 9)	Fachdidaktische Konzepte und empirische Befunden nutzen, um individuelle Vorstellungen, Fehlermuster und Denkwege zu analysieren (KMK, 2017b, S. 38)	Beforschung von Lernendenperspektiven (Vollstedt et al., 2015, S. 581–583)
Lernprozesse	Was erschwert/ erleichtert Lernprozesse? (Shulman, 1986, S. 9) Wissen über fachliche Lernprozesse (Hill et al., 2008, S. 375)	Beobachten, Analysieren und Interpretieren mathematischer Lernprozesse (DMV et al., 2008, S. 14)	Erforschung von fachlichen Lernprozessen und deren psychischen und sozialen Bedingungen (Leuders, 2015, S. 216)
Stand des Einzelnen	Analysieren und Interpretieren von Schülerlösungen (Ball et al., 2008, S. 401; Blömeke, Seeber, et al., 2008, S. 51; Döhrmann et al., 2010, S. 175; Krauss et al., 2011, S. 139)	Analysieren und Interpretieren von Schülerleistungen (DMV et al., 2008, S. 14) Ausführung, Nutzung und Auswertung individualdiagnostischer Verfahren (DMV et al., 2008, S. 14) Fähigkeit, Modelle und Kriterien der Lernstandserhebung sowie der Beurteilung auf fachliches Lernen des Einzelnen zu beziehen (GFD, 2004, S. 1 f.) Lernstand und Potenzial der Schülerinnen und Schüler einschätzen (KMK, 2017b, S. 38)	Kognitive Kompetenzforschung (Kompetenzstände von Mathematiklernenden einschätzbar machen, Kompetenzzuwächse über mehrere Klassenstufen oder Altersgruppen hinweg beschreiben) (Vollstedt et al., 2015, S. 579)
Förderung		Erstellen von Förderplänen auf Grundlage diagnostischer Ergebnisse (DMV et al., 2008, S. 14)	
Begabungen feststellen		Konzepte und Untersuchungen von Rechenschwäche und mathematischer Hochbegabung beschreiben (DMV et al., 2008, S. 14)	Beforschung individueller Voraussetzungen (Vollstedt et al., 2015, S. 580)
Fachliche Schwierigkeiten	Strategisches Wissen zur 'Restrukturierung' von Verständnissen (Shulman, 1986, S. 9 f.)	Fundierte Kenntnisse über Merkmale von Schülern, die den Lernerfolg fördern oder hemmen können (KMK, 2017b, S. 4)	

Tabelle 7.4 kann entnommen werden, dass alle von den Studierenden zum Thema 'Diagnostik' erwähnten Inhalte in mindestens einer der wissenschaftlichen Konzeptualisierungen von Mathematikdidaktik wiederzufinden sind. Neben mathematikdidaktischen Inhalten zur Diagnostik wurden von den Studierenden auch Aspekte zu *Subjektorientiertem Unterricht'* mit Mathematikdidaktik verbunden. Tabelle 7.5 zeigt die drei hierzu gebildeten Subkategorien.

Tabelle 7.5 Vergleich mathematikdidaktischer Inhalte zum 'Subjektorientierten Unterricht'

Studierende	Kompetenzbereich	Lerngegenstand	Wissenschaft
Bedürfnis-orientierung		Lernumgebungen differenziert gestalten (KMK, 2017b, S. 4) Fähigkeiten, Fachunterricht adressatenorientiert zu gestalten (GFD, 2004, S. 1) Kennen und Bewerten von Verfahren für den Umgang mit Heterogenität im Unterricht (DMV et al., 2008, S. 14)	Welchen Einfluss haben Neigungen und Fähigkeiten der SuS auf das Lernen und die Wissensvermittlung im Mathematikunterricht? (GDM, o. J.-a)
Interesse/ Motivation	Motivieren (Blömeke, Seeber, et al., 2008, S. 51) Interesse wecken und Motivation schaffen (Ball et al., 2008, S. 401)	Mathematikbezogene Lehr-Lern-Forschung zur Motivation (KMK, 2017b, S. 40)	Nicht-kognitive Aspekte, wie das Interesse und Emotionen, beforschen (Vollstedt et al., 2015, S. 581) Wie können SuS mehr Freude an mathem. Tätigkeiten gewinnen? (GDM, o. J.-a)
Umgang mit allgemeinen Problemen			

Von den Studierenden wird entsprechend der Ausführungen von KMK (2017b, S. 4) und GFD (2004a, S. 1) unter anderem Differenzierung als Element eines Mathematikunterrichts, der sich an den Bedürfnissen der Lernenden orientiert, dargestellt. In der Enzyklopädie der Interessengemeinschaft deutschsprachiger Mathematikdidaktikerinnen und Mathematikdidaktiker (GDM, o. J.) wird die

Beforschung des Einflusses von Neigungen und Fähigkeiten der Lernenden auf das Lernen im Mathematikunterricht angeführt. Weiterhin verbinden einige Studierende Mathematikdidaktik damit, die Interessen der Lernenden zu berücksichtigen und diese zu motivieren. Auch in der LMT-Studie wird das Wecken von Interesse und das Schaffen von Motivation als fachdidaktisches Wissen deklariert (Ball et al., 2008, S. 401). Ebenso führt die KMK (2017b, S. 40) mathematikbezogene Forschungen zur Motivation als fachdidaktischen Studieninhalt für angehende Lehrkräfte an.

Der *'Umgang mit allgemeinen Problemen'* im Unterricht wird lediglich von den Studierenden mit Mathematikdidaktik verbunden.

7.1.2.4 Vergleich mathematikdidaktischer Inhalte der Ausbildungsdimension

Mit Tabelle 7.6 wird ein Vergleich der mathematikdidaktischen Inhalte, die in der Hauptkategorie 'Lehrende' zu finden sind, angestrebt.

Tabelle 7.6   Vergleich mathematikdidaktischer Inhalte zu 'Lehrenden'

Studierende	Lerngegenstand	Wissenschaft
Reflexion/ Weiterbildung	Fähigkeit, eigene fachliche Lernprozesse sowie eigene Lehrerfahrungen zu analysieren und zu beurteilen (GFD, 2004, S. 2)	Aus- und Weiterbildung von Lehrkräften beforschen (Vollstedt et al., 2015, S. 578)
Persönlichkeit		Beforschung der Lehrenden (Persönlichkeits-Paradigma, Prozess-Produkt-Paradigma, Prozess-Mediations-Paradigma, Experten-Paradigma) (Krauss & Bruckmaier, 2014, S. 242)
Professionswissen		

Aus den Betrachtungen der Mathematikdidaktik als Kompetenzbereich ergeben sich keine Aspekte, die in der Kategorie 'Lehrende' einzuordnen sind. Handlungen, Wissen oder Kompetenzen von Mathematiklehrkräften, die hier Erwähnung finden, sind in anderen Kategorien berücksichtigt. Von einem Studierenden wird *'Reflexion'* mit Mathematikdidaktik verbunden. Auch in der Darstellung der zu erlangenden fachdidaktischen Kompetenzen der GFD (2004a, S. 2) wird die Fähigkeit, eigene fachliche Lernprozesse sowie eigene Erfahrungen zu analysieren und zu beurteilen, angefügt. Zwei andere Studierende beziehen sich in ihren Ausführungen auch auf die *'Ausbildung und Weiterbildung von Mathematiklehrkräften'* als Bestandteil der Mathematikdidaktik, was sich auch in den Ausführungen zur Wissenschaft der Mathematikdidaktik wiederfinden lässt (Vollstedt et al., 2015, S. 578). Lehrkräfte werden darüber hinaus von der Wissenschaft der Mathematikdidaktik beforscht (Krauss & Bruckmaier, 2014, S. 242). Die verschiedenen Paradigmen, die historisch gesehen den Forschungsprozess um Lehrkräfte beschreiben lassen, wurden bereits in Abschnitt 3.1.3 dargestellt. Sowohl die Persönlichkeit als auch das Professionswissen von Mathematiklehrkräften können dementsprechend Forschungsgegenstände der Mathematikdidaktik sein. Die Studierenden verbinden in ihren Texten Mathematikdidaktik nicht mit der *Beforschung* von Persönlichkeitseigenschaften oder von Professionswissen. Vielmehr verbinden sie mit Mathematikdidaktik, die Anforderung bestimmte *'Persönlichkeitseigenschaften'* zu besitzen. Auch Aspekte des mathematischen, pädagogischen oder psychologischen Wissens, die in den Konzeptualisierungen und Operationalisierungen der Studien zum Professionswissen sowie in den Ausführungen zur Lehrerausbildung von mathematikdidaktischem Wissen separiert betrachtet werden, werden von den Studierenden als Teile der mathematikdidaktischen Anforderungen an eine Mathematiklehrkraft beschrieben.

7.1.3 Interpretation und Diskussion der Ergebnisse

Insgesamt zeigt ein Blick auf die Häufigkeiten der vorgenommenen Codierungen in den einzelnen Hauptkategorien, dass die Hauptkategorie 'Unterricht' mit 40,34 % aller Codierungen am häufigsten Verwendung findet (*konstruktive Dimension der Mathematikdidaktik*). Die Definition dieser Hauptkategorie bedingt, dass hier Textstellen codiert werden, die primär technische Inhalte der Mathematikdidaktik verbunden mit der Vorbereitung und Durchführung von Unterricht thematisieren. Dass diese Kategorie derart häufig verwendet wird, kann unter Rückbezug auf die Entwicklung von Novizen zu Experten betrachtet werden (s. Abschnitt 3.3.1). Blömeke et al. (2008, S. 136 f) stellen heraus, dass im Rahmen des Studiums die Stufen des Novizen und des fortgeschrittenen Stadiums erreicht werden können. Dementsprechend kann vermutet werden, dass die Praxis für die Studierenden zunächst noch sehr komplex ist und sich das Bedürfnis nach technischen Handlungsregeln, die diese Komplexität reduzieren, in einer primär technisch geprägten Vorstellung von Mathematikdidaktik ausdrückt. Da laut den Ausführungen Neuwegs (2004, S. 301) in den anfänglichen Entwicklungsstufen noch keine holistische Wahrnehmung der Gesamtsituation gelingen kann, können normative Aussagen der Mathematikdidaktik und die Verbindung dieser mit primär technischen Inhalten das Bedürfnis ausdrücken, kontextunabhängige Regeln zur 'richtigen' Gestaltung einer 'optimalen' Wissens-vermittlung im Unterricht zu erhalten. So kann sich auch begründen lassen, dass in den Ausführungen einiger Studierender Mathematikdidaktik mit dem 'Zeit-management' verbunden wird, während jene Verbindung nicht in der Literatur dargestellt wird

Kagan (1992, S. 155) hält es in seinen Ausführungen fest, dass die meisten Novizen auf die Kontrolle der Klasse und die Gestaltung von Unterricht fixiert seien (s. Abschnitt 2.3). Während Aspekte des Klassenmanagements nur ver-einzelt von den Studierenden mit Mathematikdidaktik in Verbindung gebracht werden, stellt sich die Subkategorie 'Unterrichtsgestaltung' als die am häufigsten verwendete Subkategorie heraus (21,53 % aller Codierungen). Dass weiterhin viele Lehrkräfte Didaktik mit Methodik gleichsetzen, ist ein Ergebnis aus einer Interviewstudie von Tietze (1990, S. 196). Unter Betrachtung der Ausführungen Klafkis (1970, S. 72 f.) ist in Abschnitt 3.1.1 dargestellt, dass Didaktik im engeren Sinne Was- und nicht Wie-Fragen beinhaltet, während Didaktik im weiteren Sinne die Methodik (Wie-Fragen) miteinbezieht. Klafki (1970, S. 72 f.) erwähnt in diesem Zusammenhang den Satz vom Primat der Didaktik (s. Abschnitt 3.1.1). In insgesamt 88 Textstellen wird Methodik in den Studierendentexten erwähnt und stellt somit das meistgenannte Element der Unterrichtsgestaltung dar. Diese Textstellen finden sich in den Antworten von insgesamt 51 Studierenden, die nach Klafki (1970) folglich ein weites Verständnis von Mathematikdidaktik aus-drücken.

Winter (2003, S. 92) hält es darüber hinaus als Ergebnis seiner Studie fest, dass die Studierenden im Besonderen die Rolle der Lehrkraft als Erklärerin bzw. Erklärer betonen und das Erklären als wichtigste Fähigkeit einer Lehrkraft ansehen (s. Abschnitt 2.3). Auch hier zeigt sich eine Parallele zu den Ergebnissen der vorliegenden Studie, denn die Subkategorie 'Wissensvermittlung' ist mit 16,77 % aller Codierungen am dritthäufigsten codiert.

Kagan (1992, S. 154) sowie Patrick und Pintrich (2001, S. 123) sprechen von einer idealisierten Sicht auf die Lernenden und einer Unterschätzung der Wirkung und Bedeutung individueller Unterschiede von angehenden Lehr-kräften (s. Abschnitt 2.3). Der Kategorie 'Lernende' wurden insgesamt 23,56 % aller Codierungen zugeordnet (*psychologisch-soziologische Dimension der Mathematikdidaktik*). Die Betrachtung des Anteils der Codierungen in dieser Hauptkategorie pro Person zeigt, dass es sowohl Studierendenantworten gibt, die keine Codierung in der Kategorie 'Lernende' aufweisen, wie auch solche, in denen 83,33 % aller Codierungen einer studentischen Antwort der Kate-gorie 'Lernende' zugeordnet wurden. Auf Basis dieser Unterschiede und einer Standardabweichung von 18,19 % des prozentualen Anteils der Codierungen in der Kategorie 'Lernende' pro Teilnehmerin bzw. Teilnehmer (s. Abschnitt 7.1.1) kann eine Unterschätzung oder mangelnde Beachtung der von den Lernenden ausgehenden mathematikdidaktischen Inhalte nicht pauschal ausgesagt werden. Lediglich hinsichtlich der 24 Studierenden, in deren Antworten keine Codierung zur Kategorie 'Lernende' vorgenommen wurde, kann vermutet werden, dass eine Unterschätzung der psychologisch-soziologischen Dimension der Mathematikdidaktik vorliegt.

In ähnlicher Weise wie Kagan (1992) sowie Patrick und Pintrich (2001) die Unterschätzung der Individualität der Lernenden anfügen, erwähnt Hefendehl-Hebeker (2013, S. 4) in ihren Ausführungen eine Unterschätzung der fachlichen Anforderungen des Lehrberufs seitens der Studierenden. Es könnte daher angenommen werden, dass fachliche Inhalte der Mathematikdidaktik in den 'Personal Concept Definitions' der Studierenden selten ausgedrückt werden. Auch hier kann wie im Bereich der 'Lernenden' aufgrund der Spannbreite zwischen minimalen und maximalen prozentualen Anteilen der Codierungen zur Hauptkategorie 'Mathematischer Inhalt' innerhalb einer studentischen Antwort (Min = 0 % und Max = 80 %) sowie einer Standardabweichung von 20,10 % keine pauschale Aussage getroffen werden (s. Abschnitt 7.1.1). 20 der 127 Studierenden beschrieben ihre Vorstellung von Mathematikdidaktik jedoch ohne auf die fachliche Dimension der Mathematikdidaktik einzugehen. In ihren Antworten ist keine Codierung in der Hauptkategorie 'mathematischer Inhalt' zu finden, sodass hier eine Unterschätzung der fachlichen Dimension der Mathematikdidaktik vermutet werden kann.

Kagans Erkenntnis (1992, S. 147), dass (angehende) Lehrkräfte zu Beginn ihrer Ausbildung besonders die eigene Lehrerpersönlichkeit fokussieren, kann einen Grund dafür liefern, dass einige Studierende Mathematikdidaktik mit dem Innehaben bestimmter Persönlichkeitseigenschaften verbinden. Insgesamt finden sich 56 jener Textstellen in der Hauptkategorie 'Lehrende' (*Ausbildungsdimension der Mathematikdidaktik*). Weiterhin werden dieser Hauptkategorie Textstellen zugeordnet, welche Professionswissen wie psychologisches, pädagogisches oder mathematisches Wissen mit Mathematikdidaktik verbinden. Dabei wird Mathematikdidaktik in einigen Äußerungen als Mischung dieser Wissensaspekte dargestellt. In Abschnitt 3.1.1 wird auf die Bezugswissenschaften der Mathematikdidaktik genauer eingegangen und auch die „Gefahr einer eklektischen Auffassung über ihren Forschungsgegenstand" (Buchholtz et al., 2014, S. 104) dargestellt. Ob einige Studierende die Mathematikdidaktik tatsächlich als eine Wissenschaft auffassen, die ihren Forschungsgegenstand, ihre Forschungsmethoden und Theorien aus den Bezugswissenschaften übernimmt ohne eigene zu besitzen und zu entwickeln, kann anhand der Studierendentexte nicht eindeutig beantwortet werden. Es kann jedoch vermutet werden, dass den Studierenden, die Mathematikdidaktik als eine solche Mischung verschiedenen Wissens darstellen, die Spezifizität der Mathematikdidaktik (und der anderen Wissensbereiche) nicht bewusst ist.

Neben einer solchen Darstellung der Mathematikdidaktik als Mischung verschiedenster Wissensfacetten aus anderen Disziplinen werden mathematikdidaktische Anforderungen an eine Lehrkraft von einigen Studierenden auch damit verbunden, Fachwissen zu besitzen, die mathematischen Hintergründe der Unterrichtsinhalte zu verstehen oder fachlich in der Lage zu sein, die Fragen der Lernenden zu beantworten. Das „Verständnis des Hintergrunds des Schulstoffs" (Baumert & Kunter, 2011a, S. 37) wird beispielsweise im Rahmen der COACTIV-Studie explizit dem Fachwissen und nicht dem fachdidaktischen Wissen zugeordnet (Baumert & Kunter, 2011a, S. 32). Fachwissen und fachdidaktisches Wissen sind jedoch nicht immer eindeutig voneinander getrennt (Depaepe et al., 2013, S. 17). Auch in der Literatur herrscht Unklarheit über die genaue Abgrenzung beider Konstrukte (s. Abschnitt 3.2.4). „Bis heute ist keineswegs ausgemacht, was unter Fachwissen und fachdidaktischem Wissen von Lehrkräften genau zu verstehen ist" (Baumert & Kunter, 2006, S. 492). Die Tatsache, dass die Antworten einiger Studierender eine solche Trennung nicht widerspiegeln, kann als ein Hinweis darauf angesehen werden, dass die Konstrukte für einige Studierende vage und nicht klar voneinander abgrenzbar zu sein scheinen. Jene Vermutung kann auch dadurch unterstützt werden, dass vereinzelt von den Studierenden Inhalte mit Mathematikdidaktik verbunden wurden, welche, laut hinzugezogener Literatur, anderen Bereichen zugeordnet werden (Klassenmanagement, Grundlagen des Faches Mathematik, Umgang mit allgemeinen Problemen oder Persönlichkeitseigenschaften). Mit Blick die Entwicklung domänenspezifischer (epistemologischer) Beliefs nach Muis et al. (2006, S. 30) können diese Ergebnisse damit begründet werden, dass aufgrund der geringen Auseinandersetzung mit der Domäne der Mathematikdidaktik in unterrichtlichen Settings (die meisten Studierenden haben zum Zeitpunkt der Befragung erst eine Vorlesung besucht) noch keine genau Ausdifferenzierung spezifischer Beliefs zur Mathematikdidaktik stattgefunden hat (s. Abschnitt 2.4.2).

Während von manchen Studierenden Inhalte der Mathematikdidaktik dargestellt werden, die sich nicht in den Ausführungen der hinzugezogenen Literatur zur Mathematikdidaktik wiederfinden lassen, gibt es auch Inhalte, die in entgegengesetzter Weise von der Literatur, nicht aber von den Studierenden mit Mathematikdidaktik verbunden werden. Inhalte der Mathematikdidaktik, die in der Literatur erwähnt werden, von den Studierenden jedoch nicht, beziehen sich unter anderem auf *Leistungsbewertungen* und damit in Zusammenhang stehende

Wissensbestände sowie Kompetenzen. Im COACTIV-Programm wird Wissen um Leistungsbeurteilungen dem pädagogisch-psychologischen Wissen zugeordnet (Baumert & Kunter, 2011a, S. 32). „Es wird somit angenommen, dass es sich um Wissensbestände handelt, die nicht spezifisch für ein bestimmtes Fach … bedeutsam sind" (Voss & Kunter, 2011, S. 198). Es kann hier vermutet werden, dass die Studierenden bezogen auf die Leistungsbewertung eine ähnliche Sichtweise wie die in COACTIV ausgedrückte einnehmen.

Auch die von der KMK (2017b, S. 38) erwähnte *Kooperation mit sonderpädagogisch qualifizierten Lehrkräften oder anderem pädagogischen Personal* findet keine Erwähnung in den Ausführungen der Studierenden. Ein Grund hierfür kann darin zu finden sein, dass die Vorstellungen zur Mathematikdidaktik seitens der Studierenden davon geprägt sind, was die Studierenden selbst erlebt haben (s. Abschnitt 2.1.3). Beliefs werden entsprechend als Kodifizierungen subjektiver Erfahrungen definiert (Schoenfeld, 1998, S. 19). Haben die Studierenden derartige Kooperationen in ihrer eigenen Schulzeit, ihren Praktika und sonstigen Praxiserfahrungen nicht erlebt, kann dies ein Grund dafür sein, dass eben jene Inhalte nicht in den inhaltsbezogenen Beliefs zur Mathematikdidaktik verankert sind.

Weiterhin werden *fächerübergreifende Aspekte*, wie eine vertikale Lehrplankenntnis (Shulman, 1986, S. 10), von den Studierenden nicht mit Mathematikdidaktik in Verbindung gebracht. Es kann auch hier vermutet werden, dass die Studierenden keine derartigen Inhalte zur Mathematikdidaktik nennen, da sie selbst fächerübergreifendes Lernen in ihrer Schulzeit nicht erfahren haben. Weiterhin könnte dies darin begründet sein, dass die Studierenden in der Mathematikdidaktik eine spezielle Ausrichtung auf die Mathematik sehen, die für sie fächerübergreifende Aspekte ausschließt. Wobei an dieser Stelle zu erwähnen ist, dass generell nur in wenigen Textstellen der studentischen Ausführungen (4,32 % der gesamten Codierungen) Mathematikdidaktik mit 'curricularen Themen' verbunden wird.

7.2   Identifikation unterschiedlicher Typen

Neben der Frage nach den Inhalten der Mathematikdidaktik, welche in den Antworten der Studierenden Erwähnung finden, werden in Anlehnung an Kron et al. (2014) unterschiedliche Typen anhand der studentischen Antworten im Fragebogen identifiziert. Basierend auf der Betrachtung der deskriptiven Statistiken zu den Codierungen in den Hauptkategorien (s. Tabelle 7.1) ist in Abschnitt 7.1.1 festgehalten, dass die Antworten der Studierenden heterogen sind, was eine Typenbildung nahelegt. In diesem Sinne ist eine Typenbildung umzu-setzen, die es zum Ziel hat, eben jene Heterogenität genauer zu untersuchen, indem die Menge der Studierendenantworten in möglichst homogene Cluster unterteilt wird (vgl. Bacher, Pöge, & Wenzig, 2010, S. 15). Die Ergebnisse der typenbildenden Analyse werden nachfolgend ausgeführt (s. Abschnitt 7.2.1), bevor Unterschiede zwischen den Typen hinsichtlich sekundärer Merkmale, wie dem Geschlecht oder der angestrebten Schulart, sowie den Beliefs zu Mathematik und zum mathematischen Lehren und Lernen dargestellt werden (s. Abschnitt 7.2.2). Die Ergebnisse zur Typenbildung werden in Abschnitt 7.2.3 interpretiert und diskutiert.

7.2.1 Ergebnisse der typenbildenden Analyse

Ein erstes Ergebnis der zur induktiven Typenbildung eingesetzten Clusterana-lyse ist die Festlegung einer Anzahl voneinander zu unterscheidender Typen (s. Abschnitt 7.2.1.1). Im Anschluss an eine derartige Entscheidung gilt es, die Typenbildung zu überprüfen. Dabei ist die Zielstellung, intern möglichst homo-gene und extern möglichst heterogene Typen zu bilden, zu beachten. Dies-bezüglich findet eine erste Beschreibung der Charakteristika der Typen statt (s. Abschnitt 7.2.1.2). Unter Rückbezug auf das ursprüngliche Datenmaterial – die Antworten der Studierenden im Fragebogen – wird anschließend eine tief-ergehende Darstellung der einzelnen Typen vollzogen (s. Abschnitt 7.2.1.3).

7.2.1.1 Bestimmung der Anzahl der gebildeten Typen

Bei der Festlegung einer Anzahl der zu bildenden Typen kommt dem Koeffizienten (Abstand der jeweiligen Cluster, quadrierte euklidische Distanz) im SPSS-Output eine entscheidende Bedeutung zu (Bühl, 2012, S. 634). In Abschnitt 6.3.2 ist dargestellt, dass an der Stelle, an der eine 'sprunghafte Erhöhung' des Koeffizienten stattfindet, die Zusammenfassung von Clustern abzubrechen ist. Hieraus ist dann die Anzahl der zu bildenden Typen ermittelbar. Abbildung 7.12 ist der Output der durchgeführten Clusteranalyse zu entnehmen. Hierin zeigt sich, dass beispielsweise die Fälle bzw. Cluster 31 und 108[8] hin-sichtlich der relativen Codierhäufigkeiten der vier Hauptkategorien gleich sind

---

[8]Die Fallnummern beruhen auf der jeweiligen Zeile des SPSS-Datenblattes, in der die Werte des/ der jeweiligen Teilnehmenden festgehalten sind. Zu Beginn der Clusteranalyse bildet jeder Fall ein eigenes Cluster.

(Koeffizient = 0). In den Antworten dieser Studierenden (Codes DMLP3PL und SJNT8TB) wurden je 16,67 % der insgesamt vorgenommenen Codierungen in der Hauptkategorie 'mathematischer Inhalt' codiert, weitere 66,67 % in der Kategorie 'Unterricht' sowie 16,67 % in der Kategorie 'Lernende'. Das Vorkommen gleicher Werte bei unterschiedlichen Personen stellt die größtmögliche Ähnlichkeit dar. Gleiche Fälle werden in den ersten zehn Schritten der Clusteranalyse zusammengeführt. Mit einem Koeffizienten von 0,002 sind sich die Fälle 11 und 106 ebenfalls sehr ähnlich. Sie werden in Schritt 11 vereinigt und bilden daraufhin das Cluster 11, während Fall 106 nicht erneut auftritt (vgl. Bühl, 2012, S. 633).

Zuordnungsübersicht

Schritt	Zusammengeführte Cluster Cluster 1	Cluster 2	Koeffizienten	Erstes Vorkommen des Clusters Cluster 1	Cluster 2	Nächster Schritt
1	31	108	,000	0	0	23
2	22	102	,000	0	0	33
3	79	94	,000	0	0	30
4	27	84	,000	0	0	7
5	69	81	,000	0	0	16
6	16	71	,000	0	0	35
7	12	27	,000	0	4	18
8	10	13	,000	0	0	9
9	10	18	,000	8	0	17
10	38	107	,000	0	0	15
11	11	106	,002	0	0	64
12	47	104	,002	0	0	91
13	68	80	,002	0	0	68
14	29	112	,002	0	0	32
15	38	95	,002	10	0	44
110	14	48	,072	86	96	117
111	38	46	,074	89	84	118
112	5	11	,080	104	94	121
113	1	3	,085	92	101	122
114	4	21	,087	100	98	116
115	2	10	,090	109	106	121
116	4	6	,096	114	103	120
117	14	72	,113	110	0	124
118	32	38	,127	107	111	123
119	8	87	,147	108	0	126
120	4	41	,150	116	91	122
121	2	5	,172	115	112	125
122	1	4	,179	113	120	123
123	1	32	,223	122	118	124
124	1	14	,284	123	117	125
125	1	2	,341	124	121	126
126	1	8	,411	125	119	0

Abbildung 7.12 SPSS-Output 'Zuordnungsübersicht' zur Clusteranalyse

Sprunghafte Erhöhungen finden sich zwischen den Schritt 116 und 126. In Tabelle 7.7 sind die Differenzen der Koeffizienten zwischen je zwei Schritten der Clusteranalyse sowie die Anzahl der Cluster (Typen) angegeben, die aus einem Abbruch der Analyse nach dem jeweiligen Schritt resultieren würden. In Anlehnung an die theoretischen Vorüberlegungen gilt es, mindestens fünf Typen zu identifizieren[9] (s. Abschnitt 6.3.2), damit eindimensionale Sichtweisen bezüglich jeder Inhaltsdimension der Mathematikdidaktik sowie mehrdimensionale Sichtweisen möglich werden. Weiterhin sind der Übersichtlichkeit halber nicht zu viele Typen zu bilden. Aus diesen Überlegungen sowie der Betrachtung der Koeffizienten-Differenz werden die Möglichkeiten einer fünf- bis sieben-clustrigen Lösung näher untersucht.

Tabelle 7.7 Betrachtung der Koeffizienten zur Festlegung einer Anzahl von Clustern

Schritt	Differenz der Koeffizienten	Anzahl der Cluster[a]
116–117	0,017	11
117–118	0,014	10
118–119	0,02	9
119–120	0,003	8
120–121	**0,022**	**7**
121–122	**0,008**	**6**
122–123	**0,044**	**5**
123–124	0,061	4
124–125	0,057	3
125–126	0,070	2

[a]Eine Fallzahl von 127 Probanden und eine Erhöhung des Koeffizienten nach Zeile 116 ergibt eine elf-clustrige Lösung (127–116).

---

[9]Bedingt durch die Fragestellung muss bezüglich des Differenzierungsgrades der Typen-bildung festgehalten werden, dass eindimensionale Sichtweisen auf jede der vier Haupt-kategorien möglich sind. Ebenso muss es möglich sein, Studierendenantworten als mehrdimensionale Sichtweisen auf die Mathematikdidaktik verbundenen Inhalte zu beschreiben. Demnach gilt es mindestens fünf Typen zu bilden (s. Abschnitt 6.3.2).

Um eine Entscheidung zu treffen, werden mithilfe der Zuordnung der Fälle zu den Clustern inhaltliche Vergleiche der Lösungen vollzogen. Hierzu wird das Dendrogramm genutzt, dass eine Übersicht über den Fusionierungsverlauf innerhalb der Clusteranalyse darstellt. Senkrechte Linien zeigen die Zusammenfassung zweier Cluster (s. Abbildung 7.13).

Die im Dendrogramm gekennzeichnete Lösung mit sieben Clustern unterscheidet sich von einer solchen mit fünf oder sechs Clustern dahingehend, dass Studierende, die Mathematikdidaktik hauptsächlich mit Inhalten aus der Hauptkategorie 'Unterricht' beschreiben, einem Typ zugeordnet werden (s. Typ 2 im Dendrogramm). Ein Cluster wird von Studierenden gebildet, die Inhalte aus den Kategorien 'Unterricht' und 'Lernende' ähnlich häufig in ihren Antworten erwähnen (s. Typ 4 im Dendrogramm). In der fünf- und sechs-clustrigen Lösung werden diese Typen zusammengefasst. Mit Blick auf die Zielsetzung sollen Typen ausfindig gemacht werden, die ein- bzw. mehrdimensionale Sichtweisen auf mathematikdidaktische Inhalte widerspiegeln. Eine Zusammenfassung der im Dendrogramm ersichtlichen Typen 2 und 4 ist aus diesen inhaltlichen Gründen nicht wünschenswert. Daher wird die Lösung mit sieben Clustern favorisiert. Die in dem Dendrogramm eingefügte durchgängige Linie spiegelt die Lösung mit sieben Clustern wider. Die Zuordnung der Fälle zu den einzelnen Typen wurde dem Dendrogramm entnommen (s. Abbildung 7.13).

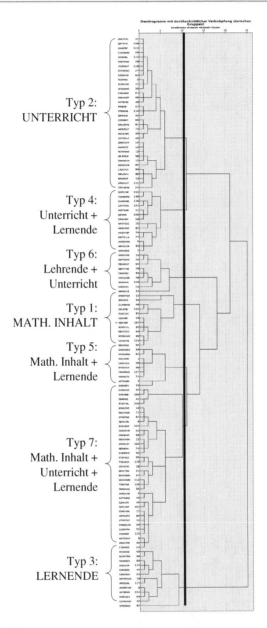

Abbildung 7.13 Dendrogramm – Fusionierungsablauf und sieben-clustrige Lösung

7.2.1.2 Prüfung der Typenbildung und erste Beschreibung

Ziel einer Typenbildung ist es, eine Grundgesamtheit so in Gruppen zu unterteilen, „dass die einzelnen Typen möglichst homogen und extern möglichst
heterogen sind" (Kuckartz, 2016, S. 151). Um zu überprüfen, ob sich die
gebildeten sieben Typen hinsichtlich der Codierhäufigkeiten in einer Hauptkategorie signifikant unterscheiden, wird zur relativen Codierhäufigkeit jeder
Hauptkategorie eine einfaktorielle ANOVA berechnet. Diese werden im
Folgenden dargestellt, um die Heterogenität der Typen zu prüfen und eine erste
Beschreibung der Typen zu vollziehen.

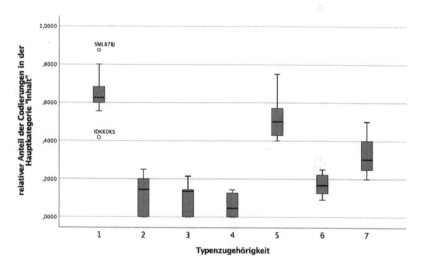

Abbildung 7.14 Typenbezogene Codierhäufigkeiten in der Hauptkategorie 'mathematischer
Inhalt' (Box-Plots)

Mit Blick auf die *fachliche Dimension der Mathematikdidaktik*, welche durch
die Hauptkategorie 'mathematischer Inhalt' repräsentiert wird, zeigen sich die
in Abbildung 7.14[10] dargestellten Verteilungen der Codierhäufigkeiten innerhalb der Typen. Der relative Anteil der Codierungen in dieser Hauptkategorie
beträgt in Antworten der Studierenden der Typen 2, 3 und 4 maximal 25 % der

---

[10]Mittelstrich = Median, Box-Enden: Erstes und drittes Quartil, Whisker: 1,5 facher
Interquartilsabstand, Ausreißer: o = mehr als 1,5 Standardabweichungen vom Mittelwert
entfernt, * = mehr als 3 Standardabweichungen vom Mittelwert entfernt.

insgesamt vorgenommenen Codierungen. In allen drei Typen finden sich Fälle, in denen keine Codierung zur Hauptkategorie *'mathematischer Inhalt'* zu finden ist. Im Gegensatz dazu weisen alle den Typen 1, 5, 6 und 7 zugeordneten Fälle Codierungen zur fachlichen Dimension von Mathematikdidaktik auf. Jene des Typs 6 liegen zwischen einem Anteil von 9,1 % und 25 % (Median: 16,7 %) der gesamten Codierungsanzahl und jene des Typs 7 zwischen 20 % und 50 % (Median: 30,4 %). Die studentischen Antworten, die den Typen 1 und 5 zugeordnet sind, haben einen Anteil an Codierungen in der Hauptkategorie 'mathematischer Inhalt' von mindestens 40 %. Der Median liegt bei Typ 5 bei 50 % und bei Typ 1 bei 62,5 %.

Wie die Box-Plots erahnen lassen, zeigen sich bei der einfaktoriellen ANOVA statistisch signifikante Unterschiede mit großem Effekt bei mindestens zwei Typen $(F(6, 118) = 91.38, p < .001, \eta^2 = .82)$. Mithilfe des Post-hoc-Tests 'Hochberg GT2' lässt sich festhalten, dass sich die relative Codierhäufigkeit der Hauptkategorie 'mathematischer Inhalt' des ersten Typs statistisch signifikant größer ist als jene der Typen 2, 3, 4, 6 und 7 $(p < .001)$[11]. Auch zwischen den Typen 1 und 5 zeigt sich ein statistisch signifikanter Unterschied $(p = .033)$. Die durchschnittliche Codierhäufigkeit der Kategorie 'mathematischer Inhalt' ist laut des Post-hoc-Tests im Typ 1 signifikant höher als in Typ 5 (0.12, 95 %-CI[0.01, 0.24]). Auch die Typen 5[12] und 7[13] unterscheiden sich statistisch signifikant $(p < .033)$ von allen anderen Typen. Die Antworten der Studierenden in Typ 6 zeigen darüber hinaus statistisch signifikant $(p = .047)$ mehr Codierungen in der Kategorie 'mathematischer Inhalt' als jene der Studierenden in Typ 4 (0.11, 95 %-CI[0.00, 0.22]).

---

[11]Der Vergleich von Typ 1 mit den anderen Typen liefert folgende mittlere Differenzen und 95 %-Konfidenzintervalle: Typ 1 und Typ 2: 0.52, 95 %-CI[0.43, 0.62]; Typ 1 und Typ 3: 0.54, 95 %-CI[0.43, 0.65]; Typ 1 und Typ 4: 0.58, 95 %-CI[0.48, 0.69]; Typ 1 und Typ 6: 0.47, 95 %-CI[0.35, 0.59]; Typ 1 und Typ 7: 0.32, 95 %-CI[0.22, 0.41]

[12]Der Vergleich von Typ 5 mit den anderen Typen (außer Typ 1, s. Fließtext) liefert folgende mittlere Differenzen und 95 %-Konfidenzintervalle: Typ 5 und Typ 2: 0.40, 95 %-CI[0.30, 0.50]; Typ 5 und Typ 3: 0.42, 95 %-CI[0.31, 0.53]; Typ 5 und Typ 4: 0.46, 95 %-CI[0.35, 0.57]; Typ 5 und Typ 6: 0.35, 95 %-CI[0.23, 0.47]; Typ 5 und Typ 7: 0.19, 95 %-CI[0.10, 0.29]

[13]Der Vergleich von Typ 7 mit den anderen Typen (außer Typ 1, s. Fußnote 76 und Typ 5, s. Fußnote 77) liefert folgende mittlere Differenzen und 95 %-Konfidenzintervalle: Typ 7 und Typ 2: 0.21, 95 %-CI[0.14, 0.27]; Typ 7 und Typ 3: 0.23, 95 %-CI[0.14, 0.31]; Typ 7 und Typ 4: 0.27, 95 %-CI[0.19, 0.35]; Typ 7 und Typ 6: 0.16, 95 %-CI[0.06, 0.25]

Die Verteilungen der Codierhäufigkeiten in der Hauptkategorie *'Unterricht'* innerhalb der einzelnen Typen lassen sich mithilfe von Abbildung 7.15 nachvollziehen. In dieser Abbildung ist ersichtlich, dass nahezu alle Studierende in ihren Antworten Inhalte der *konstruktiven Dimension der Mathematikdidaktik* nennen. Einzig in den Typen 3 und 5 finden sich Studierendentexte, die keine derartigen Inhalte in ihren Ausführungen erwähnen. In den Antworten der Studierenden des Typs 2 sind mindestens 50 % aller Codierungen der Hauptkategorie 'Unterricht' zugeordnet, während der relative Anteil dieser Codierungen in den Antworten, die den Typen 1, 3, 5 und 6 zugehören, unter 50 % liegt.

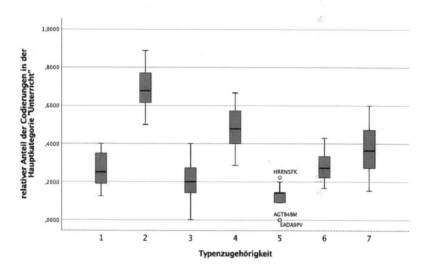

Abbildung 7.15 Typenbezogene Codierhäufigkeiten in der Hauptkategorie 'Unterricht' (Box-Plots)

Auch bezüglich der Hauptkategorie 'Unterricht' ist das Ergebnis einer ANOVA zu berichten, die statistisch signifikante Unterschiede mit großem Effekt zwischen den Gruppen zeigt $(F(6, 117) = 61.72, p < .001, \eta^2 = .76)$[14]. Mithilfe

---

[14]Die dem Box-Plot zu entnehmenden Ausreißer des fünften Typs werden von der Analyse ausgeschlossen. Die Daten jeden Typs sind nach dem Shapiro-Wilk-Test als normalverteilt zu bezeichnen $(p > .05)$ und auch die Varianzhomogenität ist für alle Typen gegeben (Levene-Test, $p > .05$).

des Post-hoc-Tests 'Hochbergs GT2' ist festzuhalten, dass die durchschnittliche relative Codierhäufigkeit zum 'Unterricht' in den Antworten der Studierenden des Typs 2 signifikant höher ist als jene aller anderen ($p < .001$)[15]. Auch die durchschnittliche relative Codierhäufigkeit des Typs 4 unterscheidet sich signifikant ($p < .001$) von allen anderen Typen[16]. Typ 7 unterscheidet hinsichtlich dieser Häufigkeiten zusätzlich statistisch signifikant durch eine höhere Codierhäufigkeit im Bereich des 'Unterrichts' von Typ 3 ($p = .001$, 0.15, 95 %-CI[0.04,0.26]) und von Typ 5 ($p < .001$, 0.22, 95 %-CI[0.08,0.37]).

Das in Abbildung 7.16 ersichtliche Box-Plot zur relativen Codierhäufigkeit der Hauptkategorie *'Lernende'* des Typs 1 zeigt eine Besonderheit. Lediglich in den Antworten der Studierenden mit dem Code UVHH1PS und PJNN9NH ist je eine Textstelle der Hauptkategorie 'Lernende' zugeordnet. In den Antworten aller anderen Vertretenden dieses Typs wurde keine Codierung zur *psychologisch-soziologischen Dimension der Mathematikdidaktik* vorgenommen. Auch in den Typen 2, 6 und 7 finden sich Studierendenantworten, die keine Codierung in der Hauptkategorie 'Lernende' aufweisen. In den Antworten der Typen 3, 4 und 5 wurden mindestens 25 % aller Codierungen im Bereich der 'Lernenden' codiert.

---

[15]Der Vergleich von Typ 2 mit den anderen Typen liefert folgende mittlere Differenzen und 95 %-Konfidenzintervalle: Typ 2 und Typ 1: 0.44, 95 %-CI[0.32, 0.55]; Typ 2 und Typ 3: 0.48, 95 %-CI[0.37, 0.59]; Typ 2 und 4: 0.21, 95 %-CI[0.10, 0.31]; Typ 2 und Typ 5: 0.55, 95 %-CI[0.41, 0.70]; Typ 2 und Typ 6: 0.41, 95 %-CI[0.29, 0.54]; Typ 2 und Typ 7: 0.33, 95 %-CI[0.25, 0.41]

[16]Der Vergleich von Typ 4 mit den anderen Typen (außer Typ 2, s. Fußnote 79) liefert folgende mittlere Differenzen und 95 %-Konfidenzintervalle: Typ 4 und Typ 1: 0.23, 95 %-CI[0.10, 0.36]; Typ 4 und Typ 3: 0.28, 95 %-CI[0.15, 0.40]; Typ 4 und 5: 0.35, 95 %-CI[0.19, 0.51]; Typ 4 und Typ 6: 0.20, 95 %-CI[0.06, 0.35]; Typ 4 und Typ 7: 0.13, 95 %-CI[0.02, 0.23]

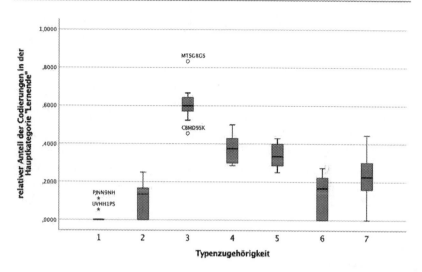

Abbildung 7.16 Typenbezogene Codierhäufigkeit der Hauptkategorie 'Lernende' (Box-Plots)

Aus den Gegebenheiten des Typs 1 und der geforderten Eliminierung von Ausreißern folgt, dass keine Varianz hinsichtlich der Codierhäufigkeit der Kategorie 'Lernende' in Typ 1 vorhanden ist. Aus diesem Grund wird diese Gruppe aus der Varianzanalyse ausgeschlossen. Bis auf die Daten des Typs 2 können alle anderen Daten als normalverteilt angenommen werden (Shapiro-Wilk-Test, $p > .05$). Da das Ergebnis des Levene-Tests statistisch signifikant ist ($p < .05$), kann nicht von einer Gleichheit der Varianzen ausgegangen werden. Entsprechend werden die Ergebnisse der Welch-ANOVA berichtet, welche dahingehend robust ist (s. Abschnitt 6.3.2). Ergebnis dieser ANOVA ist es, dass sich die Daten mindestens zweier Typen hinsichtlich der relativen Codierhäufigkeit in der Kategorie 'Lernende' statistisch signifikant mit großem Effekt unterscheiden, Welch-Test $F(5, 32.64) = 127.09, p < .001, \eta^2 = .73$. Aufgrund der Inhomogenität der Varianzen wird als Post-hoc-Test der Games-Howell-Test ausgewertet. Hier zeigen sich unter anderem hinsichtlich des Typs 3 signifikante Unterschiede zu allen anderen Typen ($p < .001$)[17]. Die Daten der Typen 4 und 5 unterscheiden sich nicht signifikant voneinander ($p = .844$), jedoch von den Typen 2, 6 und 7 durch statistisch signifikant ($p \leq .001$) höhere Codierhäufigkeiten im Bereich der 'Lernenden'[18]. Weiterhin zeigt sich in den Antworten der Studierenden des Typs 7 eine signifikant höhere Codierungshäufigkeit der Hauptkategorie 'Lernende' als in jenen des Typs 2 ($p = .001$, 0.10, 95 %-CI[0.03,0.17]).

Letztlich werden die Codierhäufigkeiten der *Hauptkategorie 'Lehrende'* betrachtet. Abbildung 7.17 ist zu entnehmen, dass sich die Typen 1, 2, 3, 4, 5, und 7 vergleichsweise ähnlich hinsichtlich der Verteilung dieser Codierungen sind. In all diesen Typen finden sich Studierendentexte, in denen keine Inhalte zur *Ausbildungsdimension* von Mathematikdidaktik genannt werden. Maximal werden in den Texten von Studierenden dieser Typen 33,3 % aller Codierungen der Hauptkategorie 'Lehrende' zugeordnet (Ausreißer IDKK0KS). Typ 6 scheint sich hier im Besonderen von den anderen Typen zu unterscheiden.

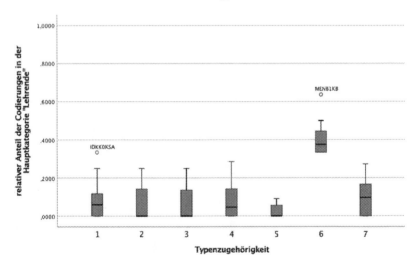

Abbildung 7.17 Typenbezogene Codierhäufigkeit der Hauptkategorie 'Lehrende' (Box-Plots)

---

[17]Der Vergleich von Typ 3 mit den anderen Typen liefert folgende mittlere Differenzen und 95 %-Konfidenzintervalle: Typ 3 und Typ 2: 0.49, 95 %-CI[0.43, 0.55]; Typ 3 und 4: 0.23, 95 %-CI[0.16, 0.30]; Typ 3 und Typ 5: 0.26, 95 %-CI[0.18, 0.35]; Typ 3 und Typ 6: 0.47, 95 %-CI[0.34, 0.60]; Typ 2 und Typ 7: 0.38, 95 %-CI[0.31, 0.46]

[18]Vergleich von Typ 4 mit Typ 2: 0.26, 95 %-CI[0.19, 0.32]; Typ 4 und Typ 6: 0.24, 95 %-CI[0.11, 0.37]; Typ 4 und Typ 7: 0.15, 95 %-CI[0.07, 0.23]. Vergleich von Typ 5 mit Typ 2: 0.22, 95 %-CI[0.14, 0.30]; Typ 5 und Typ 6: 0.21, 95 %-CI[0.07, 0.35]; Typ 5 und Typ 7: 0.12, 95 %-CI[0.03, 0.21]

Bis auf die Daten des Typs 6 (Shapiro-Wilk-Test, $p = .142$) können die der anderen Gruppen nicht als normalverteilt beschrieben werden (Shapiro-Wilk-Test, $p < .05$). Eine Homogenität der Varianzen liegt nicht vor (Levene-Test, $p < .05$), sodass auch in diesem Fall das robuste Testverfahren der Welch-ANOVA herangezogen wird. Dies ergibt einen statistisch signifikanten Unterschied mit großem Effekt von mindestens zwei Typen hinsichtlich der relativen Codierhäufigkeit der Kategorie 'Lehrende' ($F(6, 35.99) = 32.91, p < .001, \eta^2 = .48$). Die Daten des Typs 5 zeigen dabei statistisch signifikant ($p = .014$) weniger Codierungen in der Hauptkategorie 'Lehrende' als die des Typs 7 (Games-Howell-Test, -0.07, CI[$-0.13, -0.01$]). Weiterhin enthalten die Antworten der Studierenden des Typs 6 statistisch signifikant ($p < .001$) mehr Codierungen in der Hauptkategorie 'Lehrende' als jene aller anderen Typen[19].

Mithilfe der Varianzanalysen und Post-hoc-Tests zu jeder der vier Variablen des Merkmalsraums konnte gezeigt werden, dass sich jeder Typ in der Codierhäufigkeit einer Hauptkategorie signifikant von allen anderen Typen unterscheidet. In der Kategorie 'mathematischer Inhalt' unterscheiden sich die Typen 1, 5 und 7 signifikant von allen anderen Typen. Hinsichtlich der Kategorie 'Unterricht' sind die Typen 2 und 4 als von allen anderen Typen different zu kennzeichnen. Während Typ 3 sich vor allem durch statistisch signifikante Unterschiede zu allen anderen Typen im Bereich der 'Lernenden' auszeichnet, gilt dies für Typ 6 hinsichtlich der Codierungen in der Kategorie 'Lehrende'. Somit kann von einer *generellen Heterogenität der Typen* gesprochen werden.

Gleichzeitig sollen diese jedoch auch *in sich möglichst homogen* sein. Um dies zu prüfen, werden die Varianzen innerhalb der Typen mit den Gesamtvarianzen verglichen. Dabei zeigt sich, dass die Varianzen aller vier Variablen innerhalb der Typen kleiner sind als jene der gesamten Stichprobe. Daher ist die Homogenität der einzelnen Fälle innerhalb der Typen größer als jene bei Betrachtung der Gesamtstichprobe. In Tabelle 7.8 ist die Variation (Varianz multipliziert mit Stichprobenumfang) der Codierungen in den Hauptkategorien innerhalb der Typen sowie deren Summe und die Gesamtvariation dargestellt. Es zeigt sich dabei,

---

[19]Der Vergleich von Typ 6 mit den anderen Typen liefert nach dem Games-Howell-Test folgende mittlere Differenzen und 95 %-Konfidenzintervalle: Typ 6 und Typ 1: 0.33, 95 %-CI[0.22, 0.43]; Typ 6 und Typ 2: 0.32, 95 %-CI[0.23, 0.41]; Typ 6 und 3: 0.31, 95 %-CI[0.20, 0.42]; Typ 6 und Typ 4: 0.31, 95 %-CI[0.20, 0.42]; Typ 6 und Typ 5: 0.36, 95 %-CI[0.28, 0.45]; Typ 6 und Typ 7: 0.30, 95 %-CI[0.21, 0.39]

dass mithilfe der Typenbildung 80,91 %[20] der Gesamtvariation in der Kategorie 'mathematischer Inhalt', 75,84 % der Gesamtvariation in der Kategorie 'Unterricht', 74,75 % der Gesamtvariation in der Kategorie 'Lernende' sowie 48,76 % der Gesamtvariation in der Kategorie 'Lehrende' erklärt werden.

Tabelle 7.8 Variationen innerhalb der Typen und Gesamtvariation

	Typ 1	Typ 2	Typ 3	Typ 4	Typ 5	Typ 6	Typ 7	Summe	Gesamt
rInhalt	0,168	0,272	0,078	0,056	0,108	0,036	0,252	0,97	5,08
rUnterricht	0,108	0,374	0,13	0,168	0,054	0,063	0,576	1,473	6,096
rLernende	0,12	0,204	0,104	0,056	0,036	0,099	0,504	1,123	4,445
rLehrende	0,144	0,238	0,117	0,126	0,009	0,09	0,252	0,976	1,905
Gruppengröße (N)	12	34	13	14	9	9	36		127

7.2.1.3 Beschreibung der gebildeten Typen

Mithilfe der Box-Plots und Unterschiedsmessungen werden bereits erste Charakteristika der Typen deutlich. In Tabelle 7.9 sind zusammenfassend die deskriptiven Statistiken eines jeden Typs mit den prozentualen Anteilen der Codierungen zu jeder Hauptkategorie zu entnehmen.

Hinsichtlich der Fragestellung nach Fokussierungstypen lassen sich die sieben Typen in zwei übergeordnete Gruppen unterteilen. In den Antworten der 59

---

[20]Zur Berechnung: $1 - \frac{Summe_{rInhalt}}{Gesamt_{rInhalt}} \times 100$

Tabelle 7.9 Deskriptive Statistiken der Typen (Angaben in Prozent)

		'mathematischer Inhalt'	'Unterricht'	'Lernende'	'Lehrende'
Typ 1 (N = 12)	Min. – Max.	41,7–87,5	12,5–40	0–11,1	0–33,3
	M (SD)	**64,3 (11,6)**	**25,7 (9,4)**	**1,4 (3,4)**	**8,6 (10,8)**
Typ 2 (N = 34)	Min. – Max.	0–25	50–88,9	0–25	0–25
	M (SD)	**12 (9,1)**	**69,3 (10,5)**	**11,5 (7,9)**	**7,1 (8,6)**
Typ 3 (N = 13)	Min. – Max.	0–21,4	0–40	45,5–83,3	0–25
	M (SD)	**10 (7,5)**	**21,2 (10,1)**	**61 (9)**	**7,8 (9,4)**
Typ 4 (N = 14)	Min. – Max.	0–14,3	28,6–66,7	28,6–50	0–28,6
	M (SD)	**5,9 (6,3)**	**48,7 (11,1)**	**37,2 (6,5)**	**8,2 (9,7)**
Typ 5 (N = 9)	Min. – Max	40–75	0–22,2	25–42,9	0–9,1
	M (SD)	**51,9 (11,2)**	**11,7 (7,8)**	**34 (6,2)**	**2,4 (3,7)**
Typ 6 (N = 9)	Min. – Max	9,1–25	16,7–42,9	0–27,3	33,3–63,6
	M (SD)	**17 (6,1)**	**28,3 (8,2)**	**13,1 (10,7)**	**41,6 (10,1)**
Typ 7 (N = 36)	Min. – Max	20–50	15,4–60	0–44,4	0–27,3
	M (SD)	**32,7 (8,6)**	**36 (12,5)**	**22 (11,8)**	**9,3 (8,5)**

Studierenden, die den drei ersten Typen zugeordnet sind, wurden im Durchschnitt mindestens 60 % aller Codierungen in einer der Hauptkategorien vorgenommen (s. Abbildung 7.18)[21]. Die in Abbildung 7.18 durch Säulen gekennzeichneten Mittelwerte der Typen 4, 5, 6 und 7 zeigen, dass im Gegensatz zu den Typen 1, 2 und 3 mindestens zwei Kategorien ähnlich häufig (Unterschied der relativen Codierhäufigkeit ist kleiner als 0,2) in den Antworten codiert wurden.

---

[21]Aufgrund der Ausreißeranfälligkeit des Mittelwertes wurden die Grafiken auch mit den Medianen erstellt, da dieser jedoch nur um maximal 3 % von den Mittelwerten abweicht und im weiteren Verlauf nicht mehr verwendet wird, wurde sich für eine Darstellung mithilfe des Mittelwerts entschieden.

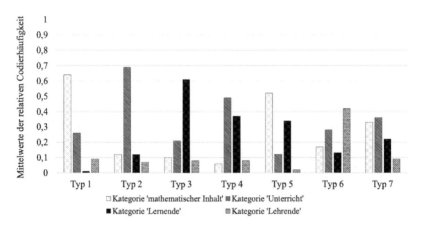

Abbildung 7.18 Balkendiagramm zu den Codierhäufigkeiten der vier Hauptkategorien in allen Typen

Im Folgenden werden die Codierungen eines Repräsentanten bzw. einer Repräsentantin pro Typ vorgestellt. Dabei wird darauf geachtet, repräsentative Texte derart zu wählen, dass sie in keiner der quantitativen Analysen einen Ausreißer darstellen und hinsichtlich der Mittelwerte möglichst repräsentativ sind. Die gewählten repräsentativen Studierendentexte sind jeweils die alphabetisch ersten des Typs, die alle genannten Bedingungen erfüllen.

Typ 1 werden die 12 Studierenden zugeordnet, in deren Antworten vergleichsweise viele Codierungen in der Hauptkategorie 'mathematischer Inhalt' vorgenommen wurden. In Tabelle 7.10 sind die Textstellen aus den Antworten der Studentin mit dem Code DMN4ZA dargestellt, die Inhalte der Mathematikdidaktik wiedergeben. Sie kann als Repräsentantin des ersten Typs angesehen werden. Fünf der insgesamt acht Codierungen sind der Kategorie 'mathematischer Inhalt' zugeordnet. Darüber hinaus wurden mathematikdidaktische Inhalte zum 'Unterricht' (erklären können) und zu den 'Lehrenden' codiert.

Tabelle 7.10 Zuordnungen der Textstellen von DMN4ZA (Repräsentantin des Typs 1)

'mathematischer Inhalt'	'Unterricht'	'Lernende'	'Lehrende'
Erklärung der Anwendung der Mathematik	anderen *erklären können*, wie sie die Mathematik besser verstehen können	0	den Stoff selbst gut beherrschen
einzelne Inhalte besser darstellen, um sie für andere verständlicher zu machen			gutes logisches Verständnis besitzen
für mich sollten wir Neues zur Mathematik lernen			
Wie können wir Mathematik verständlicher einbringen?			
den Stoff *auf verschiedene Arten* erklären können			

Der Student mit dem Code ACNS6SL erwähnt in seinen Ausführungen weniger mathematikdidaktische Inhalte der fachlichen Dimension als vielmehr solche der konstruktiven Dimension. Jeweils ein mathematikdidaktischer Inhalt der psychologisch-soziologischen Dimension und der Ausbildungsdimension wird von ihm genannt. Die in seinen Antworten vorgenommenen Codierungen sind repräsentativ für jene des *Typs 2*, dem insgesamt 34 Studierende angehören, in Tabelle 7.11 dargestellt.

Tabelle 7.11 Zuordnungen der Textstellen von ACNS6SL (Repräsentant des Typs 2)

'mathematischer Inhalt'	'Unterricht'	'Lernende'	'Lehrende'
Lernenden die Faszination der Mathematik näherbringen	Lehre der Mathematik verständlich vermitteln	Motivation der Lernenden	Spaß am Fach
	Methoden der Vermittlung		
	auf Fragen der Lernenden eingehen		
	ausreichend Zeit mit der Beantwortung von Fragen verbringen		
	bei Fehlern Aufgaben ausführlich genug behandeln		
	Kritik an die Lernenden in Maßen halten		

13 Studierende werden anhand der Clusteranalyse dem *Typ 3* zugeordnet. Eine Repräsentantin dieses Typs ist die Studentin mit dem Code AMOW7MK. Die in ihren Antworten codierte Textstellen sind in Tabelle 7.12 wiedergegeben.

Tabelle 7.12 Zuordnung der Textstellen von AMOW7MK (Repräsentantin des Typs 3)

'mathematischer Inhalt'	'Unterricht'	'Lernende'	'Lehrende'
Was sollten die Lernenden können?	Lehren im Mathematik-unterricht	Lernen im Mathematikunterricht	0
	Wie kann der mathematische Inhalt am produktivsten gelehrt werden?	Was können die Schüler?	
		Unterscheidung zwischen starken und schwachen Schülern	
		Starke fordern	
		Schwache stärken	
		Interesse der Lernenden wecken	

In ihren Antworten beschreibt diese Studentin Mathematikdidaktik als eine Auseinandersetzung mit dem Lehren und Lernen der Mathematik (Dokument AMOW7MK, Absatz 3). Dies erinnert an die Kurzdefinition der Mathematikdidaktik als 'Wissenschaft des Lehrens und Lernens von Mathematik' (s. Abschnitt 2.1.3). Die zwei Studierenden des Typs 3 mit den Codes RLDK7RW und HRDB4SE nutzen ebenfalls eine derartige Definition, stellen Mathematikdidaktik jedoch nicht als Lehre des Lehrens und Lernens von Mathematik, sondern lediglich als Lehre des Lernens dar: „Unter Mathematikdidaktik wird oft die Lehre des Lernen[s] beschrieben" (Dokument RLDK7RW, Absatz 3) und Mathematikdidaktik „ist die Lehre vom Lernen" (Dokument HRDB4SE, Absatz 3). Eine derartige Veränderung der Definition findet sich außerdem in der Antwort eines Studenten, der dem Typ 5 zugeordnet ist. Auch in anderer Richtung gibt es Veränderungen der Kurzdefinition, indem Mathematikdidaktik als Wissenschaft oder „Lehre vom Lehren d. Mathematik" (Dokument ENTM0HG, Absatz 3) dargestellt wird. Dies findet sich insgesamt in 12 Texten, die von Studierenden der Typen 2, 4, 5, 6 oder 7 verfasst wurden.

Die 14 Studierenden des *vierten Typs* verbinden in ihren Antworten laut den Mittelwerten Mathematikdidaktik ähnlich häufig mit Inhalten aus den Hauptkategorien 'Unterricht' ($M = 0,49$) und 'Lernende' ($M = 0,37$). In den Antworten der Studentin mit dem Code AHRM5KW finden sich entsprechend ähnlich viele Nennungen zu mathematikdidaktischen Inhalten dieser Kategorien (s. Tabelle 7.13).

Tabelle 7.13 Zuordnung der Textstellen von AHRM5KW (Repräsentantin des Typs 4)

'mathematischer Inhalt"	'Unterricht'	'Lernende'	'Lehrende'
fachliche Themen so verpacken, dass sie 'leicht' zu verstehen sind	Art, wie man Mathematik unterrichtet	auf unterschiedliche Leistungsniveaus eingehen	fachlich in der Lage sein, alle Fragen zu beantworten
	Art, wie man Mathematik verständlich erklärt	differenzieren	
	fachliche Themen so in den Unterricht einbauen, dass sie „leicht" zu verstehen sind	berücksichtigen, dass jeder den Stoff auf unterschiedliche Weise lernt	
	Lernstoff verständlich vermitteln	berücksichtigen, dass jeder den Stoff in unterschiedlicher Geschwindigkeit lernt	
	Lernstoff nachhaltig vermitteln		

Die Antworten der neun Studierenden des *fünften Typs* zeigen hauptsächlich Codierungen in den Bereichen 'mathematischer Inhalt' ($M = 0,52$) und 'Lernende' ($M = 0,34$). Inhalte der beiden anderen Kategorien werden kaum genannt ($M = 0,12$ und $M = 0,02$). Die Codierungen in den Antworten des Studenten AALL9MK spiegeln dies wider (s. Tabelle 7.14).

Tabelle 7.14 Zuordnung der Textstellen von AALL9MK (Repräsentant des Typs 5)

'mathematischer Inhalt'	'Unterricht'	'Lernende'	'Lehrende'
Kompetenzen	begleitendes Lernen	Interesse der Kinder wecken	Offenheit für neue Ansätze
Themengebiete mit anspruchsvollen, fordernden Aufgaben verbinden	Schülerinnen und Schüler selbst experimentieren lassen	Schwächen erkennen	
neues Wissen an Aufgaben erlernen		Stärken erkennen	
neues Wissen an Aufgaben vertiefen		Förderung	
(thematische) Zusammenhänge herausarbeiten		Aufgaben der Lerngruppe entsprechend wählen	
Aufgaben auswählen			

Von den übrigen zeichnen sich die Antworten der neun Studierenden in *Typ 6* im Besonderen durch vergleichsweise viele Codierung in der Hauptkategorie 'Lehrende' ($M = 0{,}42$) sowie einige Codierungen im Bereich 'Unterricht' ($M = 0{,}28$) aus. In den Antworten des Studenten AWRK4NR wird Mathematikdidaktik mit verschiedenen Inhalten zur Lehrkraft, wie dem Fachwissen, einer klaren Aussprache oder einem deutlichen Schriftbild verbunden. Zusätzlich erwähnt er auch Inhalte, welche sich mit der Aufbereitung von Fachinhalten beschäftigen, wie die Überführung alltäglicher Umstände in mathematische Sachverhalte oder das Beherrschen von digitalen Tools. Auch Aspekte des Unterrichts verbindet er mit Mathematikdidaktik (s. Tabelle 7.15).

Tabelle 7.15 Zuordnung der Textstellen von AWRK4NR (Repräsentant des Typs 6)

'mathematischer Inhalt'	'Unterricht'	'Lernende'	'Lehrende'
verschiedenste Umstände in einen mathematischen Rahmen überführen	anderen Mathematik näherbringen	0	Fähigkeit, Mathematik in einem angemessenen Rahmen auszuüben
hinreichend viele informatische Anwendungen beherrschen (GeoGebra, Freemat, …)	verschiedenste Sozialformen beherrschen		hinreichendes Wissen zur Mathematik
	Sozialformen anleiten		klare Aussprache
			deutliches Schriftbild

In einer letzten Gruppe werden schließlich 36 Studierende zusammengefasst, deren Antworten im Mittel ca. 33 % der Codierungen in der Hauptkategorie 'mathematischer Inhalt', ca. 36 % der Codierungen in der Hauptkategorie 'Unterricht', ca. 22 % im Bereich 'Lernende' und ca. 9 % im Bereich 'Lehrende' aufweisen. Als Repräsentantin des Typs 7 werden in Tabelle 7.16 die Codierungen in den Antworten der Studentin mit dem Code AWRK4NR dargestellt.

Tabelle 7.16 Zuordnung der Textstellen von AHRA5HB (Repräsentantin des Typs 7)

'mathematischer Inhalt'	'Unterricht'	'Lernende'	'Lehrende'
Fachwissen über Mathematik mithilfe von unterschiedlichen Methoden herunterbrechen	Arten und Formen der Vermittlung des Faches	Verständnisprobleme analysieren	0
Fachwissen über Mathematik verständlich machen/ gestalten	wie man den Lernenden die unterschiedlichen Rechenwerkzeuge klar vermitteln kann	auf Verständnisprobleme passend agieren	
Fachwissen didaktisch reduzieren können	Fachwissen verständlich vermitteln		
Lösungsorientierte Ansätze bei Verständnisproblemen (kennen)			

7.2.2 Unterschiede sekundärer Merkmale zwischen den Typen

Die in Abschnitt 6.3.2 dargestellten Ausführungen zur Typenbildung stellen nicht nur eine Beschreibung der einzelnen Typen, sondern auch eine Analyse der Zusammenhänge zwischen Typen und sekundären Informationen sowie komplexeren Zusammenhängen als relevant dar (Kuckartz, 2016, S. 153). Als sekundäre Merkmale sind das Geschlecht, die angestrebte Schulart, das Alter, das Fachsemester sowie die pädagogische Vorerfahrung der Teilnehmenden erhoben worden (s. Abschnitt 6.1.3).

Tabelle 7.17 Verteilung des Geschlechts und der angestrebten Schulart auf die Typen

	Typ 1	Typ 2	Typ 3	Typ 4	Typ 5	Typ 6	Typ 7 [a]	*Gesamt*
Frauen	8	23	11	11	4	5	24	*86*
Männer	4	11	2	3	5	4	12	*41*
Grundschule	4	19	8	11	2	4	17	*65*
Weiter-führende Schule	8	15	5	3	7	5	18	*61*

[a]Eine Studentin des Typs 7 machte im Fragebogen keine Angaben zur angestrebten Schulart.

Hinsichtlich des *Geschlechts* ist in Tabelle 7.17 erkenntlich, dass im Vergleich zur Gesamtpopulation (67,7 % weiblich) sowohl in Typ 3 viele Frauen (84,6 %) vertreten sind als auch in Typ 4 (78,6 %). Es ist in mit Blick auf die *angestrebte Schulart* erkennbar, dass sich in Typ 1 doppelt und in Typ 5 dreifach so viele Teilnehmende befinden, die Lehrkräfte an weiterführenden Schulen werden möchten, wie solche, die später an einer Grundschule unterrichten wollen. Bezüglich des Typs 4 lässt sich festhalten, dass die Anzahl der zugeordneten Grundschul-Studierenden ca. um ein Vierfaches höher ist als die Anzahl der zugeordneten Studierenden, die an einer weiterführenden Schule arbeiten wollen. Ob die aus der Betrachtung der deskriptiven Verteilung resultierenden Hypothesen unter Berücksichtigung einer Irrtumswahrscheinlichkeit auf die Grundgesamtheit übertragen werden können, wird mithilfe eines zweidimensionalen χ^2-Tests untersucht (s. Abschnitt 6.3.2). Als Ergebnis dieser Testungen ist festzuhalten, dass in keiner Berechnung ein signifikantes Ergebnis erzielt wird, sodass keine der Hypothesen auf die Grundgesamtheit übertragen werden kann (Geschlecht: $\chi^2(6) = 5.32, p = .517$; Schulart: $\chi^2(6) = 9.87, p = .130$). Auch mit Blick auf die pädagogische Vorerfahrung der Studierenden oder die bereits erfolgreich bestandenen fachdidaktischen Module zeigt sich im Gruppenvergleich kein signifikanter Unterschied ($p > .05$)[22].

Tabelle 7.18 Verteilung der sekundären Merkmale pro Typ

	Typ 1	Typ 2	Typ 3	Typ 4	Typ 5	Typ 6[a]	Typ 7	*Gesamt*
Gesamtanzahl (N*)	12	34	13	14	9	9 (8)	36 (34)	*127*
Mittleres Alter (SD)	22,75 (3,31)	21,76 (1,33)	21,92 (1,71)	22,21 (2,99)	22,22 (1,64)	22,33 (1,94)	23,14 (5,4)	*22,38 (3,39)*
Mittleres Fachsemester (SD)	5,25 (2,38)	4,91 (1,66)	5,69 (2,21)	5,14 (2,51)	4,67 (1,58)	4,75 (1,67)	4,91 (2,85)	*5,02 (2,23)*

Anmerkung: SD = Standardabweichung
[a]Drei Studierende (einmal aus Typ 6 und zweimal aus Typ 7) machten im Fragebogen keine Aussage zu ihrem Fachsemester.

Da das Alter sowie das Fachsemester (s. Tabelle 7.18) im Gegensatz zu den übrigen Variablen intervall- und nicht nominalskaliert sind, können Unterschiede hier mit Hilfe je einer einfaktoriellen ANOVA untersucht werden. Nach Beseitigung der Ausreißer zeigt sich für die Typen 1, 3, 5, und 7 hinsichtlich der Variable 'Alter' eine Normalverteilung (Shapiro-Wilk-Test, $p > .05$). Die Typen 2, 4 und 6

---

[22]Erwartete Häufigkeiten mit einem Wert kleiner als fünf treten in diesen Testungen mit einem prozentualen Anteil von 28,6 % (Schulart, Kinderbetreuung und Freizeiterfahrung), 35,7 % (Geschlecht, Nachhilfe als Einzel- oder Gruppenunterricht, Unterrichtstätigkeit außerhalb des Studiums und Erfahrung durch ein Soziales Jahr) oder 50 % (bestandenes Modul 1, bestandenes Modul 5, keine pädagogische Vorerfahrung, Ausbildungserfahrung und ein Elternteil, das Lehrkraft ist) auf.

hingegen können nicht als normalverteilt angesehen werden (Shapiro-Wilk-Test, $p < .05$). Zusätzlich kann nicht von einer Homogenität der Varianzen ausgegangen werden (Levene-Test, $p < .05$), daher wird die Welch-ANOVA hinzugezogen. Hier ist bezüglich des Alters das Ergebnis festzuhalten, dass sich die Gruppen nicht statistisch signifikant voneinander unterscheiden ($F(6, 32.96) = 1.95, p = .101$). Ein ähnliches Ergebnis wird hinsichtlich des Semesters erzielt. Hier können die Daten der Typen 1, 3, 5 und 6 als normalverteilt angesehen werden (Shapiro-Wilk-Test, $p > .05$), während dies nicht für jene der Typen 2, 4 und 7 gilt (Shapiro-Wilk-Test, $p < .05$). Auch hier wird der Levene-Test zur Überprüfung der Homogenität der Varianzen signifikant ($p < .05$), sodass nicht von einer Gleichheit der Varianzen ausgegangen werden kann. Das Ergebnis der Welch-ANOVA zeigt, dass sich die Typen nicht signifikant hinsichtlich des Fachsemesters der Probanden unterscheiden ($F(6, 31.49) = 0.86, p = .534$).

Neben diesen Merkmalen wurden von den Studierenden auch Items zu Beliefs zur Mathematik sowie zum Lehren und Lernen von Mathematik beantwortet. In Tabelle 7.19 sind die Ergebnisse dieser Befragung wiedergegeben. Die Items der eingesetzten Skalen sind anhand einer sechsstufigen Likert-Skala[23] zu beantworten. Die Mittelwerte im Bereich der konstruktivistischen Skalen zeigen, dass die Studierenden diesen Aussagen im Durchschnitt zustimmen (alle Mittelwerte liegen über 4). Im Bereich der transmissiven Beliefs wird die Skala 'Einschleifen technischen Wissens' nicht mit in die Ergebnisauswertung einbezogen, da sie aufgrund des geringen Cronbach's Alphas nicht als intern konsistent erachtet werden kann (s. Abschnitt 6.4). Die Mittelwerte der übrigen Skalen zu transmissen Beliefs liegen zwischen 3 und 4, sodass hier weder eine durchschnittliche Ablehnung noch Zustimmung berichtet werden kann.

---

[23]1 –'stimme gar nicht zu', 2 – 'stimme nicht zu', 3 –'stimme eher nicht zu', 4 – 'stimme eher zu', 5 – 'stimme zu' oder 6 – 'stimme ganz zu'

Tabelle 7.19 Deskriptive Statistik zu den Beliefs zur Mathematik

	Itemanzahl	M	SD	α	Itembeispiel
Konstruktivistische Beliefs					
Mathematik als Prozess	4	4.84	0.59	.65	„Mathematische Aufgaben und Probleme können auf verschiedenen Wegen richtig gelöst werden."
Selbstständiges und verständnisvolles diskursives Lernen	12	4.83	0.52	.86	„Schülerinnen und Schüler lernen Mathematik am besten, indem sie selber Wege zur Lösung von einfachen Aufgaben entdecken."
Vertrauen auf mathematische Selbstständigkeit der Schülerinnen und Schüler	5	4.34	0.65	.78	„Anhand geeigneter Materialien können Schülerinnen und Schüler selber Rechenprozeduren entwickeln."
Transmissive Beliefs					
Mathematik als Toolbox	5	3.56	0.75	.71	„Mathematik ist eine Sammlung von Verfahren und Regeln, die genau angeben, wie man Aufgaben löst."
Eindeutigkeit des Lösungsweges	2	3.05	0.98	.70	„Bei Aufgaben mit mehreren Lösungswegen ist es meistens sicherer, sich auf einen Lösungsweg zu beschränken."
Rezeptives Lernen durch Beispiele und Vormachen	12	3.36	0.70	.87	„Am vorgerechneten Beispiel lernen die Schülerinnen und Schüler am besten."
Einschleifen von technischem Wissen	4	4.06	0.67	.46	„Der effizienteste Lösungsweg einer Aufgabenklasse sollte durch Üben eingeschliffen werden."

Anmerkungen: M = arithmetisches Mittel, SD = Standardabweichung, α = Cronbach's Alpha

Um zu überprüfen, ob sich die Antworten der Studierenden zu diesen Skalen hinsichtlich der gebildeten Typen signifikant unterscheiden, werden einfaktorielle Varianzanalysen vollzogen. In einem ersten Schritt werden hierzu die Skalen zu den Beliefs zur Mathematik als Toolbox und Prozess betrachtet. Hinsichtlich der Zustimmung zur Skala *'Mathematik als Toolbox'* ist kein signifikanter Unterschied zwischen den Typen zu erkennen, Welch-ANOVA $F(6, 32.89) = 1.53, p = .201$[24]. Eine weitere Skala zu Beliefs zur Mathematik, die als konstruktivistische Skala deklariert wird (Voss et al., 2011, S. 242), ist jene zur 'Mathematik als Prozess'. In der Betrachtung der Box-Plots hierzu (s. Abbildung 7.19) fällt Typ 6 auf. Fünf der neun Probanden dieses Typs zeigen in der Skala zur Mathematik als Prozess einen Mittelwert von 4,75. Die anderen vier sind als extreme Ausreißer mit einer Abweichung von mehr als drei Standardabweichungen gekennzeichnet. Das Ausschließen dieser von der Varianzanalyse sorgt dafür, dass keine Varianz innerhalb der Gruppe mehr vorhanden ist, sodass diese Gruppe gänzlich von der Varianzanalyse ausgeschlossen wird.

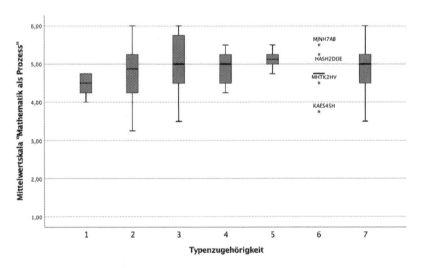

Abbildung 7.19 Zustimmung der Typen zur Skala 'Mathematik als Prozess' (Box-Plots)

---

[24]Die Daten der Gruppen 1, 2, 3, 4, 5 und 7 zur Variable „Mathematik als Toolbox" lassen sich als normalverteilt beschreiben (Shapiro-Wilk-Test, $p > .05$); die der Gruppe 6 jedoch nicht (Shapiro-Wilk-Test, $p < .05$). Eine Homogenität der Varianzen liegt laut dem Levene-Test nicht vor ($p < .05$), sodass der Welch-Test als robustes Testverfahren zur Prüfung auf Gleichheit der Mittelwerte angewendet wurde.

Bis auf die Daten der ersten Gruppe sind alle anderen als normalverteilt zu kennzeichnen (Shapiro-Wilk-Test, $p > .05$). Die Gleichheit der Varianzen ist nicht gegeben (Levene-Test, $p < .05$), sodass der Welch-Test eingesetzt wird. Das Ergebnis dessen zeigt, dass sich mindestens zwei Gruppen hinsichtlich der Mittelwerte zur Skala 'Mathematik als Prozess' signifikant mit kleinem Effekt voneinander unterscheiden ($F(5, 38.09) = 6.18, p < .001, \eta^2 = .06$). Mithilfe des Games-Howell Post-hoc-Tests lässt sich aussagen, dass die Skalenmittelwerte der Probanden des fünften Typs statistisch signifikant höher sind ($p < .001$) als jene des Typs 1 (0.63, 95 %-CI[0.27,0.98]). Ebenso sind auch jene der Studierenden des siebten Typs signifikant höher ($p = .042$) als die der Studierenden des Typs 1 (0.39, 95 %-CI[0.01,0.76]).

Wie auch bei der transmissiven Skala zu den Beliefs zur Mathematik ('Mathematik als Toolbox') zeigen sich keine Gruppenunterschiede hinsichtlich der transmissiven Skalen zum Lehren und Lernen von Mathematik (Rezeptives Lernen[25]: $F(6, 33.42) = 1.07, p = .402$; Eindeutigkeit des Lösungsweges[26]: $F(6, 112) = 0.38, p = .889$)). Anders ist dies bei den konstruktivistischen Skalen zu Beliefs zum mathematischen Lehren und Lernen.

Nach der Entfernung des extremen Ausreißers mit dem Code LEDA8AT ergeben sich die in Abbildung 7.20 dargestellten Verteilungen hinsichtlich der Mittelwerte zur Skala *Selbstständiges und verständnisvolles diskursives Lernen'* in den Typen.

---

[25]Die Daten aller Typen zur Skala 'rezeptives Lernen' sind normalverteilt (Shapiro-Wilk-Test, $p > .05$). Eine Homogenität der Varianzen liegt laut dem Levene-Test nicht vor ($p < .05$), sodass der Welch-Test als robustes Testverfahren zur Prüfung auf Gleichheit der Mittelwerte angewendet wurde.

[26]Die Daten der Typen 1, 2, 3, 4, 5 und 6 zur Skala 'Eindeutigkeit des Lösungsweges' sind normalverteilt (Shapiro-Wilk-Test, $p > .05$), die des Typs 7 nicht (Shapiro-Wilk-Test, $p = .019$). Eine Homogenität der Varianzen liegt laut dem Levene-Test vor ($p > .05$), sodass eine einfaktorielle ANOVA angewendet wurde.

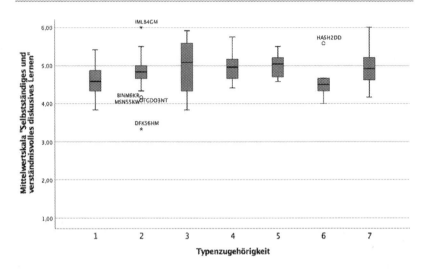

Abbildung 7.20 Zustimmung der Typen zur Skala 'Selbstständiges und verständnisvolles Lernen' (Box-Plots)

Im Anschluss an die Eliminierung der in den Box-Plots gekennzeichneten Ausreißer werden die Voraussetzungen geprüft. Es zeigt sich, dass die Daten in allen Typen als normalverteilt angesehen werden können (Shapiro-Wilk-Test, $p > .05$). Der Levene-Test zeigt ein signifikantes Ergebnis ($p = .002$), daher werden die Ergebnisse des Welch-Tests ausgewertet. Diesem ist zu entnehmen, dass es zwischen den Mittelwerten von mindestens zwei Gruppen signifikante Unterschiede mit mittlerem Effekt gibt ($F(6, 32.68) = 4.94, p = .001, \eta^2 = .14$). Laut des Games-Howell Post-hoc-Tests ist die mittlere Zustimmung zu den Items der Skala bei den Personen des Typs 6 im Durchschnitt signifikant geringer ($p < .017$) als bei jenen der Typen 2, 4, 5 und 7[27].

Auch hinsichtlich der Mittelwerte zur Skala '*Vertrauen auf mathematische Selbstständigkeit der Schülerinnen und Schüler*' wird zunächst der extreme Ausreißer 'IDKK0KS' von der Analyse ausgeschlossen. Im Anschluss ergeben sich für die Verteilung der Mittelwerte innerhalb der Gruppen die in Abbildung 7.21 erkenntlichen Box-Plots.

---

[27]Der Vergleich von Typ 6 mit den anderen Typen liefert folgende mittlere Differenzen und 95 %-Konfidenzintervalle: Typ 6 und Typ 2: -0.45, 95 %-CI[–0.81, –0.08]; Typ 6 und 4: –0.56, 95 %-CI[–1.01, –0.12]; Typ 6 und Typ 5: –0.59, 95 %-CI[–1.10, –0.09]; Typ 6 und Typ 7: –0.54, 95 %-CI[–0.93, –0.15]

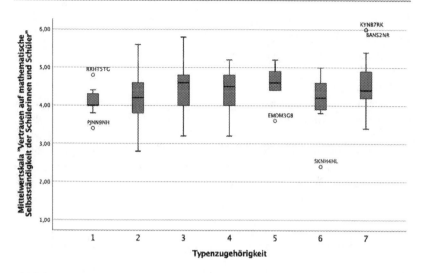

Abbildung 7.21 Zustimmung der Typen zur Skala 'Vertrauen auf mathematische Selbstständigkeit der Schülerinnen und Schüler' (Box-Plots)

Die in den Box-Plots ersichtlichen Ausreißer werden von der Analyse ausgeschlossen. Die Verteilung der Mittelwerte in allen Gruppen kann laut des Shapiro-Wilk-Tests als normalverteilt angenommen werden ($p > .05$), ebenso auch die Homogenität der Varianzen (LeveneTest, $p > .05$). Das Ergebnis der einfaktoriellen ANOVA zeigt mit $p = .227$ keinen signifikanten Unterscheid zwischen den Typen an. Das robuste Welch-Test-Verfahren hingegen liefert ein signifikantes Ergebnis $(F(6, 31.06) = 3.46, p = .01, \eta^2 = .07)$[28], sodass diesbezüglich von einem statistisch signifikanten Unterschied zwischen den Daten zweier Typen mit mittlerem Effekt ausgegangen werden könnte. Mithilfe des Games-Howell Post-hoc-Tests kann festgestellt werden, dass sich unter den Umständen der Nicht-Beachtung der Varianzhomogenität die Typen 5 und 1 signifikant unterscheiden ($p = .019$). So sind die Skalenmittelwerte der Personen des Typs 5 im Durchschnitt signifikant höher als jene der Personen aus Typ 1

---

[28]Während der Welch-Test ein signifikantes Ergebnis mit $p = .01$ wiedergibt, ist das Ergebnis der einfaktoriellen ANOVA mit $p = .227$ nicht signifikant. Der Levene-Test zeigt kein signifikantes Ergebnis, sodass von einer Gleichheit der Varianzen ausgegangen werden kann ($p = .21$).

(0.60, 95 %-CI[0.09, 1.11]). Da die Varianzen laut Levene-Test jedoch homogen sind, weicht das Zurückgreifen auf die Welch-ANOVA und den Games-Howell Post-hoc-Test vom bisherigen Vorgehen ab und ist daher mit Vorsicht zu behandeln.

Zusammenfassend lassen sich weder statistisch signifikante Unterschiede zwischen den Gruppen hinsichtlich soziodemographischer Variablen, wie dem Geschlecht oder dem Alter, noch hinsichtlich ausbildungsbezogener Variablen, wie der angestrebten Schulart oder dem Fachsemester, finden. Ebenso unterscheiden sich die Typen nicht signifikant hinsichtlich der Ergebnisse der Mittelwertskalen zu transmissiven Beliefs zur Mathematik und zum mathematischen Lehren und Lernen. Mit Blick auf die Mittelwertskalen zu konstruktivistischen Beliefs lassen sich jedoch statistisch signifikant Unterschiede feststellen.

7.2.3 Interpretation und Diskussion der Ergebnisse

Kron et al. (2014, S. 19) halten in ihren Ausführungen hinsichtlich der zweiten Phase der Lehrerausbildung drei didaktische Grundorientierungen fest. Eine erste „klassische" (Kron et al., 2014, S. 19) Orientierung bildet jene, in der sich stark an fachwissenschaftlichen Themen orientiert wird (s. Abschnitt 3.4). Bezogen auf die Mathematikdidaktik und die vorliegende Untersuchung studentischer Vorstellungen findet sich ein Pendant zu dieser Orientierung in *Typ 1*. Die Antworten der 12 Studierenden dieses Typs zeichnen sich dadurch aus, dass sie Mathematikdidaktik besonders mit Inhalten in Verbindung bringen, die eine Orientierung an mathematischen Fachinhalten darstellen. Die Studierenden dieses Typs zeigen in ihren Formulierungen der 'Personal Concept Definitions' eine vorwiegend eindimensionale Sichtweise auf mathematikdidaktische Inhalte der fachlichen Dimension. Inhalte aus anderen Hauptkategorien werden nur vereinzelt mit Mathematikdidaktik verbunden, sodass unter anderem lernprozessbezogene Aspekte der Mathematikdidaktik kaum berücksichtigt werden. Bei diesen Studierenden kann eine Unterschätzung der Wirkung und Bedeutung individueller Unterschiede der Lernenden vermutet werden, wie sie von Kagan (1992, S. 154) und Patrick und Pintrich (2001, S. 123) herausgestellt werden.

Eine zweite Gruppe mit neun Studierenden, welche häufig Inhalte aus der Kategorie 'mathematischer Inhalt' in ihren Antworten mit Mathematikdidaktik verbinden, ist *Typ 5* (M = 51,9 %, SD = 11,2 %). Die Studierenden dieses Typs erwähnen in ihren Antworten signifikant weniger mathematikdidaktische Inhalte der Kategorie 'mathematischer Inhalt' als jene des ersten Typs, jedoch mehr als alle übrigen Typen. Im Vergleich zu den Antworten des Typs 1 werden von diesen

Studierenden mit durchschnittlich 34 % der Codierungen (SD = 6,2 %) zusätzlich einige Inhalte der Mathematikdidaktik mit den 'Lernenden' verbunden. In den Antworten der Studierenden des Typs 1 liegt die durchschnittliche prozentuale Codierhäufigkeit der Kategorie 'Lernende' bei 1,4 % (SD = 3,4 %). Als eine mathematikdidaktische Forschungsrichtung wird in Abschnitt 3.1.3 die Stoffdidaktik vorgestellt, „which concentrates on the mathematical contents of the subject matter to be taught" (Sträßer, 2014, S. 567). In den Anfängen dieser Forschungsrichtung, der traditionellen Stoffdidaktik, spielten die Akteure in Lehr-Lern-Prozessen und mit ihnen zusammenhängende Themen keine Rolle (Sträßer, 2014, S. 567). Ähnlichkeiten dieser Forschungsrichtung zu den Charakteristika der Studierenden des Typs 1 sind deutlich erkenntlich (Fokus auf Fachinhalte, wenig Beachtung von Lernenden und Lehrenden), sodass die Vertreter dieses Typs nachfolgend als 'traditionelle Stoffdidaktiker' bezeichnet werden. In den 1970ern kam es zu einer Öffnung der stoffdidaktischen Perspektive, in die nun vermehrt auch Aspekte, welche die Akteure im Unterricht betreffen, einbezogen werden (Sträßer, 2014, S. 567). Dementsprechend finden sich Ähnlichkeiten dieser 'moderneren' stoffdidaktischen Richtung vor allem zu den Antworten des Studierenden des Typs 5, die sowohl mathematische Inhalte wie auch solche bezüglich der Lernenden als Inhalte der Mathematikdidaktik darstellen. Die Studierenden des Typs 5 werden daher als 'Stoffdidaktiker' bezeichnet.

Bezüglich der *Beliefs zur Mathematik* zeigen die Skalenmittelwerte der Studierenden des Typs der 'traditionellen Stoffdidaktiker' (Typ 1) im Vergleich zu jenen der Typen 5 und 7 statistisch signifikant geringere Zustimmungen zum Verständnis der Mathematik als Prozess. Im Bereich der Beliefs zum Lehren und Lernen von Mathematik können durch Abweichung des üblichen Verfahrens und des Hinzuziehens der Welch-ANOVA und des Games-Howell Post-hoc-Tests trotz angenommener Homogenität der Varianzen signifikante Unterschiede zwischen den Mittelwerten der Studierenden des Typs 5 ('Stoffdidaktiker') und des Typs 1 ('traditionelle Stoffdidaktiker') bezüglich des Vertrauens auf mathematische Selbstständigkeit der Schülerinnen und Schüler unter Vorsicht berichtet werden. Auch hier sind die Mittelwerte der Studierenden des Typs 'traditionelle Stoffdidaktiker' (Typ 1) geringer als jene des Typs 'Stoffdidaktiker' (Typ 5). Es kann an dieser Stelle eine Verbindung zwischen Beliefs zur Mathematik und zum mathematischen Lehren und Lernen sowie zu den inhaltsbezogenen Beliefs zur Mathematikdidaktik vermutet werden. Die Studierenden des ersten Typs stimmen den konstruktivistischen Skalen zur 'Mathematik als Prozess' und zum 'Vertrauen auf mathematische Selbstständigkeit der Schülerinnen und Schüler' weniger zu als jene des Typs 5 (und des

Typs 7 bezüglich der Skala 'Mathematik als Prozess'). Aus diesen Ergebnissen kann vermutet werden, dass der Einbezug lernprozessbezogener Aspekte in die Vorstellungen zur Mathematikdidaktik mit konstruktivistischeren Beliefs zur Mathematik und zum mathematischen Lehren und Lernen in Zusammenhang steht (Codierungen in der Hauptkategorie 'Lernende' ist zentraler Unterschied zwischen den Antworten von Typ 1 und 5). In der Stichprobe zeigt sich bezüglich der beiden Typen 1 und 5, dass mehr angehende Lehrkräfte für Weiterführende Schulen als für Grundschulen diesen Typen zugeordnet sind. Dieses Ergebnis lässt sich allerdings nicht auf die Grundgesamtheit übertragen.

Eine zweite Orientierung hinsichtlich der Didaktik im Referendariat wird von Kron et al. (2014) als „unterrichtsfunktionale Orientierung" (S. 19) bezeichnet. Aus dieser Orientierung heraus wird vor allem ein technisches Interesse an Unterricht ausgedrückt (Kron et al., 2014, S. 19). In der vollzogenen Typenbildung findet sich ein Pendant zu dieser Orientierung in *Typ 2*. Hier werden im Vergleich zu den anderen Typen besonders häufig primär technische Inhalte zum Mathematikunterricht mit der Mathematikdidaktik verbunden. Codierungen in den Kategorien 'mathematischer Inhalt', 'Lernende' und 'Lehrende' finden sich in den Antworten der Studierenden dieses Typs selten, sodass eine vorwiegend eindimensionale Sichtweise auf Inhalte der Mathematikdidaktik aus der konstruktiven Dimension eingenommen wird. Aufgrund dessen wird dieser Typ nachfolgend als Typ der *'Unterrichtstechniker'* bezeichnet. Dieser Typ ist mit 34 Studierenden der zweitgrößte (nach dem Typ 'Moderate'). Es kann vermutet werden, dass hier bezogen auf die Mathematikdidaktik eine Unterschätzung der Wirkung und Bedeutung individueller Unterschiede der Lernenden vorliegt (Kagan, 1992, S. 154; Patrick und Pintrich, 2001, S. 123). Zusätzlich kann auch eine Unterschätzung der fachlichen mathematikdidaktischen Anforderungen des Lehrberufs, in Anlehnung an die Ausführungen Hefendehl-Hebekers (2013, S. 4), aufgrund der Codierungen hypothetisch festgehalten werden.

Letzteres kann auch für die Studierenden des *dritten Typs* vermutet werden, da diese in ihren Antworten Mathematikdidaktik nur selten mit Inhalten verbinden, die mit der Betrachtung der fachlichen Dimension einhergehen (im Mittel 10 % der Codierungen im Bereich 'mathematischer Inhalt', SD = 7,5 %). Vielmehr werden von den Studierenden Inhalte genannt, die mit der Betrachtung der Lernenden in Zusammenhang stehen. Die dritte von Kron et al. (2014, S. 19) dargestellte didaktische Grundorientierung ist die handlungsbezogene, in der vor allem die angehenden Lehrkräfte selbst sowie die Lernenden Beachtung finden. Die Studierenden des dritten Typs nennen wenige mathematikdidaktische Inhalte, die mit den Lehrenden einhergehen, viele jedoch, die mit den Lernenden in Zusammenhang stehen. Aufgrund ihrer Fokussierung auf mathematikdidaktische

Inhalte der psychologisch-soziologischen Dimension lassen sie sich als *'Schüler-zentrierte'* hinsichtlich der mit Mathematikdidaktik verbundenen Inhalte beschreiben. Von den insgesamt 13 Studierenden, die diesem Typ zugeordnet werden, sind 11 weiblich. Diese Abweichung von der Geschlechterverteilung in der gesamten Stichprobe ist allerdings nicht signifikant und kann daher nicht auf die Gesamtheit übertragen werden.

Die Typen 4, 6 und 7 finden wie auch Typ 5 kein Pendant in den didaktischen Grundorientierungen nach Kron et al. (2014, S. 19). Die anhand der Antworten der 68 Studierenden dieser Typen herausgearbeiteten Sichtweisen auf mathematikdidaktische Inhalte sind im Vergleich zu jenen der 59 Studierenden der ersten drei Typen nicht als eindimensional, sondern als *mehrdimensional* zu bezeichnen, da mindestens zwei Kategorien in den Antworten ähnlich häufig codiert wurden (weniger als 20 % Unterschied in der Codierhäufigkeit).

Die 14 Studierenden des *Typs 4* verbinden in ihren Antworten Mathematik-didaktik häufig mit Inhalten des 'Unterrichts', jedoch zusätzlich auch mit solchen zu den 'Lernenden'. Sie werden folglich als *'Schulpädagogen'* bezeichnet. Die Mehrheit der Studierenden dieses Typs ist weiblich (11 von 14) und strebt ein Lehramt an Grundschulen an (11 von 14). Die statistischen Testungen zeigen hier jedoch kein signifikantes Ergebnis, sodass die Beobachtungen zur Verteilung des Geschlechts und der angestrebten Schulart nicht auf die Grundgesamtheit über-tragen werden können.

Die Antworten der neun Studierenden des *Typs 6* zeichnen sich im Besonderen dadurch aus, dass sie mindestens 33 % der gesamten Codierungen in der Kate-gorie 'Lehrende' vorweisen (M = 41,6 %, SD = 10,1 %), während in den Texten der anderen Typen durchschnittlich nur 2–9 % der Codierungen dieser Kategorie zugeordnet sind. Diese Besonderheit betonend können die Studierenden des Typs 6 als *'Lehrkraftorientierte'* dargestellt werden. Wobei hier berücksichtigt werden muss, dass keine Fokussierung vorliegt, da zusätzlich Inhalte aus der Kategorie 'Unterricht' ähnlich häufig codiert wurden (M = 28,3 %, SD = 8,2 %). Weiter-hin ist festzuhalten, dass die Studierenden dieses Typs den Items zum 'selbst-ständigen und verständnisvollen Lernen' von Mathematik im Mittel weniger zustimmen als jene der Typen 2, 4,5 und 7. Eine Orientierung an Lehrkräften scheint daher im Vergleich mit weniger konstruktivistischen Beliefs zum selbst-ständigen und verständnisvollen Lernen der Schülerinnen und Schüler in Zusammenhang zu stehen. Die Antworten der Studierenden der Typen 4 ('Schul-pädagogen') und 6 ('Lehrkraftorientierte') können ähnlich wie jene der Typen 2 ('Unterrichtstechniker') und 3 ('Schülerzentrierte') eine Unterschätzung der fach-lichen Anforderungen vermuten lassen, da in den Antworten dieser Studierenden nur vereinzelt mathematikdidaktische Inhalte mit dem mathematischen Fach-inhalt verbunden werden. Bei Typ 6 ('Lehrkraftorientierte') kann zusätzlich wie bei den Typen 1 ('traditionelle Stoffdidaktiker') und 2 ('Unterrichtstechniker') aufgrund der wenig berücksichtigten lernprozessbezogenen Aspekte der Mathematikdidaktik eine Unterschätzung der Wirkung und Bedeutung individueller Unterschiede der Lernenden vermutet werden (Kagan, 1992, S. 154; Patrick und Pintrich, 2001, S. 123).

Die 36 Studierenden des *Typs 7* erwähnen in ihren Antworten sowohl mathematikdidaktische Inhalte der Kategorie 'mathematischer Inhalt' ($M = 32,7\,\%$, $SD = 8,6\,\%$), der Kategorie 'Unterricht' ($M = 36\,\%$, $SD = 12,5\,\%$) und der Kategorie 'Lernende' ($M = 22\,\%$, $SD = 11,8\,\%$) ähnlich häufig und gelten somit als *'Moderate'*.

Zusammenfassend können die Typen wie in Tabelle 7.20 dargestellt interpretiert werden, wobei die Beschreibungen der Häufigkeiten in Relation zu den anderen Variablen innerhalb des Typs sowie absolut zu verstehen sind. In den Antworten der Studierenden aus den Typen 1, 2 und 3 wurde eine der Hauptkategorien 'sehr häufig' codiert (durchschnittlich mehr als 60 % aller Codierungen in einer Kategorie). Diese Studierenden beschreiben ihr Verständnis von Mathematikdidaktik vor allem aus einer der inhaltlichen Dimensionen. Die in diesen Antworten ausgedrückten Sichtweisen werden daher als (vorwiegend) *eindimensional* und jener der Studierenden aller anderen Typen als *mehrdimensional* beschrieben.

Tabelle 7.20 Verbale, zusammenfassende Beschreibung der Typen

	Typ 1	Typ 2	Typ 3	Typ 4	Typ 5	Typ 6	Typ 7
	Traditionelle Stoffdidaktker	*Unterichtstechniker*	*Schülerzentriete*	*Schulpädaggen*	*Stoffdidaktiker*	*Lehrkraftorientiete*	*Moderte*
Inhalt	sehr häufig	wenig	wenig	wenig	häufig	wenig	mittel
Unterricht	mittel	sehr häufig	mittel	häufig	wenig	mittel	mittel
Lernende	wenig	wenig	sehr häufig	mittel	mittel	wenig	mittel
Lehrende	wenig	wenig	wenig	wenig	wenig	häufig	wenig
Personenanzahl	12	34	13	14	9	9	36

Anmerkung: 'wenig': M (Codierhäufigkeit) < 20 %, 'mittel': 20 % ≤ M (Codierhäufigkeit) < 40 %, 'häufig': 40 % ≤ M (Codierhäufigkeit) < 60 %, 'sehr häufig': M (Codierhäufigkeit) > 60 %; M = arithmetisches Mittel

Signifikante Unterschiede zwischen den Typen hinsichtlich der sozio-demographischen (Alter, Geschlecht) und ausbildungsbezogenen Variablen (pädagogische Vorerfahrung, angestrebte Schulart, Fachsemester) konnten nicht herausgefunden werden. In der Messung fachdidaktischen Wissens verschiedener Studien, deren Ergebnisse in Abschnitt 3.2.4 dargestellt werden, sind mehrfach Unterschiede der Leistungen zwischen den Probanden unterschiedlicher Schularten berichtet worden. Mit Blick auf die absoluten Zahlen der deskriptiven Statistiken ist erkenntlich, dass die Studierenden des Typs 'traditionelle Stoffdidaktiker' (Typ 1) und des Typs 'Stoffdidaktiker' (Typ 5) vermehrt den Lehrberuf an weiterführenden Schulen anstreben (8 von 12 bei Typ 1 sowie 7 von 9 bei Typ 5). Bei den Studierenden des Typs 4 ('Schulpädagogen') finden sich mehr angehende Lehrkräfte für Grundschulen (11 von 14). Die hieraus entstehenden Vermutungen zur Verteilung der angestrebten Schularten auf die Typen sind innerhalb der Stichprobe gültig, können aber nicht als signifikante Unterschiede auf die Grundgesamtheit übertragen werden. Ein möglicher Grund hierfür kann in den geringen Stichprobengrößen von minimal neun Personen pro Typ gefunden werden, die dazu beitragen, dass die erwarteten Häufigkeiten mehrfach kleiner als fünf sind, was die Ergebnisse des χ^2-Tests beeinflussen kann (s. Abschnitt 6.3.2).

Zusammenfassung und Diskussion von Studie I

8

Im Anschluss an die Darstellung der Studienergebnisse sowie deren Interpretationen (s. Abschnitt 7.1.3 und 7.2.3) werden im Folgenden zentrale Erkenntnisse zusammenfassend festgehalten, bevor (methodische) Grenzen der Studie diskutiert werden.

In der Betrachtung der von den Studierenden mit Mathematikdidaktik verbundenen Inhalte wird zunächst ersichtlich, dass vor allem technische Aspekte des Mathematikunterrichts häufig von den Studierenden erwähnt werden. Die am häufigsten codierte Hauptkategorie ist die des 'Unterrichts' und die häufigste Subkategorie jene der 'Unterrichtsgestaltung'. Auch die Gruppe der Studierenden, die in ihren Antworten eine vorwiegend eindimensionale Sichtweise auf Inhalte der konstruktiven Dimension der Mathematikdidaktik zeigen ('Unterrichtstechniker' – Typ 2), bilden nach den 'Moderaten' (Typ 7) mit 34 zugeordneten Studierenden die zweitgrößte Gruppe.

Die einzelnen Inhalte des Kategoriensystems zeigen, dass in vielfacher Hinsicht eine Übereinstimmung zwischen den von Studierenden und der hinzugezogenen Literatur als mathematikdidaktisch deklarierten Inhalte vorherrscht. Vereinzelt drücken einige Studierende in ihren Antworten jedoch auch abweichende Verständnisse mathematikdidaktischer Inhalte aus, beispielsweise, wenn Mathematikdidaktik als Fach der mathematischen Grundlagen dargestellt wird. Geringe Beachtung schenken die Studierenden in ihren Ausführungen curricularen Themen, während jene zur Leistungsbewertung keine Erwähnung in den studentischen Antworten finden.

Mit Blick auf die in der Literatur beschriebenen Vorstellungen von Lehramtsstudierenden zum Studium kann mithilfe der Typenbildung hypothetisch formuliert werden, dass einige Gruppen von Studierenden lernprozessbezogene

Inhalte der Mathematikdidaktik und diesbezüglich individuelle Unterschiede der Lernenden weniger zu beachten scheinen (in Anlehnung an Kagan, 1992, S. 154; Patrick und Pintrich, 2001, S. 123). Ebenso lassen sich auch Gruppen finden, bei welchen fachliche Aspekte der Mathematikdidaktik kaum bis gar nicht erwähnt werden, sodass dahingehend eine Unterschätzung der fachlichen Anforderungen des Lehrberufs vermutet werden kann (in Anlehnung an Hefendehl-Hebeker, 2013, S. 4). Dabei fallen besonders die 59 Studierenden auf, die in ihren Antworten mathematikdidaktische Inhalte einer Hauptkategorie besonders häufig erwähnen und daher eine vorwiegend eindimensionale Sichtweise äußern. Eine Beeinflussung der Informationsaufnahme und Wahrnehmung mathematik-didaktischer Themen durch jene inhaltsbezogenen Beliefs zur Mathematik-didaktik kann vor der Theorie zu Beliefs vermutet werden (s. Abschnitt 2.2).

Die Ergebnisse der ersten Studie liefern weiterhin Anlass zu der Vermutung, dass die Beliefs zur Mathematikdidaktik mit jenen zur Mathematik und zum mathematischen Lehren und Lernen in Verbindung stehen. Da den einzelnen Typen jedoch zum Teil nur sehr wenige Probanden zugeordnet werden, sind jene Verbindung zukünftig genauer zu beforschen. Die Ergebnisse diesbezüglich sind als Hinweise über mögliche Verbindungen anzusehen.

Auch die anderen Ergebnisse unterliegen bestimmten Verzerrungen bzw. methodischer Grenzen. Zur Datenerhebung kann festgehalten werden, dass „sehr umfangreiche und komplexe Antworten ... schriftlich nicht zu erwarten [sind]" (Döring & Bortz, 2016b, S. 398). Die Zuordnung der Studierenden zu bestimmten Typen basierend auf ihren Antworten ist daher einigen Grenzen ausgesetzt. Auch wenn besonders kurze Texte vor der Analyse ausgeschlossen wurden, muss die Einschränkung bedacht werden, dass beispielsweise aufgrund der Kürze der Ausführungen nichtzutreffende Zuordnungen vollzogen werden. Ebenso unterliegt die Analyse einem interpretativen Prozess der Zuordnung von Textstellen zu den vier Hauptkategorien 'mathematischer Inhalt', 'Unter-richt', 'Lernende' und 'Lehrende'. Auch wenn versucht wurde, mittels umfang-reicher Absprachen beim Codieren möglichst objektiv einzuschätzen, aus welcher Perspektive ein gewisser Inhalt der Mathematikdidaktik erwähnt wurde (s. Abschnitt 6.4), bleibt die Möglichkeit unterschiedlicher Verständnisse von Begriffen und Beschreibungen gegeben (Speer, 2005, S. 371 f.). Für weitere Verzerrungen kann die Transformation der qualitativen Daten in quantitative sorgen wie auch die Überführung der absoluten Häufigkeiten in relative. Mit der Verwendung relativer Häufigkeiten zur typenbildenden Analyse ergeben sich bei Codierung von insgesamt fünf Textstellen und einer Verteilung von drei Codierungen in einer ersten und zwei Codierungen in einer zweiten Kategorie die relativen Häufigkeiten von 60 % und 40 %. Aufgrund derartiger Werte sind insgesamt zwei Studierende einem eindimensionalen Typ zugeordnet worden, obwohl die Differenz jeweils nur eine Codierung beträgt. Zusätzlich gehen mit der Verwendung relativer Häufigkeiten Informationen verloren. Beispielsweise kann das Vorhandensein vieler Codierungen in einer studentischen Antwort einen Hinweis darauf liefern, dass besonders vielschichtige und ausdifferenzierte Beliefs über Inhalte der Mathematikdidaktik vorliegen. Mit der Verwendung relativer Häufigkeiten kommt es zu einem Verlust derartiger Informationen (s. Abschnitt 6.3.2).

Um einen Einblick in die Gültigkeit der Ergebnisse der ersten Studie zu erhalten, wurden die Studierenden der zweiten Studie, die ebenfalls Probanden der ersten Studie darstellen, mit den vier Hauptkategorien konfrontiert und danach gefragt, welchen Fokus Mathematikdidaktik ihrer Meinung nach besitzen sollte. Sieben der zwölf interviewten Studierenden, die einem eindimensionalen Typ zugeordnet wurden, gaben an, dass Mathematikdidaktik ihrer Meinung nach den Fokus haben sollte, zu welchem sie auch in Studie I zugeordnet wurden[1]. Von diesen sieben Studierenden, die sich entsprechend der Typenzuordnung äußerten, wurden in der ersten Studie drei dem ersten Typ ('traditionelle Stoffdidaktiker'), einer dem zweiten Typ ('Unterrichtstechniker') und drei dem dritten Typ ('Subjektorientierte') zugeordnet[2]. Gründe für das Abweichen der Antworten von fünf Studierenden können darin liegen, dass die Zuordnung im Rahmen der Typenbildung nicht passend ist, dass die Studierenden im Interview die Hauptkategorien nicht entsprechend des in Abschnitt 6.3 ausgeführten Verständnisses aufgefasst haben[3] oder darin, dass ihnen ihre eigene Fokussierung nicht bewusst ist. Auch Verzerrungen hinsichtlich einer sozialen Erwünschtheit sind hier denkbar.

Vorteile der eingesetzten qualitativen Inhaltsanalyse sind Theorie- und Regelgeleitetheit dieser (Mayring, 2000, Absatz 26), wodurch es möglich wird, auch größere Datenmengen zu bearbeiten. Ramsenthaler (2013, S. 39) formuliert

---

[1]Den Studierenden wurden hierzu die Hauptkategorien kurz erläutert und sie wurden dann gebeten die Frage zu beantworten: „Welchen Fokus sollte Mathematikdidaktik deiner Meinung nach haben?". Die Zuordnung im Rahmen der Typenbildung wurde den Studierenden nicht mitgeteilt.

[2]Von den zwölf Studierenden gehörten insgesamt vier zum ersten Typ ('traditionelle Stoffdidaktiker'), fünf zum zweiten Typ ('Unterrichtstechniker') und drei zum dritten Typ ('Schülerzentrierte').

[3]Dabei ist im Besonderen die Kategorie 'Lehrende' zu vermerken, welche von zwei Studierenden als Fokus der Mathematikdidaktik genannt wurde. Hier kann vermutet werden, dass diese Studierenden ausdrücken wollten, dass in der Ausbildung von der Mathematikdidaktik die angehenden Lehrkräfte besonders beachtet werden sollen.

die Kritik, dass die kategoriengeleitete Auswertung und die anschließende Betrachtung der Häufigkeiten aufgetretener Kategorien dazu führen, dass der Einzelfall aus den Augen gerät. Die erste Studie wird daher bewusst als eine erste Annäherung an inhaltsbezogene Beliefs als Oberflächenmerkmal studentischer Vorstellungen verstanden (s. Kapitel 4). Die zweite Studie hat es zum Ziel, sich Vorstellungen einzelner Studierender vertiefend zu widmen und dabei das Augenmerk auf den Einzelfall zu richten.

Teil IV
Studie II – Tiefere Einblicke in einzelne studentische Vorstellungen

Methodische Grundlagen

Ziel der zweiten Studie ist es, tiefere Einblicke in individuelle Vorstellungen zu erhalten. Zu diesem Zweck werden einzelne Studierende in Anlehnung an die Ergebnisse der ersten Studie ausgewählt und interviewt. Im Forschungsfokus stehen die Fragen: Welche globalen Beliefs zur Mathematikdidaktik werden von den Studierenden geäußert? und Welche Emotionen und Einstellungen werden von den Studierenden im Zusammenhang mit Mathematikdidaktik erwähnt? (s. Kapitel 4). Die gewählte methodische Vorgehensweise zur Beantwortung dieser Fragen wird mit Blick auf die Datenerhebung (s. Abschnitt 9.1), -aufbereitung (s. Abschnitt 9.2), -analyse (s. Abschnitt 9.3) und die Gütekriterien (s. Abschnitt 9.4) dargestellt.

9.1 Datenerhebung

Als eine Form der mündlichen Befragung ist das Führen von Interviews abhängig von vier zentralen Elementen: „a) die Befragungspersonen, b) die Interviewerin bzw. der Interviewer, c) die Interviewsituation und d) die Interviewfragen" (Döring & Bortz, 2016b, S. 356). Die Beschreibung der Datenerhebung orientiert sich an diesen vier Elementen. In Abschnitt 9.1.1 werden die befragten Personen vorgestellt, während in Abschnitt 9.1.2 sowohl der Kontext, also die Interviewsituation, als auch relevante Charakteristika der Interviewerin thematisiert werden. Die geführten Interviews sind als Leitfadeninterviews zu bezeichnen und daher durch

Elektronisches Zusatzmaterial Die elektronische Version dieses Kapitels enthält Zusatzmaterial, das berechtigten Benutzern zur Verfügung steht. https://doi.org/10.1007/978-3-658-31086-8_9.

ein halb- bzw. teilstrukturiertes Vorgehen charakterisiert (Döring & Bortz, 2016e, S. 358 f.). Der verwendete Interviewleitfaden wird in Abschnitt 9.1.3 dargelegt.

9.1.1 Beschreibung der Stichprobe

Das Sampling in der zweiten Studie findet unter qualitativen Gesichtspunkten statt. In einem qualitativen Forschungsansatz wird oft eine bewusste, absichtsvolle Auswahl von Fällen vollzogen (Döring & Bortz, 2016d, S. 302 ff.). „Damit ist gemeint, dass auf der Basis theoretischer und empirischer Vorkenntnisse gezielt solche Fälle in das Sample aufgenommen werden, die besonders aussagekräftig für die Fragestellung sind" (Döring & Bortz, 2016d, S. 302). Um möglichst verschiedene Vorstellungen von Mathematikdidaktik betrachten zu können und die Ergebnisse der ersten Studie zu vertiefen, erfolgt die Auswahl der Interviewpartnerinnen und -partner für die zweite Studie basierend auf der Analyse ihrer Antworten zur ersten Studie.

Es wird davon ausgegangen, dass eine aktuelle Beschäftigung mit einem mathematikdidaktischen Thema die Antworten innerhalb des Interviews beeinflussen können. Insbesondere eine zeitgleiche Teilnahme an mathematikdidaktischen Veranstaltungen (Vorlesungen oder Seminaren) könnte dazu führen, dass die Studierenden im Interview Einstellungen, Emotionen und Beliefs vor allem auf ihre aktuellen Erfahrungen beispielsweise in einer Vorlesung beziehen. Aus diesen Gründen wurden die Interviews vor bzw. direkt zu Beginn der Vorlesungszeit des Sommersemesters 2018 durchgeführt. Da die dritte und letzte Erhebung der ersten Studie am 10.04.2018 in der ersten fachdidaktischen Vorlesungssitzung zu Modul 5 stattfand (s. Abschnitt 6.1.2), waren die Texte dieser Studierenden vor Beginn des Semesters weder erhoben noch qualitativ inhaltsanalytisch ausgewertet. Die Frage nach Typen mit ein- bzw. mehrdimensionalen Sichtweisen ist in Anlehnung an die Ausführungen von Kron et al. (2014) theoretisch hergeleitet, sodass bereits bekannt war, dass im Rahmen der Typenbildung Texte gruppiert werden sollten, in welchen vor allem eine oder mehrere Inhaltsdimensionen der Mathematikdidaktik betrachtet werden. Bereits vor der Clusteranalyse konnten Fälle ausgewählt werden, die anhand ihrer Codierungen in den Antworten zu Studie I eine ein- bzw. mehrdimensionale Sichtweise ausdrücken[1]. Diese Fälle entstammen dem ersten oder zweiten Erhebungszeitpunkt der ersten Studie.

---

[1]Die ausgewählten Fälle sind alle auch im Rahmen der Clusteranalyse dem jeweiligen Typ zugeordnet.

Im Fragebogen von Studie I wurden die Studierenden gefragt, ob sie sich bereiterklären würden, in einem Interview mehr über ihre persönliche Vorstellung von Mathematikdidaktik zu erzählen (s. Abschnitt 6.1.1). Die Studierenden, die sich hierzu bereiterklärten und zum ersten oder zweiten Zeitpunkt an der Befragung der ersten Studie teilnahmen, wurden angeschrieben mit der Bitte um Zusendung von Terminvorschläge. Letztlich wurden jene Studierenden zu einem Interview eingeladen, denen es möglich war, noch zu Beginn des Sommersemesters 2018 ein Interview zu führen und deren Antworten sich in der ersten Studie durch eine ein- bzw. mehrdimensionale Sichtweise auszeichneten. Erste Interviews fanden dann am 06.04.2018 statt. Einzig eindimensionale Sichtweisen auf die psychologisch-soziologische Dimension der Mathematikdidaktik fanden sich in den Texten der ersten beiden Erhebungszeitpunkte selten[2], sodass nachträglich zwei Studierende des dritten Erhebungszeitpunktes zum Interview eingeladen wurden. Zwischen dem 06. und 17.04.2018 fanden insgesamt 14 Interviews statt. Als Versuchspersonen-Vergütung erhielten alle interviewten Studierenden einen 20€-Amazon-Gutschein.

Insgesamt 41 Studierende erklärten sich dazu bereit, ein Interview zu führen. Die Verteilung dieser Studierenden auf die in Studie I gebildeten Typen ist Tabelle 9.1 zu entnehmen.

Tabelle 9.1 Verteilung der interviewten Studierenden auf die Typen

Typ	Anzahl der Studierenden, die sich bereiterklärten ein Interview zu führen	Anzahl geführter Interviews
1 – 'traditionelle Stoffdidaktiker'	6 (4)	4
2 – 'Unterrichtstechniker'	12 (7)	5
3 – 'Schülerzentrierte'	4 (1)	3
4 – 'Schulpädagogen'	4 (1)	0
5 – 'Stoffdidaktiker'	1 (1)	0
6 – 'Lehrkraftorientierte'	3 (3)	0
7 – 'Moderate'	11 (7)	2

Anmerkung: Anzahl in Klammern: Studierende, die sich bereiterklärten ein Interview zu führen und die zum ersten oder zweiten Erhebungszeitpunkt an der ersten Studie teilnahmen

---

[2]Insgesamt fand sich in den Texten dieser Erhebungszeitpunkte ein Text, in dem eine eindimensionale Sichtweise zur Hauptkategorie 'Lernende' deutlich wird und dessen Verfasserin sich zum Führen eines Interviews bereiterklärte.

12 der 14 Interviewpartnerinnen und -partnern sind in der ersten Studie den drei Typen mit vorwiegend eindimensionaler Betrachtung mathematik-didaktischer Inhalte (Typ 1, 2 und 3) zugeordnet. Darüber hinaus wurden zwei Studierende interviewt, die in der ersten Studie dem Typ 'Moderate' zugeordnet werden, welcher sich durch eine mehrdimensionale Sichtweise und eine ähnlich häufige Erwähnung mathematikdidaktischer Inhalte aus den Hauptkategorien 'Mathematischer Inhalt', 'Unterricht' sowie 'Lernende' auszeichnet (Typ 7). Es wurden sechs Frauen und acht Männer interviewt, die zum Zeitpunkt des Interviews zwischen 19 und 30 Jahre alt waren (M = 22,57, SD = 2,71). Neun Studierende sind angehende Gymnasiallehrkräfte, zwei angehende Lehrkräfte für Realschulen Plus, weitere zwei interviewte Studierende sind angehende Grund-schullehrkräfte. Darüber hinaus nahm eine angehende Lehrkraft für Berufs-bildende Schulen an den Interviews teil. Hinsichtlich des Fachsemesters liegt das arithmetische Mittel bei M = 5,07 Semestern (SD = 1,33), wobei die Studierenden minimal seit drei und maximal seit acht Semestern Mathematik studieren.

In zwei Fällen kam es während der Interviewführung zu technischen Schwierigkeiten bei der Tonaufnahme, sodass Abschnitte des Interviews nicht aufgenommen wurden. Aufgrund der Unvollständigkeit der Aufnahme dieser Interviews werden jene nicht zur Analyse hinzugezogen. Zum anderen wurde in zwei weiteren Fällen die Interviewführung im Nachhinein als 'schwierig' bewertet. Dies macht sich dadurch bemerkbar, dass die Studierenden während des Interviews kaum über Mathematikdidaktik, sondern vielmehr über ihre Vor-stellungen von gutem Mathematikunterricht sprechen. Um das Gespräch in eine andere Richtung zu lenken, wurde zum Teil mit Suggestivfragen agiert, die den Studierenden bestimmte Antworten nahelegten. Diese Antworten sind nicht von den Studierenden selbst eingebracht worden und es besteht daher keine Möglich-keit darüber zu urteilen, ob sie tatsächlich der studentischen Vorstellung zur Mathematikdidaktik entsprechen.

In der Ergebnispräsentation werden aus ökonomischen Gründen vier Fälle vorgestellt, die gleichmäßig auf die vier befragten Typen verteilt sind (je ein Interview pro Typ). Um subjektive Einflüsse bei der Auswahl der Interviews zu verringern, wurde eine an pragmatischen Gründen orientierte Auswahl vor-genommen: Es werden jene Interviews vorgestellt, in denen in der Analyse im Vergleich zu den anderen Interviews desselben Typs die meisten Codierungen vorgenommen wurden. Mithilfe dieses Kriteriums wird intendiert, die Äußerungen der Studierenden darzustellen, die in den Interviews möglichst viel zu den mit Blick auf die Forschungsfragen interessierenden Aspekten äußern. Es ergibt sich mit diesen Ausführungen die in Tabelle 9.2 ersichtliche Änderung der in der Ergebnispräsentation dargestellten Stichprobe.

Tabelle 9.2 Übersicht der im Ergebnisbericht dargestellten Interviews

Code	Pseudonym	Typ	Angestrebte Schulart
MTND9DK	Herr Wagner	1 – 'traditionelle Stoffdidaktiker'	RS+
HHTB4BS	Herr Müller	2 – 'Unterrichtstechniker'	RS+
KOZK6GT	Frau Fischer	3 – 'Subjektorientierte'	GYM
BRFF7PW	Frau Becker	7 – 'Moderate'	GYM

Anmerkung: RS+ steht für Realschule Plus, GYM für Gymnasium

Die Studierenden, deren Interviews vorgestellt werden, sind, wie in Tabelle 9.2 dargestellt, angehende Lehrkräfte für weiterführende Schulen im Alter zwischen 20 und 25 Jahren und im vierten bis sechsten Fachsemester.

9.1.2 Durchführung der Interviews

Lamnek und Krell (2016, S. 315) differenzieren Interviews hinsichtlich verschiedener Dimensionen, die in Tabelle 9.3 auf die geführten Interviews übertragen werden.

Tabelle 9.3 Differenzierung der geführten Interviews (In Anlehnung an Lamnek & Krell, 2016, S. 315)

Dimension der Differenzierung	Form der praktizierten Interviews
1. Intention des Interviews	ermittelnd
2. Standardisierung	halbstandardisiert
3. Struktur der zu Befragenden	Einzelinterviews
4. Form der Kommunikation	mündlich
5. Stil der Kommunikation, Interviewer-verhalten	neutral bis weich
6. Art der Fragen	offen
7. Kommunikationsmedium bei mündlichen Interviews	Face-to-Face, persönlich

Ein erstes Differenzierungskriterium behandelt die interessierende Richtung des Informationsflusses. Sollen den Interviewten Informationen mitgeteilt und diese somit beeinflusst werden, handelt es sich um eine vermittelnde Interviewführung. Wird hingegen das Ziel verfolgt, bestimmte Informationen vom

Befragten zu erheben, handelt es sich um eine *ermittelnde Intention*. Da es Ziel der Interview-Studie ist, Informationen über die individuellen Vorstellungen zur Mathematikdidaktik zu erhalten, sollen Informationen von den Befragten erhoben werden. Die Intention der Interviews ist somit als ermittelnd zu bezeichnen (Koolwijk, 1974, S. 15; Lamnek & Krell, 2016, S. 316).

Mit der Verwendung eines Interviewleitfadens wird ein *halbstrukturiertes Vorgehen* umgesetzt. „Häufig ist von «teilstandardisierten» Interviewleitfäden die Rede, damit ist gemeint, dass die Fragen oder Themenblöcke (grob) vorgegeben sind, jedoch keine Antwortalternativen angeboten werden, sondern sich die Befragten in eigenen Worten äußern" (Döring & Bortz, 2016b, S. 358). Durch ein solches Vorgehen wird die Vergleichbarkeit der Interviews erhöht, allerdings unterliegen die Interviews so auch einer gewissen Prädetermination (Lamnek & Krell, 2016, S. 323). In Abschnitt 2.4.2 werden mit Bezug auf epistemologische Beliefs die Schwierigkeiten der Beforschung dieser erwähnt. Da Fragen zur Natur des mathematikdidaktischen Wissens als selten diskutiert angesehen werden können, ist davon auszugehen, dass sich Probleme bei der Artikulation der Beliefs ergeben (Buehl & Alexander, 2001, S. 388). Der Leitfaden dient daher einerseits der Vergleichbarkeit der Interviews und andererseits als Unterstützungsmaßnahme, um den Studierenden mit bestimmten Aufforderungen zu helfen, vor allem auch epistemologische Beliefs zu artikulieren.

Die Durchführung der Interviews erfolgte als *Einzelinterviews* in mündlicher Form, wobei die Studierenden nicht als Experten, sondern als Betroffene angesehen werden, deren persönliche Vorstellung im Fokus stehen (Döring & Bortz, 2016b, S. 360). Die Interviews wurden von mir im *Face-to-Face-Kontakt* mit den Studierenden durchgeführt. Dabei ist die Kommunikation als eine „asymmetrische Kommunikation mit klarer Rollenverteilung" (Döring & Bortz, 2016b, S. 357) zu kennzeichnen. Bei zwölf der interviewten Studierenden übernahm ich im Laufe des folgenden Sommersemesters die Begleitung des Reflexionsprozesses, der im Rahmen des MoSAiK-Teilprojektes realisiert wird (s. Abschnitt 1.1). Allerdings findet hier keine Benotung oder Bewertung der Studierenden statt, sodass nicht von einem typischen Dozierenden-Studierenden-Verhältnis gesprochen werden kann. Vor den Interviews und der Befragung aus Studie I bestand kein Kontakt zwischen den Teilnehmenden und mir.

Weiterhin wurden zur Herstellung einer vertrauensvollen Atmosphäre bestimmte interaktionale Entscheidungen getroffen. So wurde nach Zustimmung der Studierenden[3] dazu übergegangen, sich während des Interviews zu duzen. Außerdem kam in den Interviews eine *neutrale bis weiche Interviewführung* zum Einsatz. Diese Kommunikationsstile sind abzugrenzen von harten Interviewführungen, die Verhören nahekommen und sich durch Betonungen der Autorität sowie der Ausübung von Druck auf die oder den Befragten kennzeichnen (Koolwijk, 1974, S. 17; Lamnek & Krell, 2016, S. 326). „In 'weichen', nichtdirektiven Interviews soll die Interviewerin bzw. der Interviewer durch zustimmende Reaktionen Hemmungen abbauen, das Gespräch unterstützen und weitere Antworten ermuntern" (Diekmann, 2016, S. 440). In den Interviews sollten die Studierenden entsprechend dieses Zitates durch Gestik, Mimik und positive verbale Reaktionen ermuntert werden, ihre persönlichen Sichtweisen auszudrücken. Lamnek und Krell (2016) halten hinsichtlich der Kommunikationsstile fest: „Obgleich alle drei Arten von Interviews auf einen möglichst guten Report, also auf eine weitgehend wahrheitsgetreue, zuverlässige und gültige Beantwortung der Fragen abzielen, verbleibt bei vorsichtiger Beurteilung als in der qualitativen Sozialforschung anwendbare Methode nur die des weichen bis neutralen Interviews" (S. 326).

Die derart durchgeführten Interviews dauerten im Durschnitt ca. 43 min, wobei die *Dauer* des kürzesten Interviews ca. 27 min und die des längsten ca. 55 min beträgt. Im Anschluss an jedes Interview wurden Besonderheiten und Eindrücke zur Interviewsituation von mir festgehalten (Postskriptum).

9.1.3 Interviewleitfaden

Zur Unterstützung der Artikulation von Beliefs zur Mathematikdidaktik seitens der Studierenden und zur Schaffung einer Vergleichbarkeit der Interviews wurde ein Leitfaden eingesetzt, der als „Gerüst für Datenerhebung und Datenanalyse" (Döring & Bortz, 2016b, S. 372) angesehen werden kann. Mit dem Einsatz eines solchen geht eine Einschränkung der Offenheit der Interviews einher, denn der Ablauf der Interviews wird so nicht nur vorab, sondern auch in der Durchführung geformt und strukturiert. Es finden während des Interviews beispielsweise auf dem Leitfaden basierende Interventionen statt (Helfferich, 2014, S. 559).

---

[3]Es gab keine Studierenden die das Duzen ablehnten.

Im Folgenden wird mit Blick auf die Konzeption des Leitfadens dargestellt, „*wie und mit welcher Begründung das Sprechen … der interviewten Person beeinflusst und gesteuert wird [bzw. wurde]*" (Helfferich, 2014, S. 559, Hervorhebungen im Original).

Der Leitfaden wurde in vier Schritten erstellt, die „mit der *Formel SPSS*" (Helfferich, 2014, S. 567, Hervorhebungen im Original) verbunden werden. „*Das Sammeln von Fragen ('S')*" (Helfferich, 2014, S. 567, Hervorhebungen im Original) bildete einen ersten Schritt. Dabei wurden mit Blick auf das Forschungsinteresse verschiedene Fragen formuliert, die zunächst ohne Beachtung äußerer Kriterien, wie konkreten Formulierungen, Fragen der tatsächlichen Eignung etc. festgehalten wurden (Helfferich, 2014, S. 567). Erst in einem zweiten Schritt kam es zum kritischen „*Prüfen der Fragen ('P')*" (Helfferich, 2014, S. 567, Hervorhebungen im Original). Als Orientierungsrahmen dieser Prüfung galt das Prinzip: „So offen wie möglich, so strukturierend wie nötig" (Helfferich, 2014, S. 566). Die Studierenden sollen im Interview auf offene Fragen möglichst umfassend Antworten können (Döring & Bortz, 2016b, S. 365). Dies bedingt, dass Impulse gesucht werden mussten, die möglichst die Interviewenden dazu anregen, interessierende Informationen zu erzählen, ohne bereits in eine bestimmte Richtung zu lenken. Zu diesem Zweck wurden die geprüften Fragen zunächst durch „*das Sortieren ('S')*" (Helfferich, 2014, S. 567, Hervorhebungen im Original) inhaltlich gebündelt und in einem nächsten Schritt des „*Subsumieren[s] ('S')*" (Helfferich, 2014, S. 567, Hervorhebungen im Original) einem Impuls zugeordnet, der die Möglichkeit einräumt, dass bestimmte Inhalte von den Studierenden genannt werden, ohne dass eine konkrete und unter Umständen beeinflussende Nachfrage stattfinden muss. So wurden möglichst offene Frage-Antwort-Schemata, Erzählaufforderungen oder Einsätze von Stimuli generiert (Helfferich, 2014, S. 565). Der auf diese Weise entstandene Leitfaden kann und soll in der Umsetzung durch spontane Fragen, die sich auf das Gesagte beziehen, ergänzt werden (Döring & Bortz, 2016b, S. 365).

Die Konzeption des eingesetzten Leitfadens in Anlehnung an Helfferich (2014, S. 568) unterteilt das Interview inhaltlich in vier Phasen. Vor Beginn der eigentlichen Interviews fand eine Vorstellung der Teilnehmenden, eine Einigung auf das Duzen sowie die Klärung des Gesprächsanliegens, subjektive Vorstellungen zu beforschen, statt. Betont wurde dabei, dass es nicht um ein Überprüfen von Inhalten fachdidaktischer Veranstaltungen gehe und daher kein 'richtiges' oder 'falsches' Antworten möglich sei. Im Anschluss fand in einer ersten inhaltlichen Phase eine weiter ausholende Einführung statt.

Tabelle 9.4 Interviewleitfaden zur Phase der Einführung (1)

Leitfrage/Stimulus/ Erzählaufforderung	Inhaltliche Aspekte Stichworte – nur erfragen, wenn nicht von allein thematisiert	obligatorische (Nach-)Fragen, Anmerkungen
	Anrechnung eines Praktikums?	Hast du bereits ein Praktikum im Rahmen deines Studiums absolviert? Hast du im Rahmen deines Praktikums auch eigenständig Unterrichtsstunden planen und halten dürfen/ können?
Stell dir vor, du müsstest in deinem *Praktikum* für morgen eine *Mathematikunterrichtsstunde vorbereiten.* Beschreibe, wie du dabei vorgehen würdest.	Hilfen? Quellen?	
Du hast Aspekte angesprochen, die dir zur Hilfe nehmen würdest. Es ist möglich wissenschaftliche Literatur z. B. in Form von Artikeln hinzuziehen. Ich habe vier Überschriften von *Artikeln* mitgebracht und würde dich gerne fragen, welche bei dir das meiste *Interesse* erweckt?	Warum diesen? Warum nicht die anderen?	Zu den Geometrie-Aufgaben: Hier kann auch jedes andere mathematische Teilgebiet eingesetzt werden.

Der in Tabelle 9.4 dargestellte Ausschnitt des Leitfadens für die *erste Phase* der Einführung zeigt, dass nicht direkt über Mathematikdidaktik gesprochen wurde. Damit wurde ein 'leichter' Einstieg in das Interview intendiert. In Form einer Beschreibung sollten die Studierenden den ihnen bereits in ersten Ansätzen bekannten Vorgang der Unterrichtsvorbereitung aus ihrer Perspektive darstellen. Das leitende Forschungsinteresse ist dabei die Frage, ob sich der in Studie I geäußerte Fokus einiger Studierenden auf bestimmte mathematikdidaktische Inhalte auch in anderen Situationen, wie der Unterrichtsvorbereitung, zeigt. Mit vier erfundenen Artikelüberschriften wurde darauf aufbauend nach dem Interesse der Studierenden gefragt. Dabei orientierten sich die Formulierungen der Artikelüberschriften auf mathematikdidaktische Inhalte aus je einer Hauptkategorie: 1. 'Typische Fehler beim Bearbeiten von Geometrie-Aufgaben' (Hauptkategorie 'mathematischer Inhalt'), 2. 'Mathematiklernen in kooperativen Sozialformen' (Hauptkategorie 'Unterricht'), 3. 'Differenzieren und Individualisieren im Mathematikunterricht' (Hauptkategorie 'Lernende'), 4. 'Welche Charaktereigenschaften sollte eine 'gute' Mathematiklehrkraft haben?' (Hauptkategorie 'Lehrende').

Tabelle 9.5 Interviewleitfaden zur Phase des allgemeinen Sprechens über Mathematikdidaktik (2)

Leitfrage/Stimulus/Erzählaufforderung	Inhaltliche Aspekte Stichworte – nur erfragen, wenn nicht von allein thematisiert	obligatorische (Nach-)Fragen, Anmerkungen
Stell dir vor du bist auf der Löhrstraße bzw. dem Campus. Wie würdest du Passanten bzw. 'Erstis' *erklären*, was Mathematikdidaktik ist?		
Würdest du ein *Bild* zeichnen, das deine Vorstellung von Mathematikdidaktik widerspiegelt?	Erläuterungen	
Als du dich entschieden hast, Lehrkraft zu werden und dein Studium begonnen hast: *Was* hast du gedacht wirst bzw. musst du *lernen*?	Erwartungen Bezug: Mathematikdidaktik	Haben sich deine Vorstellungen diesbezüglich seitdem verändert? Welche Rolle schreibst du der Mathematikdidaktik in der Ausbildung von Lehrkräften zu?
Mit Blick auf die *Zukunft*: Welche *Rolle* wird Mathematikdidaktik für dich spielen?	Studium, Referendariat und Arbeit als Lehrkraft	
Was stellst du dir unter der *Wissenschaft* der Mathematikdidaktik vor?		

In der *zweiten Phase* wurde explizit über die Mathematikdidaktik gesprochen (s. Tabelle 9.4). Die Studierenden sollten sich zunächst vorstellen, anderen Personen, die als Laien anzusehen sind, ihr Verständnis von Mathematikdidaktik mitzuteilen. Hierzu wurden die Studierenden aufgefordert, sich in eine möglichst konkrete Situation hineinzuversetzen. Dazu diente der Kontext einer speziellen Einkaufsstraße ('Löhrstraße'). Nachdem ein Student im Interview Probleme äußerte, da er die Einkaufsstraße nicht kannte, wurde von diesem Vorgehen abgewichen und stattdessen sollten sich die Studierenden der nächsten Interviews in die Situation hineinversetzen, neuen Studierenden ('Erstis') Mathematikdidaktik zu erklären.

Die Definition des in dieser Arbeit verwendeten Vorstellungsbegriffs wird in Abschnitt 2.1.3 mit mentalen Bildern zum Referenzobjekt verbunden. Aus dieser Verbindung heraus entstand die Idee, die Studierenden zu bitten, ihre Vorstellungen von Mathematikdidaktik in ein Bild zu überführen und jenes zu erläutern. Analoge Vorgehensweisen finden sich hinsichtlich der Beforschung von Beliefs zur Mathematik (vgl. bspw. Rolka & Halverscheid, 2011).

Ergänzt wurde die zweite Phase der Interviews, in der allgemein über Mathematikdidaktik gesprochen wurde, um biographische Fragen. Die Studierenden sollten sich zurückzuversetzen und ihre Erwartungen vor Studienbeginn hinsichtlich dessen, was sie glaubten erlernen zu müssen, ausdrücken. Aus der aktuellen Perspektive der Studierenden sollte beantwortet werden, ob sich diese Erwartungen im Laufe der Zeit verändert haben. Für mich als Interviewende bestand die Aufgabe hier darin, den Bezug zur Mathematikdidaktik aufrechtzuerhalten, sodass die Studierenden ihre Erwartungen und Veränderungen diesbezüglich äußern.

Letztlich sollten die Studierenden in dieser Phase die Rolle der Mathematikdidaktik in der Ausbildung von Lehrkräften und in ihrer persönlichen Zukunft einschätzen (s. Tabelle 9.5). Während sich diese Aufforderungen vor allem der Perspektive von Mathematikdidaktik als Lerngegenstand widmen, wurde in der zweiten Phase der Interviews auch die Wissenschaft der Mathematikdidaktik angesprochen.

Diese zweite Phase der Interviews bezieht sich allgemein auf Mathematikdidaktik und geht im Besonderen auch auf die Perspektiven der Mathematikdidaktik als Lerngegenstand und als Wissenschaft ein. In einer dritten Phase wird eine Betrachtung der Eigenschaften von Mathematikdidaktik und mathematikdidaktischem Wissen intendiert (s. Tabelle 9.6).

Tabelle 9.6 Interviewleitfaden zur Phase der Annäherung an Eigenschaften der Mathematikdidaktik (3)

Leitfrage/Stimulus/Erzählaufforderung	Inhaltliche Aspekte Stichworte – nur erfragen, wenn nicht von allein thematisiert	obligatorische (Nach-)Fragen, Anmerkungen
Ich würde dich bitten Assoziationen, die du zur Mathematikdidaktik hast in der *Mindmap* festzuhalten. Bzw.: Ich habe eine *Tabelle* vorbereitet und würde dich bitten Nomen, Verben und Adjektive, die dir zur Mathematikdidaktik einfallen, hierin festzuhalten.	Erläuterung der Begriffe	
Die folgenden Begriffen habe ich Texten von Studierenden zur Mathematikdidaktik entnommen. Welche *fünf Begriffe* passen *am besten* zu deiner Vorstellung von Mathematikdidaktik?	Erläuterungen Bezug: Mathematikdidaktik, nicht Mathematikunterricht	Formuliere *mithilfe der Wörter*, die du ausgewählt hast, eine *Aussage*, die deine Vorstellung von Mathematikdidaktik widerspiegelt.
Welche *fünf Begriffe* passen *am schlechtesten* zu deiner Vorstellung von Mathematikdidaktik?	Erläuterungen Kommentare Bezug: Mathematikdidaktik, nicht Mathematikunterricht	Gibt es Wörter, die nicht hier liegen, die du aber gerne *ergänzen* würdest?

In Zusammenarbeit mit Wissenschaftlerinnen und Wissenschaftlern, die eine Expertise in der qualitativen Forschung oder/und in der Mathematikdidaktik besitzen, wurden Begriffe aus den im Rahmen der ersten Studie entstandenen Texten extrahiert und weitere Begriffe ergänzt. Im Interview konfrontierte ich die Studierenden mit folgenden aus der Zusammenarbeit resultierenden Begriffen: ideal – optimal – komplex – individuell – universell – wichtig – unwichtig – angeboren – erlernbar – nützlich – abhängig – unabhängig – konstruiert – sollen – müssen – können – richtig – falsch – helfen – anpassen – übernehmen – anwenden – praktisch – theoretisch – konkret – abstrakt – realistisch. Da dieses Vorgehen eine Vorgabe darstellt und die Offenheit der Interviewsituation einschränkt, wurde mithilfe eines vorgeschalteten, offeneren Stimulus versucht, den Studierenden die Möglichkeit zu geben, selbst ähnliche Begriffe zur Mathematikdidaktik zu äußern. Hierzu erstellten die Studierenden in einigen Interviews Mindmaps. Das Wort 'Mathematikdidaktik' wurde bereits vorab von mir festgehalten und die Studierenden sollten dies um Assoziationen zur Mathematikdidaktik ergänzen. In anderen Interviews füllten die Studierenden eine vorbereitete Tabelle aus. Die Unterschiede wurden notwendig, beispielsweise wenn als Bild in der vorherigen Phase des Interviews bereits eine Mindmap gezeichnet wurde. In der Tabelle sollten die Studierenden Nomen, Verben und Adjektive festhalten, die sie mit Mathematikdidaktik assoziieren. Erst im Anschluss an die Anfertigung der Mindmap oder das Ausfüllen der Tabelle wurden die Studierenden mit den vorab zusammengestellten Begriffen konfrontiert. Nach der Auseinandersetzung mit diesen Begriffen erhielten die Studierenden die Möglichkeit, weitere Begriffe zu ergänzen.

Die Frage, ob den Studierenden noch Aspekte einfallen, die ihrer Meinung nach zu ihrer Vorstellung von Mathematikdidaktik gesagt werden müssten, bisher aber noch nicht zur Sprache kamen, schloss die ersten drei Phasen des Interviews ab. Im Anschluss stellte ich den Studierenden die vier Hauptkategorien der inhaltsanalytischen Auswertung aus der ersten Studie vor. Ich teilte mit, dass in einigen studentischen Texten der ersten Studie bestimmte mathematikdidaktische Inhalte einer Kategorie fokussiert betrachtet wurden. Dabei bedeutet eine Fokussierung nicht, dass keine Inhalte der anderen Kategorien bedacht werden. Die Studierenden wurden dann gebeten sich begründet zu entscheiden, welchen Fokus Mathematikdidaktik ihrer Vorstellung nach haben sollte. Die Ergebnisse sind in Kapitel 8 dargestellt. Auch im Anschluss an diese letzte Interviewphase wurden die Studierenden gefragt, ob noch etwas aus ihrer Sicht zu ergänzen sei.

Mithilfe des Leitfadens sollten die Interviewten aufgefordert werden, unterschiedliche Textsorten, wie Erzählungen, Beschreibungen, Erklärungen und auch eine Zeichnung, zu generieren (Döring & Bortz, 2016b, S. 360). Diese unterschiedlichen Aufforderungen dienen dazu, möglichst vielfältige Eindrücke der studentischen Vorstellungen zu erhalten. Auch wenn der Leitfaden eine generelle Struktur des Interviews festlegt, sollten in der Interviewsituation Fragen ergänzt und Formulierungen angepasst werden. Der Interviewleitfaden wurde mit Wissenschaftlerinnen und Wissenschaftlern der Mathematikdidaktik sowie jener anderer Fachgebiete, die eine Expertise in der qualitativen Forschung besitzen, diskutiert und ausgearbeitet. Zusätzlich fand ein Probeinterview statt.

Zur Analyse werden im Rahmen dieser Arbeit nur die zweite und dritte Phase der Interviews herangezogen, da in diesen beiden Phasen explizit über Mathematikdidaktik gesprochen wird. In Einzelfällen finden sich auch in der letzten Phase Äußerungen, die etwas über die Vorstellungen der Interviewten zur Mathematikdidaktik entsprechend der Fragestellungen wiedergeben. In diesen Fällen werden auch Äußerungen der letzten Phase analysiert.

9.2   Datenaufbereitung

Mithilfe eines Audio-Aufnahmegerätes wurden alle verbalen Äußerungen während der Interviews fixiert. Dadurch erhöht sich die Nachvollziehbarkeit und die Genauigkeit der Analyse. Nachteile können in dem Gefühl der Beobachtung seitens der Interviewten liegen, deren Antworten so möglicherweise verzerrt werden (Kuckartz, 2016, S. 165). Weiterhin können im Vergleich zu Videoaufnahmen keine nonverbalen Akte, wie Gestik oder Mimik, in die Analyse einbezogen werden.

Basierend auf den Audiodateien wurden Transkripte angefertigt. „Jeder, der transkribiert oder mit Transkripten arbeitet, sollte sich im Vorfeld bewusst sein, dass eine Transkription nie die Gesprächssituation vollständig festhalten kann. Dafür spielen während der Kommunikation zu viele Faktoren eine Rolle, die unmöglich alle erfasst werden können" (Dresing & Pehl, 2017, S. 17). Aufgrund der Anwendung eines 'einfachen' Transkriptionssystems sind neben nonverbalen Akten, die nicht mit einer Audioaufnahme festzuhalten sind, weitere Charakteristika der Kommunikation nicht in den Transkripten ersichtlich:

> In einfachen Transkripten finden sich neben den gesprochenen Beiträgen meist keine Angaben zu para- und nonverbalen Ereignissen. Man liest in der Regel dort einen von Umgangssprache und Dialekt geglätteten Text. Hier liegt der Fokus auf einer guten Lesbarkeit, leichter Erlernbarkeit und nicht zu umfangreicher Umsetzungsdauer. Bei solchen Transkripten liegt die Priorität auf dem Inhalt des Gesprächs (Dresing & Pehl, 2017, S. 18).

In der vorliegenden Studie wird das von den Studierenden zur Mathematikdidaktik Geäußerte analysiert. Entsprechend liegt der Fokus auf dem Inhalt des Gesagten. Eine Verwendung einfacher Transkriptionsregeln wird daher als sinnvoll erachtet. Zur Transkription der Interviews wurden Regeln nach Kuckartz (2016, S. 167 f.) angewandt und um Regeln nach Dresing und Pehl (2017, S. 21 f.) ergänzt (s. Online-Anhang).

Wissenschaftliche Hilfskräfte fertigten die Transkripte für die gesamten Interviews an („Volltranskription" (Döring & Bortz, 2016a, S. 583)). Technische Unterstützung erhielten sie durch ein Transkriptions-Kit[4], welches Kopfhörer, eine DSS Player Software, ein USB-Verbindungskabel sowie einen Fußschalter (RS-28) umfasst. Abschließend wurden alle Transkripte von mir korrigiert.

---

[4]Transkritpions-Kit Olympus AS 2400

Zur Teilnahme an einem Interview gaben die interviewten Studierenden in der ersten Studie ihre Anonymität auf, indem sie zusätzlich zu ihrem Code auch ihre E-Mail-Adressen im Fragebogen festhielten (s. Abschnitt 6.1.1). Die E-Mail-Adressen wurden jedoch ausschließlich dazu verwendet, um mit den Studierenden Kontakt aufzunehmen. Die Audiodateien sowie die Transkripte sind mit einem persönlichen Code versehen, der keinen Rückschluss auf die Person zulässt. Während in Studie I eine Auswertung orientiert an den Codierungen stattfand, werden die Ergebnisse zur zweiten Studie fallorientiert dargestellt. Zur besseren Lesbarkeit werden daher in den zugehörigen Ergebnisberichten Pseudonyme statt der Codes verwendet. Dabei sind die Pseudonyme[5] so gewählt, dass die Zugehörigkeit zu einem Geschlecht erhalten bleibt. Namen, die während eines Interviews erwähnt wurden, sind im Transkript durch den Ausdruck 'ANONYM' ersetzt worden.

9.3 Datenanalyse

Ziel der Interviewanalyse ist es, globale Beliefs, Emotionen und Einstellungen anhand der Äußerungen der Studierenden herauszuarbeiten. Mithilfe einer deskriptiv-interpretativen Analysemethode wurde sich den geäußerten Aspekten der studentischen Vorstellungen von Mathematikdidaktik genähert. Die qualitative Inhaltsanalyse eignet sich hierzu aufgrund ihres „zusammenfassend-deskriptiven Charakter[s]" (Döring & Bortz, 2016b, S. 546). In Anlehnung an die Fragestellungen wurden interessierende Aspekte in den Transkripten ausfindig gemacht und in Kategorien eingeordnet (interpretativer Akt). Das Herausarbeiten bestimmter Aspekte aus den Texten bedingt ein strukturierendes Vorgehen (Mayring, 2015, S. 67). Die inhaltlich strukturierende qualitative Inhaltsanalyse ist in Abschnitt 6.3 detailliert dargestellt, sodass im Folgenden die Umsetzung der einzelnen Analysephasen nach Kuckartz (2016, S. 100) nur mit Blick auf die Besonderheiten der vollzogenen Interviewanalyse thematisiert wird.

Das erste Herantreten an die Transkripte fand zeitgleich zur Kontrolle der Transkripte statt (s. Abschnitt 9.2). Im direkten Anschluss an die Korrektur wurden neben Memos zu Besonderheiten und ersten Interpretationsideen

---

[5]Die als Pseudonym verwendeten Nachnamen gehören zu den zehn häufigsten Nachnamen in Deutschland (WELT, 2011) und wurden gewählt, ohne mit bestimmten Personen in Zusammenhang zu stehen.

auch Stichworte festgehalten, aus denen Fallzusammenfassungen erstellt wurden. Die Zusammenfassungen versuchen, das generell zur Mathematikdidaktik Gesagte wiederzugeben und sich dabei nah an den tatsächlichen Formulierungen der Studierenden zu orientieren. Weiterhin wurde zu jedem Fall eine Überschrift als eine Art „Motto" (Kuckartz, 2016, S. 59) verfasst, die der Kapitelbezeichnung des jeweiligen Interviews zu entnehmen ist (s. Abschnitte 10.1 bis 10.4).

Die thematischen Hauptkategorien zur Analyse wurden deduktiv hergeleitet und um induktive Kategorien ergänzt. Da sich die Ergebnispräsentation an den Einzelfällen und nicht an den Kategorien orientiert, wird im Folgenden das Kategoriensystem (incl. induktiver Kategorien) vorgestellt. Mit der Fragestellung nach globalen Beliefs richtet sich die Analyse neben Emotionen und Einstellungen auf epistemologische Beliefs zur Mathematikdidaktik, Beliefs zum Lehren und Lernen von Mathematikdidaktik sowie Beliefs über das eigene Nutzen von Mathematikdidaktik (s. Abschnitt 2.4.2 & 4).

Kategorien zu epistemologischen Beliefs zur Mathematikdidaktik
Im Hinblick auf epistemologische Beliefs werden in Abschnitt 2.4.2 *Beliefs zur Natur des Wissens* hinsichtlich der Struktur (Ansammlung von Fakten vs. zusammenhängende Konzepte) und der Verlässlichkeit (festgesetztes, fixes Wissen vs. veränderlich, instabiles Wissen) unterschieden (Hofer & Pintrich, 1997, S. 119 ff.; Voss et al., 2011, S. 236). Diese Unterscheidung wurde für die Formulierung deduktiver Kategorien zu epistemologischen Beliefs übernommen und um die Kategorie '(Un-)Abgeschlossenheit des Wissens' ergänzt. Hier sind einerseits Textstellen eingeordnet, in denen entweder ein endlicher, abgeschlossener mathematikdidaktischer Wissensfundus beschrieben oder in denen mathematikdidaktisches Wissen als unendlich und von ständiger Weiterentwicklung geprägt dargestellt wird. Mathematikdidaktik ist nach letzterer Auffassung eine Domäne, die sich durch neu hinzukommendes Wissen ständig weiterentwickelt[6]. Zur Erläuterung der einzelnen Kategorien werden diese in Tabelle 9.7 mit beispielhaften Aussagen der Studierenden verbunden.

---

[6]In der Kategorie 'veränderlich und instabil' werden im Gegensatz dazu Textstellen codiert, die ausdrücken, dass ein mathematikdidaktischer Wissensfundus an sich angepasst und verändert wird.

Tabelle 9.7 Subkategorien zu epistemologischen Beliefs zur Natur des Wissens

Beliefs zur Natur des Wissens	Subkategorien	Beispiele
Struktur	Ansammlung von Fakten	„Beim Bruchrechnen macht man die und die Theorie, die wendet man an, da bringt man das so bei. Beim Prozentrechnen macht man es anders. Wenn man jetzt lineare Gleichungen einführt, dann geht das noch einmal mit einem anderen Schema. Die halt eben so jeder (.) seinen eigenen Prozess, sag ich einmal, für sich selber haben." (Dokument BGDN9NS, Absatz 45)
	Zusammenhängende Konzepte	„Zum einen, (.) ja (unv.) Mathematikdidaktik, dass man da vielleicht zu (.) ein paar Merkmale herausschreibt, was guten Unterricht ausmacht zum Beispiel. Also wie man den Unterricht halten sollte, … und dazu dann auch die Frage 'Welche Eigenschaften / oder Wie sollte der Lehrer sein?', 'Welche Eigenschaften sollte er besitzen?' Ich finde, das ist auch so bisschen (.) teilweise, (.) dass sich das (.) überschneidet dann auch, die beiden Themengebiete." (Dokument SMLB7BJ, Absatz 66)

(Fortsetzung)

Tabelle 9.7 (Fortsetzung)

Beliefs zur Natur des Wissens	Subkategorien	Beispiele
Verlässlichkeit	festgesetzt und fix	„ich glaube, dass (..) die Mathematikdidaktik halt in ihrer theoretischen Form halt einfach allgemeine Sätze bildet, sage ich mal, also generell gültige Sachen sind und dass die nicht (.) nur auf einzelne Leute zutreffen, sondern dass das es halt eher die breite Masse ist, die dadurch abgedeckt werden" (Dokument HHTB4BS, Absatz 126)
	veränderlich und instabil	„man hat immer neue Schüler vor sich sitzen. Es ist ja kein (.) fester Standpunkt, den man da betrachten kann, sondern es ist ja etwas, was sich (unv.) verändert." (Dokument KOZK6GT, Absatz 42)
(Un-) Abgeschlossenheit	abgeschlossen	„Ich glaube nicht, dass es anders ist [die Mathematikdidaktik im Referendariat], aber es steht nicht mehr so im Vordergrund, weil dann, keine Ahnung, die Leute aus dem Studienseminar davon ausgehen, dass man das alles beherrscht, weil man das ja an der Uni gelernt hat" (Dokument BRFF7PW, Absatz 80)
	Weiterentwicklung	„unter 'wandelnd' verstehe ich halt, dass die Mathematikdidaktik, wie eben schon erläutert, kein fester Begriff für mich ist, der irgendwie irgendwann mal aufgefüllt ist und komplett auswendig gelernt werden kann und bekannt ist" (Dokument KOZK6GT, Absatz 52)

Epistemologische Beliefs zum Wissenserwerb sind in die Dimensionen der Entstehung von Wissen (extern, außerhalb eines Selbst vs. intern, als Leistung des Selbst) und der Rechtfertigung bzw. Validierung des Wissens (durch objektive Verfahren begründetes Wissen vs. Akzeptanz multipler Ansichten) unterteilt (Hofer & Pintrich, 1997, S. 119 ff.; Voss et al., 2011, S. 236). Die Subkategorie zur Entstehung mathematikdidaktischen Wissens 'extern (außerhalb des Selbst)' wurde in der Analyse in zwei induktive Subkategorien ausdifferenziert: 'in der Kognition der WissenschaftlerInnen' oder 'in der Praxis' (s. Tabelle 9.8).

Tabelle 9.8 Subkategorien zu epistemologischen Beliefs zum Wissenserwerb

Beliefs zur Wissensgenese	Subkategorien	Beispiele
Validierung	durch objektive Verfahren	„Ja, dass da anhand von Studien irgendwie dann verglichen wird, zum Beispiel bei verschiedenen (.) Schulgruppen, (.) dass die einen zum Beispiel eher Frontalunterricht einmal hören, die anderen eher andere Formen, dass da verglichen wird dann anhand des Kenntnisstands von den Schülern dann, dass verglichen wird, wo man sagen: „Das eine wäre besser als das andere.", oder ob man das überhaupt sagen kann oder ob das gar nicht gilt, ob das unterschiedlich ist." (Dokument SMLB7BJ, Absatz 96)
	Akzeptanz multipler Ansichten	„die Mathematikdidaktik gibt ja verschiedene Vorschläge und Herangehensweisen und da hat man ja diesen Pool, aus dem man auswählen kann" (Dokument KOZK6GT, Absatz 64)

(Fortsetzung)

Tabelle 9.8 (Fortsetzung)

Beliefs zur Wissensgenese	Subkategorien	Beispiele
Entstehung	Extern – in der Kognition der WissenschaftlerInnen	„Ich verbinde mit Wissenschaft immer dieses (..) Theoretische und das ist ja genau (.) das, was man in der Didaktik lernt, diese genaue / dieses Theoretische eben, was dann Wissenschaftler, die sich dann eben damit beschäftigt haben mit dieser Materie, (.) ausgedacht haben" (Dokument MTND9DK, Absatz 104)
	Extern – In der Praxis	„ich glaube die Mathematik-didaktik ist die Wissenschaft zu dem, was gerade schon passiert, also … ich hoffe, dass die Situationen, die in dem Mathematikunterricht statt-finden, dass die analysiert werden und das darüber hinausgehend Theorien entwickelt werden, Modelle entwickelt werden und dass dann (.) eben ni / aus der Praxis die Theo / ja, die Theorie und die Wissenschaft entsteht und nicht die Wissenschaft erfunden wird, sage ich einmal, und dann muss die Praxis sich danach richten." (Dokument ENTM0HG, Absatz 126)
	intern	„Didaktik ist eigentlich für mich immer eher das, was im Kopf beim Lehrer passieren muss, damit er weiß, welche Methode er braucht." (Dokument BRFF7PW, Absatz 42)

Hinsichtlich der Unterscheidung von *statischen* und *dynamischen* Beliefs (s. Abschnitt 2.4.4) werden Beliefs als statisch bezeichnet, laut denen mathematikdidaktisches Wissen als abgeschlossen, als Ansammlung von Fakten, als festgesetzt und fix, als extern entstanden sowie als durch objektive Verfahren begründet angesehen wird. Dynamisch sind im Gegensatz hierzu Beliefs, die mathematikdidaktisches Wissen als sich weiterentwickelnd, als zusammenhängende Konzepte sowie als veränderlich und instabil auffassen. Mathematikdidaktisches Wissens entsteht aus dynamischer Perspektive innerhalb des Selbst und es werden multiple Ansichten akzeptiert.

Kategorien zum Lehren und Lernen von Mathematikdidaktik
Neben den epistemologischen Beliefs zum mathematikdidaktischen Wissen werden zu den globalen Beliefs auch jene gezählt, die das Lehren und Lernen von Mathematikdidaktik betreffen. Mit Blick auf die Differenzierung von Beliefs hinsichtlich lerntheoretischer Fundierungen wird im COACTIV-Forschungsprogramm und auch in der MT21-Studie zwischen *transmissiven* und *konstruktivistischen* Beliefs zum Lehren und Lernen von Mathematik unterschieden (Blömeke, Müller, Felbrich, et al., 2008b, S. 222; Voss et al., 2011, S. 242). Diese Beliefs-Richtungen sind in Tabelle 9.9 unter der Kategorie '*Art des Lernens*' mit Beispielen verbunden.

In MT21 werden zusätzlich *begabungstheoretische* Beliefs beforscht (Blömeke, Müller, Felbrich, et al., 2008b, S. 222) (s. Abschnitt 2.4.3). In Anlehnung hieran wurden induktiv Äußerungen aus den Interview-Transkripten herausgearbeitet, welche die *Erlernbarkeit* der Mathematikdidaktik thematisieren. Dieser Bereich wird unterteilt in Beliefs, die das Angeboren-Sein von Mathematikdidaktik postulieren, laut denen ein mathematikdidaktisches Talent existiert oder Mathematikdidaktik generell als erlernbar angesehen wird. Beispiele zu diesen Subkategorien finden sich ebenfalls in Tabelle 9.9.

Tabelle 9.9 Subkategorien zur Erlernbarkeit der Mathematikdidaktik und zur Art des Lernens

Beliefs zum Lehren und Lernen	Subkategorien	Beispiele
Art des Lernens	passiv-transmissiv	„dass mir das dann konkret da gesagt wird, (.) wie ich was umsetzen kann" (Dokument MTND9DK, Absatz 152)
	aktiv-konstruktivistisch	„Seminar mit Rollenspielen oder was weiß ich, mit so Sachen dann einfach einmal durchgeht, übt, damit man so Situationen einfach schon mal erlebt hat" (Dokument MTND9DK, Absatz 84)

(Fortsetzung)

Tabelle 9.9 (Fortsetzung)

Beliefs zum Lehren und Lernen	Subkategorien	Beispiele
Erlernbarkeit	angeboren	„Also unter angeboren finde ich, dass man ja / (..) Also meine Ansicht ist das so, dass man (..) schon eine gewisse … Veranlagung haben muss, um Lehrer zu werden, sage ich mal, … von der charakterlichen Einstellung einfach, (unv.) mit Menschen oder Schülern umgehen sollte. Und ich finde sowas ist schon (.) angeboren." (Dokument MTND9DK, Absatz 134)
	Talent	„Ja man sollte einen (..) gewissen Anteil schon (..) an Talent, Charaktereigenschaft mitbringen, als / als von mir aus auch Mathelehrer im Bereich Didaktik. Schon ein gewisses Gespür dafür haben, was richtig und was falsch ist, was jetzt geht und was nicht, aber eben nur in groben Grundzügen, was dann ausgebaut werden kann. " (Dokument MTND9DK, Absatz 150)
	erlernbar	„Ich denke, das ist einfach ein Wissen, wie jedes andere auch, (.) was man durch die Vorlesung und Selbststudium einfach sich aneignen kann." (Dokument BRFF7PW, Absatz 94)

Die bisher vorgestellten Kategorien sind deduktiv hergeleitet und in einigen Fällen um induktive Kategorien ergänzt worden. Im Gegensatz zu diesem Vorgehen wurden weitere Kategorien ausschließlich induktiv gebildet. In der Kategorie 'Rahmen der Veranstaltung' wurden Äußerungen der Studierenden codiert, die speziell auf das Lehren und Lernen von Mathematikdidaktik an der Hochschule eingehen und organisatorische Rahmenbedingungen dieser Lehr-Lern-Prozesse thematisieren. Textstellen, in denen es darum geht, welche *Inhalte in mathematik-didaktischen Lehr-Lern-Prozessen* behandelt werden (sollten), sind in einer weiteren Kategorie zusammengeführt. Hier wurden Äußerungen zu theoretischen oder praktisch-konkreten Lerninhalten sowie Forderungen von Best-Practice-Beispielen und Forderungen nach einem Eingehen auf Aspekte der Persönlichkeitsbildung gesondert in Subkategorien eingeordnet.

Beliefs zum eigenen Nutzen von Mathematikdidaktik, Einstellungen & Emotionen Letztlich sind zu den Beliefs über das eigene Nutzen von Mathematikdidaktik sechs Kategorien induktiv erstellt worden. Neben der eigenen *Weiterbildung* wurden Textstellen codiert, die eine generelle *Skepsis* des Nutzens von Mathematikdidaktik ausdrücken. Mathematikdidaktik kann laut Ausführungen der Studierenden zur *Gestaltung/Veränderung des Unterrichts* und/oder zur *Evaluation/Reflexion des Unterrichts* genutzt werden. In einigen Interviews finden sich Ausführungen, die das eigene Nutzen von Mathematikdidaktik als *mit zunehmender Praxiserfahrung abnehmend* darstellen. Darüber hinaus beschreiben einige Studierende die Relevanz und den Nutzen von Mathematikdidaktik, indem sie ausdrücken, was ihrer Meinung nach wäre, wenn es keine Mathematikdidaktik gäbe (*Was wäre ohne?*).

Neben den Beliefs werden auch geäußerte Einstellungen und Emotionen betrachtet. Hier wird zwischen *positiven* und *negativen* Ausprägungen unterschieden. Emotionen beruhen auf Interpretationen einer Situation, die zu einem Erwartungsbruch führt (s. Abschnitt 2.1.2.3). In der Subkategorie '*Erwartungsbruch*' werden jene Äußerungen der Studierenden codiert, in denen von einem Erwartungsbruch berichtet, dieser jedoch nicht eindeutig mit einer positiven oder negativen Emotion verbunden wird.

Generell sind nur die Textstellen codiert worden, die hinsichtlich der Forschungsfragen und der Kategorien einen relevanten Aspekt thematisieren. Zusätzlich werden oftmals in einer Äußerung verschiedene Aspekte angesprochen, sodass einzelne Aussagen mehreren Kategorien zugeordnet werden.

9.4 Gütekriterien

Die bereits in Abschnitt 6.4 dargestellten Gütekriterien nach Kuckartz (2016, S. 204 f.) müssen für die zweite Studie um Kriterien zur Erstellung von Transkripten ergänzt werden. Diese Kriterien zur Datenerfassung sind in Tabelle 9.10 mit den Ausführungen in dieser Arbeit verbunden.

Tabelle 9.10 Gütekriterien der Datenerfassung in der zweiten Studie

Phase des Forschungs-prozesses	Kriterien	Ausführungen hierzu in dieser Arbeit
Datenerfassung	Fixierung der Daten	Audioaufnahmen
	Postskriptum?	Ja
	Vollständige Transkription?	Ja
	Bericht der Transkriptions-regeln	einfache Transkriptions-regeln, s. Abschnitt 9.2 & Online-Anhang
	Bericht des Transkriptions-prozesses	s. Abschnitt 9.2
	Wer hat transkribiert?	Wissenschaftliche Hilfs-kräfte mit anschließender Korrektur meinerseits
	Transkriptionssoftware	Transkritpions-Kit Olympus AS 2400 incl. DSS (Daten-technik System Software)
	Anonymisierung der Daten	Ja (Code und Pseudonym)

Im Rahmen der zweiten Studie wurde hinsichtlich des Codierprozesses ein *konsensuelles Codieren* mit folgenden Schritten umgesetzt (s. Abschnitt 6.4):

1. Herleitung deduktiver Kategorien anhand der Forschungsliteratur
2. Codieren der Interviews von mir; Ergänzung induktiver Subkategorien und Anfertigung des Kategorienhandbuchs und Kategorienleitfadens
3. Einführung zweier wissenschaftlicher Hilfskräfte[7] in das Datenmaterial und das Kategoriensystem
4. Unabhängiges Codieren eines ersten Interviews durch die Hilfskräfte
5. Gemeinsame Besprechung aller vorgenommenen Codierungen zu dem in Schritt 4 von den Hilfskräften codierten Interview, Diskussion bei Uneinigkeit, Änderungen des Kategoriensystems (Zeitdauer: ca. 2 h pro Interview)
6. Wiederholung der Schritte 3 und 4 für jedes Interview
7. Erneuter Durchgang aller Codierungen durch mich mithilfe des endgültigen Kategoriensystems, Übernahme der Änderungen in das Kategorienhandbuch und den Kategorienleitfaden

---

[7]Es handelt sich hierbei um die gleichen Hilfskräfte wie in Studie I (s. Abschnitt 6.4).

Es wurde aufgrund der rein qualitativen Ausrichtung, des deutlich größeren Umfangs des Datenmaterials und des nicht code- sondern vielmehr fallorientierten Forschungsinteresses entschieden, im Rahmen der zweiten Studie keine Intercoder-Übereinstimmung zu berechnen. Kuckartz (2016, S. 216) hält fest, dass das konsensuelle Codieren in qualitativen Studien die bessere Alternative im Vergleich zur Berechnung eines Kappas als Intercoder-Übereinstimmung ist. „Beim qualitativen Codieren mit freiem Segmentieren und Codieren ist die Berechnung von Kappa

Tabelle 9.11 Gütekriterien der Datenanalyse innerhalb der zweiten Studie

Durchführung der qualitativen Inhaltsanalyse	Angemessenheit der inhaltsanalytischen Methode zur Fragestellung (Begründung)	In Anlehnung an die Forschungsfragen 3 und 4 wird ein deskriptiv-interpretatives Verfahren als sinnvoll erachtet (s. Abschnitt 9.3)
	Beschreibung der Anwendung der qualitativen Inhaltsanalyse	s. Ausführung zum Codierprozess & Abschnitt 9.3
	Computerunterstützung	MAXQDA 2012
	Illustration zur Bedeutung der Kategorien durch konkrete Beispiele (Zitate)	s. Abschnitt 9.3
	Wurden alle erhobenen Daten berücksichtigt?	Nein, im Ergebnisbericht werden 4 von 14 Interviews vorgestellt (Begründung s. Abschnitt 9.1.1)
	Anfertigung von Memos	Ja, s. Abschnitt 9.3, insbesondere Anfertigung von Fallzusammenfassungen
	Berücksichtigung abweichender Fälle (Extrem- und Ausnahmefälle)	Jeder Fall ist für sich individuell, Auswahl der Fälle ist ökonomisch und pragmatisch, nicht inhaltlich begründet (s. Abschnitt 9.1.1)
	Verwendung von Originalzitaten	Ja, s. Kapitel 10
	Begründen der Schlussfolgerungen in den Daten	s. Kapitel 10 & 11
	Dokumentation und Archivierung	Die Audio-Dateien, Transkripte als Word-Dateien sowie die MAXQDA-Dateien sind archiviert. In der Arbeit werden Auszüge aus den Interviews dokumentiert (s. Kapitel 10).

wenig sinnvoll" (Kuckartz, 2016, S. 217). Während in der ersten Studie anhand der Quantifizierung der Daten eine Priorität quantitativer Methoden vorherrscht und sich somit die Berechnung einer Intercoder-Übereinstimmung als sinnvoll erweist, wird in der zweiten Studie ein vollständig qualitatives Vorgehen angewendet, dass die Berechnung eines Koeffizienten wenig sinnvoll macht.

Die Kriterien zur Phase der Datenerfassung und zum Codierprozess werden um jene in Tabelle 9.11 ersichtlichen Kriterien zur Durchführung der inhaltlich strukturierenden qualitativen Inhaltsanalyse ergänzt. Hinsichtlich der externen Gütekriterien sind die Ausführungen der ersten Studie zur Diskussion mit Experten ('peer briefing') auch auf die zweite Studie zu übertragen (s. Abschnitt 6.4). Insbesondere wurde die Erstellung des Interviewleitfadens von einem fächerübergreifenden Forschungsteam begleitet (s. Abschnitt 9.1.3).

Ergebnisse der Interviewanalysen

Die Ergebnisse der Interviewanalysen werden fallorientiert dargestellt, sodass jeder Fall ein Subkapitel bildet. Die Äußerungen der Studierenden im Interview zu epistemologischen Beliefs, Beliefs zum Lehren und Lernen, Beliefs zum eigenen Nutzen sowie Einstellungen und Emotionen zur Mathematikdidaktik sind in separaten Abschnitten wiedergegeben. Dabei kann es vorkommen, dass bestimmte Stellen eines Interviews in mehreren Abschnitten aufgegriffen werden, da hier beispielsweise nicht nur Aspekte zu epistemologischen Beliefs, sondern auch zu Einstellungen codiert sind. Inhalte, die im Interview angesprochen wurden und keiner der Kategorien zugeordnet werden konnten, aber trotzdem als relevante Aspekte der Vorstellung der oder des Studierenden angesehen werden, sind vorab dargestellt. Ebenso wird vorab auf die Antworten der Person in der ersten Studie eingegangen.

Einige Kategorien sind in je zwei dualistische Subkategorien unterteilt, die als polare Endpunkte einer Strecke verbildlicht werden. Anhand der in den Interviews vorgenommenen Codierungen werden die Studierenden auf diesen Strecken verortet, wobei im Falle der Codierung von Textstellen zu beiden Polen eine mittige Verortung vollzogen wird, sodass drei Platzierungen möglich werden: rechts, mittig und links (s. Abbildung 10.1). Von einer weiter ausdifferenzierenden Verortung wird abgesehen, da aufgrund der Variation des Grades an Überzeugung von Beliefs nicht davon auszugehen ist, dass die anhand der Äußerungen interpretierten Beliefs für die Interviewten gleichwertig sein müssen (s. Abschnitt 2.1.2).

K. Manderfeld, *Vorstellungen zur Mathematikdidaktik*, Studien zur theoretischen und empirischen Forschung in der Mathematikdidaktik, https://doi.org/10.1007/978-3-658-31086-8_10

Abbildung 10.1   Beispiel zur bildlichen Verortung der Interviewten

10.1 Mathematikdidaktik als Brücke zwischen Fachwissenschaft und Schule – Herr Wagner

Herr Wagners Sichtweise auf Mathematikdidaktik wird anhand seiner Antworten in der schriftlichen Befragung (Studie I) als vorwiegend eindimensional auf mathematikdidaktische Inhalte der fachlichen Dimension eingeschätzt. In seinen Antworten zur ersten Studie beschreibt er Mathematikdidaktik als „das anschauliche und verständliche Lehren von Mathematik" (Dokument MTND9DK, Absatz 3) und verbindet Mathematikdidaktik mit der „Fähigkeit die Mathematik mit der Lebenswelt der Schüler zu verknüpfen" (Dokument MTND9DK, Absatz 6). Codierungen zu den 'Lernenden' finden sich in seinen Antworten nicht. Aufgrund der Codierungen ist er in Studie I dem Typ 1, den 'traditionellen Stoffdidaktikern', zugeordnet. Wie er seine Vorstellung von Mathematikdidaktik im Interview (Studie II) ausdrückt, ist nachfolgend dargestellt.

10.1.1 Epistemologische Beliefs

Herr Wagner nennt im Interview keine Aspekte, die mit der Struktur, Verlässlichkeit oder (Un-)Abgeschlossenheit mathematikdidaktischen Wissens in Zusammenhang stehen. Die Codierungen zu den Kategorien 'Entstehung mathematikdidaktischen Wissens' (intern vs. extern) und zur 'Validierung' dessen (durch objektive Verfahren vs. Akzeptanz multipler Ansichten) sind in Abbildung 10.2 den polaren Endpunkten einer Strecke zugeordnet. Herr Wagner ist entsprechend der Codierungen in seinem Interview verortet.

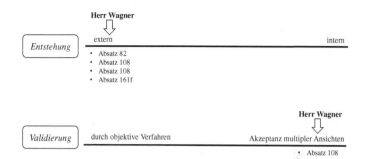

Abbildung 10.2 Codierungen zu epistemologischen Beliefs von Herrn Wagner

Herr Wagner äußert sich im Interview derart, dass mathematikdidaktisches Wissen als *extern in der Kognition der Wissenschaftlerinnen und Wissenschaftler* entstanden dargestellt wird. Zur Wissenschaft der Mathematikdidaktik hält er beispielsweise fest:

> Ich verbinde mit Wissenschaft immer dieses (..) Theoretische und das ist ja genau (.) das, was man in der Didaktik lernt, diese genaue / dieses Theoretische eben, *was dann Wissenschaftler, die sich dann eben damit beschäftigt haben mit dieser Materie, (.) ausgedacht haben.* Das verbinde ich, eben diese ganzen Theorien, die aufgestellt wurden und (.) *Forschung*, die durchgeführt wurden, das verbinde ich damit (Dokument MTND9DK, Absatz 104 Hervorhebungen von der Verfasserin).[1]

(Mathematik-)Didaktische Theorien werden hier als von Wissenschaftlerinnen oder Wissenschaftlern 'ausgedacht' dargestellt. Auch bezogen auf seine Erfahrungen in mathematikdidaktischen Vorlesungen erwähnt Herr Wagner die externe Entstehung von Theorien durch Personen der mathematikdidaktischen Wissenschaft:

> Ich sitze in der Vorlesung und dann werden mir da irgendwelche Theorien um die Ohren ge / Also ich habe jetzt keine aktuell präsent mit Namen. Dann werden mir

---

[1]Zur Lesbarkeit der Transkriptausschnitte: Einfache Klammern zeigen Pausen an. Die Länge der Pausen entspricht der Anzahl der in der Klammer befindlichen Punkte oder der Zahl in Sekunden (Bsp.: (..) verdeutlicht eine Pause von zwei Sekunden, (5) entspricht einer Pause von fünf Sekunden). '/ ' wird als Zeichen für Satz- oder Wortabbrüche verwendet. Großschreibungen repräsentieren lautes Sprechen und doppelte Klammern nonverbale Aktivitäten.

da *Theorien um die Ohren gehauen von / von Wissenschaftlern, von Leuten, die sich damit auseinandergesetzt haben* (Dokument MTND9DK, Absatz 162 Hervorhebungen von der Verfasserin).

Ähnliches spricht er an folgender Stelle an: „Es ist zwar schön und gut eine Vorlesung dann von irgendwelchen Leuten, die sich über Didaktik total super Gedanken gemacht haben und dass man das dann auswendig lernen darf" (Dokument MTND9DK, Absatz 82). Theorien und Vorlesungsinhalte werden entsprechend dieser Zitate als externes, von außen an Herrn Wagner herangetragenes Wissen dargestellt. Dabei erwähnt er in den Zitaten Personen, die sich mit den Themen 'auseinandergesetzt' oder sich das mathematikdidaktische Wissen 'ausgedacht' haben. Neben diesen beiden Entstehungsprozessen beschreibt er im ersten Zitat (Absatz 104) auch Forschungen, die durchgeführt werden. Die Betonung der Entstehung des Wissens durch externe 'Leute' und deren Forschungen wird auch in folgender Aussage deutlich:

Ich weiß nicht unbedingt, wenn jetzt *neue Studien rauskommen von irgendwelchen Leuten,* die dann da etwas Bahnbrechendes ((lacht)) entdeckt haben / Ich weiß nicht, ob das jetzt einen weiterbringen kann, das kommt dann wahrscheinlich immer einfach nur auf den Fall an. Welchen Mehrwert das für einen persönlich auch hat, das ist jetzt / das finde ich, kann man jetzt nicht so pauschal sagen. Wenn da jetzt / Okay, *da hat irgendein Wissenschaftler etwas Supertolles für Lehrer entwickelt,* sage ich jetzt einfach einmal / ob das jetzt auch wirklich jeden Mathelehrer dann weiterbringt, das finde ich ist immer eine persönliche Sache, wie man damit umgeht und was man da reininterpretieren sollte (Dokument MTND9DK, Absatz 108 Hervorhebungen von der Verfasserin).

Herr Wagner stellt hier 'Leute' oder 'Wissenschaftler' als Entwickler ('da hat ein Wissenschaftler etwas ... entwickelt') oder als Entdecker neuen Wissens ('von irgendwelchen Leuten, die dann da etwas Bahnbrechendes entdeckt haben') dar. Das mathematikdidaktische Wissen, das entwickelt oder entdeckt wird, ist, laut den Darstellungen Herr Wagners, nicht als objektiv validiert zu beschreiben. Vielmehr führt Herr Wagner aus, dass eine subjektive Validierung durch die Lehrkräfte selbst stattfindet ('ob das jetzt auch wirklich jeden Mathelehrer dann weiterbringt, das finde ich immer eine persönliche Sache, wie man damit umgeht und was man da hineininterpretiert'). Daraus kann geschlossen werden, dass für Herrn Wagner verschiedene Ansichten zu akzeptieren sind, je nach persönlicher Validierung der Lehrkraft selbst. Neben den Codierungen zur externen Entstehung mathematikdidaktischen Wissens wird diese Äußerung auch der Kategorie '*Akzeptanz multipler Ansichten*' zugeordnet.

10.1.2 Beliefs zum Lehren und Lernen von Mathematikdidaktik

Hinsichtlich der Kategorien 'Erlernbarkeit' und 'Art des Lernens' wurde Herr Wagner anhand der Codierungen im Transkript verortet (s. Abbildung 10.3). Dabei finden sich zur Art des mathematikdidaktischen Lernens Codierungen zu mehreren Kategorien, sodass Herr Wagner nicht klar einer Position zugeordnet werden kann und somit mittig verortet ist.

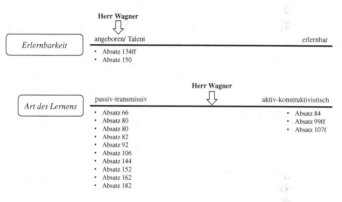

Abbildung 10.3 Beliefs zum Lehren und Lernen von Mathematikdidaktik – Codierungen bei Herrn Wagner

Im Interview wählt Herr Wagner den Begriff 'angeboren' als einen der fünf Begriffe, die für ihn am besten zur Mathematikdidaktik passen und begründet dies wie folgt:

> Gut, das hier finde ich gut: 'Angeboren'. (...) Also unter angeboren finde ich, dass man ja / (..) Also meine Ansicht ist das so, dass man (..) schon eine gewisse Anla / *Veranlagung haben muss, um Lehrer zu werden*, sage ich mal, vom / von der charakterlichen Einstellung einfach, (unv.) mit Menschen (unv.) Schülern umgehen sollte. Und ich finde, sowas ist schon (.) angeboren. Man kann es vielleicht auch lernen, (..) aber ich glaube, dann ist die Gefahr, dass das gekünstelt wirkt (Dokument MTND9DK, Absatz 134 Hervorhebungen von der Verfasserin).

Während er hier allgemein über die Eignung zum Lehrberuf spricht, die für ihn mit einer angeborenen Veranlagung einherzugehen scheint, greift er den Begriff 'angeboren' an späterer Stelle im Interview erneut auf und begründet seine Begriffswahl hier auch mit Fachbezug:

Ja und dieses 'Angeboren', das würde ich jetzt einfach (..) extra stellen, (4) das ist eben / Ja man sollte einen (..) gewissen Anteil schon (..) an *Talent*, Charaktereigenschaft mitbringen, als / als von mir aus auch Mathelehrer im Bereich Didaktik. *Schon ein gewisses Gespür dafür haben, was richtig und was falsch ist, was jetzt geht und was nicht*, aber eben nur in groben Grundzügen, was dann ausgebaut werden kann (Dokument MTND9DK, Absatz 150 Hervorhebungen von der Verfasserin).

Herr Wagner spricht von einem Talent, dass Lehrkräfte, auch Mathematiklehrkräfte, 'mitbringen' sollten und beschreibt dieses mit einem 'gewissen Gespür' für 'Richtiges' und 'Falsches'. Mit der Unterscheidung in 'richtig' und 'falsch' wird eine normative Ausrichtung der Vorstellung von Herrn Wagner deutlich. Das 'Ausbauen des Gespürs' kann in mathematikdidaktischen Lernprozessen geschehen. Herr Wagner betont diesbezüglich mehrfach, dass (Mathematik-) Didaktik generell und entsprechend auch die Lerninhalte *'praktisch'* sein sollten: „Didaktik ist ja eigentlich ein praktisches / also was Praktisches in meinen Augen und ich finde, so sollte es in der Schul / in der Uni auch umgesetzt werden / mehr praktisch" (Dokument MTND9DK, Absatz 82). Entsprechend waren auch seine Erwartungen zu Beginn des Studiums: „Ja also, wovon ich persönlich ausgegangen bin, eben dieses Praktische, was eigentlich vermittelt wird" (Dokument MTND9DK, Absatz 92). Diese Erwartung hat sich für Herrn Wagner nicht verändert. Auf die Frage, was er denn zukünftig von der Mathematikdidaktik erwartet, antwortet er: „Ja, wie gesagt, dass das ein bisschen praktischer einfach wird" (Dokument MTND9DK, Absatz 100).

In seiner Zeichnung von Mathematikdidaktik geht Herr Wagner näher darauf ein, was er inhaltlich von mathematikdidaktischen Lehr-Lern-Prozessen erwartet.

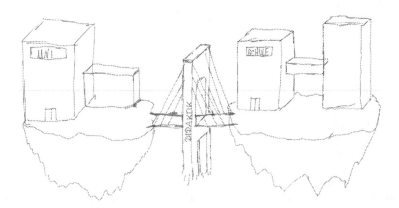

Abbildung 10.4 Zeichnung von Herrn Wagner – Mathematikdidaktik als Brücke

Seine Zeichnung zeigt zwei 'Inseln', die Universität und die Schule, die durch die Brücke der Didaktik verbunden werden (s. Abbildung 10.4). Herr Wagner beschreibt diese Zeichnung wie folgt:

> Dass man diesen Bereich 'Uni' hat und 'Schule' und das immer so einzeln betrachtet wird. Das eine schwebt sozusagen auf einer Insel, wie ich das hier gemalt habe, und die Schule auch und die Didaktik, finde ich, sollte dann diese *Brücke sein zwischen diesen beiden Objekten* und die sozusagen miteinander verbinden (4) und für die Studenten dann *begreiflich machen, wofür man das, was man hier so theoretisch überhaupt alles lernt /* wie man das dann quasi hier in der Schule anwenden kann und Hilfestellungen geben, damit man da nicht komplett mit quasi Unwissenheit dann in das Referendariat geschmissen wird (Dokument MTND9DK, Absatz 80 Hervorhebungen von der Verfasserin).

(Mathematik-)Didaktik ist dieser Aussage entsprechend für Studierende da. Ihre Aufgabe ist es, laut Herrn Wagner, den Studierenden zu verdeutlichen, wie das 'Theoretische' angewendet werden kann, ihnen Hilfestellungen zu geben und sie auf das Referendariat vorzubereiten. Was Herr Wagner unter dem 'was man hier so theoretisch auch alles lernt' versteht, verdeutlicht er als er Mathematikdidaktik für angehende Studierende erklären soll:

B: Eigentlich ist das ja das Lernen und Lehren von Mathematik. Darauf bezieht sich ja Didaktik. *Wie man eigentlich mit Schülern arbeitet* und *das vorhandene theoretische Wissen im Grunde, was man ja durch die ganz normalen Module in Mathematik bekommt, das auch (.) anwenden* zu können, sag ich mal, im Unterricht, um dann mit Schülern zu arbeiten. Das verstehe ich jetzt unter Mathematikdidaktik und so würde ich das dann auch den Erstis dann erzählen. Aber dass das dann unbedingt so umgesetzt wird, okay, ist dann die (Das ist dann die andere Frage, kommen wir noch gleich zu.) andere Frage.

I: Wenn du jetzt sagst, dass man das anwenden kann. Was genau verstehst du denn unter 'Anwenden'?

B: Ja, ich finde das, was man hier an der Uni *im theoretischen Teil der Mathematik, jetzt Analysis und so etwas*, lernt, (…) finde ich ist doch sehr *realitätsfern* von das, was / von dem, was man später macht dann als Lehrkraft, vor allen Dingen von den Themen. Zwar manche Sachen sind schöne Grundlagen und so etwas, um das selber zu verstehen, aber ich finde das meiste findet doch auf einem Niveau statt, was man später (.) nicht unbedingt braucht und ich finde, das hilft auch nicht der Lehrkraft dabei, später den Schülern dieses Thema näherzubringen, das Wissen, was man hier erwerben muss.

I: Aber das ist jetzt eher, wenn du über das Wissen sprichst, eher das fachliche
      Wissen?

B: Ja, genau. Das ist nur das fachliche Wissen.

I: Okay, und was spielt dann dabei die Mathematikdidaktik für eine Rolle?

B: Ich finde, die ist dann eben genau dafür da, eigentlich diese Brücke zu
      schlagen und auch *Anwendungsbeispiele* mal zu zeigen, *wofür man das
      denn auch braucht*, weil ich finde das ist auch wichtig für Schüler. So ging
      es mir auf jeden Fall immer. Ich habe mich immer gefragt: 'Wofür brauche
      ich denn das ganze Zeug?' Man hat zwar dann die tollen Anwendungsauf-
      gaben, diese (..) 'Schein-Anwendungsaufgaben', die man dann da hat, die
      eigentlich total sinnfrei sind ((lacht)) (..) und ich finde, das ist dann / Da
      fragen sich die Schüler genauso: 'Wofür brauch ich das Gedöns?' Und ich
      finde die Mathedidaktik sollte dann dafür da sein, dann irgendetwas sinn-
      volles / dass man da *etwas Sinnvolles beigebracht bekommt, wofür man
      das dann braucht*, was auch plausibel ist und irgendwie etwas an die Hand
      bekommt (Dokument MTND9DK, Absätze 60 ff. Hervorhebungen von der
      Verfasserin)

Das theoretische Wissen, das in der Zeichnung durch die Insel der Universität
dargestellt ist, stellt die Hochschulmathematik dar ('die ganz normalen Module
in Mathematik'), welche von Herrn Wagner als 'realitätsfern' bezeichnet wird.
Aufgabe der mathematikdidaktischen Lehre ist es, laut den Ausführungen Herrn
Wagners, den Studierenden dazu zu verhelfen, dieses 'realitätsferne' Fachwissen in der Schule anwenden zu können. Es werden Anwendungsbeispiele und
Legitimationen ('Wofür brauche ich das?') für das Unterrichten der fachlichen
Inhalte erwartet. Zusätzlich geht es in der Mathematikdidaktik darum, 'wie man
eigentlich mit Schülern arbeitet'.

     In der Beschreibung seines Bildes erwähnt Herr Wagner neben Erklärungen
zur Anwendung des Fachwissens auch Hilfestellungen, die er von der
Mathematikdidaktik erwartet. Auf die Frage wie diese Hilfestellungen aussehen
könnten, antwortet er:

Wenn man so ganz einfache Sachen, zum Beispiel dann: (..) Wie entwerfe ich
ein Arbeitsblatt in Mathematik / im Mathematikunterricht? Auf Schülersachen
reagieren, wenn irgendwie Fehlverhalten oder sonst irgendetwas / Auf so Sachen,
die man dann (..) keine Ahnung mit einem Seminar mit Rollenspielen oder was weiß
ich, mit so Sachen dann einfach einmal durchgeht, übt, damit man so Situationen
einfach schon einmal erlebt hat, auch wenn sie gekünstelt sind, aber (.) damit man
schon mal eine Ahnung hat, wie man reagieren könnte, wenn so Situationen auftreten (Dokument MTND9DK, Absatz 84).

Er spricht hier konkrete Lerninhalte an und beschreibt einen *aktiven* Lernprozess des Übens anhand von Rollenspielen. „Das ist zwar / ich denke mal auch mehr Arbeit (.) einfach dieses 'Selbst-Ausprobieren', aber das bringt einem auch etwas für später" (Dokument MTND9DK, Absatz 102). Auch für die Zukunft sieht er ein höheres Gewicht in aktiven Erfahrungen, in denen er sich Ausprobieren kann, als in der Beschäftigung mit der mathematikdidaktischen Wissenschaft: „Die Wissenschaft finde ich ist dann eher eine / (4) also hat jetzt nicht so ein großes Gewicht, sondern eher der didaktische Teil, den man dann / (..) praktischen Erfahrungen sammelt und durch (.) ausprobieren, dadurch dann der Fokus gelegt wird" (Dokument MTND9DK, Absatz 108). In diesen Äußerungen wird ein *aktiv-konstruktivistischer Lernprozess* dargestellt, welcher mit hochschulischen Rahmenbedingungen ('Seminaren') verbunden wird. Herr Wagner wählt diesbezüglich den Begriff 'anpassen' als zu seiner Vorstellung von Mathematikdidaktik passend und führt hierzu Folgendes aus:

'Anpassen' finde ich auch ganz gut, dass die Mathematikdidaktik, jetzt spezifisch auf die Mathematikdidaktik, mehr an die Studenten angepasst werden sollte (..) und nicht diesen (4), ja, Charakter wie es eine Vorlesung hat: Da vorne steht einer und erzählt mir dann etwas, von irgendwelchen Dingen im Mathematikdidaktikbereich. Sondern dass es mehr auf Studenten zugeschnitten werden (.) sollte, mehr darauf eingegangen werden sollte, (.) was den Studenten (.) später etwas bringt (Dokument MTND9DK, Absatz 140).

Er kritisiert hier Vorlesungen als Veranstaltungsform und fordert eine Anpassung der mathematikdidaktischen Lehre an die Studierenden. Entsprechend wählt er im Anschluss den Begriff 'individuell':

B: Dieses 'individuell' kommt dann da jetzt da noch rein. Das wäre natürlich / Wenn man das jetzt noch reinbringt, das wäre natürlich super, aber ich glaube das ist einfach nicht umzusetzen, da müsste man die Seminargruppen einfach so klein machen. Und ich glaube nicht, dass das umzusetzen ist bei der Anzahl von Studenten.

I: Aber in deiner Vorstellung wäre Mathematikdidaktik individuell an die Studenten angepasst?

B: Das wäre / das wäre natürlich super, wenn das klappt (...) oder so vonstattengehen würde. Also jetzt nicht so ein Einzelding, dass da wirklich dann ein Dozent mit einem Studenten dann da hockt und einem dann erzählt, wie man dann mit Schülern umgehen sollte, sondern schon dann, ja, also (..) fünf bis zehn Leute oder so etwas in den / in der Größenordnung, das geht eigentlich immer ganz gut. (18) Wenn das so, wie ich es mir vorstelle,

Mathedidaktik (.) gelehrt wird an der Uni, dann würde das auf jeden Fall
helfen für den späteren Verlauf, den man hat, im Ref oder auch dann später
als / als Lehrer, wenn man da schon mal ein bisschen vorbereitet wäre
(Dokument MTND9DK, Absatz 142 ff.)

Hier wird neben den geforderten organisatorischen Rahmenbedingungen auch die
Aufgabe der Mathematikdidaktik, die Studierenden auf das Referendariat bzw.
die Berufspraxis vorzubereiten, deutlich. Zusammenfassend hält er fest:

> Ja, dass Mathematikdidaktik an die Studenten angepasst werden sollte und in dem
> Zug auch individuell logischerweise dann vonstattengeht. (..) Dass das so ausgelegt
> wird, dass man eben später davon Nutzen zieht oder beziehungsweise, dass das
> einem dann hilft im späteren Verlauf (.) des Studiums, Refs und Beruf dann auch.
> Ja, und dass die Komplexität ein bisschen runtergefahren wird von den theoretischen
> Anteilen (Dokument MTND9DK, Absatz 150).

In diesem Zitat wird auf 'theoretische Anteile' der (Mathematik-)Didaktik eingegangen. Er bezeichnet im Verlaufe des Interviews nicht nur die Hochschul-
mathematik als 'realitätsfern', sondern auch die Mathematikdidaktik: „Ja
'realitätsfern', eben genau das, was ich eben gesagt hab, eben dass der Theorieanteil viel zu hoch ist" (Dokument MTND9DK, Absatz 122). Er bezieht sich hier
auf folgende vorherige Aussage:

> Also (..) man braucht logischerweise die Theorie. Das ist nicht verkehrt, wenn
> man so ein paar psychologische Eckpunkte hat und so etwas, ab wann man, keine
> Ahnung, das Verständnis von einem Kind für geometrische Objekte oder so etwas /
> in dem Sinne jetzt, das ist ja / das ist ja nicht verkehrt. (.) Aber ich finde dieser
> Anteil ist viel zu hoch, also eigentlich fast nur / Und ich finde das macht eben
> keinen Sinn. Das ist schön, davon mal gehört zu haben, das kann man sich von mir
> aus dann auch (.) selber zuhause noch weiter durchlesen, wenn das einen interessiert
> und einen persönlich das weiterbringt für die spätere Berufslaufbahn dann. Aber ich
> muss das jetzt nicht auswendig lernen und / (.) weil ich habe davon überhaupt gar
> keinen Mehrwert (Dokument MTND9DK, Absatz 106).

Ein 'ein paar psychologische Eckpunkte' hält Herr Wagner für 'nicht verkehrt',
aber in seinen Erfahrungen zur mathematikdidaktischen Lehre war ihm der
theoretische Anteil zu hoch. Statt diese Theorien auswendig lernen zu müssen,
sollte es laut Herrn Wagner den Studierenden selbst überlassen werden, sich
mit den Theorien näher zu beschäftigen, falls Interesse besteht. Mit dem 'zu
hohen' Theorieteil geht für Herrn Wagner auch eine zu hohe Komplexität der

erfahrenen Mathematikdidaktik einher: „Dass das eben, ja, zu komplex ist, dieser theoretische Teil, der da einem vermittelt wird" (Dokument MTND9DK, Absatz 144). Er beschreibt seine Erfahrungen in der ersten Vorlesung wie folgt:

> Ich sitze in der Vorlesung und dann werden mir da irgendwelche Theorien um die Ohren ge / Also ich habe jetzt keine aktuell präsent mit Namen. *Dann werden mir da Theorien um die Ohren gehauen* von / von Wissenschaftlern, von Leuten, die sich damit auseinander gesetzt haben, (..) aber (.) *ich muss die dann auswendig lernen und murks mir dann zu Hause da einen ab, nur um das ganze Zeug da (.) in mich reinzuwürgen und es bringt mir im Endeffekt nichts,* weil ich das dann alles in der Klausur einfach dann *unreflektiert wiedergebe* (.) und ich habe trotzdem keine Ahnung, was diese Menschen da eigentlich mit sagen wollten, weil (..) wenn es behandelt wird, dann eben mega oberflächlich, aber total viel ((lacht)) und dann kann man das ja im Selbststudium zuhause machen, wie es dann immer so schön heißt (Dokument MTND9DK, Absatz 162 Hervorhebungen von der Verfasserin).

Er stellt dar, dass seiner Meinung nach zu viel Theorie Inhalt der ersten mathematikdidaktischen Vorlesung war. Zusätzlich beschreibt Herr Wagner in diesem Ausschnitt auch eine *passiv-transmissive* Rolle seiner selbst als Lernender der Mathematikdidaktik, die mit 'auswendig lernen', 'reinwürgen' und einer 'unreflektierten' Wiedergabe zum Ausdruck gebracht wird. Auch an andere Stelle spricht er davon, dass „man das [Vorlesungsinhalte] dann auswendig lernen darf" (Dokument MTND9DK, Absatz 82) und bewertet dies negativ: „aber ich muss das jetzt nicht auswendig lernen und / (.) weil ich habe davon überhaupt keinen Mehrwert" (Dokument MTND9DK, Absatz 106). Das von Herrn Wagner dargestellte Transmissive der hochschulischen mathematikdidaktischen Lehr-Lern-Prozesse wird zusätzlich durch die im Passiv beschriebene Wissensvermittlung zum Ausdruck gebracht: „dieser theoretische Teil, der da einem vermittelt wird" (Dokument MTND9DK, Absatz 144). Es finden sich jedoch nicht nur Äußerungen, die mit Vorlesungen und mathematikdidaktischer Theorie in Verbindung stehen und diese mit passiv-transmissiven mathematikdidaktischen Lehr-Lern-Prozessen verbinden. So sollte die Mathematikdidaktik „für die Studenten dann begreiflich machen, wofür man das, was man hier so theoretisch überhaupt alles lernt / wie man das dann quasi hier in der Schule anwenden kann und Hilfestellungen geben" (Dokument MTND9DK, Absatz 80). Die Rolle der Studierenden ist hier passiv, während an die Mathematikdidaktik in Form einer oder eines Dozierenden aktive Forderungen gestellt werden ('begreiflich machen' und 'Hilfestellungen geben'). Ähnlich wie in diesem Zitat Hilfestellungen gefordert werden, spricht Herr Wagner an anderer Stelle von einem 'Leitfaden':

B: Dass man da eine / eine Struktur, einfach einen Leitfaden an die Hand bekommt. Schon mal durchaus selber ausprobieren (.) in Seminaren und so etwas dann. Dass darauf der Fokus gelegt werden sollte.

I: Wie könnte so ein Leitfaden aussehen?

B: (...) Für die / Für die Umsetzung jetzt im / ?

I: Du hast gerade gesagt, dass man so einen Leitfaden an die Hand bekommt.

B: Ja, genau. Ja, der Leitfaden war jetzt bezogen auf den Unterricht, Strukturierung, wie man so etwas aufbaut. Ein Ablauf, sage ich jetzt mal, von einer Unterrichtsstunde einfach nur oder aus dem / (..) Langzeit über mehrere, / wenn ein Thema sich über mehrere Stunden erstreckt, wie man so etwas aufzieht, umsetzt und so etwas (Dokument MTND9DK, Absätze 182 ff.)

Neben dem aktiven Ausprobieren erwartet Herr Wagner einen 'Leitfaden', der den Studierenden mitteilt, 'wie man so etwas [Unterrichtsstunden und -reihen] aufzieht, umsetzt'. Er erwartet, dass er diesen 'an die Hand bekommt'. Herr Wagner beschreibt die Studierenden und sich selbst hier als passive Nutzer. Die Erwartung 'etwas an die Hand zu bekommen' drückt er auch an dieser Stelle aus: „Und ich finde die Mathedidaktik sollte dann dafür da sein, dann irgendetwas sinnvolles / dass man da etwas Sinnvolles beigebracht bekommt, wofür man das dann braucht, was auch plausibel ist und irgendwie etwas an die Hand bekommt" (Dokument MTND9DK, Absatz 66). Beispielsweise durch Hilfestellungen oder Leitfäden wird erwartet, „dass mir das dann konkret da gesagt wird, (.) wie ich was umsetzen kann" (Dokument MTND9DK, Absatz 152) und „dann wird einem mal gezeigt, wie man denn so mit Schülern arbeitet" (Dokument MTND9DK, Absatz 92). Auch hier ist die Rolle der Studierenden, als passiv zu beschreiben.

10.1.3 Beliefs zum eigenen Nutzen von Mathematikdidaktik

Herr Wagner stellt im Interview dar, warum es seiner Meinung nach eine spezielle Didaktik für das Fach Mathematik gibt:

> Nämlich, man könnte ja rein theoretisch auch einfach die Didaktik aus allen Modulen streichen oder aus allen Fächern streichen, die man studiert und einfach

so etwas wie Bildungswissenschaften dann und dann allgemeines Didaktik-Ding einfach einführen, was jetzt nicht auf die Fächer zugeschnitten ist, sondern völlig unabhängig davon. Aber dann habe ich von mir aus einen Überblick, wenn das dann praktisch angelegt ist, wie ich mit Schülern arbeite und so etwas, *aber dann fällt es mir wiederum schwer, das auf das Fach anzuwenden*, denke ich mal, wenn mir dann da wiederum die *Brücke fehlt von dem Didaktischen zu dem Fach speziell* an sich und das ist dann, finde ich, dieses (.) Spezifische, was dann da reinkommt in der Mathematik in dem Fall, *dass mir das dann konkret da gesagt wird, (.) wie ich was umsetzen kann und ja, auch diese / diese Praxis einfach dahinter, wovon die Schüler dann auch etwas haben* (Dokument MTND9DK, Absatz 152).

Der Nutzen einer Didaktik, die speziell auf das Fach Mathematik zugeschnitten ist, liegt nach Herrn Wagner darin, dass es so möglich wird, den Studierenden 'konkret' darzustellen, wie sie etwas umsetzen können. Gäbe es lediglich eine allgemeine Didaktik, dann fiele es den Studierenden schwerer 'das auf das Fach anzuwenden'. Mathematikdidaktik sollte so gelehrt werden, „dass das einem dann hilft im späteren Verlauf (.) des Studiums, Refs und Beruf dann auch" (Dokument MTND9DK, Absatz 150). Mit der universitären Mathematikdidaktik wird erneut eine Vorbereitung auf die zukünftig anstehenden Phasen verbunden. Herr Wagner sieht entsprechend dieser Ausführungen einen Nutzen der Mathematikdidaktik in der direkten Anwendung, die er jedoch im Studium vermisst: „Das 'Anwenden', (..) das beziehe ich jetzt auf der / wie es zurzeit stattfindet, das Anwenden. Ich finde das passt überhaupt nicht, weil man das, was man eben lernt, einfach nicht anwenden kann" (Dokument MTND9DK, Absatz 160). Mehrfach erwähnt Herr Wagner im Interview, dass ihm die Mathematikdidaktik, wie er sie bisher an der Universität erlebt hat, zu theoretisch sei. Die Anwendbarkeit der Theorien wird infrage gestellt. Eine ähnliche *Skepsis* zum Nutzen drückt Herr Wagner auch bezüglich der mathematikdidaktischen Wissenschaft aus:

Die Wissenschaft finde ich ist dann eher eine / (4) also hat jetzt nicht so ein großes Gewicht, sondern eher der didaktische Teil, den man dann / (..) praktischen Erfahrungen sammelt und durch (.) ausprobieren, dadurch dann der Fokus gelegt wird, diese / *Ich weiß nicht unbedingt, wenn jetzt neue Studien rauskommen von irgendwelchen Leuten, die dann da etwas Bahnbrechendes ((lacht)) entdeckt haben / Ich weiß nicht, ob das jetzt einen weiterbringen kann*, das kommt dann wahrscheinlich immer einfach nur auf den Fall an. Welchen Mehrwert das für einen persönlich auch hat, das ist jetzt / finde ich, kann man jetzt nicht so pauschal sagen. Wenn da jetzt / Okay, da hat irgendein Wissenschaftler etwas Supertolles für Lehrer entwickelt, sage ich jetzt einfach einmal / *ob das jetzt auch wirklich jeden Mathelehrer dann weiterbringt, das finde ich ist immer eine persönliche Sache, wie man damit umgeht und was man da reininterpretieren sollte* (Dokument MTND9DK, Absatz 108 Hervorhebungen von der Verfasserin).

In diesem Zitat wird durch das Lachen die Ironie deutlich mit der Herr Wagner darstellt, dass 'etwas Bahnbrechendes' in der mathematikdidaktischen Wissenschaft herausgefunden wird. Ob wissenschaftliche Erkenntnisse für (angehende) Lehrkräfte nützlich sind, kann Herr Wagner nicht generell sagen, 'das kommt wahrscheinlich immer auf den Fall an'. Die Lehrkraft persönlich entscheidet über den Nutzen derartiger Erkenntnisse. Die hier erwähnte persönliche Einschätzung seitens der Lehrkräfte bezieht er an anderer Stelle auf Studierende, die seiner Meinung nach selbst einschätzen sollten, ob mathematikdidaktische Theorien sie weiterbringen:

man braucht logischerweise die Theorie. Das ist nicht verkehrt, wenn man so ein paar psychologische Eckpunkte hat und so etwas. ... Aber ich finde dieser Anteil ist viel zu hoch, also eigentlich fast nur / Und ich finde das macht eben keinen Sinn. Das ist schön, davon mal gehört zu haben, *das kann man sich von mir aus dann auch (.) selber zuhause noch weiter durchlesen, wenn das einen interessiert und einen persönlich das weiterbringt für die spätere Berufslaufbahn dann.* Aber ich muss das jetzt nicht auswendig lernen und / (.) weil ich habe davon überhaupt gar keinen Mehrwert (Dokument MTND9DK, Absatz 106 Hervorhebungen von der Verfasserin).

Herr Wagner hält in diesem Abschnitt aus seiner Perspektive fest, dass er keinen Mehrwert in dem Auswendiglernen mathematikdidaktischer Theorien sieht. Dass andere Studierende dies anders sehen, scheint für ihn möglich, allerdings sollten sich diese dann zuhause selbstständig mit den Theorien befassen.

10.1.4 Einstellungen und Emotionen

In den bisherigen Ausführungen werden an einigen Stellen bereits Einstellungen von Herrn Wagner deutlich, die im Folgenden expliziert werden. Besonders im Hinblick auf mathematikdidaktische Theorien vertritt Herr Wagner eine negative Einstellung:

- „dieser Anteil [der Theorien] ist viel zu hoch ... und ich finde das macht keinen Sinn" (Dokument MTND9DK, Absatz 106),
- „'realitätsfern', eben ... dass der Theorieanteil viel zu hoch ist" (Dokument MTND9DK, Absatz 122),

- „dass es eben zurzeit zu komplex ist, ... Mathematikdidaktik von dem theoretischen Anteil" (Dokument MTND9DK, Absatz 144).

Aus seiner Perspektive werden ihm Theorien „um die Ohren gehauen ..., aber ich ... murks mir dann zuhause da einen ab, nur um das ganze Zeug da (.) in mich reinzuwürgen und es bringt mir im Endeffekt nichts" (Dokument MTND9DK, Absatz 162). Herr Wagner verwendet hier eine metaphorische Sprache, welche die Negativität des von ihm erfahrenen Lernprozesses besonders deutlich ausdrückt. Dass ihm diese Art des Lernens mathematikdidaktischer Theorien nicht sinnvoll erscheint, drückt er auch an anderer Stelle aus: „weil man das, was man eben lernt, einfach nicht anwenden kann" (Dokument MTND9DK, Absatz 160). Das Lernen zu vieler mathematikdidaktischer Theorien, die er nicht anwenden kann, beschreibt er als „in Teilen eben auch falsch" (Dokument MTND9DK, Absatz 170). „Es läuft, wie eben gesagt, nicht ganz falsch, aber optimal läuft das auch nicht in der Mathematikdidaktik, wie es umgesetzt ist" (Dokument MTND9DK, Absatz 164). Entsprechend dieser negativen Einstellungen zum Lernen mathematikdidaktischer Theorien hält er auch zur mathematikdidaktischen Wissenschaft fest: „Die Wissenschaft finde ich ... hat jetzt nicht so ein großes Gewicht" (Dokument MTND9DK, Absatz 108).

Positiv bewertet wird die Mathematikdidaktik, wenn sie den Vorstellungen von Herrn Wagner angepasst werden würde: „wenn das dann so umgesetzt wird, wie ich es mir denke, die Mathedidaktik, dann ist es auf keinen Fall unwichtig" (Dokument MTND9DK, Absatz 168). Auch „der Kern [der Mathematikdidaktik] ist richtig, finde ich, man könnte es anders umsetzen, aber vom Grunde auf falsch würde ich jetzt nicht sagen" (Dokument MTND9DK, Absatz 160). Die Umsetzung der Mathematikdidaktik durch eine Lehre mit zu hohem Theorieanteil, wird als 'in Teilen falsch', der allgemeine 'Kern' der Mathematikdidaktik allerdings als 'richtig' von Herrn Wagner bewertet. Neben dem theoretischen Teil, der mit eher negativen Einstellungen verbunden wird, hat der von Herr Wagner dargestellte praktische Teil der Mathematikdidaktik Relevanz: „Die Wissenschaft ... hat jetzt eher nicht so ein großes Gewicht, sondern eher *der* didaktische Teil, den man dann / (..) praktische Erfahrungen sammelt und durch (.) ausprobieren, dadurch dann der Fokus gelegt wird" (Dokument MTND9DK, Absatz 108 Hervorhebung von der Verfasserin). Die im Interview ausgedrückten Einstellungen Herrn Wagners sind in Abbildung 10.5 dargestellt. Es ist in der Abbildung ersichtlich, dass an zwei Stellen des Interviews negative Emotionen codiert wurden.

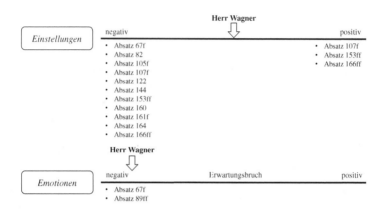

Abbildung 10.5 Codierungen zu Einstellungen und Emotionen von Herrn Wagner

Herr Wagner spricht im Bezug zum Erlernen von mathematikdidaktischen Theorien von der negativen Emotion, sich wie 'totgeschlagen' zu fühlen: „Genau, dass man nicht nur dieses Theoretische [Hochschulmathematik] und dann auch noch das Didaktische mit dem Ganzen theoretischen Gedöns schon wieder / womit man totgeschlagen wird, was einem im Endeffekt auch nichts bringt" (Dokument MTND9DK, Absatz 68). Die anfänglichen Erwartungen Herrn Wagners an die Mathematikdidaktik, dass es praktisch wird, sieht er nach seinen ersten Erfahrungen nicht als erfüllt: „Ja, wenn man das so betrachtet, ob meine Erwartungen erfüllt worden sind, ich am Anfang hatte. (…) Auf keinen Fall" (Dokument MTND9DK, Absatz 96). Aus diesem Bruch der Erwartungen gehen negative Emotionen seitens Herrn Wagners hervor, die an der Bezeichnung der ersten Erfahrungen als „Katastrophe" (Dokument MTND9DK, Absatz 98) deutlich werden.

Herr Wagners Einstellungen und Emotionen zur an der Universität erfahrenen Mathematikdidaktik können nach diesen Ausführungen als negativ angesehen werden. Der Kern von Mathematikdidaktik und eine vor allem praktische Umsetzung der Lehre nach seinen Vorstellungen bewertet er hingegen positiv. „Wenn das dann so umgesetzt wird, wie ich es mir denke, die Mathedidaktik, dann ist es auf keinen Fall unwichtig" (Dokument MTND9DK, Absatz 168).

10.2 Mathematikdidaktik als Instrument für abwechslungsreichen Unterricht – Herr Müller

In der ersten Studie wird Herr Müller dem Typ der 'Unterrichtsfunktionalen' (Typ 2) zugeordnet. Er beschreibt sein Verständnis von Mathematikdidaktik im schriftlichen Fragebogen wie folgt: „Die Art und Weise wie die Mathematik und deren Inhalte vermittelt werden, sodass eine bestimmte Zielgruppe etwas lernt. Außerdem werden verschiedene Methoden erklärt und unter fachdidaktischen Aspekten analysiert" (Dokument HHTB4BS, Absatz 3). Vertiefende Aussagen aus der zweiten Studie zu seiner Vorstellung von Mathematikdidaktik werden in den folgenden Unterkapiteln dargestellt.

10.2.1 Epistemologische Beliefs

Auf die Bitte sich vorzustellen, er solle neuen Studierenden erklären, was Mathematikdidaktik ist, antwortet Herr Müller wie folgt:

> Okay. (…) Stellt euch die unterschiedlichen Lehrer vor, die ihr hattet, und jeder von diesen Lehrern hatte ja einen eigenen *Stil* gehabt und jeder Lehrer hat (.) versucht, euch anders (.) etwas zu vermitteln und auf andere *Art und Weise* das Fach Mathematik euch näher zu bringen und in Mathematikdidaktik geht es halt genau darum, (.) dass (.) euch beigebracht wird, welche unterschiedlichen (.) Lehrformen es gibt, wie ihr als Lehrer Schülern etwas beibringen könnt (.) und da gibt es halt unterschiedliche Stilrichtungen von und andere verschiedene Theorien (.) und die werden euch da halt nähergebracht (Dokument HHTB4BS, Absatz 38 Hervorhebungen von der Verfasserin).

Er appelliert hier an die schulischen Erfahrungen der angesprochenen Studierenden und verbindet mit Mathematikdidaktik Lehrstile und -formen. Dabei drückt er die *Akzeptanz multipler Ansichten* aus, indem er von unterschiedlichen Lehrformen und Stilrichtungen spricht. Es scheint seiner Vorstellungen nach nicht nur einen 'richtigen' Weg in der Mathematikdidaktik zu geben. Vielmehr drückt er aus, „dass [es] da halt (..) verschiedene Möglichkeiten gibt" (Dokument HHTB4BS, Absatz 58). Diese Kategorie wurde zusätzlich an einer Stelle im Interview codiert, in der Herr Müller Mathematikdidaktik mit einem „Ideenpool" (Dokument HHTB4BS, Absatz 60) verbindet. Jener Ideenpool entsteht, laut den Äußerungen Herrn Müllers, nicht extern, sondern wird von den Studierenden selbst erstellt:

dass dann halt einer sich die Stunde überlegt, wie könnte ich Analysis gestalten mit
GeoGebra oder so etwas und dann hält einer die Stunde vor (.) und der Rest muss
das dann halt reflektieren und dann werden halt Tipps gegeben, sodass man halt im
Prinzip so einen Ideenpool bekommt (Dokument HHTB4BS, Absatz 60).

Mathematikdidaktisches Wissen als Inhalt des Ideenpools wird hier als von den
Studierenden entwickelt dargestellt, sodass die Kategorie *interne Entstehung
als Leistung des Selbst* codiert wurde. Sich auf den Rahmen von mathematikdidaktischen Veranstaltungen beziehend stellt Herr Müller auch an anderer Stelle
im Interview dar, dass er sich ähnliche Inhalte 'selbst ausdenken' möchte:

Also klar, dass es dazu eine Vorlesung gibt, (.) auf jeden Fall, ich habe nur gedacht
es … gäbe viel mehr praxisnahe Sachen, wo halt / (.) wo man sich selbst halt auch
etwas ausdenken muss, das dann halt vorgetragen wird und so weiter (Dokument
HHTB4BS, Absatz 56).

Auch hiernach entsteht mathematikdidaktisches Wissen intern. Zusätzlich zu dem
'selbst ausgedachten' mathematikdidaktischen Wissen des Ideenpools, spricht
Herr Müller im Interview auch *extern* entstandenes Wissen an, das als externer
„Input" (Dokument HHTB4BS, Absatz 60) den selbst entwickelten Ideenpool
ergänzt (Dokument HHTB4BS, Absatz 60). Er berichtet diesbezüglich über seine
Erfahrungen in mathematikdidaktischen Vorlesungen:

Wenn man in der Vorlesung hockt, dann wirkt das oft konstruiert, man denkt sich:
„Ja, wer hat sich denn das in seinem stillen Kämmerlein ausgedacht?", aber wenn
man dann tatsächlich halt etwas macht und dann halt merkt, dass Schüler auf /
besser darauf ansprechen, wenn man halt die drei Ebenen (…) mitnimmt und halt
anspricht, dann wirkt / dann macht es halt mehr Sinn, also dann fällt denen das einfacher, dass wollte ich sagen, und deswegen ist es halt nicht konstruiert, sondern es
ist, glaube ich, oft viel einfacher *von der Realität irgendwie (.) weggetragen (.)* und
dann halt so ein bisschen allgemein / also verallgemeinert oder so und deswegen
wirkt das vielleicht konstruiert, obwohl es eigentlich praktisch, also viel praktischer
ist, als man meinen tut (Dokument HHTB4BS, Absatz 126 Hervorhebungen von der
Verfasserin).

Unter Rückbezug auf des E-I-S-Prinzip stellt Herr Müller externes mathematikdidaktisches Wissen dar und beschreibt dies zunächst als von anderen,
unbekannten Personen, vermutlich meint er hier Wissenschaftlerinnen und
Wissenschaftler, 'ausgedachtes' Wissen. Dies wirkte in der Vergangenheit oft 'konstruiert'. In der praktischen Anwendung verliert es jedoch diesen
'konstruierten' Charakter und Herr Müller hält fest, dass das vermeintlich 'im
stillen Kämmerlein' ausgedachte Wissen, doch *der Praxis* entstammt ('von der

Realität weggetragen'). Er berichtet in diesem Zitat von einer Veränderung seiner Beliefs. Während er zunächst von konstruierten mathematikdidaktischen Vorlesungsinhalten, im Sinne *der externen Entstehung in der Kognition von Wissenschaftlerinnen und Wissenschaftlern* ausging, erkennt er mittlerweile zumindest bezogen auf das E-I-S-Prinzip, dass jenes mathematikdidaktische Wissen in Verbindung zur Praxis steht und dieser entstammt. Entsprechend des Beliefs zur Entstehung externen mathematikdidaktischen Wissens in der Praxis stellt er dar: „das Ganze muss ja auf einem / etwas Praktischem basieren, sonst macht es ja gar keinen Sinn, sonst hat / (.) ... Also die Theorien müssen ja auf etwas Praktischem basieren" (Dokument HHTB4BS, Absatz 126). Mathematikdidaktische Theorien entstehen nach den Ausführungen von Herrn Müller in den beiden Zitaten, indem Praxis bzw. unterrichtliche Realität verallgemeinert wird. Diesen Prozess beschreibt er in folgendem Zitat als Antwort auf die Frage nach der Rolle der mathematikdidaktischen Wissenschaft genauer:

> Ich (.) glaube, die beschäftigen sich halt auch einfach mit der Frage: „Wie kann man halt Leuten etwas vermit / Wie kann man den Schülern oder Menschen etwas vermitteln?" und ich glaube, dass man halt (...) einfach / einfach / ((lacht)) dass (4) / dass man halt versucht, Sachen zu verallgemeinern, sodass man halt, (.) ich weiß gar nicht, wie soll ich das sagen / (..) Halt, dass man halt allgemeingültige Modelle versucht irgendwie aufzubauen, (.) sodass man das dann halt den Leuten vermitteln kann, also, dass das halt / die Lehrkräfte wissen, okay, es gibt ein *allgemeingültiges* Modell, das muss ich natürlich individual / individualisieren für meine Schüler, aber es gibt halt so eine theoretische Grundlage *und die basiert halt (.) auf Erfahrungen von Lehrern oder / Also von Leuten, die halt an der Praxis arbeiten, dass die das halt hochbrechen, (.) sodass andere Lehrer es später wieder runterbrechen können und die Modelle anwenden können* (Dokument HHTB4BS, Absatz 130 Hervorhebungen von der Verfasserin).

Auch hier wird die Entstehung mathematikdidaktischer Modelle als extern ('*die* beschäftigen sich ...') und als basierend auf der Praxis ('auf Erfahrungen von Lehrern oder ... Leuten, die halt in der Praxis arbeiten') dargestellt. Die derart entstandenen Modelle und theoretischen Grundlagen werden als 'allgemeingültig' beschrieben. Diese Beschreibung wurde der Kategorie '*fixes und festgesetztes Wissen*' zugeordnet. Lehrkräfte müssen mathematikdidaktisches Wissen, laut Ausführungen von Herrn Müller, zwar situativ 'herunterbrechen' und 'individualisieren', um es anzuwenden, aber es bleibt an sich unverändert gültig:

> Ich glaube, dass (..) die Mathematikdidaktik halt in ihrer theoretischen Form halt einfach allgemeine Sätze bildet, sage ich mal, also generell gültige Sachen sind und dass die nicht (.) nur auf einzelne Leute zutreffen, sondern dass das es halt eher die breite Masse ist, die dadurch abgedeckt werden (Dokument HHTB4BS, Absatz 126).

Es lässt sich vermuten, dass theoretische Inhalte der Mathematikdidaktik für Herrn Müller festgesetzt und fix sind. Auf Aspekte zur Struktur und (Un-)Abgeschlossenheit mathematikdidaktischen Wissens geht Herr Müller im Interview nicht ein. Abbildung 10.6 hält zusammenfassend fest, dass im Interview von Herrn Müller mathematikdidaktisches Wissen (Modellen und Theorien) an zwei Stellen als festgesetztes und fixes Wissen codiert wurde. Weiterhin finden sich zur Entstehung mathematikdidaktischen Wissens sowohl Codierungen in der Kategorie 'extern' als auch in der Kategorie 'intern'. An zwei Stellen werden Herrn Müllers Äußerungen als Beliefs zur Akzeptanz multipler Ansichten interpretiert.

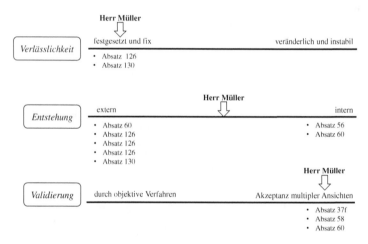

Abbildung 10.6 Codierungen zu epistemologischen Beliefs von Herrn Müller

10.2.2 Beliefs zum Lehren und Lernen von Mathematikdidaktik

Herr Müller spricht im Interview die Erlernbarkeit der Mathematikdidaktik an und führt dahingehend aus:

> Ich glaube nicht, dass (.) man als Lehrerpersönlichkeit komplett geboren wird und dann halt direkt die Didaktik beherrscht. (..) Klar, fällt es … manchen Leuten leichter und manchen schwieriger, allerdings ist glaube ich ein ganz großer (.)

Schritt ist halt *Übung*, dass man halt sich halt / dass man / Ja, man muss halt alles üben (Zitat HHTB4BS, Absatz 126 Hervorhebung von der Verfasserin).

Neben der generellen Erlernbarkeit drückt Herr Müller sein Verständnis zur Art des Lernens aus: (mathematik-)didaktisches Lernen geschieht durch 'Übung'. Dies wird als ein aktiver Prozess der lernenden Person verstanden und somit in der Kategorie '*aktiv-konstruktivistisch*' codiert. Auch an anderen Stellen des Interviews beschreibt er Lernende der Mathematikdidaktik als aktiv Handelnde, die „sich selbst halt auch etwas ausdenken ..., das dann halt vorgetragen wird" (Dokument HHTB4BS, Absatz 56). Dies steht im Zusammenhang mit seinen Vorstellungen zu dem, was er zu Studienbeginn von der Lehre an der Universität erwartet hat:

Ich habe mir halt eigentlich vorgestellt, dass man in ganz vielen Seminaren sitzt, (.) wo man halt (.) Unterrichtsstunden im Prinzip vorbereitet und dann halt vor / Also dass halt dieses / also ich habe auch Fachdidaktik so noch nie gehört, sondern ich dachte einfach, es wird halt einfach (.) ziemlich praxisnah gesagt: 'Ja, wir machen jetzt mal eine Themenreihe Stochastik.' oder was auch immer und dann wird halt einfach / werden Unterrichtsarten vorgeführt, beziehungsweise dann wird das besprochen, reflektiert (Dokument HHTB4BS, Absatz 56).

Die Darstellung der erwarteten Lehr-Lern-Prozesse spiegeln die angenommene Aktivität der Lernenden wider: Sie bereiten vor, führen vor und reflektieren. Ähnlich beschreibt er seine Vorstellungen vom Lernprozess hier: „dass dann halt einer sich die Stunde überlegt, wie könnte ich Analysis gestalten mit GeoGebra oder so etwas und dann hält einer die Stunde vor (.) und der Rest muss das dann halt reflektieren und dann werden halt Tipps gegeben" (Dokument HHTB4BS, Absatz 60). Ergänzt werden sollten derartige Lehr-Lern-Prozesse durch „ein bisschen Input und dass man halt dann auf verschiedene Arten und Weisen ... das, was ich heute als Fachdidaktik bezeichnen würde, dann halt so ... nähergebracht bekommt" (Dokument HHTB4BS, Absatz 60). Durch die Wahl des Passivs wird der Lernprozess bezogen auf den externen 'Input' aus Perspektive der Lernenden in diesem Zusatz als *passiv-transmissiv* dargestellt.

Inhaltlich geht es „halt wirklich darum, wie die fachlichen Sachen halt rübergebracht werden, dass es da halt (..) verschiedene Möglichkeiten gibt, also / (..) ja und die halt einfach (..) in einem Seminar (.) nicht durchgekaut werden, sondern halt erprobt werden" (Dokument HHTB4BS, Absatz 58). Erneut findet sich durch das Prädikat 'erproben' ein Verweis auf *aktiv-konstruktivistische* Beliefs zum Lehren und Lernen von Mathematikdidaktik. Gleichzeitig werden mit Bezug auf 'Seminare' auch *Rahmenbedingungen* der universitären Lehre angesprochen. Nach der Schilderung der Vorstellungen zu Studienbeginn wird Herr Müller nach seinen aktuellen Vorstellungen zum mathematikdidaktischen Lernen befragt.

> Ich glaube, dass (..) vor allem das, was man in den Praktika lernt und was / oder was man halt durch *praktische Erfahrung* lernt, dass das halt vor allem / dass es darauf ankommt und ich habe momentan leider den Eindruck, dass viele Vorlesungen (.) einfach total theoretisch sind und total *fernab* sind und deswegen finde ich die / sind das eher so Sachen, die ich bestehen muss, wo ich halt sage / die ich besuche. *Dann schreibe ich halt mit und dann gehe ich halt in die Klausur und wenn ich es dann bestanden habe, habe ich bestanden* (Dokument HHTB4BS, Absatz 62 Hervorhebungen von der Verfasserin).

Während (mathematik-)didaktisches Lernen vorab durch 'Übung' und 'Erprobung' beschrieben wurde, wird es in diesem Zitat mit 'praktischer Erfahrung' verbunden. Bezogen auf den Lernprozess in Vorlesungen beschreibt Herr Müller eine weniger aktive und mehr passive Rolle von sich selbst als Lernendem: Er 'besucht' die Vorlesung, schreibt mit und geht dann in die Klausur – von einer aktiven Auseinandersetzung mit den Lerninhalten berichtet Herr Müller nicht. Seine Aussagen zum eigenen Lernverhalten in Vorlesungen lassen vielmehr ein *passiv-transmissives* Auswendiglernen und Reproduzieren der Inhalte vermuten. Weiter beschreibt er seine Erfahrungen in Vorlesungen: „das hat man sich dann angehört" (Dokument HHTB4BS, Absatz 72), was wiederum eine passive Rolle vermuten lässt.

Herr Müller verweist im Interview auf Inhalte der Vorlesungen, die „total theoretisch sind" (Dokument HHTB4BS, Absatz 62). Das Theoretische verbindet er damit, dass es „fernab ist" (Dokument HHTB4BS, Absatz 62), was aus Herrn Müllers Perspektive als negative Distanz zur Praxis zu deuten ist. „Diese Distanz ist halt so da, weil es halt einfach … eine der ersten Vorlesungen ist, dann ist die halt (..) sehr theo / theorielastig (.) und halt auch abschreckend" (Dokument HHTB4BS, Absatz 136). Mehrfach betont er im Interview, dass die Inhalte mathematikdidaktischer Lehr-Lern-Prozesse „praxisnah" (Dokument HHTB4BS, Absätze 56, 76, 88 und 114) und gerade am Anfang der Studienzeit „praktisch" (Dokument HHTB4BS, Absatz 136) sein sollten. Bezogen auf zukünftige mathematikdidaktische Lernprozesse kommt es zu folgenden Äußerungen:

I: Was denkst du denn, was du mathematikdidaktisch noch lernen willst oder was da noch kommen kann?

B: Ich glaube das *Anwendungsspezifische* tatsächlich, also (.) wir haben ja jetzt die Grundlagen erfahren (.) und dass man dann halt sagt: „Ja, wenn ihr jetzt eine Unterrichtsstunde macht / (..) Bruchzahlen einführen oder was auch immer." Wie man das dann halt in den Spezialfällen halt wirklich aufarbeiten kann, also, *dass halt wirklich (..) unterrichtsnah dann tatsächlich gearbeitet wird,* also das erhoffe ich mir zumindest, weil /

I: Was heißt denn unterrichtsnah?

B: (Unv.) Im Prinzip, dass das, was / Oder lehreralltagnah, also, dass man nicht nur / also dass man die Theorie (.) jetzt irgendwo auch versucht in gewisse Praxisteile einzubinden. Das jetzt halt viel stärker darauf geachtet wird, dass (…) ein Gymnasiallehrer, der / oder Realschullehrer, der die Brüche einführt, dass man dem dann tatsächlich erklärt: „Ja, was haben wir denn damals gelernt? *Mit welcher Methode oder was ist denn / was muss denn hier angesprochen werden, damit der Schüler tatsächlich (..) Lust bekommt und aber auch es am einfachsten versteht?"* Also, dass es halt wirklich / (..) dass diese Theorie auf die Praxis runtergebrochen wird, auf das tatsächliche Unterrichten (Dokument HHTB4BS, Absätze 81ff Hervorhebungen von der Verfasserin)

Nach den 'theorielastigen' Inhalten des ersten mathematikdidaktischen Moduls, erhofft sich Herr Müller, zukünftig 'Unterrichtsnahes' zu erlernen. Es soll eine Einbindung der Theorie in die Praxis stattfinden. In den inhaltlich angesprochenen Aspekten zeigt sich die Normativität der genannten Inhalte ('Was *muss* ... angesprochen werden, damit der Schüler ... es am *einfachsten* versteht'). Aufgrund dieser Normativität wurde hier zum Inhalt der Lehr-Lern-Prozesse die Kategorie '*Best practice*' codiert. In dem Zitat klingt zusätzlich der später explizit ausgedrückte Wunsch an, zu erlernen, wie die Theorien in der Praxis verwendet werden können.

Das, was ich hier lerne, das möchte ich irgendwann auch übernehmen können für meinen eigenen Unterricht, sodass / also / Das ist halt die Wunsch / der Wunsch, den ich damit äußere, dass ich halt (..) Sachen halt hier sehr praxisnah gezeigt bekomme, dass ich es dann übernehmen kann und mich nicht von der Theorie irgendetwas wegspinnen muss (Dokument HHTB4BS, Absatz 114).

Hier wird erneut eine eher passive Auffassung zu Lernenden der Mathematikdidaktik deutlich: Die Lernenden sollen Inhalte so 'gezeigt bekommen' (Passiv), dass sie diese in der Praxis übernehmen können.

Zusammenfassend kann Herr Müller hinsichtlich seiner Ausführungen zur Erlernbarkeit und zur Art mathematikdidaktischen Lernens wie in Abbildung 10.7 verortet werden. Wobei konstruktivistische Aspekte vor allen Dingen dann zur

Sprache kommen, wenn Herr Müller darüber spricht, wie er sich das mathematikdidaktische Lernen vorgestellt hat oder vorstellt, während transmissive
Äußerungen in Bezug zu seinem Lernverhalten in Vorlesungen oder zum Umgang
mit externem Input wie Theorien stehen.

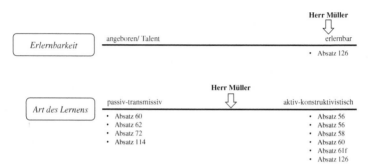

Abbildung 10.7 Beliefs zum Lehren und Lernen von Mathematikdidaktik – Codierungen
bei Herrn Müller

10.2.3 Beliefs zum eigenen Nutzen von Mathematikdidaktik

Im Interview drückt Herr Müller seine Vorstellungen von Mathematikdidaktik
mithilfe des Bildes eines Würfels aus (s. Abbildung 10.8):

Abbildung 10.8 Zeichnung von Herrn Müller – Mathematikdidaktik als interaktives
Lernen

B: Jetzt könnte ich natürlich noch fünf weitere Würfel malen, (.) einfach so,
     dass man halt Sachen, die rein / total theoretisch sind, wie Stochastik, aus-
     probiert. (.) Also, dass man halt / Also mit dem halt Würfel würfelt, dann
     halt Versuche macht im Endeffekt und die halt irgendwie ausgewertet
     werden. Soll ich jetzt noch mehr malen, oder?

I: (.) Brauchst du nicht, also (.) ich habe ja deine Erklärung dazu und ich weiß, was du meinst. Okay, das würde für dich Mathematikdidaktik ausmachen?

B: (..) Ja *interaktives Lernen* halt, was / *Dass man halt die Theorie attraktiv gestaltet* (.) und ist das halt bei Stochastik vielleicht mit einem (..) Quader / ((lacht)) (Dokument HHTB4BS, Absätze 50 ff. Hervorhebungen von der Verfasserin)

Mathematikdidaktik soll Herrn Müller dabei helfen, 'theoretische' Fach-inhalte attraktiv zu gestalten. An späterer Stelle wählt er den Begriff 'helfen' als einen der am besten zu seiner Vorstellung von Mathematikdidaktik passenden Begriff aus und begründet dies wie folgt: „'helfen', weil man als Lehrkraft den Schülern helfen möchte (.) Unterrichtsthemen zu verstehen und ich glaube die Mathematikdidaktik ist da einfach das Instrument zu, wie was halt funktioniert" (Dokument HHTB4BS, Absatz 114). Er hält weiterhin fest, dass wenn das 'Instrument' „Mathematikdidaktik richtig an[ge]wendet [wird], dass dann der Unterricht spaßiger wird für die Schüler (..) und dass er dadurch auch abwechslungsreicher wird" (Dokument HHTB4BS, Absatz 96). Mit dem Wunsch, Inhalte der Mathematikdidaktik zu lernen, die für den eigenen Unter-richt später übernommen werden können (Dokument HHTB4BS, Absatz 114), geht einher, dass Herr Müller die Lerninhalte anwenden möchte:

B: 'Anwenden' ist glaube ich auch so in der Kategorie von 'Übernehmen', also, dass ich halt das, was ich hier lerne, anwenden kann und 'Nützlich', ja, ich hoffe halt einfach, dass das, was ich dann hier lerne, das halt sich auch als nützlich erweist und nicht, dass ich dann in (.) 10 Jahren da hocke und denke: 'Ja, (..) die Vorlesungen, die waren (.) für den Arsch.' (..) Ent-schuldigung.

I: Alles gut. ((lacht))

B: Die ... Vorlesungen sind komplett Quatsch gewesen und (.) ich kann nichts anwenden, sondern dass ich halt sage: 'Boah, cool, damals, das hat mir etwas gebracht.' und dann bin ich hoffentlich in irgendeiner Situation, (..) wo ich halt vielleicht auf ein Problem stoße, weil ich nicht weiß, wie ich einem einzelnen Kind etwas vermitteln kann oder mehreren Kindern und dass das ich dann sage: 'Ja, (.) damals habe mal Didaktik eine Vorlesung gehabt (.) und da gab es dann halt Modelle.' und wie auch immer, dass man das halt auch dann nützlich anwenden kann (Dokument HHTB4BS, Absätze 114 ff.)

Herr Müller fordert demnach von der Mathematikdidaktik, in der Praxis anwend-bar und nützlich zu sein. Für ihn ist (Mathematik-)Didaktik jedoch nicht nur im

Mathematikunterricht, sondern auch in anderem Fachunterricht wie zusätzlich im alltäglichen Leben nützlich:

> Ich glaube generell ist ja (..) die Didaktikvorlesung ja auch nicht nur / Also die Begriffe tauchen ja nicht nur im Matheunterricht auf, (…) sondern halt auch in / in anderem Unterricht / in anderen Fächern und ich glaube auch generell ist das etwas, was man vielleicht (..) auch in seinem Alltag vielleicht ein bisschen anwenden kann, also dass man halt (..) gewisse Dinge, wenn man Sachen präsentiert, muss ja nicht unbedingt in der Schule sein, dass man dann halt *abwechslungsreich* arbeitet und *dass man halt weiß, was man ansprechen muss, damit Leute einem zuhören und dass sie es für / verinnerlichen können* (Dokument HHTB4BS, Absatz 114 Hervorhebungen von der Verfasserin).

Auch in diesem Zitat verbindet er den Nutzen der Mathematikdidaktik mit Abwechslungsreichtum und zusätzlich mit konkretem Handlungswissen, das in Präsentationssituationen benötigt wird. Herr Müller erwähnt im Interview auch Aspekte mathematikdidaktischer Weiterbildung, die über das im Rahmen der Lehrerausbildung erlernte oder zu erlernende Wissen hinausgehen:

> Also die Sachen, die tatsächlich dann praxisnah dann umgesetzt werden, zeitnah, die finde ich total interessant und die / (.) Also das ist auch etwas, wo ich mir dann auch nochmal daheim etwas dazu angelesen habe, einfach auf Wikipedia oder so. (..) Ja, so die Sachen halt (Dokument HHTB4BS, Absatz 76).

Inhalte, die ihn interessieren, motivieren Herrn Müller dementsprechend, sich auch außerhalb der Pflichten des Studiums näher über sie zu informieren. Als 'interessant' bezeichnet er dabei die Inhalte, die er praktisch erproben konnte oder kann.

10.2.4　Einstellungen und Emotionen

Seine ersten Erfahrungen mit der universitären Mathematikdidaktik verbindet Herr Müller mit negativen Einstellungen:

> Ich habe momentan leider den Eindruck, dass viele Vorlesungen (.) einfach *total theoretisch* sind und *total fernab* sind und deswegen finde ich die / sind das eher so Sachen, die ich bestehen muss, wo ich halt sage / die ich besuche. Dann schreibe ich halt mit und dann gehe ich halt in die Klausur und wenn ich es dann bestanden habe, habe ich bestanden. Dann weiß / Das wird oft / Es *kommt nicht so oft so rüber, als ob das so wichtig wäre irgendwelche (..) fachdidaktischen Sachen zu beherrschen* (Dokument HHTB4BS, Absatz 62 Hervorhebungen von der Verfasserin).

Die Beschreibung der Lerninhalte als 'fernab' werden als ein Indiz für eine
negative Einstellung diesen gegenüber gedeutet. Zum Ende des Zitates wird
weiterhin zum Ausdruck gebracht, dass die Relevanz der fachdidaktischen Inhalte
nicht ganz klar sei bzw. nicht klar übermittelt wird. Bezüglich der Relevanz
von Mathematikdidaktik spricht Herr Müller jedoch von einem „Umbruch"
(Dokument HHTB4BS, Absatz 74), der als eine Veränderung seiner Einstellungen
gedeutet werden kann:

B: Also bei den Vorlesungen (.) sitzt man da und denkt: 'Ja, (.) okay. *Ob
    man das braucht?*' Jetzt war es lustigerweise tatsächlich so, dass ich bei
    meinem letzten Praktikum (.) einen Lehrer hatte, der noch gar nicht so lange
    von der Uni weg ist und der halt auch noch so ein paar Modelle kannte
    und dann habe ich bei meiner Mathestunde, hat der halt gesagt: 'Ja, hier,
    E-I-S-Modell. Enaktiv, ikonisch, symbolisch, was ist denn das jetzt?' und
    dann hat der mich so abgefragt und dann hat der halt auch gesagt: 'Ja, da
    hast du aber etwas vergessen in deiner Unterrichtsvorbereitung.' Und das
    war auf einmal *ziemlich cool*, (.) also, weil dann / weil es dann halt in der
    Praxis war, dass man es dann halt total direkt umgesetzt hat.
I: Also so gerade so Modelle, die man dann doch irgendwie /
B: Genau, ja. Das war halt dann *total spannend*, aber so in der Vorlesung (.)
    war das halt nur das (.) Erste von hundert weiteren Modellen (.) und (..) das
    hat man sich dann angehört und man hat das auch versucht zu begreifen,
    aber dass man dann sich direkt dazu eine Unterrichtsstunde überlegt hat und
    dass man dann voll / mit voller Elan gedacht hat: 'Das ist voll cool und dann
    kann ich ja das so machen und so machen.' (.) Das ist halt in / in der Vor-
    lesung jetzt nicht unbedingt passiert, (.) also auch nicht dann in der Klausur-
    vorbereitung oder so. ((lacht))
I: Aus deiner jetzigen Position heraus, welche Rolle würdest du denn der
    Mathematikdidaktik ei / in der Lehrer / in der Mathematiklehrerausbildung
    zuschreiben?
B: Das ist / Ich bin halt in diesem Umbruch gerade drin, weil das Praktikum
    jetzt noch nicht so lange her ist. Also ich finde es momentan *viel
    interessanter* und ich glaube, ich würde auch Vorlesungen jetzt auch anders
    besuchen und glaub / also bekomme halt auch mit, *dass es wichtiger* ist.
    (..) Ich muss / Ich muss mich da, glaube ich, selbst noch total finden. Also
    ich hatte halt vorher viel mehr Spaß gehabt an dem Fachlichen und ich
    glaube jetzt nach dem letzten Praktikum werde ich auch viel mehr auf das
    Didaktische achtgeben und da bisschen / (..) also *das viel krasser verfolgen.*

Aber das ist halt gerade so / Diese Tendenz geht momentan eher, dass ich sage: 'Ja fachlich / dida / also die Dida / *Die Didaktik ist schon cool.*' (Dokument HHTB4BS, Absätze 70ff Hervorhebungen von der Verfasserin)

Durch seine Erfahrungen im Praktikum ist Herrn Müller nach diesen Schilderungen die Relevanz der gelernten mathematikdidaktischen Inhalte, zumindest bezogen auf das E-I-S-Prinzip, deutlich geworden. Mit dem Einsatz des Erlernten in der Praxis wird jenes als 'cool' und 'spannend' bewertet, was vorher noch eher negativ gesehen wurde ('Ob man das braucht?'). Ein Wandel von negativen hin zu positiven Einstellungen wird nicht nur zum Erlernten, sondern auch generell zur Mathematikdidaktik festgehalten: 'ich finde es momentan viel interessanter'. So wird Mathematikdidaktik im Vergleich zu den Einstellungen vor dem Praktikum jetzt als 'wichtiger' erachtet. Auch positiv belegte Begriffe, wie „Spaß" (Dokument HHTB4BS, Absatz 102) oder „spannend" (Dokument HHTB4BS, Absatz 106), werden mit der Mathematikdidaktik assoziiert. Als Herr Müller sich Begriffe aussucht, die am schlechtesten zu seiner Vorstellung von Mathematikdidaktik passen, thematisiert er diesen Einstellungswandel:

Okay, (.) also das 'Unwichtig', das war halt das, was ich halt im Vorfeld gesagt hab, dass ich anfangs auch dachte: 'Ja, ist halt so ein Ding, was ich belegen muss'. Mittlerweile finde ich es schon spannender, deswegen würde ich das einfach einmal herausgreifen. 'Theoretisch', klar das ist, (.) wenn du in der Vorlesung sitzt, total theoretisch, aber es macht ja dann erst Spaß, wenn man es tatsächlich anwendet und das Ganze muss ja auf einem / etwas Praktischem basieren, sonst macht es ja gar keinen Sinn, sonst hat / (.) Also die Theo / Also die Theorien müssen ja auf etwas Praktischem basieren und dann (.) finde ich, das ist doof, wenn man das sagt, dass es nur theoretisch ist. (Dokument HHTB4BS, Absatz 126).

Es ist die Anwendung der Theorien, die Herrn Müller 'Spaß' bereitet und der Bezug zur Praxis, der dem Gelernten 'Sinn' verleiht. Die Folgen der Anwendung der Mathematikdidaktik sind laut Herrn Müller, dass „der Unterricht spaßiger wird für die Schüler (..) und ... auch abwechslungsreicher" (Dokument HHTB4BS, Absatz 96). Diese Folgen können aus Herrn Müllers Perspektive als positiv bewertet werden. Im Besonderen bezogen auf die Kenntnis mathematikdidaktischer Theorien hält er eine weitere, als positiv zu bewertende Folge fest:

Ich habe halt die Relevanz jetzt so ein bisschen mitbekommen und (..) ich glaube auch, dass man als Mathelehrer, der halt auch die theoretischen Prinzipien hinter manchen Sachen versteht, auch ein bisschen / auch ein bisschen cooler sein, also

„cooler" in Anführungszeichen sein kann und den besseren Unterricht machen kann. Also ich würde mich schon gerne damit bisschen mehr beschäftigen oder mehr beschäftigen (.) und (.) offener dafür sein, weil es halt auch am Anfang so eine: 'Ja, ist halt eine Vorlesung, geht man mal hin.' und ich glaube das ist jetzt / Also durch dieses prakti / praktischen Input hat man schon mitbekommen, (..) dass es Relevanz hat / relevanter / doch relevant ist (Dokument HHTB4BS, Absatz 78).

Mathematikdidaktisches Wissen ('die theoretischen Prinzipien') bewirkt laut dieser Aussage einen besseren Unterricht und macht Mathematiklehrkräfte 'cooler'. Es wird entsprechend als 'relevant' bewertet, was Herrn Müller auch zu einer weiteren Beschäftigung mit mathematikdidaktischen Themen ermuntert ('ich würde mich schon gerne damit bisschen mehr beschäftigen').

Basierend auf dem Wandel der Einstellungen zur Mathematikdidaktik, den Herr Müller beschreibt, formuliert er abschließend auf die Frage, ob er noch etwas zu ergänzen habe, einen Appell:

Ich glaube, dass generell an der Uni, (.) gerade die Einführungspha / Also, dass man am Anfang einen anderen Input geben muss, damit die Studenten die Wichtigkeit mitkommen (..) und nicht, dass es halt einfach (.) DAS Fach ist, wo (.) früher tausende Leute durchgefallen sind, wo jeder Angst vor hat und also dies / (.) Die Leute müssen halt näher rangeführt werden und nicht diese / Also es wird halt so eine / Diese Distanz ist halt so da, weil es halt einfach so die erste Vorlesung / also eine der ersten Vorlesungen ist, dann ist die halt (..) sehr theo / theorielastig (.) und halt auch abschreckend. Also die / die Durchfallquoten waren halt total abschreckend, deswegen / da haben halt viele (.) so eine Antipathie, glaube ich, gegenüber Fachdidaktik und ich glaube das (.) ist der falsche Ansatz. Also müsste einfach / man kann / irgendwann kann man mal die Leute / bisschen (.) den Anspruch bringen, aber am Anfang sollten, glaube ich, so praktische Sachen dabei sein, damit die Leute denken: 'Das ist ja voll cool und (.) das brauche ich, das will ich halt haben.' (Dokument HHTB4BS, Absatz 136)

In diesem Abschnitt des Interviews werden negative Emotionen wie 'Antipathie', 'Angst' und 'Abschreckung' mit der 'Theorielastigkeit' und den 'Durchfallquoten' der ersten mathematikdidaktischen Vorlesung verbunden. Laut Herrn Müller sollte in der universitären Lehre zunächst die Relevanz durch 'praktische Sachen' fokussiert werden, damit die Studierenden eine positive Einstellung zur Mathematikdidaktik ('Das ist ja voll cool.') entwickeln.

Mit dem beschriebenen Umbruch werden von Herrn Müller wie in Abbildung 10.9 negative wie auch positive Einstellungen zur Mathematikdidaktik erwähnt. Im letzten Zitat wurden darüber hinaus auch negativen Emotionen ausgedrückt.

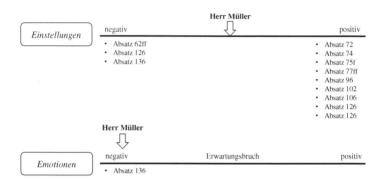

Abbildung 10.9   Codierungen zu Einstellungen und Emotionen von Herrn Müller

10.3   Mathematikdidaktik als Pool von Möglichkeiten – Frau Fischer

Frau Fischer schreibt in der ersten Studie unter anderem: „Wichtige didaktische Prinzipien dienen in der Mathematikdidaktik dazu, kennenzulernen und zu verstehen, wie beispielsweise in verschiedenen Lerngruppen zu handeln ist. (– große Heterogenität, unterschiedl. Grundlagen u. Interessen der Schüler, unterschiedl. Altersgruppen)" (Dokument KOZK6GT, Absatz 4). Sie erwähnt zusätzlich mathematikdidaktische Inhalte der fachlichen und konstruktiven Dimension. Mit 8 von 14 Codierungen in der Kategorie 'Lernende' wird sie dem vorwiegend eindimensionalen Typ 'Schülerzentrierte' zugeordnet. Im Interview zeichnet sie eine Mindmap zu ihrer Vorstellung von Mathematikdidaktik (s. Abbildung 10.10).

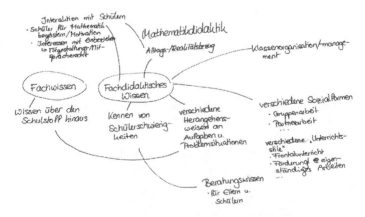

Abbildung 10.10   Mindmap von Frau Fischer zur Mathematikdidaktik

Im Interview erklärt sie die Mindmap wie folgt:

Dann haben wir das fachdidaktische Wissen, darunter fällt für mich vor allen Dingen *das Kennen von Schülerschwierigkeiten*, was dann auch wieder zum Beratungswissen[2] führen würde, wenn Fragen von Schülern oder Eltern vorhanden sind, auch zum jeweiligen Standpunkt, (.) wo dann natürlich dann zusätzlich auch wieder die Notengebung je nachdem mit einspielt. Dann *verschiedene Herangehensweisen an Aufgaben und Problemsituationen*. Das hängt natürlich auch wieder mit dem Fachwissen zusammen, aber beispielsweise, wenn man die Grundideen von Winter kennen würde, dass man da dann beispielsweise durch den Realitätsbezug an eine Aufgabenstellung herangehen kann. Oder wenn man beispielsweise *Schüler hat, die eher total statistisch denken* mit einer Statistik, (..) dass man da *verschiedene Ansätze* kennt. Mit den verschiedenen *Sozialformen* wie beispielsweise Gruppenarbeiten und Partnerarbeiten und den verschiedenen *Unterrichtsstilen* wie Frontalunterricht kann dann das eigenständige Arbeiten gefördert werden (…) und die Sozialformen der Schüler auch gefördert werden, auch das gegenseitige Helfen der Schüler wird gefördert, also die Interaktion zwischen den Schülern. Natürlich gehört auch die *Klassenorganisation* und das *Klassenmanagement* mit zum fachdidaktischen Wissen. Man muss also natürlich seine Strukturen haben, damit man mit dem Lehrplan durchkommt (.) und zusätzlich aber auch alle anderen Sachen, die jetzt in der Klasse von Rolle spielen mit in den Unterricht einbinden können. *Interaktion mit Schülern* ist sehr wichtig für mich und zählt für mich auch unter das fachdidaktische Wissen, da man die Schüler ja für die Mathematik beziehungsweise für das jeweilige Fach *begeistern und motivieren* sollte. Dazu muss man natürlich die *Interessen der Schüler miteinbeziehen* und teilweise dann natürlich auch die Schüler den Unterricht mitgestalten lassen können und ihnen auch Mitspracherecht natürlich gültig machen. Dafür ist es auch wichtig, dass die Schüler eine gute Beziehung zu der Lehrkraft haben und der Lehrkraft vertrauen, genauso wie die Lehrkraft dann den Schülern vertrauen können sollte. Um die Interessen der Schüler mit einbeziehen zu können, ist dann wieder der Alltags- und Realitätsbezug von großer Bedeutung. Da muss man sich ja *in die Schüler hineinversetzen können* und dann auch sagen können, wo die *Interessen* liegen (Dokument KOZK6GT, Absatz 32 Hervorhebungen von der Verfasserin).

In diesem Interviewausschnitt spricht Frau Fischer unterschiedliche Inhalte der Mathematikdidaktik an. Diese Inhalte sind verschiedenen Hauptkategorien der ersten Studie zuzuordnen. Im Verlauf des Interviews wird deutlich, dass vor allem Lernenden eine zentrale Rolle in der Vorstellung von Frau Fischer

---

[2]Es wird vermutet, dass sich Frau Fischer hier auf den Kompetenzbereich des Beratungswissens aus dem Kompetenzmodell von COACTIV (Baumert & Kunter, 2011a, S. 32) bezieht.

zur Mathematikdidaktik spielen. Am Ende des Interviews drückt sie dies auch explizit aus:

> Ich finde immer, dass die Lernenden im Fokus stehen sollten, weil die ja im End-effekt die Persönlichkeiten sind, um die sich der Unterricht dreht und denen man etwas vermitteln möchte. Man kann ja nur etwas vermitteln, wenn man mit den Lernenden klarkommt und die Lernenden auch / wenn man versteht, wie die Lernenden verstehen und lernen (Dokument KOZK6GT, Absatz 74).

Nähere Ausführungen zur Vorstellung von Frau Fischer finden sich in den folgenden Unterkapiteln.

10.3.1 Epistemologische Beliefs

Im Interview beschreibt Frau Fischer Mathematikdidaktik nicht als abgeschlossen, sondern vielmehr als sich wandelnd, also von *Weiterentwicklung* geprägt: „und unter 'wandeln' verstehe ich halt, dass die Mathematikdidaktik, wie eben schon erläutert, kein fester Begriff für mich ist, der irgendwie irgendwann mal aufgefüllt ist und komplett auswendig werden kann und bekannt ist und ein-fach angewendet werden kann" (Dokument KOZK6GT, Absatz 52). Sie erklärt diese 'Wandlung' der Mathematikdidaktik an anderer Stelle genauer:

> es kommen ja immer neue Theorien auf, es / man hat immer neue Schüler vor sich sitzen. Es ist ja kein (.) fester Standpunkt, den man da betrachten kann, sondern es ist ja etwas, was sich (unv.) verändert. Alleine schon durch die Interessen der Schüler, alleine schon dadurch, wenn sich jetzt irgendetwas im Alltag ergeben sollte, was ein mathematisches Phänomen ist. Das vielleicht auch in den Unterricht einzu-beziehen. Und ich finde also fachdidaktisches Wissen muss immer mehr erweitert werden auch und ist einfach nicht einmal am Ende abgeschlossen, sondern kann immer erweitert werden (Dokument KOZK6GT, Absatz 42).

Neben der stetigen Erweiterbarkeit wird in diesem Zitat auch die *Veränder-lichkeit* der Mathematikdidaktik als epistemologischer Belief von Frau Fischer codiert. Dabei steht mathematikdidaktisches Wissen, laut der Äußerung von Frau Fischer, in Abhängigkeit zu den Interessen der Lernenden und den all-täglichen mathematischen Phänomenen. Mathematikdidaktik ist „immer von verschiedenen Faktoren abhängig …, die sich auch mit der Zeit verändern" (Dokument KOZK6GT, Absatz 52). Beispiele für mit der Zeit veränderte Aspekte der Mathematikdidaktik erwähnt Frau Fischer mit Bezug auf die Modellierung und den Frontalunterricht: „das mathematische Modellieren ist ja auch jetzt erst in den letzten Jahren gekommen. Vor (.) nicht allzu langer Zeit hatten wir ja pur Frontalunterricht noch. Dass da dann beispielsweise auch festgestellt wurde, dass der Frontalunterricht gar nicht SO sinnvoll ist" (Dokument KOZK6GT, Absatz 46).

Die Abhängigkeit der Mathematikdidaktik von den Lernenden betonend sagt Frau Fischer:

> Auf das 'individuell' bin ich ja eben schon sehr eingegangen, dass das *schüler-abhängig* und *situationsabhängig* ist und dass da dann auch verschiedene Sachen gelernt werden müssen von der Lehrkraft, wie sie auf die Schüler eingehen kann und dass es nicht immer ein festes Konzept ist, wie das abgehandelt werden kann (Dokument KOZK6GT, Absatz 56 Hervorhebungen von der Verfasserin).

An dieser Stelle des Interviews beschreibt Frau Fischer, warum sie den Begriff 'individuell' als einen zu ihrem Verständnis von Mathematikdidaktik passenden Begriff ausgewählt hat. Sie betont, dass Mathematikdidaktik kein festes Konzept liefert und neben den Lernenden auch von der Situation abhängt.

> In der Theorie kann zwar vieles im Voraus gedeutet werden, aber wie die Schüler jetzt wirklich reagieren auf eine Aufgabenstellung oder auf eine Sozialform, die jetzt angeboten wird, kann man im Voraus ja, ohne die Schüler zu kennen, nicht wirklich beurteilen (Dokument KOZK6GT, Absatz 40).

Diese Äußerung lässt vermuten, dass es in dem Verständnis von Frau Fischer mathematikdidaktische Theorien gibt, die dabei helfen, vorauszudeuten, welche Wirkungen ein bestimmter Input hat. Die tatsächliche Wirkung hängt dann aber von den Lernenden selbst ab, sodass von einer Anpassung bzw. Veränderung der Theorie ausgegangen werden kann. Wird dieser Gedanke weitergeführt, dann müssten mehrere Theorien, je nach Lernenden möglich und akzeptabel sein. Entsprechend führt Frau Fischer aus:

> Die Mathematikdidaktik gibt ja verschiedene Vorschläge und Herangehensweisen und da hat man ja diesen Pool aus dem man auswählen kann und aus diesem Kontext raus, würde ich auch da sagen, dass das 'Müssen' nicht als Aspekt zählt, weil man da ja auch seine eigene Individualität wieder miteinbeziehen kann und dann auch herauswählen kann, was für einen selbst als richtig oder schlecht gilt (Dokument KOZK6GT, Absatz 64).

Diese Äußerung wird der Kategorie *Akzeptanz multipler Ansichten* zugeordnet. Die Mathematikdidaktik scheint, laut Frau Fischers Ausführungen, verschiedene Möglichkeiten zu liefern, die von der Lehrkraft dann auf Basis der eigenen

Individualität als 'richtig' oder 'schlecht' bewertet und entsprechend des Ergebnisses dieser Bewertung für das eigene Lehrerhandeln ausgewählt werden. Die
Bewertung und Anwendung der Möglichkeiten ist somit eine *interne Leistung
der Lehrkraft*. Es kann zusätzlich vermutet werden, dass der Möglichkeiten-Pool,
von dem Frau Fischer spricht, in ihrer Vorstellung extern entstanden ist. In den
vorab dargestellten Ausschnitten des Interviews spricht Frau Fischer auch
von 'Theorien', die als *extern* entstandenes mathematikdidaktisches Wissen
angesehen werden können. Auf die Frage, was sie denn unter der Mathematikdidaktik als Wissenschaft versteht, antwortet Frau Fischer:

> Man kann natürlich Forschung betreiben, sowohl empirisch als auch statistische
> Forschung. Man kann da mit den Schülern experimen / Also experimentieren ist
> jetzt blöd ausgedrückt, aber halt Untersuchungen eher machen, um da halt auch fest-
> zustellen: Welche Unterrichtsform führt dazu, dass die Schüler bei einer bestimmten
> Thematik schneller lernen oder besser lernen? Welche verschiedenen Lerntypen
> von Schülern habe ich? Wie kann ich auf diese eingehen? (Dokument KOZK6GT,
> Absatz 44)

Mathematikdidaktisches Wissen zu Unterrichtsformen, Lerntypen und Lehrer-
handlungen entsteht demnach *extern* durch Forschungen, die das Lern- und
Lehrverhalten im Unterricht untersuchen. In derartigen Untersuchungen wurde
„dann beispielsweise auch festgestellt …, dass der Frontalunterricht gar nicht
SO sinnvoll ist" (Dokument KOZK6GT, Absatz 46). Durch die Verwendung
des Passivs wird hier die externe Entstehung des Wissens deutlich. Mit dem
Bezug auf empirische Forschungen zu Lernenden wird auch die Praxisnähe
mathematikdidaktischen Wissens zum Ausdruck gebracht. Entsprechend wählt
Frau Fischer auch den Begriff 'praktisch', „weil es für mich, / die Mathematikdidaktik etwas ist, was praktisch angewendet werden kann und angewendet
werden sollte und auch praktisch erprobt werden muss, um herauszufinden,
was jetzt gute Auswirkungen auf das Lernverhalten hat oder weniger gute Auswirkungen hat" (Dokument KOZK6GT, Absatz 56). Das hier angesprochene
mathematikdidaktische Wissen, das feststellt, was gute bzw. schlechte Auswirkungen auf das Lernverhalten der Schülerinnen und Schüler hat, entsteht entsprechend der Äußerung von Frau Fischer durch Erprobungen *in der Praxis*. Die
Anwendung dieses extern entstandenen Wissens als Aufgabe der Lehrkraft wird
auch in folgendem Zitat deutlich: „dass es halt wichtig ist, die fachdidaktischen
Grundsteine, bzw. Bausteine, die man gelernt hat oder sich (.) durchliest in
irgendwelchen Artikeln, dass man die auch anwendet" (Dokument KOZK6GT,
Absatz 58).

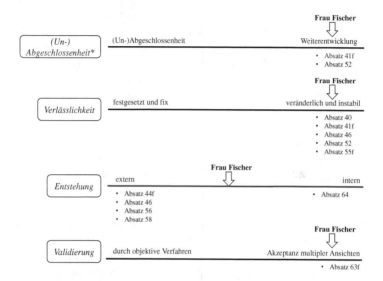

Abbildung 10.11 Codierungen zu epistemologischen Beliefs von Frau Fischer

Abbildung 10.11 fasst die im Interview von Frau Fischer codierten epistemologischen Beliefs zur Mathematikdidaktik zusammen. Dabei sind vor allem dynamische Beliefs, wie jene zur Weiterentwicklung und Veränderlichkeit der Mathematikdidaktik sowie zur Akzeptanz multipler Ansichten codiert worden. Das mathematikdidaktische Wissen, von dem Frau Fischer berichtet, entsteht darüber hinaus extern anhand der Beforschung von Unterricht und Lernenden, wird dann aber von der Lehrkraft selbst evaluiert und ausgewählt.

10.3.2 Beliefs zum Lehren und Lernen von Mathematikdidaktik

Mathematikdidaktik ist laut den Beliefs von Frau Fischer erlernbar:

'Erlernbar' finde ich wichtig, weil (..) das Verhalten, wie man mit den Schülern umgeht und wie man am besten unterrichtet, wie man auf Schüler eingehen kann, ist meiner Meinung nach nichts, was man direkt kann. Einige können es halt besser als andere, das ist ja immer so, aber durch den Umgang mit den Schülern, lernt man immer mehr. Deswegen finde ich diese Erlernbarkeit wichtig (Dokument KOZK6GT, Absatz 58).

Zusätzlich zur generellen Erlernbarkeit der Mathematikdidaktik wird anhand dieser Ausführungen deutlich, dass mathematikdidaktisches Lernen aktiv 'durch den Umgang mit den Schülern' geschieht. Praktische Erfahrungen scheinen für Frau Fischer beim Erlernen von Mathematikdidaktik entscheidend zu sein. Entsprechend sagt sie: „sich selbst zu erproben, ist vor allen Dingen für mich wichtig" (Dokument KOZK6GT, Absatz 40). Um mathematikdidaktisches Wissen 'gut' anwenden zu können, muss eine derartige praktische Erprobung stattfinden: „Eine Wissenschaft hat zwar immer Theorien, die hinter ihr stehen, aber es ist nicht theoretisch anwendbar, sondern man muss es in der Praxis erproben, um es gut anwenden zu können" (Dokument KOZK6GT, Absatz 64).

Neben diesen als *aktiv-konstruktivistische* Beliefs zum Lehren und Lernen von Mathematikdidaktik codierten Textstellen, finden sich auch Äußerungen im Interview von Frau Fischer, die eher auf ein *passiv-transmissives* mathematikdidaktisches Lernen schließen lassen. So hofft sie, „dass verschiedene Unterrichtsstile nochmal genauer erläutert werden" (Dokument KOZK6GT, Absatz 40), „dass verschiedene Unterrichtsstile dargestellt werden (..) und dass da dann drauf eingegangen wird, wie auf Schülerschwierigkeiten im Besonderen dann eingegangen werden kann" (Dokument KOZK6GT, Absatz 34) und dass, „wie man darauf [auf Schwierigkeiten und Missverständnisse] dann eingehen kann, einem nähergebracht wird" (Dokument KOZK6GT, Absatz 28). In all diesen Ausführungen verwendet Frau Fischer das Passiv, sodass der Eindruck entsteht, der aktive Part mathematikdidaktischer Lehr-Lern-Prozesse obliege dem oder der Dozierenden, während die Studierenden eine passive Rolle einnehmen. Diese Äußerungen werden daher der Kategorie '*passiv-transmissiv*' zugeordnet. Hinsichtlich der Kategorien 'Erlernbarkeit' und 'Art des Lernens' ist Frau Fischer aufgrund der dargestellten Äußerungen im Interview wie in Abbildung 10.12 ersichtlich verortet worden.

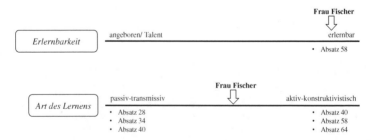

Abbildung 10.12 Beliefs zum Lehren und Lernen von Mathematikdidaktik – Codierungen bei Frau Fischer

Frau Fischer ist der Meinung, dass Mathematikdidaktik erlernbar ist, „weil (..) das Verhalten, wie man mit den Schülern umgeht und wie man am besten unterrichtet, wie man auf Schüler eingehen kann, ist meiner Meinung nach nichts, was man direkt kann" (Dokument KOZK6GT, Absatz 58). Bezogen auf den *Inhalt* der mathematikdidaktischen Lehr-Lern-Prozesse kann aus dieser Äußerung entnommen werden, dass Frau Fischer den Umgang mit Lernenden und die 'beste' Unterrichtsführung in der Mathematikdidaktik erlernen möchte. Diese Äußerung wird daher in der Kategorie *'Best practice'* codiert.

> Es [ist] halt wichtig ..., die *fachdidaktischen Grundsteine bzw. Bausteine*, die man gelernt hat oder sich (.) durchliest in irgendwelchen Artikeln, dass man die auch *anwendet*, dass man das nicht nur im Hinterkopf hat und sagt: 'Ja, man könnte es zwar so machen, aber Frontalunterricht ist ja viel bequemer für mich.' Ich stehe vorne, rattere den Schülern etwas runter, sie haben es auswendig zu lernen und dann frage ich es ab, sondern dass man halt auch, dass sie dieses Wissen anwendet, dass Schüler *besser lernen*, wenn sie nicht einfach nur auswendig lernen (Dokument KOZK6GT, Absatz 58 Hervorhebungen von der Verfasserin).

Inhalt mathematikdidaktischer Lehr-Lern-Prozesse sind demnach 'fachdidaktische Grundsteine', die es in der Praxis anzuwenden gilt. Die folgenden Äußerungen von Frau Fischer legen die Vermutung nahe, dass ihrer Vorstellung nach, die grundlegenden 'Bausteine' an der Hochschule gelernt werden, während deren Anwendung und Erprobung im Referendariat stattfindet:

> Ich denke im Referendariat vor allen Dingen daran, dass das Beratungswissen noch eine sehr große Rolle spielen wird, weil gerade wenn man jetzt am Gymnasium ist / (.) In der Unterstufe die Weiterempfehlung für die 7. Klasse, wenn es dazu dann kommt oder auch die Weiterempfehlung, ob das Abi jetzt sinnvoll ist oder darüber nachzudenken: Sollte der Schüler lieber das Jahr nochmal wiederholen oder nicht? Da ist das Beratungswissen von sehr großer Rolle. Klassenorganisation und Klassenmanagement ist natürlich schwierig im Studium so zu erlernen, das kann man erst mit einer Schülergruppe machen. Genauso wie genaue Interaktionen dann mit den Schülern. In der Theorie kann zwar vieles im Voraus gedeutet werden, aber wie die Schüler jetzt wirklich reagieren auf eine Aufgabenstellung oder auf eine Sozialform, die jetzt angeboten wird, kann man im Voraus ja, ohne die Schüler zu kennen, nicht wirklich beurteilen, das finde ich sehr schwierig zu sagen. Da hoffe ich, dass ich da noch einiges lernen werde. (..) Und ansonsten hoffe ich es halt, dass verschiedene Unterrichtsstile nochmal genauer erläutert werden. Da nochmal vielleicht die Vor- und Nachteile genauer kennenzulernen und da dann *sich selbst zu erproben*, ist vor allen Dingen für mich wichtig, *weil die Erprobung fehlt ja auch während dem Studium* noch so ein bisschen, außer die Praktika (Dokument KOZK6GT, Absatz 40 Hervorhebungen von der Verfasserin).

Nach Frau Fischers Vorstellung findet im Referendariat also ein *praktisches* Lernen statt, in dem es vor allem um Erprobung und Anwendung geht.

10.3.3 Beliefs zum eigenen Nutzen von Mathematikdidaktik

In Zusammenhang mit den Beliefs zum eigenen Nutzen von Mathematikdidaktik steht im Interview von Frau Fischer, das von ihr ausgedrückte Verständnis der mathematikdidaktischen Wissenschaft: „Und (..) die Wissenschaft ist halt für mich, da irgendwie / dass ich da halt die Forschung habe und da mich dann auch an den Schülern variiere und nicht festgelegt bin" (Dokument KOZK6GT, Absatz 44). Mathematiklehrkräfte können Forschungsergebnisse demnach nutzen, um ihren Unterricht auf diesen aufbauen und variieren zu können. Der mathematikdidaktische 'Pool von Möglichkeiten' (Dokument KOZK6GT, Absatz 64), verhilft den Lehrkräften dazu, *sich zu variieren.* Für Frau Fischer hat Mathematikdidaktik weiterhin mit der *Anwendung in der Praxis* einen direkten Nutzen: „Mathematikdidaktik ist etwas, was praktisch auch angewendet werden muss und keine Theorie pur" (Dokument KOZK6GT, Absatz 60).

Die Rolle der Mathematikdidaktik führt Frau Fischer folgendermaßen aus: „die Mathematiklehrkraft dazu zu führen, die Interessen der Schüler miteinzubeziehen und verschiedene Wege zu kennen, wie man Schüler motivieren kann und Motivationsmöglichkeiten im Allgemeinen kennenzulernen" (Dokument KOZK6GT, Absatz 54). Mathematikdidaktik wird in diesem Zitat die Aufgabe der *Führung von Mathematiklehrkräften* zugesprochen. Laut dieser Aufgabe soll Mathematikdidaktik die Lehrkräfte in bestimmte Richtungen leiten. Frau Fischer nutzt die Mathematikdidaktik „um herausfinden: Wie kann ich meine Schüler am besten unterrichten, dass sie am meisten lernen ohne demotiviert zu sein?" (Dokument KOZK6GT, Absatz 46). Ihrer Meinung nach gilt, dass man mathematikdidaktisches Wissen, was „man gelernt hat oder sich (.) durchliest in irgendwelchen Artikeln, dass man ... [das] auch anwendet" (Dokument KOZK6GT, Absatz 58). In all diesen Zitaten wird deutlich, dass Frau Fischer Mathematikdidaktik später nutzen und anwenden möchte, um ihren *Unterricht zu gestalten.*

Sie erwähnt, dass mathematikdidaktisches Wissen gelernt oder sich durch das Lesen von Artikeln angeeignet wird. Dabei spricht sie mit letzterem auch eine außerhochschulische *Weiterbildung* an. Während die Mathematikdidaktik als Wissenschaft, laut Frau Fischer, die Aufgabe hat, Lehrkräfte zu führen, haben die Lehrkräfte die Aufgabe, sich zu informieren: „Ich denke, man sollte sich

als Lehrkraft ständig dafür [für die Mathematikdidaktik] interessieren und sich
da auch immer weiterbilden, weil es kommen ja immer neue Theorien auf, es /
man hat immer neue Schüler vor sich sitzen" (Dokument KOZK6GT, Absatz 42).
„Da sollte man sich dann halt einfach auch informieren" (Dokument KOZK6GT,
Absatz 46).

Unter Rückbezug auf ihre Ausführungen zur Erlernbarkeit der
Mathematikdidaktik hält Frau Fischer noch an anderer Stelle des Interviews fest:
„Deswegen finde ich diese Erlernbarkeit wichtig, auch weil in der Erlernbarkeit
drinsteckt, dass man sich immer weiter fortbilden kann und informieren sollte"
(Dokument KOZK6GT, Absatz 58).

Generell hat Mathematikdidaktik laut Frau Fischer für Mathematiklehrkräfte
einen Nutzen, denn

> das Fachwissen kann sich im Endeffekt jeder, der sich für Mathematik interessiert
> aneignen, allerdings heißt das noch immer nicht, dass er dann unterrichten kann,
> nur weil er es weiß. Erst mit dem fachdidaktischen Wissen habe ich sozusagen dies
> Möglichkeiten gegeben, das Wissen auch gut zu vermitteln und ein Verständnis
> darüber zu haben, wie ich halt das Wissen vermitteln kann (Dokument KOZK6GT,
> Absatz 38).

10.3.4 Einstellungen und Emotionen

Im Interview erwähnt Frau Fischer an drei Stellen Bewertungen, die als *positive
Einstellungen* zur Mathematikdidaktik codiert wurden (s. Abbildung 10.13).

Abbildung 10.13   Codierungen zu Einstellungen und Emotionen von Frau Fischer

Dabei geht es in allen Äußerungen, um die generelle Rolle der Mathematikdidaktik: „Ich finde das [die Mathematikdidaktik] hat eine sehr wichtige Rolle"
(Dokument KOZK6GT, Absatz 38). „Der fachdidaktische Teil [spielt] im allgemeinen Unterricht eine sehr große Rolle" (Dokument KOZK6GT, Absatz 28).
Mit den Darstellungen der 'wichtigen' und 'großen' Rolle der Mathematikdidaktik ist es zu verbinden, dass Frau Fischer als einen zu ihrem Verständnis
von Mathematikdidaktik am wenigsten passenden Begriff 'unwichtig' wählt.
Sie begründet diese Wahl wie folgt: „'Unwichtig', weil unwichtig finde ich

es definitiv nicht. Wie ich eben schon erläutert habe, hat es sehr viele Vorteile, sich mit der Mathematikdidaktik auseinanderzusetzen, um halt den Schülern auch weiterzuhelfen und ihnen ein gutes Lernen zu ermöglichen" (Dokument KOZK6GT, Absatz 68). Aussagen, welche auf Emotionen von Frau Fischer zur Mathematikdidaktik verweisen, finden sich in den Daten nicht.

10.4   Mathematikdidaktik ist das, was im Kopf der Lehrkraft passiert – Frau Becker

Frau Becker ist eine angehende Lehrkraft für das Lehramt an Gymnasien, die in der ersten Studie dem Typ 7 'Moderate' zugeordnet wird. Sie nennt zur Mathematikdidaktik in der ersten Studie Inhalte der fachlichen, der konstruktiven und der psychologisch-soziologischen Dimension. Viele Aspekte der im Folgenden genauer dargestellten Vorstellung, die Frau Becker im Interview äußert, sind dieser Aussage zu entnehmen: „Also Mathematikdidaktik ist eine wichtige Disziplin, sich theoretisch mit universellen Prozessen (.) des Mathematikunterrichts und des Mathematiklernens auseinanderzusetzen, die erlernbar und idealtypisch ausgerichtet ist" (Dokument BRFF7PW, Absatz 100).

10.4.1 Epistemologische Beliefs

Im Interview beschreibt Frau Becker Didaktik in Abgrenzung zur Methodik als kognitive Prozesse seitens der Lehrkraft:

> Ja, Handwerkszeug, da scheue ich mich auch so ein bisschen vor, weil das ja eigentlich eher die Methodik ist. (.) Also was man / Also wie man wirklich handelt: Mache ich Einzelarbeit, mache ich ein Arbeitsblatt, mache ich irgendetwas an der Tafel oder auf dem Overhead? (.) Dann / Das ist ja eher schon Methode und Didaktik ist eigentlich für mich immer eher das, *was im Kopf beim Lehrer passieren muss,* damit er weiß, welche Methode er braucht (Dokument BRFF7PW, Absatz 42 Hervorhebungen von der Verfasserin).

Im Auswertungsprozess des Interviews wird diese Textstelle als Belief interpretiert, laut dem Mathematikdidaktik eine *interne Leistung des Selbst* ist. Mathematikdidaktisches Wissen entsteht 'im Kopf' der Lehrkraft. Auch die Beschreibung des von Frau Becker gezeichneten Bildes wird als ein Hinweis für diesen Belief angesehen.

Abbildung 10.14 Zeichnung von Frau Becker – Mathematikdidaktik zur Erzeugung von 'Aha-Effekten'

Ihre Zeichnung (s. Abbildung 10.14) zeigt eine Lehrkraft, die an der Tafel steht und spricht, während in den Gedankenblasen der Lernenden ein Fragezeichen als Bildnis für deren Unwissenheit eingezeichnet ist (Dokument BRFF7PW, Absatz 38). Auf die Frage, was genau in diesem Bild die Mathematikdidaktik ausmacht, antwortet Frau Becker:

> Ja, also der Lehrer muss natürlich *wissen, wie er (.) etwas / also wie er es vermittelt.* Aber er muss auch auf den Schüler vorher achten, also er muss das *Fragezeichen in seiner Gedankenblase vorher ein bisschen (.) analysiert haben sozusagen,* also er muss wissen: Wie ist das Vorwissen? (.) Hat der Schüler irgendwelche besonderen Kompetenzen oder halt Probleme, wie zum Beispiel Dyskalkulie oder so etwas, was ja ein besonderer Fall ist in Mathematik? (..) Ja, die Lerngruppe muss halt generell analysiert werden und darauf muss dann sein Handeln abgestimmt werden, damit dann eben das 'Aha' auftaucht, so stelle ich mir das vor (Dokument BRFF7PW, Absatz 40 Hervorhebungen von der Verfasserin).

Mathematikdidaktik besteht für Frau Becker zum einen aus Vermittlungswissen ('wissen, wie er es vermittelt') und zum anderen aus Analysen zu den Lernenden. Die kognitiven Analyseprozesse, die hier angesprochen werden, können in Verbindung mit dem ersten Zitat als jene Prozesse verstanden werden, die im Kopf der Lehrkraft ablaufen müssen, um Handlungsentscheidungen zu treffen. Die im Absatz 40 erwähnten Fragen ('Wie ist das Vorwissen? etc.') müssen situativ, an die Lernenden angepasst von der Lehrkraft beantwortet werden. Diese Beantwortung, als das, was im Kopf der Lehrkraft passiert, beschreibt Frau Becker als Mathematikdidaktik. Entsprechend wird die Kategorie der *internen* Entstehung mathematikdidaktischen Wissens als Leistung der Lehrkraft verwendet.

Neben den kognitiven Prozessen der Lehrkraft spricht Frau Becker an anderen Stellen des Interviews von mathematikdidaktischem Wissen, das als *extern*

entstanden interpretiert werden kann. Bezüglich der im ersten mathematikdidaktischen Modul thematisierten Grundvorstellungen, die als mathematikdidaktisches Wissen aufgefasst werden, hält sie beispielsweise fest:

> Also wir haben halt nur gesagt: 'Ja, es gibt diese Vorstellungen und man kann
> dann so und so mit denen arbeiten und das so und so einführen'. *Aber ich frage*
> *mich halt immer, wo das dann herkommt.* Also die Stufe davor. Irgendjemand muss
> ja mal festgestellt haben, dass es diese Vorstellungen gibt (Dokument BRFF7PW,
> Absatz 58 Hervorhebungen von der Verfasserin).

Grundvorstellungen werden hier als *extern* entstanden dargestellt. Ihr genauerer
Ursprung ist für Frau Becker nicht geklärt. Ein weiterer Aspekt mathematikdidaktischen Wissens, den sich Frau Becker vor ihren ersten universitären
Veranstaltungen von der Mathematikdidaktik erhofft hat und sich auch immer
noch erhofft (Dokument BRFF7PW, Absatz 54 ff.), sind neuronale „Untersuchungen ..., die sich anschauen, wie solche mathematischen Stoffe irgendwie im Gehirn verarbeitet werden" (Dokument BRFF7PW, Absatz 54). An
dieser Stelle wird neben dem externen Entstehen mathematikdidaktischen
Wissens auch eine Gewinnung des Wissens *durch objektive Verfahren*, wie
neuronale Untersuchungen, deutlich. An anderer Stelle postuliert Frau Becker
die Universalität mathematikdidaktischen Wissens: „daher ist das, was man
lernt in der Mathematikdidaktik, universell anwendbar" (Dokument BRFF7PW,
Absatz 94), was als Äußerung eines Beliefs von *festgesetztem und fixen*
mathematikdidaktischen Wissen codiert ist.

Unabhängig von einem bestimmten Inhalt der Mathematikdidaktik, wie
den Grundvorstellungen oder neuronalen Aspekten, formuliert Frau Becker im
Interview, dass sich Mathematikdidaktik immer auf die Praxis bezieht und dass
mathematikdidaktische Theorien rückgebunden *an die Praxis* entstehen: „Also
bei jeder Theorie ist es ja eigentlich so, dass zuerst die wirkliche Praxis da ist, die
Wirklichkeit, und dass man da dann halt versucht, das zu abstrahieren und eine
Theorie zu konstruieren" (Dokument BRFF7PW, Absatz 104). Mit dieser Vorstellung zur Entstehung mathematikdidaktischen Wissens geht für Frau Becker
einher, dass mathematikdidaktisches Wissen nicht richtig oder falsch ist:

> Also nichts ist richtig oder wirklich falsch. Das kann man über Wissenschaft nie so
> richtig sagen. Natürlich gibt es da Sachen, mit denen man nicht so einhergeht .... Ja,
> es kann nicht falsch sein, wenn es auf Praxis zurückgebunden ist, weil Praxis nicht
> falsch sein kann, Praxis passiert ja einfach (Dokument BRFF7PW, Absatz 94).

Diese Aussage deutet auf Beliefs zur *Akzeptanz multipler Ansichten* bezüglich
mathematikdidaktischen Wissens hin. Ähnlich spricht Frau Becker an anderer

Stelle von „diese[n] ganzen [mathematikdidaktischen] Wege[n]" (Dokument BRFF7PW, Absatz 64). Basierend auf diesen Aussagen wird interpretiert, dass es in ihrer Vorstellung nicht, den einen mathematikdidaktisch richtigen Weg, sondern eine Vielzahl nicht derart kategorisierbarer Wege gibt. Mathematikdidaktisches Wissen ist der folgenden Äußerung nach zusätzlich *veränderlich*: „Also (.) ich bin der Meinung das ist nie optimal. Irgendwo wird man immer irgendetwas finden, was noch verbesserungswürdig ist" (Dokument BRFF7PW, Absatz 104). Über die Codierung der Veränderlichkeit mathematikdidaktischen Wissens hinausgehend, wurde diese Aussage auch als Annahme der steten *Weiterentwicklung* der Mathematikdidaktik codiert.

Mit Bezug auf die Mathematikdidaktik, die an der Universität gelehrt und gelernt wird, antwortet Frau Becker auf eine Frage zur Mathematikdidaktik im Anschluss an die universitäre Ausbildung: „Ich glaube nicht, dass es anders ist [die Mathematikdidaktik im Referendariat], aber es steht nicht mehr so im Vordergrund, weil dann, keine Ahnung, die Leute aus dem Studienseminar davon ausgehen, dass man das alles beherrscht, weil man das ja an der Uni gelernt hat" (Dokument BRFF7PW, Absatz 80). Dieser Aussage kann eine *Abgeschlossenheit* des zu erlernenden mathematikdidaktischen Wissens entnommen werden, da für Frau Becker, zumindest aus Sicht des Studienseminars, nach der universitären Ausbildung alles zur Mathematikdidaktik beherrscht wird.

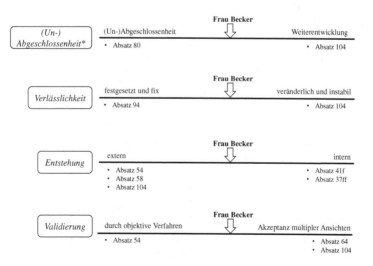

Abbildung 10.15 Codierungen zu epistemologischen Beliefs von Frau Becker

In den dargestellten Interviewausschnitten spricht Frau Becker epistemologische Aspekte ihrer Vorstellung zur Mathematikdidaktik an, von denen einige als dynamische sowie andere als eher statische Beliefs angesehen werden. Abbildung 10.15 stellt die Codierungen zu den epistemologischen Beliefs im Interview von Frau Becker dar. Äußerungen, die Aufschluss über die Struktur mathematikdidaktischen Wissens aus Sicht von Frau Becker geben, finden sich im Interview nicht. Da zu allen anderen Kategorien Äußerungen codiert wurden, die sowohl statische als auch dynamische Beliefs vermuten lassen, ist Frau Becker in der Abbildung hinsichtlich aller Kategorien mittig verortet.

10.4.2 Beliefs zum Lehren und Lernen von Mathematikdidaktik

In der Vorstellung von Frau Becker ist Mathematikdidaktik *erlernbar*:

> Also natürlich hat man irgendwie, (.) je nachdem, was man für ein Mensch ist, ein angeborenes Talent zum Unterrichthalten. Aber ich finde, das hat nichts mit der Didaktik zu tun. Also mir ist jetzt das Wissen über (.) Spiralprinzipien und so nicht angeboren und ich denke mal, dass das auch nicht jedem anderen angeboren ist, *das ist einfach Wissen, das man erwerben muss* (Dokument BRFF7PW, Absatz 104 Hervorhebungen von der Verfasserin).

An einer anderen Stelle fügt sie diesbezüglich an:

> Ja, wenn es nicht erlernbar wäre, dann wäre das sehr schr / sehr schrecklich für alle Leute, die Lehrer werden wollen. (..) Ich denke, das ist einfach ein Wissen, wie jedes andere auch, (.) was man durch die Vorlesung und Selbststudium einfach sich aneignen kann (Dokument BRFF7PW, Absatz 94).

Neben dem Code 'erlernbar' wird jene Textstelle auch dem Code '*aktiv-konstruktivistisch*' zugeordnet. Durch die Wahl des Prädikats ('sich aneignen') und dem Zusatz des 'Selbststudiums' wird der Lernprozess als aktiver Prozess der angehenden Lehrkräfte dargestellt. Die aktive Auseinandersetzung von Studierenden mit mathematikdidaktischen Inhalten wurde auch in nachfolgender Äußerung von Frau Becker codiert: Auf die Bitte zu beschreiben, wie sie angehenden Studierenden erklären würde, was Mathematikdidaktik ist, antwortet Frau Becker: „Das ist halt echt eine schwierige Frage, also (.) ich würde dann irgendwie damit argumentieren, dass man sich in gewisser Maßen auch mit Lernprozessen auseinandersetzt" (Dokument BRFF7PW, Absatz 28). Auch hier liefert die Prädikatwahl ('auseinandersetzen') einen Hinweis auf einen Belief der aktiven Beteiligung der Studierenden am Lernprozess.

Andere Äußerungen zur 'Erlernbarkeit' der Mathematikdidaktik oder zur 'Art des Lernens' von Mathematikdidaktik finden sich im Interview nicht, sodass Frau Beckers Äußerungen hinsichtlich dieser Kategorien, wie in Abbildung 10.16 dargestellt, verortet werden können.

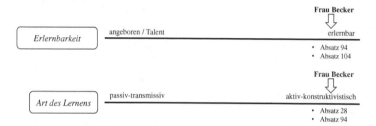

Abbildung 10.16 Beliefs zum Lehren und Lernen von Mathematikdidaktik – Codierungen bei Frau Becker

Neben diesen Aspekten geht Frau Becker im Interview zusätzlich auf Inhalte mathematikdidaktischer Lehr-Lern-Prozesse ein.

Also die Didaktik ist ja nicht einfach nur irgendetwas, was einem die Mittel an die Hand gibt, in der Schule klarzukommen, das ist ja eigentlich genauso eine Wissenschaft, wie die Fachwissenschaft auch und ich finde, das sollte auch so verdeutlicht werden (Dokument BRFF7PW, Absatz 56).

Frau Becker formuliert es als eine Art Aufgabe der Mathematikdidaktik bzw. der mathematikdidaktischen Dozierenden, die Wissenschaftlichkeit mathematikdidaktischer Inhalte zu verdeutlichen ('das sollte auch so verdeutlicht werden'). An einer anderen Stelle im Interview berichtet Frau Becker diesbezüglich von einem Erwartungsbruch zu Beginn ihres Studiums:

Ich war auch absolut verwundert, als das dann nicht um irgendwelche Lernprozesse und so ging, sondern so viele Beispiele kamen. Also wir haben immer irgendwie nur mit Beispielen gearbeitet (.) und ich hätte gerne einfach erst einmal ein paar, also *grundlegende Sachen* gehabt. Also wir haben dann, ich glaube vor den ganzen Beispielen kam, ja: 'Was macht eine gute Lehrkraft aus?'[3]. Aber das kam

---

[3]Es wird vermutet, dass Frau Becker hier auf Inhalte zur Professionalisierung des Lehrberufs, in denen unter anderem das Kompetenzmodell der COACTIV-Gruppe thematisiert wurde, Bezug nimmt.

mir irgendwie so *unwissenschaftlich* vor, (.) weil ja Modul / also weil ja Elementar-mathematik ja natürlich etwas ganz anderes ist, ist ja Fachwissenschaft. Das kam mir ein bisschen merkwürdig vor, (.) aber als es dann auf das Spiralprinzip und so hinausging, da habe ich dann gemerkt: 'Okay, gut, das hat doch irgendwie eine *wissenschaftliche Verankerung*, das passt schon.' Und das hat dann auch schon Sinn gemacht, das ist mir auch nicht so schwergefallen, das zu verstehen (Dokument BRFF7PW, Absatz 48 Hervorhebungen von der Verfasserin).

Frau Becker spricht an dieser Stelle von einer Irritation, die dadurch entstand, dass ihre Erwartungen (Thematisierung von grundlegenden Sachen und Lern-prozessen) zunächst nicht erfüllt wurden. Stattdessen wurde mit Beispielen gearbeitet, wobei dies nicht mit dem Verständnis einer Wissenschaft von Frau Becker einherzugehen scheint ('das kam mir unwissenschaftlich vor'). Dies-bezüglich beschreibt sie den Vergleich zwischen Mathematik und Mathematik-didaktik ('Elementarmathematik ist etwas ganz anderes') und schildert die anfangs wahrgenommene Unwissenschaftlichkeit der Mathematikdidaktik als ein Resultat dieses Vergleiches ('das kam mir unwissenschaftlich vor'). Erst als mit dem Spiralprinzip grundlegende Dinge thematisiert werden, scheint das 'merkwürdige' Gefühl bezüglich der (Un-)Wissenschaftlichkeit der Mathematik-didaktik zu weichen. Hier stellt Frau Becker dar, dass mit der von ihr wahr-genommenen wissenschaftlichen Verankerung des Spiralprinzips, der generelle Sinn dessen erkannt und daraufhin ein vereinfachtes Verstehen ('das ist mir auch nicht so schwergefallen, das zu verstehen') möglich wurde. Das von Frau Becker in dem Zitat geäußerte Verständnis von Wissenschaftlichkeit steht in Zusammen-hang mit ihren epistemologischen Beliefs zu objektiven Verfahren, wie neuronalen Untersuchungen (s. Abschnitt 10.4.1). Derartige Untersuchungen vermisst sie derweil in ihrem bisherigen Studium: „Ich fühle mich so unaufgeklärt darüber" (Dokument BRFF7PW, Absatz 54).

Neben der Erwartung, grundlegende Theorien zu erlernen, äußert Frau Becker auch eine Erwartung des Tiefgangs: „Man sollte hier so viel wie mög-lich lernen und auch so tief wie möglich gehen. Irgendetwas wird dann schon irgendwie helfen später" (Dokument BRFF7PW, Absatz 60). Bezüglich der Grundvorstellungen hält sie fest, dass es ihr gefehlt habe, zu erfahren, wo diese herkommen:

> Irgendjemand muss ja mal festgestellt haben, dass es diese Vorstellungen gibt und *das ist mir nicht tief genug gegangen.* (.) Also klar, war ja auch Modul 1, aber trotzdem. Man kann ja erwarten, dass man sich dann noch eingehender damit beschäftigt, wenn man einmal hier an der Uni ist (BRFF7PW, Absatz 58 Hervor-hebungen von der Verfasserin).

Tiefgehende Beschäftigungen mit mathematikdidaktischen Inhalten scheint Frau Becker von der universitären Ausbildung zu erwarten. Dass *Theorien* in den Beliefs von Frau Becker zum Lehren und Lernen von Mathematikdidaktik fest verankert sind, zeigt sich auch an späterer Stelle des Interviews, an der sie aus vorgelegten Begriffen fünf auswählen sollte, die ihre Vorstellung von Mathematikdidaktik am besten repräsentieren:

> So, ich würde es mal so machen. Also als erstes / Also oben angefangen, von wegen am Wichtigsten, habe ich 'theoretisch' / einfach durch die ganzen Ausführungen, die ich schon vorher gegeben habe. Also das ist sehr *theorielastig*, finde ich. Aber ich finde das nicht schlimm. Das ist auf keinen Fall negativ gemeint. Man beschäftigt sich halt theoretisch damit, wie man Mathematik vermittelt. Das muss ja auch passieren (Dokument BRFF7PW, Absatz 94 Hervorhebungen von der Verfasserin).

Noch bevor Frau Becker sich Begriffe aussuchte, wurde sie gebeten, selbst Begriffe festzuhalten, die sie mit Mathematikdidaktik verbindet. Dabei fällt ihr der Begriff 'Diagnostik' ein, den sie jedoch nicht richtig einzuordnen weiß:

B: ... Ich weiß nicht so wirklich, ob das wirklich zur Didaktik gehört oder schon / also eher für später / also auf später sich bezieht im Referendariat, aber Diagnostik, finde ich, ist auch noch so ein Thema. (.) Obwohl doch, es bezieht sich eigentlich schon darauf. Wenn ich jetzt zum Beispiel einen Schüler dasitzen habe, der (.) vermeintlich an Dyskalkulie leidet, (.) dann ist das ja Diagnostik und dann muss ich aber *auch wissen, (.) wie ich mit dem umzugehen habe.* Also natürlich, das ist schon eher / Also wenn jemand (.) Dyskalkulie hat, dann macht das ja nicht nur der Lehrer allein, sondern es gibt ja noch Menschen, die sich besonders damit beschäftigen und sich dann um diese (.) Schüler kümmern. Aber als Lehrkraft muss ich ja auch darüber Bescheid wissen.

I: Also war das jetzt / Du hast ja jetzt ganz spannend gesagt: 'Ich weiß nicht, ob das noch zur Didaktik gehört, weil es eher auf später bezogen ist.' Also ist Didaktik so was, was du sagst, das findet jetzt an der Uni, das ist das, was an der Uni ist und danach /

B: Ja, ich wusste nicht, ob man das noch dazu zählt, weil das / (..) Also *es klingt halt so praktisch*, (.) finde ich. Also Dia / Also Diagnos / Diagnosen zu stellen finde ich (.) erst möglich, wenn man eigentlich genug Wissen hat. Aber (..) es ist wirklich schwer zu sagen. (..) (Dokument BRFF7PW, Absatz 72 ff.)

Während des weiteren Interviews kommt Frau Becker nicht zu einer endgültigen Entscheidung, ob Diagnostik zur Mathematikdidaktik gehört oder nicht. In ihren Überlegungen werden verschiedene Beliefs zu (Lern-)Inhalten der Mathematikdidaktik deutlich. Mathematikdidaktik scheint für Frau Becker nicht praktisch zu sein ('Ja, ich wusste nicht, ob man das noch dazu zählt, weil das ... klingt halt so praktisch') und mit Wissen in Verbindung zu stehen ('Obwohl doch, es bezieht sich eigentlich schon darauf. Wenn ich jetzt zum Beispiel einen Schüler dasitzen habe, der (.) vermeintlich an Dyskalkulie leidet, (.) dann ist das ja Diagnostik und dann muss ich aber auch wissen, (.) wie ich mit dem umzugehen habe'). In dem Zitat wird weiterhin ausgedrückt, dass das Lernen von Mathematikdidaktik, nach der Vorstellung von Frau Becker, nach der Universität aufzuhören scheint ('Ich weiß nicht so wirklich, ob das wirklich zur Didaktik gehört oder ... auf später sich bezieht im Referendariat').

B: Ich glaube nicht, dass es [Mathematikdidaktik im Referendariat] anders ist, aber es steht nicht mehr so im Vordergrund, weil dann ... *stehen halt wirklich andere Sachen scheinbar im Vordergrund.* Also (.) ich kenne jetzt nicht so viele, die so weit schon sind. Aber rein von dem, was man so hört, hat das dann alles nicht mehr so einen hohen Stellenwert. *Das wird irgendwie vorausgesetzt,* aber es wird nicht mehr thematisiert. Und deshalb, das meinte ich mit, was später halt dann wichtig ist, also was später (.) für uns im Lernprozess halt dahingehend, dass man irgendwann eine Lehrkraft ist, wichtig ist.
I: (.) Okay. Also gehst du so ein bisschen davon aus, dass man jetzt hier dieses Wissen lernt, das hat man dann im Kopf (.) und dann (.) geht es in eine neue Phase rein, wo man dann andere Dinge macht?
B: Genau, also eine ganz andere Ebene halt. Das geht eher so auf / Klar, natürlich, man muss auch die Methoden erst mal so lernen, wie man hier auch lernt, aber das hat alles, finde ich jetzt vom Gefühl her, mehr *einen praktischen Bezug,* als das, was wir hier machen (Dokument BRFF7PW, Absatz 79 ff.)

Diese Darstellungen lassen vermuten, dass Frau Becker davon ausgeht, dass (mathematik-) didaktisches Lernen vor allem in der universitären Ausbildung stattfindet und mathematikdidaktisches Wissen in der nachfolgenden Ausbildung vorausgesetzt wird. Dabei scheint sie anzunehmen, dass in der universitären Didaktik die theoretischen Grundlagen gelernt werden, während es im Referendariat dann um das Praktische, die Methodik, geht. Die Diskrepanz zwischen

Praxis und Theorie, Methodik und Didaktik wird auch in der Darstellung ihrer anfänglichen Erwartungen deutlich:

> Also wenn man hier hinkommt [an die Universität] und das Ziel hat, Lehrer zu werden, ist einem natürlich klar, dass man irgendwie auch lernen muss, *wie man Stoff vermittelt.* Aber dann stellt man sich direkt immer erst einmal das so vor, wie das eigentlich dann *im Referendariat passiert, dass man sich mit Methoden beschäftigt und solchen Dingen.* (..) Ja, wenn man / dann sage ich: 'Didaktik ist die Lehre des Lernens', was man irgendwie einmal gelernt hat, jetzt in der Vorlesung, dann kann man sich da auch relativ wenig darunter vorstellen, finde ich. Das ist halt echt eine schwierige Frage, also (.) ich würde dann irgendwie damit argumentieren, dass man sich *in gewisser Maßen auch mit Lernprozessen auseinandersetzt,* (.) wie man, (..) ja, mathematische Stoffe halt irgendwie / (.) Das ist auch schwierig in Worte zu fassen, merke ich gerade. Also wie man die aufbereiten muss, *ohne schon an die Methoden zu denken,* dass es möglich ist, die Lernprozesse nachzuvollziehen (Dokument BRFF7PW, Absatz 28 Hervorhebungen von der Verfasserin).

Die wahrgenommene Diskrepanz zwischen Theorie ('lernen, wie man Stoff vermittelt', 'mit Lernprozessen auseinandersetzen') und Praxis ('im Referendariat mit Methoden beschäftigen') wird deutlich, durch die von ihr vollzogene Trennung von Didaktik von Methodik. Diese Unterscheidung wird im weiteren Interviewverlauf immer wieder von Frau Becker aufgegriffen:

> Also die gehören (.) nicht direkt zusammen, aber die spielen miteinander sozusagen. Also die Methodik hat ohne die Didaktik eigentlich kein Zweck, finde ich. Denn nur zu sagen: 'Okay, ich mache jetzt eine Stunde und will unbedingt Gruppenarbeit machen.', das bringt einen ja nicht besonders weiter, wenn man nicht vorher weiß, was man denn überhaupt behandeln will und wie das passieren soll und was dafür dann praktisch ist. (.) *Also kommt die Didaktik eigentlich eher vor der Methodik.* (.) Ja, also das sind zwei wichtige Dinge, die auf jeden Fall miteinander korrelieren, aber es ist nicht das Gleiche (.) und *es sollte auch nicht als Gleiches angesehen werden* (Dokument BRFF7PW, Absatz 44 Hervorhebungen von der Verfasserin).

Methodik und Didaktik sind voneinander zu trennen, wobei die Didaktik, laut Frau Fischer, eine Vorrangstellung vor der Methodik einnimmt.

Zu den in ihrer Ausbildung bisher vermittelten mathematikdidaktischen Inhalten hält sie eine *Orientierung am Idealfall* fest: „Die Didaktik ist halt eher das, was sich mit dem Idealfall, finde ich, beschäftigt, also wenn die Schüler die Konzepte wirklich erlangen und wenn alles funktioniert und die Motivation auch stimmt" (Dokument BRFF7PW, Absatz 74). Dies stellt sie im weiteren Verlauf des Interviews als negativ dar: „Ja, aber wenn dann ... Probleme auftreten, ... dann (.) fällt das da irgendwie aus dem Raster heraus, finde ich. Also damit beschäftigt man sich gefühlt hier irgendwie noch ein bisschen zu wenig, meiner Meinung nach" (Dokument BRFF7PW, Absatz 74). An anderer Stelle berichtet sie von ihrer Nachhilfe-Erfahrung und richtet die Forderung an die Mathematik-didaktik derart 'aus dem Raster fallende' Gegebenheiten, die vom Idealfall abweichen, zu thematisieren:

> Ja, also dadurch, dass ich viel Nachhilfe gebe, kam ich schon oft damit in Berührung. Ich würde gerne noch mehr dazu lernen, wie man damit umgeht, wenn Schüler irgendein Konzept gar nicht reinkriegt in den Kopf. Also ich habe dann schon immer versucht, diese ganzen Wege zu gehen, also dass man die Darstellungsebene wechselt und so, aber das hilft halt manchmal auch einfach nicht mehr weiter. Also ich habe eine Schülerin, (..) die ist in der achten Klasse und sie versteht einfach seit der sechsten Klasse nicht, wie sie mit dem Geodreieck umgehen soll und Woche für Woche erkläre ich dann immer wieder, wie man die Winkel misst und dann macht sie es trotzdem immer wieder falsch, also irgendwie kriegt sie das gar nicht auf die Reihe und da wüsste ich dann einfach gerne erstens mal, *woran das liegen kann* (.) und *wie man damit wirklich umgeht*, ohne dann wirklich jede Woche einfach nur das Gleiche zu erklären, was halt auch gar nichts bringt. (.) Das ist deprimierend (Dokument BRFF7PW, Absatz 64 Hervorhebungen von der Verfasserin).

Sie wünscht es sich an dieser Stelle von der Mathematikdidaktik zu erlernen, wo Gründe für bestimmte, vom Idealfall abweichende Phänomene liegen und wie mit diesen umzugehen ist. Weitere Wünsche bzw. Forderungen hält sie auch hinsichtlich des *Rahmens mathematikdidaktischer Veranstaltungen* fest. So beklagt sie die gemeinsame Ausbildung mit angehenden Grundschullehrkräften und fordert das Eingehen auf didaktische Themen zu mathematischen Inhalten der höheren Schulstufen:

> Ja, aber das ist so ein generelles Problem, daher, dass wir ja mit den / Also ich studiere ja auf Gymnasiallehramt und dass wir immer mit den Grundschullehramts-menschen zusammen sind / Und ich hatte das Gefühl, dass Modul 1c eigentlich *nur für die Grundschule relevant*, also wirklich relevant ist. Natürlich sollte sich jemand, der an die weiterführende Schule geht, auch mit den Sachen beschäftigen, die für Grundschulkinder wichtig sind, weil man ja den Grundstein erst einmal braucht und darauf weiter aufbaut, aber mir fehlt es einfach, dass man wirklich auch auf die (.) zum Beispiel Grundvorstellungen zu den Sachen eingeht, die im Gymnasium erst dazu kommen. Also wenn es jetzt dann um, keine Ahnung, besondere Funktionen oder so geht, also da muss man ja auch erst einmal eine Vorstellung darüber gewinnen, ich wüsste jetzt von mir selber gar nicht, was ich da für eine habe, wenn ich so spontan darüber nachdenke, aber dass man da noch mehr ansetzt. Ich

habe nämlich das Gefühl, dass das so ein *Ungleichgewicht* herrscht und das macht mich echt *unzufrieden* teilweise. (Ja.) (..) Ja, das stört mich ziemlich (Dokument BRFF7PW, Absatz 62 Hervorhebungen von der Verfasserin).

Zusätzlich spricht sie das Verhältnis von Fachwissenschaft und Fachdidaktik im Studium an und erwähnt dabei auch Inhalte, die sie von der Fachdidaktik erwartet:

Ich finde das sollte sich halt irgendwie die Waage halten, dass die Fachwissenschaft nicht zu sehr die Überhand nimmt. Also natürlich / Ich finde das ganz wichtig, dass wir so viel lernen und dass das auch ganz weit über das Schulwissen hinausgeht, aber, (.) *ja es sollte noch ein bisschen mehr Fachdidaktik wirklich kommen,* auch auf das Fach bezogen und auf die Lernprozesse und solche Dinge, solche psychologischen Sachen halt (Dokument BRFF7PW, Absatz 56 Hervorhebungen von der Verfasserin).

In den Ausführungen von Frau Becker zum Lehren und Lernen von Mathematikdidaktik wird zusammenfassend eine aktiv-konstruktivistische Sichtweise deutlich, die mit der Annahme einhergeht, Mathematikdidaktik sei erlernbar. Zusätzlich wird Mathematikdidaktik als Lerngegenstand mit grundlegenden Theorien und Wissen, insbesondere zu psychologischen Themen, wie den Lernprozessen, verbunden, aber von Praktischem, wie der Methodik, abgegrenzt. Inhaltlich wünscht sich Frau Becker tiefgehende Einblicke in die Theorien. Sie bewertet die von ihr wahrgenommene Orientierung am Idealfall seitens der Didaktik als negativ und erhofft sich auch Wissen zum Umgang mit vom Idealfall abweichenden Gegebenheiten. Weiterhin sollte es ihrer Meinung nach generell mehr fachdidaktische Veranstaltungen geben, die zusätzlich nach den angestrebten Schularten der Studierenden differenzieren. Als Ziel des (mathematik-)didaktischen Lernens hält Frau Becker die Erlangung von Kompetenzen, als eine Mischung aus Wissen und Können (Dokument BRFF7PW, Absatz 110), fest:

Ja, ich hätte tatsächlich noch den Begriff 'Kompetenz' als (.) prägend für die Mathematikdidaktik reingebracht, denn das ist ja eigentlich das Ziel, das erreicht werden soll. Also, dass wir eine gewisse fachdidaktische Kompetenz erlangen (.) und ja, deswegen gehört das da eigentlich noch hinein. ... Also generell Didaktik sollte beides erreichen [Wissen und Können], also Fachdidaktik und allgemeine Didaktik, dass man (.) eben mit Situationen weiß umzugehen, dass man Wissen darüber hat und dann auch tatsächlich mit irgendwelchen Interventionen starten kann oder so. Also dass man wirklich auf die Handlungen, die einem bevorstehen, vorbereitet wird (Dokument BRFF7PW, Absatz 108 & 112).

10.4.3 Beliefs zum eigenen Nutzen von Mathematikdidaktik

Generell geht Frau Becker von einem Nutzen der Mathematikdidaktik aus: „Irgendetwas wird dann schon irgendwie helfen später" (Dokument BRFF7PW, Absatz 60). In den Ausführungen zu den im Interview von Frau Becker herausgearbeiteten Beliefs zum Lehren und Lernen von Mathematikdidaktik, wird ihre Auffassung thematisiert, Mathematikdidaktik sei eher theoretisch, während das Praktische eher im Bereich der Methodik liegt. Entsprechend stellt sie dar, dass die Praxisrelevanz der Mathematikdidaktik nicht direkt offensichtlich ist:

I: Okay und mathematikdidaktisches also / Didaktik ist eigentlich eher so etwas, was (.) weniger praktisch ist, sondern erst mal theoretisch und dann in einem anderen Kontext /

B: Genau, also, wenn man sich die Mühe geben möchte und ich bin eigentlich immer so ein Mensch, der gerne dann *auf eine andere Ebene* versucht zu gehen, dann ist das natürlich schon *praxisrelevant*, was man hier lernt. (.) *Aber das ist nicht direkt offensichtlich.* Also man müsste dann schon erst mal überlegen: 'Ja, wie wäre das denn jetzt in der Schule?' und so und wenn man dann über ein paar Ecken gekommen ist, dann merkt man: 'Ah ja, das ist ja eigentlich doch gar nicht so unwichtig, wie viele das immer meinen.' (Dokument BRFF7PW, Absatz 83 f. Hervorhebungen von der Verfasserin)

Frau Becker stellt dar, dass Mathematikdidaktik laut Meinung anderer ('wie viele das meinen') unwichtig sei. Sie grenzt sich von dieser Auffassung ab und sieht eine Praxisrelevanz sowie einen generellen Nutzen der Mathematikdidaktik, der jedoch nicht direkt offensichtlich zu sein scheint. Speziell zum Spiralprinzip hält sie fest:

> Ja, aber irgendwie hatte ich das Gefühl, dass mir das im Praktikum nicht helfen wird, also ich meine, so ein Spiralcurriculum das bezieht sich auf die ganze Schullaufbahn, also von der Grundschule bis ganz zum Schluss. (.) Und das (.) findet ja jetzt im Praktikum, das nur drei Wochen geht, eigentlich gar keine Anwendung (Dokument BRFF7PW, Absatz 48).

In dieser Textstelle wird deutlich, dass Frau Becker erwartet, die gelernten Inhalte der Mathematikdidaktik im Praktikum nutzen zu können. Während dies mit dem Spiralprinzip nicht möglich war, konnte sich die Kenntnis des E-I-S-Prinzips im Praktikum als nützlich erweisen:

Das mit dem E-I-S-Prinzip, das habe ich dann schon versucht, als ich das dann wusste, im zweiten Praktikum irgendwie durchzusetzen. (.) Ja, war halt auch schwierig, hat nicht ganz so zu meinem Thema gepasst. Da war ich eigentlich nur auf der ikonischen Ebene unterwegs. Aber, na gut, das zu wissen, *das war eigentlich schon mal ganz schön, dass man selbst schauen konnte* (Dokument BRFF7PW, Absatz 48 Hervorhebungen von der Verfasserin).

Das Nutzen dieser beiden konkreten Inhalte verbindet Frau Becker in diesen Zitaten mit ihren Erfahrungen im Praktikum. Auf die Frage, ob sie anlässlich dieser Ausführungen erwarten würde, dass sie von der Mathematikdidaktik auf Praktika vorbereitet wird, antwortet Frau Becker wie folgt:

Jein, also jetzt auch nicht so richtig. Ich hätte es halt gerne, dass ich öfter solche *Reflexionsprozesse* starten kann, wenn ich irgendwie von irgendetwas denke: 'Ja, das wird jetzt schon richtig sein, wenn ich das so mache, das haben wir in der Schule damals auch gemacht.', dann ja ist es zwar schön, wenn es dann selbst als (.) angehende Lehrkraft im (.) Praktikum auch funktioniert, aber wenn man dann halt sagen kann: 'Ah, ja hier bin ich jetzt auf der enaktiven Ebene, auf der ikonischen Ebene.' Also ich finde das halt einfach gut, *wenn man das dann so rückbinden kann auf das Wissen, das man erworben hat* (Dokument BRFF7PW, Absatz 48 Hervorhebungen von der Verfasserin).

In diesem Abschnitt beschreibt Frau Becker das Nutzen der Mathematikdidaktik im Hinblick auf *Reflexionsprozesse* seitens der Lehrkraft. Mithilfe des (theoretischen) Wissens der Mathematikdidaktik sollen das unterrichtliche Geschehen und die Handlungen der Lehrkraft reflektiert werden. Sie möchte, laut diesen Ausführungen, nicht rein erfahrungsbasiert arbeiten, sondern hofft, durch das Wissen der Mathematikdidaktik das Handeln als Lehrkraft reflektieren zu können. „Das [mathematikdidaktische Wissen] sollte alles immer im Kopf drin sein, man sollte nicht nur intuitiv arbeiten" (Dokument BRFF7PW, Absatz 60). Zusätzlich zur Reflexion soll mathematikdidaktisches Wissen zur Analyse genutzt werden: „Dann hätte ich jetzt noch 'Analyse' aufgeschrieben. (.) Klar, also auch worüber wir schon geredet haben, dass man die Lernprozesse analysieren kann, dass man die Probleme vor allem analysieren kann" (Dokument BRFF7PW, Absatz 70). Die Wichtigkeit dieses zur Analyse und Reflexion notwendigen mathematikdidaktischen Wissens beschreibt Frau Becker, indem sie darstellt, wie die Ausübung des Lehrberufs aussehen würde, falls die Lehrkraft kein didaktisches Vorwissen hätte:

B: ... klar, also es ist wichtig für den Beruf nachher. Wenn ich mir vorstelle, wir würden alle ohne irgendwelches didaktisches Vorwissen in die Schule gehen, dann wäre das fatal.

I: Inwiefern wäre das fatal?

B: Naja, also (..) man wäre eigentlich gar nicht so darauf *sensibilisiert* über-
       haupt darüber *nachzudenken, warum ein Schüler etwas nicht versteht.* (.)
       Dann würde man das einfach so als: 'Oh, das Kind als dumm.' abtun und
       das wäre erstens natürlich für die Noten schlecht des Schülers. Ja, das ist
       aber nicht das Wichtigste eigentlich. Das Wich / Also das Wichtigste ist da
       eigentlich, dass man (..) den Schüler in eine Schublade steckt, wo er eigent-
       lich nicht hingehört. Er kann ja nichts dafür, wenn er nicht direkt alles
       versteht und man ist eigentlich dann als Lehrer teilweise auch dafür ver-
       antwortlich, wenn man vielleicht schlecht gearbeitet hat (.) und dann ist es
       einfach wichtig, dass man solches *Vorwissen hat über die Lernprozesse* und
       so, über irgendwelche *Vermittlungsstrategien,* (.) dass man damit umgehen
       kann und dann professionell bleibt (Dokument BRFF7PW, Absatz 94 ff.
       Hervorhebungen von der Verfasserin)

Mathematikdidaktik wird hier als Vorwissen über Lernprozesse und Vermittlungs-
strategien dargestellt, dessen Funktion eine Sensibilisierung der Lehrkräfte ist.

10.4.4 Einstellungen und Emotionen

In den bisherigen Ausführungen zum Interview von Frau Becker sind bereits
an einigen Stellen Einstellungen und Emotionen angesprochen worden. Im
Folgenden werden die zu diesen Kategorien codierten Textstellen noch einmal
kurz dargestellt.

   Hinsichtlich konkreter Lerninhalte wird eine negative *Einstellung* zur
Beschäftigung mit der Frage „Was macht eine gute Lehrkraft aus?" zum Ausdruck gebracht: „Das kam mir irgendwie so unwissenschaftlich vor …. Das kam
mir ein bisschen merkwürdig vor" (Dokument BRFF7PW, Absatz 48). Es wird
vermutet, dass Frau Becker hier auf Vorlesungsinhalte zur Professionalisierung
von Lehrkräften Bezug nimmt. Im Gegenzug wird mit der wahrgenommenen
wissenschaftlichen Verankerung das Spiralcurriculum positiv gesehen: „das hat
dann auch schon Sinn gemacht" (Dokument BRFF7PW, Absatz 48), während
hingegen die nicht direkte Anwendbarkeit des Spiralcurriculums im Praktikum
eher negativ bewertet wird: „Ja, aber irgendwie hatte ich das Gefühl, dass mir
das im Praktikum nicht helfen wird" (Dokument BRFF7PW, Absatz 48). Bezüglich der Anwendbarkeit im Praktikum wird hinsichtlich des E-I-S-Prinzips eine
positive Einstellung erwähnt: „das zu wissen, das war eigentlich schon mal ganz
schön" (Dokument BRFF7PW, Absatz 48).

Weniger bezogen auf spezifische Inhalte, erwähnt Frau Becker auch Bewertungen genereller Natur. So wird die von Frau Becker beschriebene Orientierung der Mathematikdidaktik am Idealfall negativ gesehen: „Ja, 'ideal' / Durch die Ausführung, was ich ja vorhin schon geliefert habe, dass es sich, meiner Meinung nach, immer mit dem idealtypischen Verlauf von Unterrichtsprozessen beschäftigt, (.) was ich schon ein bisschen negativ, ja, andeuten lassen habe" (Dokument BRFF7PW, Absatz 94, s. auch Absatz 74). Eine letzte im Interview von Frau Becker codierte negative Einstellung betrifft die universitären Rahmenbedingungen sowie die Inhalte der mathematikdidaktischen Lehr-Lern-Prozesse: „ja es sollte noch ein bisschen mehr Fachdidaktik wirklich kommen, auch auf das Fach bezogen und auf die Lernprozesse und solche Dinge, solche psychologischen Sachen halt" (Dokument BRFF7PW, Absatz 56).

Mit der Forderung mehr Fachdidaktik in die Lehrerausbildung zu integrieren, wird bereits deutlich, dass Frau Becker generell die Wichtigkeit und die Relevanz der mathematikdidaktischen Ausbildung anerkennt: „es ist halt wichtig für den / für den Lehrerberuf und generell, wenn man sich mit Wissensvermittlungsprozessen halt beschäftigen möchte" (Dokument BRFF7PW, Absatz 104, s. auch Absätze 84, 94) oder „dann ist das natürlich schon praxisrelevant, was man hier lernt" (Dokument BRFF7PW, Absatz 84, s. auch Absatz 60). Die von Frau Becker dargestellte theoretische Ausrichtung der Mathematikdidaktik wird von ihr als 'nicht negativ' und die Beschäftigung mit den Theorien als ein 'Muss' beschrieben: „Also das ist sehr theorielastig, finde ich. Aber ich finde das nicht schlimm. Das ist auf keinen Fall negativ gemeint. Man beschäftigt sich halt theoretisch damit, wie man Mathematik vermittelt. Das muss ja auch passieren" (Dokument BRFF7PW, Absatz 94).

All diese Bewertungen der Mathematikdidaktik wurden als Einstellungen codiert. An anderen Stellen des Interviews spricht Frau Becker auch von *Emotionen*. Hinsichtlich psychologischer, neuronaler Untersuchungen zur Verarbeitung mathematischer Inhalte sagt sie: „Ja ich fühle mich so unaufgeklärt darüber" (Dokument BRFF7PW, Absatz 54). Weiterhin macht sie das auf der gemeinsamen mathematikdidaktischen Ausbildung mit angehenden Grundschullehrkräften basierende „Ungleichgewicht" (Dokument BRFF7PW, Absatz 62) zwischen Inhalten, die für die Grundschule und für weiterführende Schularten relevant sind, „echt unzufrieden" (Dokument BRFF7PW, Absatz 62). Sie berichtet, dass aus ihrer Sicht bisher fast ausschließlich Inhalte gelehrt wurden, die „eigentlich nur für die Grundschule relevant, also wirklich relevant" (Dokument BRFF7PW, Absatz 62) seien. Frau Beckers anfängliche Erwartung, in der Mathematikdidaktik grundlegende Dinge zu Lernprozessen zu erlernen, wurde durch die Arbeit mit Beispielen gebrochen (Dokument BRFF7PW,

Absatz 48). Ob dieser wahrgenommene Erwartungsbruch mit der Konstruktion einer Emotion in Zusammenhang steht, bleibt offen.

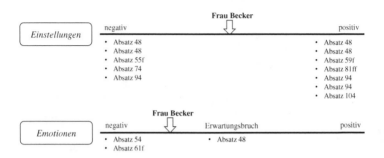

Abbildung 10.17   Codierungen zu Einstellungen und Emotionen von Frau Becker

Wie Abbildung 10.17 darstellt, können dem Interview mit Frau Becker sowohl negative also auch positive Einstellungen, die im Zusammenhang mit Mathematikdidaktik stehen, entnommen werden. Zwei Textstellen wurden mit dem Code 'negative Emotionen' versehen, die sich allerdings nicht auf die Mathematikdidaktik generell, sondern auf die Rahmenbedingung der mathematikdidaktischen Hochschullehre und auf noch nicht behandelte Inhalte beziehen.

Interpretation und Diskussion von Studie II

11

Die fallorientierte, deskriptiv-interpretative Darstellung der einzelnen Interviews zeigt, wie unterschiedlich die Vorstellungen zur Mathematikdidaktik der einzelnen Studierenden sind. *Herr Wagner* beschreibt in seinem Interview beispielsweise vor allem durch seine Zeichnung (Didaktik als Brücke zwischen Universität und Schule) die Aufgabe der Mathematikdidaktik, *Hochschulmathematik auf die Schule zu beziehen*, indem Anwendungsaufgaben und Legitimationen dargestellt werden. Eine Auffassung, in der Mathematikdidaktik mit dem Ziel der Aufbereitung fachwissenschaftlicher Inhalte für den Unterricht verbunden wird, erwähnen auch Mellis und Struve (1986, S. 162). Sie bezeichnen dieses Verständnis von Mathematikdidaktik als „Elementarisierung mathematischer Begriffe und Theorien" (Mellis & Struve, 1986, S. 162) (s. Abschnitt 3.1.1). Darüber hinaus erwähnt Herr Wagner Erwartungen an die Mathematikdidaktik, die mit der Weitergabe eines *Leitfadens* an die Studierenden einhergehen. Auch in der von Mellis und Struve (1986) beschriebenen Auffassung der Mathematikdidaktik als „ingenieurwissenschaftliche Disziplin" (S. 162) wird sie mit der Aufgabe der Erstellung einer „Handreichung für den Lehrer, ... in möglichst effektiven Anleitungen zur Erzeugung effektiven Unterrichts" (Mellis & Struve, 1986, S. 164) verbunden. Hiernach ist Mathematikdidaktik vor allem an Anwendungen orientiert. Auch Herrn Wagners Vorstellung nach sollte Mathematikdidaktik vor allem *praktisch* und *anwendungsorientiert* sein. Theorien gegenüber äußert er eine eher *negative* Einstellung und ist bezüglich deren Mehrwerts eher *skeptisch*. Da er jedoch ein „paar psychologisch Eckpunkte" (Dokument MTND9DK, Absatz 106) für „nicht verkehrt" (Dokument MTND9DK, Absatz 106) hält, scheint er nicht jegliche theoretische Systematisierung in der Mathematikdidaktik abzulehnen, wie es in

der Auffassung der Mathematikdidaktik als „System von Unterrichtsvorschlägen"
(Mellis & Struve, 1986, S. 164) postuliert wird. Herr Wagners im Interview
geäußerte Vorstellung von Mathematikdidaktik (Anwendungen der Hochschul-
mathematik, Erhalt eines Leitfadens, praktisch und direkt anwendbar) ähneln dem
von Steinbring (1998) dargestellten Verständnis von Mathematikdidaktik

> als einer *methodischen Hilfsdisziplin*, die den abstrakten mathematischen Stoff
> für das Lehren und Lernen in der Schule ... aufzubereiten und verdaulich zu
> machen hat, in ... didaktisch-methodischen Anleitungen und Rezepten. Was die
> Mathematikdidaktik ausarbeitet, sollte doch – bitte schön – möglichst direkt und
> unverändert im Unterrichtsalltag benutzt werden können (S. 164 Hervorhebungen
> von der Verfasserin).

Herr Müller äußert eine Vorstellung von Mathematikdidaktik, in der sich diese
ebenfalls vor allem durch eine *Anwendungsorientierung* auszeichnet. Er verbindet
mit ihr hauptsächlich Elemente der Unterrichtsgestaltung, sodass Mathematikdidaktik für ihn einen *'Ideenpool'* darstellt. Analog zu Herrn Wagner beschreibt
Herr Müller Mathematikdidaktik als praktisch, praxisnah und anwendungsbezogen.
Er stellt jedoch mit dem stattgefundenen „Umbruch" (Dokument HHTB4BS,
Absatz 74) seiner Einstellungen zur Mathematikdidaktik auch die *Relevanz 'all-
gemeingültiger' Grundlagen und Theorien heraus.* Er erkennt somit auch Aspekte
der Mathematikdidaktik als Grundlagenwissenschaft an. In seinem Interview äußert
er eine Vorstellung, die dem Verständnis einer *'design science'* nach Wittmann
(1995) ähnelt. Aufgabe der Mathematikdidaktik ist demnach, Wissen über die
Konstruktion und Gestaltung von Unterrichtseinheiten mit gewissen Eigenschaften
zu gewinnen (Leuders, 2010, S. 13) (s. Abschnitt 3.1.1). Gewünschte Eigenschaften
einer Unterrichtsgestaltung sind für Herrn Müller Spaß und Abwechslungsreichtum.
Frau Fischer beschreibt Mathematikdidaktik als Pool verschiedener Wege
und *Möglichkeiten*, die praktisch angewendet werden müssen, *um das Lernen
der Schülerinnen und Schüler zu verbessern.* Mathematikdidaktik hat demnach
in ihrer Vorstellung einen *Anwendungsbezug.* Sie betont in ihrem Interview
zusätzlich mathematikdidaktische *Theorien*, die eine Lehrkraft im Hinterkopf
haben sollte, beispielsweise um bestimmte Wirkungen seitens der Lernenden zu
antizipieren. Sie drückt daher eine Vorstellung aus, in der Mathematikdidaktik
sowohl Grundlagen- als auch Anwendungswissenschaft ist. Dabei erwähnt sie
normative mathematikdidaktische Inhalte:

- „was jetzt gute Auswirkungen auf das Lernverhalten hat oder weniger gute
  Auswirkungen" (Dokument KOZK6GT, Absatz 56)
- „wie man am besten unterrichtet" (Dokument KOZK6GT, Absatz 59)

- „dass Schüler besser lernen, wenn …" (Dokument KOZK6GT, Absatz 58)
- „Wie kann ich meine Schüler am besten unterrichten … ?" (Dokument KOZK6GT, Absatz 46)

Aus diesen Darstellungen geht eine Ähnlichkeit der Vorstellung von Frau Fischer mit der von Kron et al. (2014) angeführten Auffassung von „Didaktik als Anwendung psychologischer Lehr- und Lerntheorien" (S. 40) einher (s. Abschnitt 3.1.1). Frau Fischer erwähnt die Psychologie nicht explizit, bezieht sich aber in ihren Ausführungen auf Lehr- und Lerntheorien und beschreibt mit den normativen Aussagen eine Auffassung von „Didaktik zur Verbesserung aller Faktoren, die mit dem organisiertem Lernen und Lehren zu tun haben" (Kron et al., 2014, S. 41).

Frau Becker verbindet mit Mathematikdidaktik *Reflexions- und Analysewissen.* In ihren Ausführungen unterscheidet sie zwischen praktischer Methodik und *theoretischer* Didaktik. Beides trennt sie explizit voneinander. Somit äußert Frau Becker eine Vorstellung von Mathematikdidaktik, die in Anlehnung an Klafki (1970, S. 72 f.) ein enges Verständnis von Didaktik darstellt (s. Abschnitt 3.1.1). Alle anderen Studierenden äußern sich derart, dass die Vermutung eines weiten, die Methodik inkludierenden Verständnisses von Mathematikdidaktik entsteht. Frau Becker beschreibt in ihrem Interview auch die höhere Relevanz der Didaktik vor jener der Methodik und drückt so das aus, was Klafki (1970, S. 73) im Satz vom Primat der Didaktik festhält (s. Abschnitt 3.1.1). In Frau Beckers Äußerungen wird Mathematikdidaktik vor allem als eine Grundlagenwissenschaft dargestellt, während praktische Anwendungen mit der Methodik verbunden werden.

Um diese Unterschiedlichkeit der Vorstellungen in den einzelnen Bereichen deutlicher hervorzuheben und mit den im theoretischen Hintergrund dargestellten Ausführungen in Beziehung zu setzen, findet nachfolgend eine an den vier beforschten Bereichen von Vorstellungen orientierte Interpretation statt. Dabei ist ein Vergleich der studentischen Aussagen mit jenen aus der Literatur und keine normative Bewertung im Sinne richtiger oder falscher Vorstellungen intendiert.

11.1 Epistemologische Beliefs zur Mathematikdidaktik

Zur Struktur mathematikdidaktischen Wissens (Ansammlung von Fakten vs. Zusammenhängende Konzepte) wurden in keinem der vorgestellten Interviews Codierungen vorgenommen. Nachfolgend werden die einzelnen Dimensionen genauer betrachtet und mit Darstellungen aus der Literatur verglichen (s. Abschnitt 3.1).

(Un-)Abgeschlossenheit mathematikdidaktischen Wissens (Abgeschlossenheit vs. Weiterentwicklung)
Frau Becker und Frau Fischer äußeren sich im Interview derart, dass Rückschlüsse auf Beliefs zur *(Un-)Abgeschlossenheit* der Mathematikdidaktik gezogen werden. Während im Interview von Frau Fischer Äußerungen zur stetigen *Weiterentwicklung* der Mathematikdidaktik und keine zur Abgeschlossenheit codiert wurden, sind im Interview von Frau Becker Äußerungen zur Weiterentwicklung wie auch zur Abgeschlossenheit der Mathematikdidaktik zu finden. Dabei beziehen sich die zur *Abgeschlossenheit* codierten Aussagen von Frau Becker auf das zu erlernende mathematikdidaktische Wissen, das nach der universitären Ausbildung beherrscht wird (Dokument BRFF7PW, Absatz 80). Generell wird eine stetige Weiterentwicklung mathematikdidaktischen Wissens von ihr dargestellt: „irgendwo wird man immer etwas finden, was noch verbesserungswürdig ist" (Dokument BRFF7PW, Absatz 104). Struve (2015) hält in seinen Ausführungen bezüglich der Mathematikdidaktik eine „fortlaufende Spezialisierung von Fragestellungen und Detailliertheit von Antworten" (S. 563) fest. Bauersfeld (1998, S. 6) bezeichnet Mathematikdidaktik als eine Wissenschaft vom Menschen und erwähnt in diesem Zusammenhang eine stetige Zunahme von Wissen, die nicht zu einer Lösung oder „Beherrschbarkeit" (S. 6) von Problemen, sondern zu einer zunehmenden Komplexität führt (s. Abschnitt 3.1.1). Eine generelle Abgeschlossenheit bzw. Endlichkeit mathematikdidaktischen Wissens wird demnach weder von Struve (2015) und Bauersfeld (1998) noch von den interviewten Studierenden zum Ausdruck gebracht.

Verlässlichkeit mathematikdidaktischen Wissens (festgesetzt und fix vs. veränderlich und instabil)
Codierungen zu epistemologischen Beliefs hinsichtlich der *Verlässlichkeit* mathematikdidaktischen Wissens finden sich in den Interviews von Herr Müller, Frau Fischer und Frau Becker. Während Herr Müller nicht von einer Veränderlichkeit mathematikdidaktischen Wissens, sondern vielmehr von *allgemeingültigen* Modellen und Sätzen spricht, erwähnt Frau Becker sowohl universell anwendbare Theorien der Mathematikdidaktik wie auch die ständig mögliche Verbesserung dieser Theorien. Bigalke (1985) führt dahingehend aus, dass von der Mathematikdidaktik keine allgemeingültigen Aussagen erwartet werden können: „die Mathematikdidaktik kann aufgrund einzelner Fragestellungen keine allgemeingültigen Aussagen machen, weil es für sie keine allgemeingültigen

Aussagen, die sich auf das Lehren und Lernen von Mathematik, auf die Auswahl des Stoffes, auf die Entwicklung praktikabler Unterrichtseinheiten usw. beziehen gibt" (S. 99).

Frau Fischer betont die Abhängigkeit mathematikdidaktischen Wissens von den Lernenden, der Situation und den alltäglichen mathematischen Phänomenen und drückt so Beliefs zur *Veränderlichkeit* dieses Wissens aus. In Abschnitt 3.1.1 sind die Ausführungen von Bigalke (1985) wiedergegeben, der Mathematikdidaktik nicht als eine exakte Wissenschaft versteht. Er erwähnt die Bindung mathematikdidaktischer Inhalte an die Sache, an Personen und an Situationen (Bigalke, 1985, S. 98). Die Darstellungen von Frau Fischer sind demnach als ähnlich zu jenen von Bigalke (1985) zu bezeichnen. Auch Bromme (1995, S. 108) hält fest, dass fachdidaktisches Wissen kontextabhängig ist und an die Situation des Unterrichts angepasst werden muss (s. Abschnitt 3.2.2).

Entstehung mathematikdidaktischen Wissens (extern vs. intern)
Neuweg (2014) erwähnt, dass fachdidaktisches Wissen „durch aktive Konstruktions-, Integrations- und Transformationsleistungen des Lehrers" (S. 590) entsteht. Diese Ausführungen zu einer *internen* Entstehung mathematikdidaktischen Wissens seitens der Lehrkraft lassen sich auf die kognitiven Prozesse einer Lehrkraft beziehen, die in Frau Beckers Vorstellung Mathematikdidaktik ausmachen. Mathematikdidaktisches Wissen entsteht, laut Frau Becker, darüber hinaus in der zugehörigen Wissenschaft, sodass keine ausschließlich interne Entstehung mathematikdidaktischen Wissens als Leistung der Studierenden und Lehrkräfte angenommen wird.

Herr Wagner betont in seinem Interview die Entstehung mathematikdidaktischer Theorien *in der Kognition der Wissenschaftlerinnen und Wissenschaftler*, während die anderen Studierenden mathematikdidaktisches Wissen als *in der Praxis* entstehend charakterisieren. Herr Müller erwähnt beide Arten der externen Entstehung. Bigalke (1985, S. 98) bezeichnet die Mathematikdidaktik als eine empirische Wissenschaft. Er beschreibt, dass die „Praxis aufgrund einer empirischen Komponente in einer mathematikdidaktischen Theorie wesentlich in die Theorie hinein[greift] und ... diese mit [konstitutiert]" (Bigalke, 1985, S. 119) (s. Abschnitt 3.1.1). Mathematikdidaktische Theorien stehen somit in engem Verhältnis zur Praxis. Was in Abschnitt 3.1.3 als traditionelle Stoffdidaktik dargestellt wird, kann als eine von der unterrichtlichen Praxis losgelöstere Forschungsrichtung der Mathematikdidaktik angesehen werden, deren Erkenntnisse nicht auf empirischen Untersuchungen, sondern auf Auseinandersetzungen mit dem mathematischen Inhalt basieren. Derartige Erkenntnisse entstehen nicht in der unterrichtlichen Praxis, sondern vielmehr in der Auseinandersetzung von

Wissenschaftlerinnen und Wissenschaftlern mit dem mathematischen Inhalt (Sträßer, 2014, S. 567). Herr Wagner, der als einziger der vier Studierenden ausschließlich von externem, in der Kognition der Wissenschaftlerinnen und Wissenschaftler entstandenem Wissen spricht, wird im Rahmen der ersten Studie dem Typ 'traditionelle Stoffdidaktiker' (auf Inhalte der fachlichen Dimension fokussiert) zugeordnet.

Validierung mathematikdidaktischen Wissens (durch objektive Verfahren vs. Akzeptanz multipler Ansichten)

Zur Dimension der *Validierung* mathematikdidaktischen Wissens wurden in den Interviews aller vier Studierenden Codierungen vorgenommen. Dabei können Beliefs zur alleinigen Validierung mathematikdidaktischen Wissens *durch objektive Verfahren* keiner der vier Personen zugeschrieben werden. Frau Becker erwähnt in ihren Ausführungen neuronale Untersuchungen, die als objektive Verfahren zur Validierung mathematikdidaktischen Wissens angesehen werden können. Zusätzlich sind in ihrem Interview wie auch in jenen der anderen interviewten Personen Aspekte zur Kategorie *'Akzeptanz multipler Ansichten'* codiert worden. Vor allem Vorstellungen von Mathematikdidaktik als Ideenpool (Herr Müller) oder als Pool von Möglichkeiten (Frau Fischer) stehen in Zusammenhang mit der Akzeptanz multipler Ansichten. Frau Fischer, Herr Müller und Herr Wagner, die Mathematikdidaktik durch ihre Anwendungsorientierung bezüglich des schulischen Unterrichts beschreiben, erwähnen ausschließlich Aspekte zur Akzeptanz multipler Ansichten.

In seinen Ausführungen zum Fertigkeitserwerb von Lehrkräften (s. Abschnitt 3.1.1) bezeichnet Neuweg (2004) den Lehrberuf als eine unstrukturierte Tätigkeit, in der es „kein objektiv definierbares Set von Tatsachen und Faktoren gibt, dass die Problemstellungen, die zulässigen Handlungen und das Ziel der Aktivität vollständig bestimmen" (S. 297). Bezogen auf mathematische Unterrichtsprozesse und die Anwendungsorientierung der Mathematikdidaktik kann es nach Neuwegs Darstellungen kein objektives als 'richtig' oder 'falsch' kategorisierbares mathematikdidaktisches Wissen geben, sodass aus dieser Perspektive eine Akzeptanz multipler Ansichten deutlich wird. Auch nach Bigalkes (1985) Theorieverständnis gibt es kein 'falsch' bezüglich mathematikdidaktischer Theorien: „Eine Theorie kann sich lediglich bezüglich eines Sachverhaltes bewähren oder nicht bewähren" (Bigalke, 1985, S. 19). Objektive Verfahren, wie statistische Untersuchungen, können demnach dazu genutzt werden, mathematikdidaktische Theorien zu ent- oder bekräftigen.

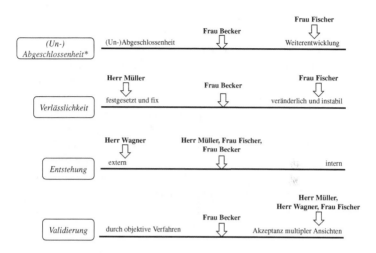

Abbildung 11.1 Verortungen der Interviewten hinsichtlich epistemologischer Beliefs

Unter Betrachtung aller Dimensionen ((Un-)Abgeschlossenheit, Verlässlichkeit, Entstehung, Validierung) in Abbildung 11.1 fällt auf, dass bei keiner der vier Personen eine ausschließlich statische oder dynamische Sichtweise zur Mathematikdidaktik festzustellen ist. Als statisch werden Beliefs zur Abgeschlossenheit, zur festgesetzten und fixen Verlässlichkeit, zur externen Entstehung sowie zur durch objektive Verfahren vollzogenen Validierung mathematikdidaktischen Wissens angesehen (linker Pol jeder Dimension). Demgegenüber stehen dynamische Beliefs zur ständigen Weiterentwicklung, zur Veränderlichkeit und Instabilität, zur internen Entstehung sowie zur Akzeptanz multipler Ansichten bezüglich mathematikdidaktischen Wissens (rechter Pol jeder Dimension). Keiner der interviewten Personen ist in allen Dimensionen ausschließlich den statischen bzw. den dynamischen Polen zugeordnet.

Dies erinnert an die von Grigutsch, Raatz und Törner (1998, S. 11) im Hinblick auf epistemologische Beliefs zur Mathematik dargestellte *Janusköpfigkeit* der Mathematik. Laut dieser sind statische und dynamische Sichtweisen auf Mathematik nicht voneinander zu trennen (s. Abschnitt 2.4.3). Die Janusköpfigkeit der Mathematik zeichnet sich dadurch aus, dass statische wie auch dynamische Aspekte anerkannt werden und beide nebeneinanderstehen (Blömeke, Müller, Felbrich, et al., 2008b, S. 234), was im Rahmen der MT21-Studie als präferierte Sichtweise dargestellt wird (Blömeke, Müller, Felbrich, et al., 2008b, S. 233). Die Studienergebnisse von MT21 lassen eine antagonistische, sich gegenseitig

ausschließende Gegenüberstellung statischer und dynamischer Aspekte nicht feststellen und deuten vielmehr „auf das von Expertinnen und Experten bevorzugte
Muster einer Janusköpfigkeit der Mathematik hin" (Blömeke, Müller, Felbrich,
et al., 2008b, S. 238). Auch in der COACTIV-Studie konnte herausgefunden
werden, dass die gemessenen transmissiven (statischen) bzw. konstruktivistischen
(dynamischen) Orientierungen „keine sich ausschließenden gegensätzlichen
Kategorien dar[stellen], sondern es handelt sich eher um zwei distinkte negativ
korrelierende Dimensionen" (Voss et al., 2011, S. 244) (s. Abschnitt 2.4.3).

Mit Blick auf die Ergebnisse der Interviewanalyse kann auch für die Vorstellungen der Studierenden zur Mathematikdidaktik eine Janusköpfigkeit
angenommen werden, da sich statische und dynamische epistemologische
Beliefs der interviewten Personen über die einzelnen Dimensionen hinweg nicht
gegenseitig ausschließen (keine Verortungen über die Dimensionen hinweg
ausschließlich links oder rechts). Dabei kann nicht nur über die Dimensionen
hinweg, sondern auch innerhalb der einzelnen Dimensionen die Möglichkeit
des Nebeneinanderstehens von Beliefs beider Pole erkannt werden. Besonders
die Codierungen von Frau Becker zeichnen sich dadurch aus, dass in jeder
Dimension Äußerungen zu beiden Polen zugeordnet wurden und Frau Becker
somit immer mittig verortet ist (s. Abbildung 11.1). Daraus geht hervor, dass
sich auch die Pole der einzelnen Dimensionen nicht gegensätzlich ausschließen
müssen. Es scheint durchaus möglich, beispielsweise sowohl Beliefs zur internen
als auch zur externen Entstehung mathematikdidaktischen Wissen zu besitzen.
Ob eine Janusköpfigkeit der Mathematikdidaktik hinsichtlich Dimensionen über-
greifender statischer und dynamischer Aspekte oder mit Blick auf die einzelnen Dimensionen analog zur Mathematik als präferierte Sichtweise bezeichnet
werden kann, ist mit den Ausführungen dieser Arbeit nicht zu beantworten.

11.2   Beliefs zum Lehren und Lernen von Mathematikdidaktik

Bezüglich der Beliefs zum Lehren und Lernen von Mathematikdidaktik
wurden Beliefs zur generellen Erlernbarkeit und zur Art des Lernens von
Mathematikdidaktik erfasst. Abbildung 11.2 zeigt die Verortung der interviewten
Studierenden hinsichtlich dieser beiden Dimensionen.

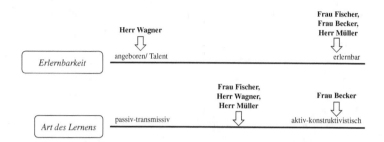

Abbildung 11.2 Verortungen der Interviewten hinsichtlich Beliefs zum Lehren und Lernen von Mathematikdidaktik

Der in Abschnitt 3.2.1 vorgestellte kompetenztheoretische Ansatz zur Bestimmung des Lehrberufs als Profession geht von der *Erlernbarkeit* erfolgreichen Handelns seitens der Lehrkraft aus (Terhart, 2011, S. 207). Mit der Beschreibung der Mathematikdidaktik als Anforderungs- und Kompetenzbereich einer Lehrkraft muss aus kompetenztheoretischer Sichtweise auf die Erlernbarkeit mathematikdidaktischer Kompetenzen geschlossen werden. Frau Fischer, Frau Becker und Herr Müller äußern sich im Interview entsprechend, indem sie darstellen, dass Mathematikdidaktik generell erlernbar ist.

Herr Wagner hingegen vertritt eine andere Ansicht. Er spricht davon, dass man eine „gewisse Veranlagung haben muss, um Lehrer zu werden" (Dokument MTND9DK, Absatz 134) und dass man mit Blick auf die Didaktik „ein gewisses Gespür dafür haben [sollte], was richtig und falsch ist, was jetzt geht und was nicht, ... was dann ausgebaut werden kann" (Dokument MTND9DK, Absatz 150). Jenes Gespür beschreibt er als ein „Talent" (Dokument MTND9DK, Absatz 150). In Abschnitt 2.3 wird auf verschiedene Vorstellungen von Studierenden zum Erlernen des für den Lehrberuf benötigten Wissens eingegangen. Patrick und Pintrich (2001, S. 121) erwähnen, dass angehende Lehrkräfte davon ausgehen können, formales Lernen sei nicht relevant, da Unterrichten eine Angelegenheit der Lehrerpersönlichkeit sei. Das von Herrn Wagner angesprochene angeborene Gespür und seine generell negative Einstellung zum Erlernen mathematikdidaktischer Theorien, lassen sich mit diesen Ausführungen in Verbindung bringen. Gleichzeitig erwähnt Herr Wagner jedoch, dass jenes angeborene Gespür ausgebaut werden kann. Er fordert von der Mathematikdidaktik konkretes Handlungswissen, beispielsweise in Form eines Leitfadens. Eine rezeptartige Erstellung von Unterrichtsvorschlägen, etc. und deren Übermittlung an Lehrkräfte ist, laut Bigalke (1985, S. 14), jedoch nicht die Aufgabe der Mathematikdidaktik (s. Abschnitt 3.1.1). Herr Wagner drückt hier bezüglich der *Art mathematikdidaktischen Lernens* die Erwartung aus, formales Wissen übermittelt zu bekommen, was Patrick und Pintrich (2001, S. 121) ebenfalls als eine Erwartungshaltung von angehenden Lehrkräften herausstellen (s. Abschnitt 2.3). Eine solche Erwartung drückt ein passiv-transmissives Verständnis mathematikdidaktischer Lehr-Lern-Prozesse aus.

Herr Wagner und Herr Müller beschreiben in den Interviews ihr Lernverhalten in Vorlesungen in passiv-transmissiver Weise. Beide sowie auch Frau Fischer stellen das Erlernen theoretischen mathematikdidaktischen Wissens als passiv-transmissiv dar. Geht es allerdings darum, wie sie sich selbst mathematikdidaktische Lehr-Lern-Prozesse vorstellen, dann beschrieben alle drei aktive Handlungen der Lernenden. Die Studierenden sollen demnach ausprobieren, Erfahrungen sammeln, üben, und erproben. Dies repräsentiert eine dritte von Patrick und Pintrich (2001, S. 121) formulierte Erwartungshaltung angehender Lehrkräfte, laut der Unterrichten nur instinktiv mittels Erfahrungen erlernt werden kann. Herr Wagner stellt diesbezüglich dar, dass formales Lernen theoretischen Wissens den Studierenden selbst obliegen sollte, je nachdem ob diese einen Mehrwert darin sehen. Er verbindet in seinen Ausführungen zum mathematikdidaktischen Lernen alle drei von Patrick und Pintrich (2001, S. 121) dargestellten Erwartungen: 1. Formales Lernen sei irrelevant, da Unterrichten eine Frage der Lehrerpersönlichkeit ist (angeborenes Gespür), 2. Notwendiges Wissen wird ihm übermittelt (Erhalt eines Leitfadens zum Unterrichtsaufbau), 3. Unterrichten ist (nur) instinktiv mittels Erfahrungen erlernbar (ausprobieren und Erfahrungen sammeln; wenig Mehrwert von Theorien). Herr Müller und Frau Fischer stellen formales mathematikdidaktisches Lernen als notwendig dar und beschreiben diesbezüglich einen passiv-transmissiven Lernprozess, erwähnen aber auch den Wunsch nach aktiven Lehr-Lern-Prozessen durch praktische Erfahrungen.

Frau Becker sieht das Lernen durch praktische Erfahrungen als Aufgabe des Referendariats an und erwähnt mit Bezug auf Mathematikdidaktik das Aneignen von Wissen im Selbststudium und die aktive Auseinandersetzung mit mathematikdidaktischen Theorien. Sie ist damit die einzige der vier interviewten Studierenden die ausschließlich ein aktiv-konstruktivistisches Verständnis mathematikdidaktischer Lehr-Lern-Prozesse äußert und dieses auch auf das Erlernen formalen Wissens bezieht, was in allen anderen Interviews als passiv-transmissiv beschrieben wird.

Bezüglich transmissiver und konstruktivistischer Beliefs zum Lehren und Lernen von Mathematik sowie dynamischen und statischen Beliefs zur Mathematik konnten in MT21 sowie in COACTIV hohe Korrelationen festgestellt werden, die zur Nutzung des Begriffs 'Überzeugungssyndrom' führten (Blömeke, Müller, Felbrich, et al., 2008b, S. 240; Voss et al., 2011, S. 239) (s. Abschnitt 2.4.3). Eine Vermutung über den Zusammenhang zwischen epistemologischen Beliefs zur Mathematikdidaktik und jenen zum Lernen und Lehren der Mathematikdidaktik ist auf Grundlage der vier Interviews nicht aufzustellen, da beispielsweise Herr Müller und Herr Wagner mit eher statischen epistemologischen Beliefs ähnliche Beliefs zum Lehren und Lernen von Mathematikdidaktik äußern wie Frau Fischer, der eher dynamische epistemologische Beliefs zugeschrieben werden.

Wurde in den Interviews der *Inhalt mathematikdidaktischer Lehr-Lern-Prozesse* thematisiert, so ging es in allen Interviews auch um das Verhältnis von Theorie und Praxis. In den Ausführungen zum Lehrberuf als Profession (s. Abschnitt 3.2.1) wird dargestellt, dass mit dem Lehrberuf sowohl eine besondere akademische Wissensbasis als Fundierung für das Handeln in der Praxis erlernt werden muss als auch notwendige Fähigkeiten zu erwerben sind (Shulman, 1998, S. 517 f.). Mit der Darstellung akademischen Wissens als Fundierung für professionelles Handeln hält Shulman fest: „Professions legitimate their work by reference to research and *theories*" (Shulman, 1998, S. 517 Hervorhebungen im Original). Auch hinsichtlich des Entwicklungsmodell von Dreyfus und Dreyfus (1986) hält Neuweg (1999, S. 368) die Relevanz des Erwerbs wissenschaftlichen Wissens von angehenden Lehrkräften fest (s. Abschnitt 3.3.1). Er beschreibt jenes Wissen als Grundlage für reflexive Prozesse und analytische Situationsdeutungen, die vor allem zum Übergang in das Kompetenzstadium benötigt werden (Neuweg, 1999, S. 368). Wissenschaftswissen ist laut Neuweg (1999) „weniger als Handlungs-, vielmehr als Hintergrund-, Interpretations- und Reflexionswissen" (S. 368) zu verstehen. Diese Darstellungen ähneln vor allem den Ausführungen von Frau Becker, die Mathematikdidaktik als Reflexions- und Analysewissen ansieht, das „im Kopf drin sein [sollte], man sollte nicht nur intuitiv arbeiten" (Dokument BRFF7PW, Absatz 60). Entsprechend erwartet Frau Becker in mathematikdidaktischen Lehr-Lern-Prozessen eine Auseinandersetzung mit grundlegenden Theorien zu mathematischen Lernprozessen. Basierend auf derartigem Wissen möchte sie später im Beruf Entscheidungen treffen. Mathematikdidaktische Theorien stellen für sie also, wie in Shulmans Zitat ausgedrückt, eine Referenz- und Legitimierungsquelle dar.

Frau Fischer spricht in ihrem Interview von fachdidaktischen Bausteinen, die als formales Wissen bzw. Theorien gedeutet werden können. Diese müssen erlernt, aber auch angewendet werden. Das Anwenden jenes Wissens ist für sie jedoch nicht mit Reflexionen oder Analysen, sondern mit konkreten Handlungen in der Gestaltung des Unterrichts verbunden. Frau Fischer beschreibt damit mathematikdidaktisches

Wissen, dass sie erlernen möchte, als aus Theorien bestehendes Handlungswissen, das im Unterricht konkret angewendet werden kann. Die Mathematikdidaktik liefert ihrer Meinung nach Möglichkeiten und Vorschläge für bestimmte Herangehensweisen. Eine Entscheidung für eine dieser Möglichkeiten trifft Frau Fischer laut ihren Ausführungen auf Basis dessen, „was für einen selbst als richtig oder schlecht gilt" (Dokument KOZK6GT, Absatz 64) sowie in Abhängigkeit der Lernenden und der Situation (Dokument KOZK6GT, Absatz 56).

Mit dem Fokus auf Mathematikdidaktik als Anwendungswissenschaft beschreiben Herr Wagner und Herr Müller den Wunsch, Inhalte der Mathematikdidaktik für den eigenen Unterricht übernehmen zu können (Dokument HHTB4BS, Absatz 114 und Dokument MTND9DK, Absatz 66). Auch hier wird das zu erlernende mathematikdidaktische Wissen als Handlungswissen dargestellt. Während Herr Müller jedoch von einem Ideenpool spricht, aus dem er für seinen Unterricht auswählen kann (Dokument HHTB4BS, Absatz 60), erwartet Herr Wagner einen Leitfaden, an dem er sich orientieren kann (Dokument MTND9DK, Absatz 182ff). Er vertritt demnach eine Erwartung an mathematikdidaktische Lehr-Lern-Prozesse, die Schoenfeld mit dem Ausdruck „Tell me what works in the classroom" (2000, S. 642) zum Ausdruck bringt. Der von Herrn Wagner ausgedrückte Wunsch nach Handlungsregeln, die in einem Leitfaden übermittelt werden, kann mit dem Entwicklungsmodell nach Dreyfus und Dreyfus (1986) in Verbindung gebracht werden (s. Abschnitt 3.3.1). Hierin wird beschrieben, dass die Praxis für die Studierenden als Novizen sehr komplex ist, da eine holistische Wahrnehmung der Situation in dieser Stufe noch nicht gelingt. Demnach besteht hier ein Bedürfnis nach technischen Handlungsregeln.

Die *Rahmenbedingung* mathematikdidaktischer Lehr-Lern-Prozesse werden in den Interviews von Frau Becker, Herr Wagner und Herr Müller angesprochen. Herr Wagner und Herr Müller äußern die anfängliche Erwartung, mathematikdidaktische Inhalte in kleineren Seminaren ausprobieren und erproben zu können. Vorlesungsformate passen nicht zu ihren Vorstellungen mathematikdidaktischer Lehre. Frau Becker äußert sich dahingehend, dass zu wenig fachdidaktische Lehre stattfindet und bewertet es als negativ, dass sich die Lehre an Studierende aller Schularten richtet.

11.3   Beliefs zum eigenen Nutzen von Mathematikdidaktik

In Abschnitt 3.1.2 ist die Beziehung zwischen der unterrichtlichen Praxis und der mathematikdidaktischen Wissenschaft mithilfe des Bildes eines Grabens ausgedrückt (bspw. in Anlehnung an Boaler, 2008, S. 91). Diese Metapher stellt dar, dass Forschungsergebnisse der Mathematikdidaktik nur selten in der Praxis verwendet werden (Bigalke, 1985, S. 2 f.; GFD, 2016, S. 1; Wittmann, 2009, S. 7). Herr Wagner möchte das, was er zur Mathematikdidaktik lernt, direkt anwenden können und stellt die Anwendbarkeit allgemeiner mathematikdidaktischer Theorien infrage. Er selbst sieht wenig Mehrwert im Lernen der Theorien. Seinen Äußerungen nach sieht er den Nutzen der mathematikdidaktischen Wissenschaft generell als eher skeptisch an. Der 'Graben' zwischen unterrichtlicher Praxis und mathematikdidaktischer Wissenschaft scheint für Herrn Wagner groß zu sein. Ob er als Lehrkraft, mathematikdidaktische Erkenntnisse nutzen und sich dahingehend weiterbilden wird, ist zumindest aus seiner jetzigen, im Interview dargestellten Perspektive zu bezweifeln.

Herrn Müllers anfängliche Einstellung zum Nutzen mathematikdidaktischer Theorien ist ähnlich zu jener von Herrn Wagner. Durch die Erfahrungen im Praktikum kommt es nach eigenen Ausführungen jedoch zu einem „Umbruch" (Dokument HHTB4BS, Absatz 74), der dazu führt, dass Herrn Wagner die Relevanz mathematikdidaktischer Theorien bewusst wird. Inhalte der Mathematikdidaktik, die praxisnah umgesetzt werden können, wie er es bezüglich des E-I-S-Prinzips im Praktikum erfahren hat, interessieren ihn und motivieren ihn, sich auch über das Studium hinaus zu informieren. Die Distanz zur mathematikdidaktischen Wissenschaft ist durch die Erfahrung der Anwendbarkeit bestimmter Theorien im Praktikum für Herrn Müller verringert worden, sodass er sich nicht (mehr) generell gegen einen Nutzen der Mathematikdidaktik zu verschließen scheint.

Frau Fischers Vorstellung geht damit einher, dass eine Mathematiklehrkraft sich ständig für Mathematikdidaktik interessieren sollte. Sie erwähnt als einzige der interviewten Studierenden eine aktive mathematikdidaktische Weiterbildung von Mathematiklehrkräften auch über das Studium hinaus. „Man [sollte] sich immer weiter fortbilden ... und informieren" (Dokument KOZK6GT, Absatz 58). Aus den Ausführungen von Frau Fischer ist keine Wahrnehmung eines Grabens zwischen Praxis und Wissenschaft zu erkennen. Es kann aufgrund dieser Ausführungen vermutet werden, dass sie sich als zukünftige Lehrkraft mit wissenschaftlichen Erkenntnissen auseinandersetzen wird, dabei möchte sie mathematikdidaktische Erkenntnisse vor allem zur Gestaltung und Veränderung des eigenen Mathematikunterrichts nutzen.

Frau Becker vertritt keine skeptische Einstellung zur Nutzung mathematikdidaktischer Theorien, sie fordert vielmehr einen stärkeren Tiefgang in der mathematikdidaktischen Lehre. Sie sieht den Nutzen jenes Wissens vor allem in Reflexionsprozessen und Situationsanalysen. Frau Becker äußert jedoch hinsichtlich der Mathematikdidaktik als Lerngegenstand eine abgeschlossene

Vorstellung. Sie führt aus, dass mathematikdidaktisches Lernen für sie einen Platz an der Hochschule hat, danach jedoch „nicht mehr so im Vordergrund" (Dokument BRFF7PW, Absatz 80) steht, weil dann davon ausgegangen wird, dass man alles beherrscht. Ob Frau Becker in ihrer Berufspraxis also eine mathematikdidaktische Weiterbildung für sich in Betracht zieht, kann mit Rückbezug auf Aussagen zur Abgeschlossenheit des mathematikdidaktischen Lernens infrage gestellt werden.

Boaler (2008, S. 99 ff.) begründet die Distanz zwischen Theorie und Praxis mit dem limitierten Zugang von Lehrkräften zu wissenschaftlichen Publikationen und der von den Lehrkräften geforderten Transferleistung, die notwendig ist, um das aus der Forschung erlangte Wissen im Unterricht nutzbar zu machen (s. Abschnitt 3.1.2). Herr Müller erwähnt in seinem Interview Transferleistungen ('etwas von der Theorie wegspinnen') und diesbezüglich den Wunsch: „dass ich halt (..) Sachen halt hier sehr praxisnah gezeigt bekomme, dass ich es dann übernehmen kann und mich nicht von der Theorie irgendetwas wegspinnen muss" (Dokument HHTB4BS, Absatz 114). Auch Herr Wagner äußert sich derart, dass Transferleistungen zur Nutzung mathematikdidaktischer Inhalte nicht mit seiner Vorstellung einhergehen: „dass mir das dann konkret da gesagt wird, (.) wie ich was umsetzen kann" (Dokument MTND9DK, Absatz 152). Wittmann (2009) führt dahingehend aus: „Die theoretischen Studien *sollen* und *können* den Studenten und den Lehrer *nicht* aus der Verpflichtung entlassen, durch eigene Erfahrung, eigene Initiative und eigenes Nachdenken eine begründete Einstellung ... zu entwickeln" (S. 8 Hervorhebungen im Original). Auch Shulman (1998, S. 518) hält fest, dass Theorien nicht einfach übernommen werden können, sondern transformiert, adaptiert, kritisiert und erweitert werden müssen. Zusätzlich zu den von Boaler (2008, S. 99 ff.) dargestellten Gründen für die Distanz zwischen Theorie und Praxis (Zugang zu wissenschaftlichen Theorien und Transferleistungen) liefern die Darstellungen in den Interviews einen Hinweis darauf, dass die Vorstellungen der Studierenden zur Mathematikdidaktik einen Einfluss auf die Nutzung und Weiterbildung hinsichtlich mathematikdidaktischer Forschungserkenntnisse haben.

11.4   Einstellungen und Emotionen zur Mathematikdidaktik

Das in Abschnitt 2.3 angesprochene zentrale Kriterium „für gute universitäre Lehre [ist] ..., dass diese von Studierenden als sinnstiftend und relevant für den späteren Lehrberuf wahrgenommen wird" (Ostermann & Besser, 2018, S. 1355). Dieses

Kriterium geht explizit auf Einstellungen der Studierenden zur universitären Lehre ein. Herr Wagner äußert sich im Interview derart, dass er im Erlernen mathematikdidaktischer Theorien wenig Sinn sieht, da er diese nicht anwenden kann. Die Relevanz und Sinnhaftigkeit der Mathematikdidaktik, so wie er sie bisher erfahren hat, stellt er infrage, indem er Mathematikdidaktik beispielsweise als „realitätsfern" (Dokument MTND9DK, Absatz 122) bezeichnet. Welche Auswirkungen diese Einstellungen auf sein Lernverhalten haben, kann nur vermutet werden. Es sei hier jedoch angemerkt, dass Herr Wagner als einziger Interviewpartner keinen expliziten Lerninhalt nennt und stattdessen hinsichtlich der gelernten mathematikdidaktischen Theorien festhält: „Ich habe jetzt keine aktuell präsent mit Namen" (Dokument MTND9DK, Absatz 162).

Herr Müller vertritt zu Beginn eine ähnliche Einstellung wie Herr Wagner. Mit den Erfahrungen im Praktikum wurde ihm dann die Relevanz bewusster und er empfindet Mathematikdidaktik jetzt, laut eigenen Aussagen, als wichtiger, interessanter und spannender. Die anfänglichen Einstellungen Herrn Müllers und jene von Herrn Wagner sind als eher negativ zu kennzeichnen und können mit den Ergebnissen der Studie von Mischau und Blunck (2006) verbunden werden (s. Abschnitt 2.3). Gründe für die negative Bewertung des Studiums seitens der angehenden Lehrkräfte können, laut Mischau und Blunck (2006, S. 47), in den aus studentischer Perspektive als zu hoch erachteten Theorieanteilen und dem fehlenden Praxisbezug liegen. Auch für Herrn Müller und Herrn Wagner sind die negativen Einstellungen vor allem mit den Theorien, die sie erlernen sollen und die für sie keinen direkten Praxisbezug aufweisen, verbunden.

Frau Fischer äußert sich derart, dass eine generelle Relevanz und Nützlichkeit bezüglich der Mathematikdidaktik besteht. Frau Becker differenziert zwischen Inhalten und hält zu manchen fest, dass sie ihr „unwissenschaftlich" (Dokument BRFF7PW, Absatz 48) und „merkwürdig" (Dokument BRFF7PW, Absatz 48) vorkamen. Andere Inhalte werden als wissenschaftlich verankert wahrgenommen und dann auch als sinnstiftend beschrieben. Derart bewertete Inhalte waren laut Aussagen von Frau Becker für sie auch einfacher zu Verstehen (Dokument BRFF7PW, Absatz 48), sodass hier ein Einfluss auf den Lernprozess vermutet werden kann.

Die Studienergebnisse von Ostermann und Besser (2018, S. 1358), die nahelegen, dass die Studierenden im Vergleich Fachdidaktik eher mit Positivem und Fachwissenschaft eher mit Negativem assoziieren (s. Abschnitt 2.3) können durch einen fehlenden Vergleich mit Einstellungen zur Mathematik nicht bekräftigt werden. Allerdings ist festzuhalten, dass Fachdidaktik bzw. Mathematikdidaktik von den Studierenden nicht ausschließlich mit positiven Einstellungen verbunden wird.

Die in den Interviews dargestellten, mit Mathematikdidaktik in Zusammenhang stehenden Emotionen reichen von Gefühlen der Unaufgeklärtheit (Frau Becker) bis zur Antipathie (Herr Müller). Frau Beckers Gefühl der Unaufgeklärtheit über neuronale Prozesse der Verarbeitung mathematischer Inhalte ist konkret auf einen Lerninhalt bezogen zu dem Frau Becker gerne mehr erfahren möchte. In diesem Sinn kann die negative Emotion in Anlehnung an das Modell von Pekrun (2018) aktivierend sein, indem sie beispielsweise die intrinsische Motivation stärkt, sich mit diesem Thema auseinanderzusetzen (s. Abschnitt 2.1.2.3). Die Unzufriedenheit von Frau Becker zur mathematikdidaktischen Lehre, in welcher die Studierenden aller Schularten zusammenkommen und als Konsequenz dessen für Frau Becker nicht ausreichend 'höhere' mathematische Inhalte didaktisch beleuchtet werden, stellt ebenso eine inhaltsbezogene Emotion dar. Diese Emotion kann für das Erlernen mathematikdidaktischer Inhalte zu 'niedrigeren' mathematischen Inhalten deaktivierend sein und beispielsweise mit einer Senkung der Lernmotivation einhergehen. Für das Erlernen didaktischer Inhalte zur 'höheren' Mathematik kann sie hingegen aktivierend und motivationssteigernd sein. Der Einfluss der Emotionen auf den Lernprozess von Frau Becker kann hier jedoch nur vermutet werden.

Das Gefühl von Theorien „totgeschlagen" (Dokument MTND9DK, Absatz 68) zu werden, und die Bewertung der Vorlesungen als „Katastrophe" (Dokument MTND9DK, Absatz 98) sind Indizien für negative Emotionen von Herrn Wagner, die durch Überforderung entstanden sein können (die Vorlesungen waren für ihn zu komplex (Dokument MTND9DK, Absatz 144)) und als deaktivierend bezeichnet werden können. Aus den Schilderungen Herrn Wagners zu seinem Lernverhalten in Vorlesungen (auswendig lernen, 'hineinwürgen' und unreflektiert in der Klausur wiedergeben) und seinen Einstellungen zu jenen Inhalten (realitätsfern, unwichtig) kann vor allem eine Minderung der Lernmotivation mit den negativ deaktivierenden Emotionen verbunden werden.

Auch Herr Müller berichtet von negativen Emotionen – Antipathie, Angst und Abschreckung – seitens der Studierenden mit Bezug auf die mathematikdidaktischen Lehre. Angst wird im Modell von Pekrun (2018, S. 219) als eine aktivierende negative Emotion dargestellt, die beispielsweise intrinsische Motivation reduzieren kann, aber auch dazu motivieren vermag, sich besonders anzustrengen. Herr Müller beschreibt wie Herr Wagner auch eine passive Haltung seiner selbst in anfänglichen Vorlesungen und äußert die extrinsische Motivation, dass er „bestehen muss" (Dokument HHTB4BS, Absatz 62) und daher in den Vorlesungen mitschreibt, obwohl die Inhalte als „fernab" (Dokument HHTB4BS, Absatz 62) bewertet werden. Es kann daher vermutet werden, dass die anfänglichen Emotionen der Antipathie, Angst und Abschreckung für ihn in

Zusammenhang mit einer Verminderung der intrinsischen Lernmotivation einhergingen. Die von den Studierenden erwähnten Einstellungen und Emotionen stehen in einem engen Zusammenhang zu ihren Beliefs zur Mathematikdidaktik, denn auf Basis der Beliefs werden Lerninhalte und Lehrveranstaltungen interpretiert. Erwartungsbrüche, die sich aus dieser kognitiven Interpretation ergeben, können zur Ausbildung von Emotionen (Zan et al., 2006, S. 115 f.) und einer prädisponierten Art und Weise des Antwortens auf bestimmte Situationen (Einstellungen) führen (Rokeach, 1975, S. 112) (s. Abschnitt 2.1.2.3).

11.5 Methodische Diskussion

Vorstellungen sind nicht direkt beobachtbar und daher müssen Rückschlüsse aus Beobachtbarem oder Geäußertem gezogen werden. Im Rahmen der zweiten Studie wurden Interviews mit Studierenden geführt, sodass Rückschlüsse über deren Beliefs, Einstellungen und Emotionen aus dem im Interview Geäußerten hergestellt wurden. In Anlehnung an die Ausführungen Speers (2005, S. 371 f.) wird an dieser Stelle jedoch betont, dass alle herausgestellten Beliefs durch das Codier-Team den Studierenden zugeordnet wurden und es sich daher nicht um selbsternannte Beliefs der Studierenden handelt. Die auf der Zuordnung zu Kategorien basierte Auswertung der Interviews ist immer auch ein Konstruktionsprozess der Forschenden (Hank, 2013, S. 104). „In any situation, the conceptions a student displays at a given time are a mixture of the student's true conceptions and the researcher's creation and interpretation" (Liu, 2001, S. 55). Durch das Verfahren des konsensuellen Codierens (s. Abschnitt 9.4) wurde eine möglichst objektive Auswertung der Interviews intendiert, indem alle Textstellen und deren Codierungen von mehreren Personen besprochen und diskutiert wurden. So wurde versucht, subjektive Einflüsse auf die Analyse der Interviews möglichst gering zu halten.

Im Rahmen des Interviews wurde weiterhin durch verschiedene Erzählaufforderungen und Stimuli versucht, ein möglichst umfangreiches Verständnis der studentischen Vorstellungen zu erhalten. Dabei ist festzuhalten, dass im Besonderen die Aufforderung, eine Zeichnung zur eigenen Vorstellung von Mathematikdidaktik anzufertigen, für die Studierenden eine Herausforderung darstellte. Viele schienen zunächst mit dieser Aufgabe überfordert.

Weiterhin sind die Äußerungen der Studierenden als kontextabhängig anzusehen. Eine bestimmte Fragestellung bzw. Aufforderung aktiviert im Sinne des 'Evoked-Concept Images' immer nur einen bestimmten Teil der gesamten Vorstellung (s. Abschnitt 2.1.1) (Tall & Vinner, 1981, S. 152). Auch der Aktivierungsgrad von Beliefs stellt die Abhängigkeit eines Beliefs von der bestimmten Situation dar (Schoenfeld, 1998, S. 3) (s. Abschnitt 2.4.4). Die erhobenen Vorstellungen sind somit zu gewissen Teilen auch „Produkt der Umgebung, also des soziokulturellen Rahmens" (Hank, 2013, S. 102). Aspekte der sozialen Erwünschtheit spielen hier eine besondere Rolle. So kann es sein, dass die Studierenden bestimmte Antworten wählten, da sie objektiv für richtig gehalten werden, auch wenn sie nicht der Vorstellung der oder des Teilnehmenden entsprechen (Hank, 2013, S. 103). Aufgrund der Unterschiedlichkeit der Vorstellungen und der Tatsache, dass bis auf Frau Fischer alle Studierenden auch negative Aspekte zur Mathematikdidaktik äußerten, wird davon ausgegangen, dass dieser Effekt als relativ gering zu bewerten ist.

Auch ist zu erwähnen, dass im Interview eine Interaktion zwischen Interviewten und Interviewenden stattfindet.

So wenig, wie man nicht nicht kommunizieren kann, kann man nicht nicht die Äußerungsmöglichkeiten von Interviewten beeinflussen. Die Interviewenden sind immer Mit-Erzeugende des Textes und können ihren Einfluss nicht ins Nichts auflösen. Interaktionssituationen geben immer ein Minimum an nicht hintergehbaren Einschränkungen der offenen Äußerungsmöglichkeiten vor (Helfferich, 2014, S. 562).

Jedes Interview ist daher auch von meinen Fragen, Kommentaren und Reaktionen beeinflusst. Die Interviews wurden vorab hinsichtlich dieses Einflusses betrachtet und zwei der geführten Interviews wurden aufgrund einer zu hohen Beeinflussung aus der Analyse ausgeschlossen (s. Abschnitt 9.1.1).

Weiterhin ist zu erwähnen, dass Einstellungen und Emotionen im Rahmen dieser Studie bipolar als positiv oder negativ reduziert wurden, einer Multidimensionalität wird die Auswertung in dieser Arbeit nicht gerecht. Dies ist mit dem explorativen Vorgehen zu begründen, indem Einstellungen und Emotionen lediglich als Teil der Vorstellungen mitbetrachtet werden. Die Interaktion zwischen Kognition und Affekt sowie ein Verständnis intentionaler Handlungen eines Individuums, die mithilfe multidimensionaler Einstellungsmodelle untersucht werden (s. Abschnitt 2.1.2.3), stellen kein explizites Ziel der vorliegenden Arbeit dar.

Letztlich wurden ausschließliche solche Interviews vorgestellt, die mit angehenden Lehrkräften für Weiterführende Schulen geführt wurden. Auch sind mit Blick auf die in Studie I vollzogene Typenbildung nur Interviews mit Vertreterinnen und Vertretern von vier der sieben Typen geführt worden. Es ist daher davon auszugehen, dass neben den dargestellten noch weitere Vorstellungen möglich sind.

Teil V
Zusammenführung der Studien & Ausblick

Schlussbetrachtung 12

In der ersten Phase der Ausbildung wird von angehenden Mathematiklehr-kräften erwartet, mathematikdidaktisches Wissen zu erlernen und darauf auf-bauende Kompetenzen zu entwickeln. Die Relevanz dieses Wissens und dieser Kompetenzen für das Erteilen eines qualitätsvollen Unterrichts wurde beispiels-weise in der COACTIV-Studie empirisch bestätigt (Baumert & Kunter, 2011b, S. 184). Basierend auf konstruktivistischen Betrachtungen von Lehr-Lern-Prozessen kann davon ausgegangen werden, dass Lernprozesse innerhalb der mathematik-didaktischen Ausbildung angehender Lehrkräfte von deren Vorstellungen zur Mathematikdidaktik abhängig sind (s. Abschnitt 2.2). Diese Annahme liefert eine zentrale Begründung zur Beforschung der studentischen Vorstellungen zur Mathematikdidaktik.

In einer ersten Zielsetzung werden in dieser Arbeit Inhalte betrachtet, die von den Studierenden zur Mathematikdidaktik genannt werden (Inhaltsbe-zogene Beliefs). Es ist zu erkennen, dass diese Inhalte in vielen Bereichen ähn-lich zu jenen sind, die in der Literatur (s. Kapitel 3) erwähnt werden. Es zeigen sich jedoch auch Unterschiede. So nennen die Studierenden beispielsweise keine Aspekte der Leistungsbewertung als mathematikdidaktischen Inhalt und erwähnen auch Reflexionen bezüglich der Rolle der Mathematik in der Gesell-schaft nicht. Einige Studierende scheinen Grundlagen der Mathematik in mathematikdidaktischen Veranstaltungen erlernen zu wollen, verbinden all-gemeine unterrichtliche Themen, wie das Klassenmanagement, oder Persön-lichkeitseigenschaften mit Mathematikdidaktik, was von dem in Kapitel 3 aus der Literatur herausgearbeiteten Verständnis mathematikdidaktischer Inhalte abweicht.

K. Manderfeld, *Vorstellungen zur Mathematikdidaktik*, Studien zur theoretischen und empirischen Forschung in der Mathematikdidaktik, https://doi.org/10.1007/978-3-658-31086-8_12

Bei der näheren Betrachtung der einzelnen studentischen Ausführungen sind sieben Typen erkenntlich, die basierend auf ihren differenzierenden Charakteristika wie folgt bezeichnet werden:

- 'traditionelle Stoffdidaktiker' (eindimensionale Sichtweise auf die fachliche Dimension der Mathematikdidaktik)
- 'Unterrichtstechniker' (eindimensionale Sichtweise auf die konstruktive Dimension der Mathematikdidaktik)
- 'Schülerzentrierte' (eindimensionale Sichtweise auf die psychologisch-soziologische Dimension der Mathematikdidaktik)
- 'Schulpädagogen' (mehrdimensionale Sichtweise auf die psychologisch-soziologische und konstruktive Dimension der Mathematikdidaktik)
- 'Stoffdidaktiker' (mehrdimensionale Sichtweise auf die fachliche und psychologisch-soziologische Dimension der Mathematikdidaktik)
- 'Lehrkraftorientierte' (mehrdimensionale Sichtweise auf die ausbildungs-bezogene und konstruktive Dimension der Mathematikdidaktik)
- 'Moderate' (mehrdimensionale Sichtweise auf die fachliche, konstruktive und psychologisch-soziologische Dimension der Mathematikdidaktik)

Die ersten drei Typen zeichnen sich durch eine hauptsächlich eindimensionale Betrachtung der mathematikdidaktischen Inhalte aus. Während 'traditionelle Stoffdidaktiker' vor allem die fachliche Dimension der Mathematikdidaktik erwähnen, beziehen sich die 'Unterrichtstechniker' in ihren Äußerungen vor allem auf die konstruktive Dimension zur Unterrichtsgestaltung. 'Schüler-zentrierte' nennen hauptsächlich Inhalte der Mathematikdidaktik, die mit der Individualität der Schülerinnen und Schülern und ihren Lernprozessen in Ver-bindung stehen und konzentrieren sich so auf die psychologisch-soziologische Dimension mathematikdidaktischer Inhalte. 59 Studierende sind diesen drei Typen, die sich durch eine eindimensionale Sichtweise auf Inhalte der Mathematikdidaktik auszeichnen, zugeordnet. Die restlichen 68 Studierenden der ersten Studie äußern in ihren Antworten mehrdimensionale Sichtweisen auf Inhalte der Mathematikdidaktik.

In den Interviews der zweiten Studie ist ersichtlich, dass Mathematikdidaktik in den Vorstellungen der Studierenden im Sinne einer Janusköpfigkeit sowohl mit statischen als auch mit dynamischen epistemologischen Beliefs verbunden ist. Dabei werden in allen Interviews Beliefs zur Akzeptanz multipler Ansichten innerhalb der Mathematikdidaktik sowie Beliefs zur externen Entstehung von mathematikdidaktischem Wissen festgehalten. Mithilfe der beiden Studien lassen sich verschiedene Vorstellungen der Studierenden rekonstruieren, die als zentrale Hypothesen dieser Arbeit festgehalten werden.

Mathematikdidaktik als fachlich-konstruktive Anleitung
In der fachlichen Dimension bilden mathematische Inhalte Gegenstände der Mathematikdidaktik. Die Studierenden erwähnen hier vor allem Aspekte zur *'Aufbereitung mathematischer Inhalte'* (19,15 % aller Codierungen). Reflexive Inhalte zu 'curricularen Themen' werden vergleichsweise selten (4,32 % aller Codierungen) genannt. 12 der 127 Studierenden der ersten Studie werden dem Typ *'traditionelle Stoffdidaktiker'* zugeordnet. Sie zeigen in ihren Antworten eine eindimensionale Sichtweise auf mathematikdidaktische Inhalte der fachlichen Dimension. Zusätzlich werden von allen Studierenden dieses Typs einzelne Inhalte der konstruktiven Dimension der Mathematikdidaktik (Codierungen in der Hauptkategorie 'Unterricht') genannt. Lernprozessbezogene Inhalte der Mathematikdidaktik (psychologische Dimension) finden sich in den Antworten dieser Studierenden selten bis gar nicht. Herr Wagner (anonymisiert, s. Abschnitt 9.1) ist einer der Studierenden, die diesem Typ zugehören. Er beschreibt Mathematikdidaktik in seinem Interview als *Brücke zwischen Fachwissenschaft und Schule*. Diesbezüglich möchte er in der Mathematikdidaktik Anwendungsbeispiele und Legitimationen für Fachinhalte erfahren. Darüber hinaus erhofft er sich die Übermittlung eines Leitfadens zur Planung und Strukturierung von Unterricht. Die Betrachtung der Ergebnisse in diesem Bereich münden in der Formulierung einer hypothetischen Vorstellung zur *Mathematikdidaktik als fachlich-konstruktive Anleitung* (Hypothese 1), die in Abbildung 12.1 dargestellt ist.

Inhalt:	Mathematikdidaktik hat die Aufgabe der Aufbereitung mathematischer Inhalte für den schulischen Unterricht. Sie liefert Legitimationen für das Unterrichten mathematischer Inhalte und stellt Anleitungen für die Unterrichtsplanung zur Verfügung. Lernprozessbezogene Inhalte der Mathematikdidaktik werden wenig bis gar nicht berücksichtigt.
Epistemologische Beliefs:	Mathematikdidaktisches Wissen entsteht extern, außerhalb des Selbst. Es werden multiple Ansichten akzeptiert, da jede Lehrkraft selbst entscheidet, was er oder sie für richtig oder falsch hält.
Lehren und Lernen:	Direkt anwendbares Handlungswissen soll übermittelt, praktisch geübt und ausprobiert werden. Die Studierenden sollen etwas an die Hand bekommen, was sie auf das Berufsleben vorbereitet und ihnen konkret sagt, wie etwas umzusetzen ist.
Nutzen:	Das Nutzen mathematikdidaktischer Theorien wird generell skeptisch gesehen. Transformationsarbeiten seitens der (angehenden) Lehrkräfte werden abgelehnt; mathematikdidaktische Inhalte sollen direkt anwendbar sein.
Emotionen und Einstellungen:	Theorien, die nicht direkt anwendbar sind, werden wie auch das Erlernen dieser negativ bewertet. Die hochschulische Ausbildung wird aufgrund des 'zu hohen' Theorieanteils zusätzlich mit negativen Emotionen verbunden.

Abbildung 12.1 Hypothese 1 – Vorstellung von Mathematikdidaktik als fachlich-konstruktive Anleitung

Mathematikdidaktik als Toolbox

Die von den Studierenden am häufigsten zur Mathematikdidaktik genannten Inhalte sind der Hauptkategorie 'Unterricht' zugeordnet (40,34 % aller Codierungen). Insbesondere Inhalte zur *'Unterrichtsgestaltung'* (21,53 % aller Codierungen) und zur *'Wissensvermittlung'* (16,69 % aller Codierungen) sind besonders häufig in den studentischen Antworten erwähnt. Diese Inhalte sind primär technisch, da sie mit praktischen Handlungen der Lehrkraft in der Vorbereitung und Durchführung von Unterricht in Verbindung stehen. Sie sind Elemente der konstruktiven Dimension mathematikdidaktischer Inhalte. Studierende des *Typs 'Unterrichtstechniker'* zeigen in ihren Antworten eine eindimensionale Sichtweise auf mathematikdidaktische Inhalte der konstruktiven Dimension. 34 Studierende sind diesem Typ zugeordnet, wodurch er als zweitgrößter Typ (hinter dem Typ 'Moderate') darzustellen ist. Lernprozess-bezogene Inhalte (psychologisch-soziologische Dimension) oder fachliche Inhalte (fachliche Dimension) der Mathematikdidaktik werden von diesen Studierenden selten bis gar nicht geäußert. In der zweiten Studie ist Herr Müller, ein Student des Typs 'Unterrichtstechniker', interviewt worden. Er verbindet Mathematikdidaktik mit einem *Ideenpool* und beschreibt sie als ein Instrument zur Erreichung eines spaßigen und abwechslungsreichen Unterrichts. Ergänzt um seine Ausführungen im Interview wird die Vorstellung von *Mathematikdidaktik als Toolbox*[1] in Abbildung 12.2 als eine zweite in dieser Arbeit generierte hypo-thetische Vorstellung festgehalten.

Inhalt:	Mathematikdidaktik ist eine Toolbox, der technische Elemente und allgemeingültige Theorien in Form direkt anwendbaren Handlungswissens zur Gestaltung von Unterricht entnommen werden können. Lernprozessbezogene und fachliche Inhalte der Mathematikdidaktik werden weniger beachtet.
Epistemologische Beliefs:	Mit dieser Vorstellung geht die Akzeptanz multipler Ansichten hinsichtlich mathematikdidaktischen Wissens einher, da jede Lehrkraft selbst entscheiden kann, welche Elemente der Toolbox im eigenen Unterricht verwendet werden. Die einzelnen Elemente sind allgemeingültig und können intern als Leistung des Selbst wie auch extern entstehen.
Lehren und Lernen:	Mathematikdidaktik ist vor allem anwendungsorientiert und kann durch Üben und Ausprobieren erlernt werden.
Nutzen:	Die Elemente der Toolbox werden zur Unterrichtsgestaltung genutzt.
Emotionen und Einstellungen:	Theorien, die nicht in direkt anwendbares Handlungswissen überführt werden können, sind negativ bewertet.

Abbildung 12.2 Hypothese 2 – Vorstellung von Mathematikdidaktik als Toolbox

---

[1]Die Bezeichnung wird in der COACTIV-Studie zur Beschreibung transmissiver Beliefs zur Mathematik genutzt (Voss et al., 2011, S. 242).

Vorstellung von Mathematikdidaktik als Mittel zur Ermöglichung guten Lernens
Unter der Hauptkategorie 'Lernende' sind lernprozessbezogene mathematikdidaktische Inhalte zur *'Diagnostik'* sowie die Individualität der Lernenden
berücksichtigende Inhalte zu *'subjektorientiertem Unterricht'* zusammengefasst.
Eine auf diese psychologisch-soziologische Dimension der Mathematikdidaktik
fokussierte, eindimensionale Sichtweise ist in den Antworten der 13 Studierenden
des *Typs 'Schülerzentrierte'* zu finden. Während in diesen Antworten auch
einzelne Inhalte der konstruktiven Dimension von Mathematikdidaktik (Hauptkategorie 'Unterricht') Erwähnung finden, werden fachliche Inhalte selten bis
gar nicht genannt. Frau Fischer spricht im Interview von mathematikdidaktischen
Theorien, die im Unterricht angewendet werden müssen, um den Schülerinnen
und Schülern *ein gutes Lernen zu ermöglichen*. Hypothese 3 fasst diese Ergebnisse zusammen (s. Abbildung 12.3).

Inhalt:	Mathematikdidaktik ist vor allem mit lernprozessbezogenen und die Individualität der Lernenden berücksichtigenden Inhalten verbunden. Fachliche Inhalte werden weniger beachtet. Mathematikdidaktik ist Grundlagen- und Anwendungswissenschaft.
Epistemologische Beliefs:	Mathematikdidaktisches Wissen wird als veränderlich angesehen, da es unter anderem an die Schülerinnen und Schüler angepasst werden muss. Aufgrund der Individualität der Lernenden und Lehrenden werden multiple Ansichten zu mathematikdidaktischem Wissen akzeptiert. Außerdem entwickelt sich Mathematikdidaktik stets weiter.
Lehren und Lernen:	Im Studium werden fachdidaktische Grundbausteine gelernt, während im Referendariat praktisches Lernen im Vordergrund steht.
Nutzen:	Mathematikdidaktik wird mit theoretischem Wissen verbunden, das eine Lehrkraft kennen sollte und in der Gestaltung des eigenen Unterrichts anwenden muss. Es ist Aufgabe einer Mathematiklehrkraft sich ständig weiterzubilden.
Emotionen und Einstellungen:	Mathematikdidaktisches Wissen wird als relevant und wichtig angesehen, da den Schülerinnen und Schülern mithilfe dieses Wissens ein gutes Lernen ermöglicht wird.

Abbildung 12.3 Hypothese 3 – Mathematikdidaktik als Mittel zur Ermöglichung guten
Lernens

Vorstellung von Mathematikdidaktik als theoretisches Hintergrundwissen
Neben den eindimensionalen Sichtweisen auf mathematikdidaktische Inhalte
äußern andere Studierende mehrdimensionale Sichtweisen, indem sie in ihren
Ausführungen mathematikdidaktische Inhalte aus mehreren Dimensionen
ähnlich häufig erwähnen. Studierende des *Typs 'Moderate'* nennen sowohl
mathematikdidaktische Inhalte der fachlichen als auch der konstruktiven
und psychologisch-soziologischen Dimension. Frau Becker ist jenem Typ
zugeordnet. Sie beschreibt Mathematikdidaktik in ihrem Interview als *Hinter-
grund-, Reflexions- und Analysewissen*. Mit der Unterscheidung von praktischer
Methodik und theoretischer Didaktik wird deutlich, dass Mathematikdidaktik
für Frau Becker vor allem Grundlagen- und weniger Anwendungswissenschaft
ist. Diese Darstellungen laufen in Hypothese 4 zur Vorstellung von *Mathematikdidaktik als theoretisches Hintergrundwissen* zusammen (s. Abbildung 12.4).

Inhalt:	Mathematikdidaktik ist sowohl mit fachlichen als auch konstruktiven und psychologisch-soziologischen Inhalten verbunden. Sie liefert theoretisches Hintergrundwissen zu mathematischen Lehr-Lern-Prozessen und ist damit vor allem Grundlagenwissenschaft.
Epistemologische Beliefs:	Mathematikdidaktisches Wissen wird sowohl mit statischen als auch dynamischen Aspekten verbunden.
Lehren und Lernen:	Im Studium werden mathematikdidaktische Theorien aktiv erlernt. Nach dem Studium spielt mathematikdidaktisches Lernen keine große Rolle, da sich dann der praktischen Methodik gewidmet wird.
Nutzen:	Mathematikdidaktisches Wissen wird zur Situationsanalyse und Reflexion benötigt. Es sensibilisiert Lehrkräfte für die Lernprozesse der Schülerinnen und Schüler und hilft ihnen, nicht rein intuitiv, sondern wissenschaftlich fundiert zu handeln.
Emotionen und Einstellungen:	Mathematikdidaktisches Wissen wird als relevant und wichtig angesehen.

Abbildung 12.4 Hypothese 4 – Mathematikdidaktik als theoretisches Hintergrundwissen

Die vier rekonstruierten Vorstellungen zur Mathematikdidaktik sind als im
Rahmen dieser Arbeit generierte Hypothesen anzusehen. Es ist zu beachten, dass
kein Anspruch auf Vollständigkeit erhoben werden kann, sodass auch andere
Vorstellungen zur Mathematikdidaktik denkbar sind. Zusätzlich ist es möglich,

dass die in den Hypothesen verbundenen Aspekte nicht immer derart zusammen-hängen und auch Kombinationen der Vorstellungen möglich sind.

Das umgesetzte explorative, hypothesengenerierende Vorgehen liefert viel-fältige Ansatzmöglichkeiten für zukünftige Forschungen. Die Ausführungen in dieser Arbeit können beispielsweise eine Grundlage für die *Operationalisierung* mathematikdidaktischer Vorstellungen liefern. Die unterschiedlichen Perspektiven, aus denen sich den studentischen Vorstellungen zur Mathematik-didaktik gewidmet wird, können zur Erstellung eines Instruments genutzt werden, mithilfe dessen Vorstellungen zur Mathematikdidaktik in größeren, repräsentativeren Stichproben quantitativ erfassbar werden. Zur Erhebung von Beliefs zur Mathematik und zum mathematischen Lehren und Lernen haben sich derartige Instrumente bereits etabliert (s. Abschnitt 2.4.3). Durch ein solches Vorgehen können Häufigkeiten des Vorkommens einzelner Vorstellungen und Zusammenhänge dieser näher beleuchtet werden.

Bezüglich der *Zusammenhänge* sind Hinweise auf eine Verbindung von inhaltsbezogenen mathematikdidaktischen Beliefs und (konstruktivistischen) Beliefs zur Mathematik sowie zum mathematischen Lehren und Lernen in den quantitativen Analysen dieser Arbeit erkenntlich. Ebenso sind in der Stich-probe der ersten Studie auch Unterschiede der einzelnen Typen im Hinblick auf das Geschlecht und die angestrebte Schulart der Studierenden vermerkt, welche jedoch nicht statistisch signifikant auf die Grundgesamtheit übertragen werden können. Diese Erkenntnisse sind als ein erster, aus qualitativen Daten gewonnener Beitrag anzusehen, den es in quantitativen Forschungsdesigns zu be- oder ent-kräftigen und hinsichtlich signifikanter Zusammenhänge zu untersuchen gilt.

Den Interviews können weiterhin Vermutungen über den *Einfluss* von bestimmten Vorstellungen auf hochschulische Lernprozesse entnommen werden (s. Abschnitt 11.2). Um diese Vermutungen bestätigen oder widerlegen zu können, sind Forschungen notwendig, welche die unterschiedlichen Typen, die in dieser Arbeit gebildet werden, mit mathematikdidaktischen Leistungen im Hoch-schulstudium in Verbindung bringen. Auch die hypothetischen Formulierungen zur Nutzung mathematikdidaktischer Erkenntnisse in der Berufspraxis bedürfen einer genaueren Beforschung.

Die Ergebnisse dieser Arbeit können darüber hinaus dazu beitragen, die Praxis der mathematikdidaktischen Hochschullehre zu verbessern. Ostermann und Besser (2018, S. 1355) formulieren es als zentrales Kriterium guter Lehre, dass sie von den Studierenden als sinnstiftend und relevant bewertet wird. Ein Blick auf die in den Interviews erwähnten *Einstellungen* und Emotionen zeigt, dass die mathematikdidaktische Lehre nicht von allen Studierenden derart wahr-genommen wird. Neben hochschulischen Rahmenbedingungen sind hier vor allem Diskrepanzen zwischen den mit den Vorstellungen zusammenhängenden Erwartungen der Studierenden und der erfahrenen Lehre Gründe für negative Einstellungen und Emotionen. Beispielsweise kann mit Vorstellungen einer rein anwendungsorientierten Mathematikdidaktik, die durch praktisches Ausprobieren erlernt werden kann, theorieorientiertes Lernen wissenschaftlichen Wissens im Studium als wenig sinnvoll und irrelevant angesehen werden. Die Ausführungen zu dem vorgestellten Modell der Kompetenzentwicklung von Lehrkräften betonen jedoch die Wichtigkeit des Erwerbs wissenschaftlichen Wissens (s. Abschnitt 3.3.1). Diese Diskrepanz macht es notwendig, nach Möglichkeiten der Veränderung studentischer Vorstellungen zu suchen.

Die *Veränderung* von Beliefs und damit auch von Vorstellungen wird als schwierig angesehen: „Finally, given the resistance in changing these conceptions is assumed to be difficult, time-consuming, and long term and to require a high level of student cognitive and metacognitive engagement as well as persistence" (Patrick & Pintrich, 2001, S. 118). Herr Müller spricht im Interview eine Veränderung seiner Einstellungen zur Mathematikdidaktik an. Diese basiert darauf, dass er im Praktikum die vorab als irrelevant angesehenen Inhalte der mathematikdidaktischen Lehre explizit anwenden und benutzen muss. Hierdurch kommt er zu folgendem Schluss: „Also ich finde es momentan viel interessanter und ich glaube ich würde Vorlesungen jetzt auch anders besuchen und glaub / also bekomme halt mit, dass es wichtiger ist" (Dokument HHTB4BS, Absatz 75). Diese Ausführungen liefern einen Hinweis darauf, dass Praxisphasen, in denen speziell darauf geachtet wird, mathematikdidaktische Theorien mit der Praxis zu verknüpfen, einen Beitrag zur Gestaltung der studentischen Vorstellungen liefern können.

Um nach weiteren Möglichkeiten der Beeinflussung studentischer Vorstellungen zu suchen, ist es notwendig, sich der Vorstellungen der Studierenden zunächst überhaupt bewusst zu sein. „Instructors need to have an accurate awareness of their students' beliefs" (Patrick und Pintrich, 2001, S. 138). Um den Vorstellungen der Studierenden begegnen zu können, ist es wichtig zu wissen, wie diese Vorstellungen aussehen können. Hierzu liefert diese Arbeit erste Erkenntnisse. Sie sollen dafür sensibilisieren, unterschiedliche Ausprägungen studentischer Vorstellungen zur Mathematikdidaktik in der Arbeit mit Studierenden wahrzunehmen.

Mit Blick auf die didaktische Pyramide nach Gruschka (2002, S. 121) ist in Abschnitt 2.2 dargestellt, dass die Vorstellungen der Dozierenden, als Akteure in mathematikdidaktischen Lehr-Lern-Prozessen, die Aufbereitung von Inhalten und die diskursive Thematisierung dieser im Lehr-Lern-Geschehen beeinflussen. Entsprechend kann davon ausgegangen werden, dass Vorstellungen von Dozierenden zur Mathematikdidaktik einen Einfluss auf die Vorstellungen der Studierenden haben. Diese Arbeit kann in diesem Zusammenhang auch zur Selbstreflexion der Dozierenden und zur Bewusstwerdung eigener Vorstellungen zur Mathematikdidaktik dienen, indem eigene Vorstellungen mit jenen in den Hypothesen 1–4 dargestellten Aspekten verglichen werden.

Patrick und Pintrich (2001, S. 140) fordern nicht nur ein Bewusstsein für studentische Vorstellungen seitens der Dozierenden, sondern auch das explizite Thematisieren unterschiedlicher Vorstellungen in der Hochschullehre. Diese Arbeit kann eine Grundlage hierfür liefern, da mithilfe der Typen und der vier rekonstruierten Vorstellungen (Hypothese 1–4) konkrete Anhaltspunkte zur Thematisierung unterschiedlicher Vorstellungen vorliegen. Es ist damit einhergehend erforderlich, Zeit zu investieren, um die Frage *Was ist Mathematikdidaktik?* mit den Studierenden zu besprechen. Ziele der hochschulischen und im speziellen der mathematikdidaktischen Ausbildung sollten den Studierenden in diesem Zusammenhang transparent dargelegt werden.

Abschließend ist festzuhalten, dass die Ausführungen dieser Arbeit die Intention verfolgen, Dozierende der Mathematikdidaktik zu ermuntern, sich mit den eigenen Vorstellungen und vor allem auch mit jenen ihrer Studierenden auseinanderzusetzen. Andererseits soll Studierenden nahegelegt werden, sich mit den eigenen Vorstellungen zu beschäftigen und den Mut zu haben, den eigenen Horizont zu erweitern.

Literatur

Bacher, J., Pöge, A., & Wenzig, K. (2010). *Clusteranalyse: Anwendungsorientierte Einführung in Klassifikationsverfahren* (3., überarbeitete und neu gestaltete Auflage). München: Oldenbourg.

Ball, D. L., Thames, M. H., & Phelps, G. (2008). Content Knowledge for Teaching: What Makes It Special? *Journal of Teacher Education, 59*(5), 389–407.

Bar-Tal, D. (1990). *Group Beliefs. A Conception for Analyzing Group Structure, Processes, and Behavior.* New York: Springer.

Bauer, L. A. (1988). *Mathematik und Subjekt: Eine Studie über pädagogisch-didaktische Grundkategorien und Lernprozesse im Unterricht.* Wiesbaden: Deutscher Universitäts-Verlag.

Bauersfeld, H. (1988). Quo Vadis? – Zu den Perspektiven der Fachdidaktik. *mathematica didactica, 11*(2), 3–24.

Baumert, J., Blum, W., Brunner, M., Dubberke, T., Jordan, A., Klusmann, U., … Tsai, Y.-M. (2008). *Professionswissen von Lehrkräften, kognitiv aktivierender Mathematikunterricht und die Entwicklung mathematischer Kompetenz (COACTIV): Dokumentation der Erhebungsinstrumente. Nr. 83. Materialien aus der Bildungsforschung.* Berlin: Max-Planck-Institut für Bildungsforschung. Abgerufen am 11.04.2019 von https://pure.mpg.de/rest/items/item_2100057/component/file_2197666/content

Baumert, J., & Kunter, M. (2006). Stichwort: Professionelle Komptenz von Lehrkräften. *Zeitschrift für Erziehungswissenschaft, 9*(4), 469–519.

Baumert, J., & Kunter, M. (2011a). Das Kompetenzmodell von COACTIV. In M. Kunter, J. Baumert, W. Blum, U. Klusmann, S. Krauss, & M. Neubrand (Hrsg.), *Professionelle Kompetenz von Lehrkräften: Ergebnisse des Forschungsprogramms COACTIV* (S. 29–54). Münster: Waxmann.

Baumert, J., & Kunter, M. (2011b). Das mathematikspezifische Wissen von Lehrkräften, kognitive Aktivierung im Unterricht und Lernfortschritte von Schülerinnen und Schülern. In M. Kunter, J. Baumert, W. Blum, U. Klusmann, S. Krauss, & M. Neubrand (Hrsg.), *Professionelle Kompetenz von Lehrkräften: Ergebnisse des Forschungsprogramms COACTIV* (S. 163–193). Münster: Waxmann.

© Der/die Herausgeber bzw. der/die Autor(en), exklusiv lizenziert durch Springer Fachmedien Wiesbaden GmbH, ein Teil von Springer Nature 2021
K. Manderfeld, *Vorstellungen zur Mathematikdidaktik,* Studien zur theoretischen und empirischen Forschung in der Mathematikdidaktik, https://doi.org/10.1007/978-3-658-31086-8

Baumert, J., Kunter, M., Blum, W., Brunner, M., Voss, T., Jordan, A., ... Tsai, Y.-M. (2010). Teachers' Mathematical Knowledge, Cognitive Activation in the Classroom, and Student Progress. *American Educational Research Journal, 47*(1), 133–180. https://doi.org/10.3102/0002831209345157

Biehler, R., Scholz, R. W., Sträßer, R., & Winkelmann, B. (Hrsg.). (1994a). *Didactics of Mathematics as a Scientific Discipline*. Dordrecht: Kluwer Academic Publishers.

Biehler, R., Scholz, R. W., Sträßer, R., & Winkelmann, B. (1994b). Preface. In R. Biehler, R. W. Scholz, R. Sträßer, & B. Winkelmann (Hrsg.), *Didactics of Mathematics as a Scientific Discipline* (S. 1–8). Dordrecht: Kluwer Academic Publishers.

Bigalke, H.-G. (1985). Beiträge zur wissenschaftstheoretischen Diskussion der Mathematikdidaktik. In M. Bönsch & L. Schäffner (Hrsg.), *Theorie und Praxis. Erste Schriftreihe aus dem Fachbereich Erziehungswissenschaften I der Universität Hannover. Band 2*. Hannover: Universität Hannover.

Blömeke, S. (2005). *Lehrerausbildung, Lehrerhandeln, Schülerleistungen: Perspektiven nationaler und internationaler empirischer Bildungsforschung; Antrittsvorlesung 10. Dezember 2003*. Berlin: Humboldt-Universität. Abgerufen am 02.10.2018 von https://edoc.hu-berlin.de

Blömeke, S., Felbrich, A., & Müller, C. (2008). Messung des erziehungswissenschaftlichen Wissens angehender Lehrkräfte. In S. Blömeke, G. Kaiser, & R. Lehmann (Hrsg.), *Professionelle Kompetenz angehender Lehrerinnen und Lehrer: Wissen, Überzeugungen und Lerngelegenheiten deutscher Mathematikstudierender und -referendare. Erste Ergebnisse zur Wirksamkeit der Lehrerausbildung* (S. 171–193). Münster: Waxmann.

Blömeke, S., Kaiser, G., Döhrmann, M., & Lehmann, R. (2010). Mathematisches und mathematikdidaktisches Wissen angehender Sekundarstufen-I-Lehrkräfte im internationalen Vergleich. In S. Blömeke, G. Kaiser, & R. Lehmann (Hrsg.), *TEDS-M 2008: Professionelle Kompetenz und Lerngelegenheiten angehender Mathematiklehrkräfte für die Sekundarstufe I im internationalen Vergleich* (S. 197–238). Münster: Waxmann.

Blömeke, S., Kaiser, G., & Lehmann, R. (Hrsg.). (2008). *Professionelle Kompetenz angehender Lehrerinnen und Lehrer: Wissen, Überzeugungen und Lerngelegenheiten deutscher Mathematikstudierender und -referendare. Erste Ergebnisse zur Wirksamkeit der Lehrerausbildung*. Münster: Waxmann.

Blömeke, S., Kaiser, G., & Lehmann, R. (2010). TEDS-M 2008 Sekundarstufe I: Ziele, Untersuchungslage und zentrale Ergebnisse. In S. Blömeke, G. Kaiser, & R. Lehmann (Hrsg.), *TEDS-M 2008: Professionelle Kompetenz und Lerngelegenheiten angehender Mathematiklehrkräfte für die Sekundarstufe I im internationalen Vergleich* (S. 11–38). Münster: Waxmann.

Blömeke, S., Kaiser, G., Schwarz, B., Lehmann, R., Seeber, S., Müller, C., & Felbrich, A. (2008). Entwicklung des fachbezogenen Wissens in der Lehrerausbildung. In S. Blömeke, G. Kaiser, & R. Lehmann (Hrsg.), *Professionelle Kompetenz angehender Lehrerinnen und Lehrer: Wissen, Überzeugungen und Lerngelegenheiten deutscher Mathematikstudierender und -referendare. Erste Ergebnisse zur Wirksamkeit der Lehrerausbildung* (S. 135–170). Münster: Waxmann.

Blömeke, S., Kaiser, G., Schwarz, B., Seeber, S., Lehmann, R., Felbrich, A., & Müller, C. (2008). Fachbezogenes Wissen am Ende der Ausbildung. In S. Blömeke, G. Kaiser, & R. Lehmann (Hrsg.), *Professionelle Kompetenz angehender Lehrerinnen und Lehrer:*

Wissen, Überzeugungen und Lerngelegenheiten deutscher Mathematikstudierender und -referendare. Erste Ergebnisse zur Wirksamkeit der Lehrerausbildung (S. 89–104). Münster: Waxmann.

Blömeke, S., König, J., Kaiser, G., & Suhl, U. (2010). Lerngelegenheiten angehender Mathematiklehrkräfte für die Sekundarstufe I im internationalen Vergleich. In S. Blömeke, G. Kaiser, & R. Lehmann (Hrsg.), *TEDS-M 2008: Professionelle Kompetenz und Lerngelegenheiten angehender Mathematiklehrkräfte für die Sekundarstufe I im internationalen Vergleich* (S. 97–136). Münster: Waxmann.

Blömeke, S., Müller, C., Felbrich, A., & Kaiser, G. (2008a). Entwicklung des erziehungswissenschaftlichen Wissens und der professionellen Überzeugungen in der Lehrerausbildung. In S. Blömeke, G. Kaiser, & R. Lehmann (Hrsg.), *Professionelle Kompetenz angehender Lehrerinnen und Lehrer: Wissen, Überzeugungen und Lerngelegenheiten deutscher Mathematikstudierender und -referendare. Erste Ergebnisse zur Wirksamkeit der Lehrerausbildung* (S. 303–326). Münster: Waxmann.

Blömeke, S., Müller, C., Felbrich, A., & Kaiser, G. (2008b). Epistemologische Überzeugungen zur Mathematik. In S. Blömeke, G. Kaiser, & R. Lehmann (Hrsg.), *Professionelle Kompetenz angehender Lehrerinnen und Lehrer: Wissen, Überzeugungen und Lerngelegenheiten deutscher Mathematikstudierender und -referendare. Erste Ergebnisse zur Wirksamkeit der Lehrerausbildung* (S. 219–246). Münster: Waxmann.

Blömeke, S., Seeber, S., Lehmann, R., Kaiser, G., Schwarz, B., Felbrich, A., & Müller, C. (2008). Messung des fachbezogenen Wissens angehender Mathematiklehrkräfte. In S. Blömeke, G. Kaiser, & R. Lehmann (Hrsg.), *Professionelle Kompetenz angehender Lehrerinnen und Lehrer: Wissen, Überzeugungen und Lerngelegenheiten deutscher Mathematikstudierender und -referendare. Erste Ergebnisse zur Wirksamkeit der Lehrerausbildung* (S. 49–88). Münster: Waxmann.

Blum, W., & Leiß, D. (2005). Modellieren im Unterricht mit der "Tanken"-Aufgabe. *mathematik lehren, 128,* 18–21.

BMBF, Bundesministerium für Bildung und Forschung (o. J.). Qualitätsoffensive Lehrerbildung. Abgerufen am 16.07.2019 von https://www.qualitaetsoffensive-lehrerbildung.de

Boaler, J. (2008). Bridging the Gap between Research and Practice: International Examples of Success. In M. Menghini, F. Furinghetti, L. Giacardi, & F. Arzarello (Hrsg.), *The First Century of the International Commission on Mathematical Instruction (1908–2008). Reflecting and Shaping the World of Mathematics Educatio* (S. 91–106). Rom: Instituto della Enciclopedia Italiana.

Böhler, Y.-B., Heuchemer, S., & Szczyrba, B. (2019). Hochschuldidaktik, Hochschullehre und Hochschullernen – wissenschaftliche Perspektiven auf ihren Stellenwert in der Hochschulentwicklung – Einleitung. In Y.-B. Böhler, S. Heuchemer, & B. Szczyrba (Hrsg.), *Hochschuldidaktik erforscht wissenschaftliche Perspektiven auf Lehren und Lernen. Profilbildung und Wertefragen in der Hochschulentwicklung IV. Band 5* (S. 7–14). Köln: Cologne Open Science. Abgerufen am 20.06.2019 von https://cos.bibl.th-koeln.de/frontdoor/deliver/index/docId/828/file/FIHB_Band_5.pdf

Bower, G. H., & Forgas, J. P. (2000). Affect, Memory, and Social Cognition. In E. Eich, J. F. Killstrom, G. H. Bower, J. P. Forgas, & P. M. Niedenthal (Hrsg.), *Cognition and Emotion* (S. 87–168). Oxford, New York: Oxford University Press.

Bromme, R. (1994). Beyond subject matter: A psychological topology of teachers' professional knowledge. In R. Biehler, R. W. Scholz, R. Sträßer, & B. Winkelmann (Hrsg.), *Didactics of Mathematics as a Scientific Discipline* (S. 73–88). Dordrecht: Kluwer Academic Publishers.

Bromme, R. (1995). Was ist „pedagogical content knowledge"? Kritische Anmerkungen zu einem fruchtbaren Forschungsprogramm. In S. Hopmann & K. Riquarts (Hrsg.), *Didaktik und/oder Curriculum: Grundprobleme einer international vergleichenden Didaktik* (S. 105–113). Weinheim: Beltz Juventa.

Bruner, J. S. (1960). *The Process of Education*. Cambridge: Harvard University Press.

Bruner, J. S. (1970). *Der Prozeß der Erziehung*. Berlin: Berlin Verlag.

Bruner, J. S. (1973). Der Verlauf der kognitiven Entwicklung. In D. Spanhel (Hrsg.), *Schülersprache und Lernprozesse* (S. 49–83). Düsseldorf: Schwann Verlag.

Brunner, M., Anders, Y., Hachfeld, A., & Krauss, S. (2011). Diagnostische Fähigkeiten von Mathematiklehrkräften. In M. Kunter, J. Baumert, W. Blum, U. Klusmann, S. Krauss, & M. Neubrand (Hrsg.), *Professionelle Kompetenz von Lehrkräften: Ergebnisse des Forschungsprogramms COACTIV* (S. 215–234). Münster: Waxmann.

Buchholtz, N., & Kaiser, G. (2013). Professionelles Wissen im Studienverlauf: Lehramt Mathematik. In S. Blömeke, A. Bremerich-Vos, G. Kaiser, G. Nold, H. Haudeck, J.-U. Keßler, & K. Schwippert (Hrsg.), *Professionelle Kompetenzen im Studienverlauf: Weitere Ergebnisse zur Deutsch-, Englisch- und Mathematiklehrerausbildung aus TEDS-LT* (S. 107–144). Münster New York München Berlin: Waxmann.

Buchholtz, N., Kaiser, G., & Blömeke, S. (2014). Die Erhebung mathematikdidaktischen Wissens – Konzeptualisierung einer komplexen Domäne. *Journal für Mathematik-Didaktik, 35*(1), S. 101–128.

Buehl, M. M., & Alexander, P. A. (2001). Beliefs About Academic Knowledge. *Educational Psychology Review, 13*(4), 385–418.

Bühl, A. (2012). *SPSS 20: Einführung in die moderne Datenanalyse* (13., aktualisierte Auflage). München Harlow Amsterdam Madrid Boston San Francisco: Pearson.

Bühner, M., & Ziegler, M. (2009). *Statistik für Psychologen und Sozialwissenschaftler*. München: Pearson.

Chen, Q., & Leung, F. K. S. (2015). Analyzing Data and Drawing on Conclusion on Teachers' Beliefs. In B. Pepin & B. Roesken-Winter (Hrsg.), *From beliefs to dynamic affect systems in mathematics education: Exploring a mosaic of relationships and inter-actions* (S. 281–294). Cham: Springer Science + Business.

Clore, G. L., & Huntsinger, J. R. (2009). How the Object of Affect Guides its Impact. *Emotion Review: Journal of the International Society for Research on Emotion, 1*(1), 39–54.

Cohen, J. (1988). *Statistical power analysis for the behavioral sciences* (2. Auflage). Hillsdale, N. J: L. Erlbaum Associates.

Danckwerts, R., & Vogel, D. (2006). *Analysis verständlich unterrichten*. Heidelberg: Spektrum.

De Abreu, G., Bishop, A. J., & Pompeu, G. Jr. (1997). What children and teachers count as mathematics. In T. Nunes & P. Bryant (Hrsg.), *Learning and teaching mathematics: An international perspective* (S. 233–264). Hove, UK: Psychology Press Ltd.

Deci, E. L., Vallerand, R. J., Pelletier, L. G., & Ryan, R. M. (1991). Motivation and Education: The Self-Determination Perspective. *Educational Psychologist, 26*(3–4), 325–346.

Depaepe, F., Verschaffel, L., & Kelchtermans, G. (2013). Pedagogical content knowledge: A systematic review of the way in which the concept has pervaded mathematics educational research. *Teaching and Teacher Education, 34*, 12–25.

Di Martino, P., & Zan, R. (2011). Attitude towards mathematics: A bridge between beliefs and emotions. *ZDM Mathematics Education, 43*(4), 471–482.

Di Martino, P., & Zan, R. (2015). The Construct of Attitude in Mathematics Education. In B. Pepin & B. Roesken-Winter (Hrsg.), *From beliefs to dynamic affect systems in mathematics education: Exploring a mosaic of relationships and interactions* (S. 51–72). Cham: Springer Science + Business.

Diekmann, A. (2016). *Empirische Sozialforschung: Grundlagen, Methoden, Anwendungen* (10. Auflage, vollständig überarbeitete und erweiterte Neuausgabe August 2007). Reinbek bei Hamburg: Rowohlt Taschenbuch Verlag.

DMV, Deutsche Mathematiker-Vereinigung, GDM, Gesellschaft für Didaktik der Mathematik, & MNU, Verband zur Förderung des MINT-Unterrichts. (2008). Standards für die Lehrerbildung im Fach Mathematik. Empfehlungen von DMV, GDM, MNU. *Mitteilungen der Gesellschaft für Didaktik der Mathematik*, (85). Abgerufen am 28.09.2018 von https://madipedia.de/images/2/21/Standards_Lehrerbildung_Mathematik.pdf

Döhrmann, M., Kaiser, G., & Blömeke, S. (2010). Messung des mathematischen und mathematikdidaktischen Wissens: Theoretischer Rahmen und Teststruktur. In S. Blömeke, G. Kaiser, & R. Lehmann (Hrsg.), *TEDS-M 2008: Professionelle Kompetenz und Lerngelegenheiten angehender Mathematiklehrkräfte für die Sekundarstufe I im internationalen Vergleich* (S. 169–196). Münster: Waxmann.

Döring, N., & Bortz, J. (2016a). Datenaufbereitung. In N. Döring & J. Bortz (Hrsg.), *Forschungsmethoden und Evaluation in den Sozial- und Humanwissenschaften* (5. vollständig überarbeitete, aktualisierte und erweiterte Auflage, S. 579–596). Berlin, Heidelberg: Springer Science + Business.

Döring, N., & Bortz, J. (2016b). Datenerhebung. In N. Döring & J. Bortz (Hrsg.), *Forschungsmethoden und Evaluation in den Sozial- und Humanwissenschaften* (5. vollständig überarbeitete, aktualisierte und erweiterte Auflage, S. 321–578). Berlin, Heidelberg: Springer Science + Business.

Döring, N., & Bortz, J. (2016c). Qualitätskriterien in der empirischen Sozialforschung. In N. Döring & J. Bortz (Hrsg.), *Forschungsmethoden und Evaluation in den Sozial- und Humanwissenschaften* (5. vollständig überarbeitete, aktualisierte und erweiterte Auflage, S. 81–120). Berlin, Heidelberg: Springer Science + Business.

Döring, N., & Bortz, J. (2016d). Stichprobenziehung. In N. Döring & J. Bortz (Hrsg.), *Forschungsmethoden und Evaluation in den Sozial- und Humanwissenschaften* (5. vollständig überarbeitete, aktualisierte und erweiterte Auflage, S. 291–320). Berlin, Heidelberg: Springer Science + Business.

Döring, N., & Bortz, J. (2016e). Untersuchungsdesign. In N. Döring & J. Bortz (Hrsg.), *Forschungsmethoden und Evaluation in den Sozial- und Humanwissenschaften* (5. vollständig überarbeitete, aktualisierte und erweiterte Auflage, S. 181–220). Berlin, Heidelberg: Springer Science + Business.

Dresing, T., & Pehl, T. (2017). *Praxisbuch Interview, Transkription & Analyse: Anleitungen und Regelsysteme für qualitativ Forschende* (7. Auflage). Marburg: Eigenverlag.

Dreyfus, H. L., & Dreyfus, S. E. (1986). *Mind over machine: The power of human intuition and expertise in the era of the computer.* New York: Free Press.

Duden online. (o. J.). *Kybernetik*. Abgerufen am 05.12.2018 von https://www.duden.de/rechtschreibung/Kybernetik

Duit, R. (1995). Zur Rolle der konstruktivistischen Sichtweise in der naturwissenschaftsdidaktischen Lehr- und Lernforschung. *Zeitschrift für Pädagogik, 41*(6), 905–923.

Duit, R. (2004). Schülervorstellungen und Lernen von Physik. *Piko-Brief, 1*. Abgerufen am 12.07.2018 von http://www.idn.uni-bremen.de/schuelervorstellungen/material/Piko-Brief_Schuelervor.pdf

Eichler, A., & Erens, R. (2015). Domain-Specific Belief Systems of Secondary Mathematics Teachers. In B. Pepin & B. Roesken-Winter (Hrsg.), *From beliefs to dynamic affect systems in mathematics education: Exploring a mosaic of relationships and interactions* (S. 179–200). Cham: Springer Science + Business.

Ernest, P. (1989). The Knowledge, Beliefs and Attitudes of the Mathematics Teacher: A model. *Journal of Education for Teaching, 15*(1), 13–33.

Evetts, J. (2003). The Sociological Analysis of Professionalism: Occupational Change in the Modern World. *International Sociology, 18*(2), 395–415.

Faust-Siehl, G. (2000). Perspektiven der Lehrerbildung in Deutschland. Abschlussbericht der von der Kultusministerkonferenz eingesetzten Kommission. In *Zeitschrift für Pädagogik, 4*, S. 637–643.

Felbrich, A., Müller, C., & Blömeke, S. (2008). Lerngelegenheiten in der Lehrerausbildung. In S. Blömeke, G. Kaiser, & R. Lehmann (Hrsg.), *Professionelle Kompetenz angehender Lehrerinnen und Lehrer: Wissen, Überzeugungen und Lerngelegenheiten deutscher Mathematikstudierender und -referendare. Erste Ergebnisse zur Wirksamkeit der Lehrerausbildung* (S. 327–362). Münster: Waxmann.

Field, A. (2013). *Discovering statistics using IBM SPSS statistics: And sex and drugs and rock 'n' roll* (4. Auflage). London: SAGE Publications.

Fischer, R., & Malle, G. (1985). *Mensch und Mathematik. Eine Einführung in didaktisches Denken und Handeln*. Mannheim: Bibliographisches Institut.

Freire, A. M., & Sanches, M. de F. C. C. (1992). Elements for a typology of teachers' conceptions of physics teaching. *Teaching and Teacher Education, 8*(5), 497–507.

Freudenthal, H. (1983). *Didactical Phenomenology of Mathematical Structures*. Dordrecht: Reidel.

Freudenthal, H. (1991). *Revisiting mathematics education. China lectures*. Dordrecht: Kluver.

Furinghetti, F., & Pehkonen, E. (2002). Rethinking Characterizations of Beliefs. In G. C. Leder, E. Pehkonen, & G. Törner (Hrsg.), *Beliefs: A hidden variable in mathematics education?* (S. 39–58). Dordrecht, Boston: Kluwer Academic Publishers.

GDM, Gesellschaft für Didaktik der Mathematik. (1968). *Stellung der Mathematikdidaktik als Hochschuldisziplin. Positionspapier des Beirats der GDM*. Abgerufen am 03.11.2018 von https://madipedia.de/images/c/c8/1986_01.pdf

GDM, Gesellschaft für Didaktik der Mathematik. (o. J.-a). Didaktik der Mathematik. In *Madipedia*. Abgerufen am 03.11.2018 von https://madipedia.de/wiki/Didaktik_der_Mathematik

GDM, Gesellschaft für Didaktik der Mathematik. (o. J.-b). *Über die GDM*. Abgerufen am 03.11.2018 von https://didaktik-der-mathematik.de/de/start.html

GFD, Gesellschaft für Fachdidaktik e.V., Dachverband der Fachdidaktischen Fachgesellschaften. (2004). *Fachdidaktische Kompetenzbereiche, Kompetenzen und*

Standards für die 1. Phase der Lehrerbildung (BA + MA). Abgerufen am 24.09.2018 von http://www.fachdidaktik.org/cms/download.php?cat=Veröffentlichungen&file=Pu blikationen_zur_Lehrerbildung-Anlage_1.pdf

GFD, Gesellschaft für Fachdidaktik e.V., Dachverband der Fachdidaktischen Fachgesellschaften. (2016). *Intensivierung der Förderung Fachdidaktischer Forschung zur Qualitätsverbesserung des Fachunterrichts. Positionspapier der GFD*. Abgerufen am 05.11.2018 von http://www.fachdidaktik.org/wp-content/uploads/2015/09/GFD-Positionspapier-17-Intensivierung-Fachdidaktischer-Forschung.pdf

Gill, M. G., & Hardin, C. (2015). A "Hot" Mess: Unpacking the Relation Between Teachers' Beliefs and Emotions. In H. Fives & M. G. Gill (Hrsg.), *International handbook of research on teachers' beliefs* (S. 230–246). New York: Routledge.

Glasersfeld, E. von. (2003). *Radical Constructivism: A Way of Knowing and Learning*. London: Routledge Falmer.

Goldin, G. A. (2002). Affect, Meta-Affect, and Mathematical Belief Structures. In G. C. Leder, E. Pehkonen, & G. Törner (Hrsg.), *Beliefs: A hidden variable in mathematics education?* (S. 59–72). Dordrecht, Boston: Kluwer Academic Publishers.

Greefrath, G., Oldenburg, R., Siller, H.-S., Ulm, V., & Weigand, H.-G. (2016a). Aspects and „Grundvorstellungen" of the Concepts of Derivative and Integral. Subject Matter-related Didactical Perspectives of Concept Formation. *Journal für Mathematik-Didaktik, 37*(1), 99–129.

Greefrath, G., Oldenburg, R., Siller, H.-S., Ulm, V., & Weigand, H.-G. (2016b). *Didaktik der Analysis: Aspekte und Grundvorstellungen zentraler Begriffe*. Berlin Heidelberg: Springer Spektrum.

Green, T. F. (1971). *The Activities of Teaching*. New York: McGraw-Hill.

Grigutsch, S., Raatz, U., & Törner, G. (1998). Einstellungen gegenüber Mathematik bei Mathematiklehrern. *Journal für Mathematik-Didaktik, 19*(1), 3–45.

Grundey, S. (2015). *Beweisvorstellungen und eigenständiges Beweisen: Entwicklung und vergleichend empirische Untersuchung eines Unterrichtskonzepts am Ende der Sekundarstufe*. Wiesbaden: Springer Spektrum.

Gruschka, A. (2002). *Didaktik. Das Kreuz mit der Vermittlung. Elf Einsprüche gegen den didaktischen Betrieb*. Wetzlar: Büchse der Pandora.

Gutstein, E. (2006). „The Real World As We Have Seen It": Latino/a Parents' Voices On Teaching Mathematics For Social Justice. *Mathematical Thinking and Learning, 8*(3), 331–358.

Hank, B. (2013). *Konzeptwandelprozesse im Anfangsunterricht Chemie: Eine quasi-experimentelle Längsschnittstudie*. Berlin: Logos Verlag Berlin.

Hefendehl-Hebeker, L. (2013). Doppelte Diskontinuität oder die Chance der Brückenschläge. In C. Ableitinger, J. Kramer, & S. Prediger (Hrsg.), *Zur doppelten Diskontinuität in der Gymnasiallehrerbildung: Ansätze zu Verknüpfungen der fachinhaltlichen Ausbildung mit schulischen Vorerfahrungen und Erfordernissen*. Wiesbaden: Springer Spektrum.

Helfferich. (2014). Leitfaden- und Experteninterviews. In N. Baur & J. Blasius (Hrsg.), *Handbuch Methoden der empirischen Sozialforschung*. Wiesbaden: Springer VS.

Hill, H. C., Ball, D. L., & Schilling, S. G. (2008). Unpacking Pedagogical Content Knowledge: Conceptualizing and Measuring Teachers' Topic-Specific Knowledge of Students. *Journal for Research in Mathematics Education, 39*(4), 372–400.

Hill, H. C., Sleep, L., Lewis, J. M., & Ball, D. L. (2007). Assessing Teachers' Mathematical Knowledge: What Knowledge Matters and What Evidence Counts? In F. K. Jr. Lester (Hrsg.), *Second Handbook for Research on Mathematics Education: A project of the National Council of Teachers of Mathematics* (S. 111–155). Charlotte, NC: Information Age Pub.

Hofer, B. K., & Pintrich, P. R. (1997). The development of epistemological theories: Beliefs about knowledge and knowing and their relation to learning. *Review of Educational Research, 67*(1), 88–140.

Holt-Reynolds, D. (1992). Personal History-Based Beliefs as Relevant Prior Knowledge in Course Work. *American Educational Research Journal, 29*(2), 325–349.

Hoyle, E. (2001). Teaching as profession. In P. B. Baltes & N. J. Smelser (Hrsg.), *International encyclopedia of the social and behavioral sciences* (Bd. 26, S. 15472–15476). Amsterdam: Elsevier.

Hußmann, S., Leuders, T., & Prediger, S. (2007). Schülerleistungen verstehen "Diagnose im Alltag". *Praxis der Mathematik in der Schule, 49*(15), 1–8.

Hußmann, S., Thiele, J., Hinz, R., Prediger, S., & Ralle, B. (2013). Gegenstandsorientierte Unterrichtsdesigns entwickeln und erforschen – Fachdidaktische Entwicklungs-forschung im Dortmunder Modell. In M. Komorek & S. Prediger (Hrsg.), *Der lange Weg zum Unterrichtsdesign: Zur Begründung und Umsetzung genuin fachdidaktischer Forschungs- und Entwicklungsprogramme* (S. 25–42). Münster u.a.: Waxmann.

Jahnke, H. N., Mies, T., Otte, M., & Schubring, G. (1974). Zu einigen Hauptaspekten der Mathematikdidaktik. In H. Bauersfeld, M. Otte, & H. G. Steiner (Hrsg.), *Schriftenreihe des IDM 1/1974* (S. 4–84). Bielefeld: Universität Bielefeld, Institut für Didaktik der Mathematik.

Kagan, D. M. (1992). Professional Growth Among Preservice and Beginning Teachers. *Review of Educational Research, 62*(2), 129–169.

Kauertz, A., & Siller, H.-S. (2016). Modulare Schulpraxiseinbindung als Ausgangspunkt zur individuellen Kompetenzentwicklung. Abgerufen am 09.05.2019 von https://mosaik.uni-koblenz-landau.de

Khan, A., & Rayner, G. D. (2003). Robustness to Non-Normality of Common Tests for the Many-Sample Location Problem. *Journal of Applied Mathematics and Decision Sciences, 7*(4), 187–206.

Kilapatrick, J. (2008). The development of mathematics education as an academic field. In M. Menghini, F. Furinghetti, L. Giacardi, & F. Arzarello (Hrsg.), *The first century of the International Commission on Mathematical Instruction (1908–2008). Reflecting and shaping the world of mathematics education* (S. 25–39). Rom: Instituto della Enciclopedia Italiana.

Klafki, W. (1970). Der Begriff der Didaktik und der Satz vom Primat der Didaktik (im engeren Sinne) im Verhältnis zur Methodik. In W. Klafki, G. M. Rückriem, W. Wolf, R. Freuden-stein, H.-K. Beckmann, K.-C. Lingelbach, … J. Diederich (Hrsg.), *Erziehungswissenschaft 2. Eine Einführung* (S. 55–73). Frankfurt am Main: Fischer Taschenbuch Verlag.

Klieme, E. (2004). Was sind Kompetenzen und wie lassen sie sich messen? *Pädagogik, 56*(6), 10–13.

Klieme, E., & Leutner, D. (2006). Kompetenzmodelle zur Erfassung individueller Lern-ergebnisse und zur Bilanzierung von Bildungsprozessen. Beschreibung eines neu ein-gerichteten Schwerpunktprogramms der DFG. *Zeitschrift für Pädagogik, 52*(6), 876–903.

Klock, H., Lung, J., Manderfeld, K., & Siller, H.-S. (2019). Unterstützungsmaßnahmen aus dem MoSAiK-Projekt. Förderung professioneller Kompetenzen von Mathematik-Lehramtsstudierenden. *Mitteilungen der Gesellschaft für Didaktik der Mathematik, 107.*

KMK, Sekretariat der Ständigen Konferenz der Kultusminister der Länder in der Bundesrepublik Deutschland. (2004). *Standards für die Lehrerbildung: Bildungswissenschaften. Beschluss der Kultusministerkonferenz vom 16.12.2004.* Abgerufen von https://www.kmk.org/fileadmin/veroeffentlichungen_beschluesse/2004/2004_12_16-Standards-Lehrerbildung.pdf

KMK, Sekretariat der Ständigen Konferenz der Kultusminister der Länder in der Bundesrepublik Deutschland. (2017a). *Das Bildungswesen in der Bundesrepublik Deutschland 2015/2016. Darstellung der Kompetenzen, Strukturen und bildungspolitischen Entwicklungen für den Informationsaustausch in Europa.* Abgerufen am 22.09.2018 von https://www.kmk.org/fileadmin/Dateien/pdf/Eurydice/Bildungswesen-dt-pdfs/dossier_de_ebook.pdf

KMK, Sekretariat der Ständigen Konferenz der Kultusminister der Länder in der Bundesrepublik Deutschland. (2017b). *Ländergemeinsame inhaltliche Anforderungen für die Fachwissenschaften und Fachdidaktiken in der Lehrerbildung. Beschluss der Kultusministerkonferenz vom 16.10.2008 i. D. F. vom 12.10.2017.* Abgerufen am 24.09.2018 von https://www.kmk.org/fileadmin/Dateien/veroeffentlichungen_beschluesse/2008/2008_10_16-Fachprofile-Lehrerbildung.pdf

KMK, Sekretariat der Ständigen Konferenz der Kultusminister der Länder in der Bundesrepublik Deutschland. (2017c). *Sachstand in der Lehrerbildung.* Abgerufen am 22.09.2018 von https://www.kmk.org/fileadmin/Dateien/pdf/Bildung/AllgBildung/2017-03-07__Sachstand_LB_o_EW.pdf

Köller, O., Baumert, J., & Neubrand, J. (2000). Epistemologische Überzeugungen und Fachverständnis im Mathematik- und Physikunterricht. In J. Baumert, W. Bos, & R. Lehmann (Hrsg.), *TIMSS/III. Dritte Internationale Mathematik- und Naturwissenschaftsstudie. Mathematische und naturwissenschaftliche Bildung am Ende der Schullaufbahn. Band 2: Mathematische und physikalische Kompetenzen am Ende der gymnasialen Oberstufe* (S. 229–270). Opladen: Leske + Budrich.

Koolwijk, J. van. (1974). Techniken der empirischen Sozialforschung. In J. van Koolwijk & M. Wieken-Mayser (Hrsg.), *Techniken der empirischen Sozialforschung. Erhebungsmethoden: Die Befragung* (Band 4, S. 9–24). München: R. Oldenbourg Verlag.

Krauss, S., Blum, W., Neubrand, M., Baumert, J., Kunter, M., Besser, M., & Elsner, J. (2011). Konzeptualisierung und Testkonstruktion zum fachbezogenen Professionswissen von Mathematiklehrkräften. In M. Kunter, J. Baumert, W. Blum, U. Klusmann, S. Krauss, & M. Neubrand (Hrsg.), *Professionelle Kompetenz von Lehrkräften: Ergebnisse des Forschungsprogramms COACTIV* (S. 135–161). Münster: Waxmann.

Krauss, S., & Bruckmaier, G. (2014). Das Experten-Paradigma in der Forschung zum Lehrerberuf. In E. Terhart, H. Bennewitz, & M. Rothland (Hrsg.), *Handbuch der Forschung zum Lehrerberuf* (2. überarbeitete und erweiterte Auflage, S. 241–261). Münster, New York: Waxmann.

Kron, F. W., Jürgens, E., & Standop, J. (2014). *Grundwissen Didaktik* (6., überarbeitete Auflage). München: Reinhardt.

Kuckartz, U. (2007). *Einführung in die computergestützte Analyse qualitativer Daten: Lehrbuch* (2., aktualisierte und erweiterte Auflage). Wiesbaden: Springer VS.

Kuckartz, U. (2014). *Mixed Methods: Methodologie, Forschungsdesigns und Analyseverfahren.* Wiesbaden: Springer VS.

Kuckartz, U. (2016). *Qualitative Inhaltsanalyse. Methoden, Praxis, Computerunterstützung* (3., überarbeitete Auflage). Weinheim, Basel: Beltz Juventa.

Kunter, M., Baumert, J., Blum, W., Klusmann, U., Krauss, S., & Neubrand, M. (Hrsg.). (2011). *Professionelle Kompetenz von Lehrkräften: Ergebnisse des Forschungsprogramms COACTIV.* Münster: Waxmann.

Lamnek, S., & Krell, C. (2016). *Qualitative Sozialforschung: Mit Online-Material* (6., überarbeitete Auflage). Weinheim, Basel: Beltz.

Leder, G. C., & Forgasz, H. J. (2002). Measuring Mathematical Beliefs and Their Impact on the Learning of Mathematics: A New Approach. In G. C. Leder, E. Pehkonen, & G. Törner (Hrsg.), *Beliefs: A hidden variable in mathematics education?* Dordrecht, Boston: Kluwer Academic Publishers.

Lerman, S. (2002). Situating Research on Mathematics Teachers' Beliefs and on Change. In G. C. Leder, E. Pehkonen, & G. Törner (Hrsg.), *Beliefs: A hidden variable in mathematics education?* (S. 233–246). Dordrecht, Boston: Kluwer Academic Publishers.

Lester, F. K. Jr. (2002). Implications of Research on Students' Beliefs for Classroom Pracice. In G. C. Leder, E. Pehkonen, & G. Törner (Hrsg.), *Beliefs: A hidden variable in mathematics education?* (S. 345–354). Dordrecht, Boston: Kluwer Academic Publishers.

Leuders, T. (Hrsg.). (2010). *Mathematik-Didaktik: Praxishandbuch für die Sekundarstufe I und II* (5. Auflage). Berlin: Cornelsen Verlag GmbH.

Leuders, T. (2015). Empirische Forschung in der Fachdidaktik. Eine Herausforderung für die Professionalisierung und Nachwuchsqualifizierung. *Beiträge zur Lehrerinnen- und Lehrerbildung, 33*(2), 215–234.

Liu, X. (2001). Synthesizing research on student conceptions in science. *International Journal of Science Education, 23*(1), 55–81.

Lloyd, G. M., & Wilson, M. (1998). Supporting Innovation: The Impact of Teacher's Conceptions of Functions on His Implementation of a Reform Curriculum. *Journal for Research in Mathematics Education, 29*(3), 248–274.

Maaß, K. (2009). *Mathematikunterricht weiterentwickeln.* Berlin: Cornelson.

Mandler, G. (1989). Affect and Learning: Causes and Consequences of Emotional Interactions. In D. B. McLeod & V. M. Adams (Hrsg.), *Affect and Mathematical Problem Solving: A New Perspective* (S. 3–19). New York: Springer.

Mathematisches Institut der Universität Koblenz-Landau, Campus Koblenz. (2014). *Modulhandbuch. Lehramts-Studiengänge Mathematik (Stand: 23. Juni 2014).* Abgerufen am 24.09.2018 von https://www.uni-koblenz-landau.de/de/koblenz/fb3/mathe/studium/modulhandbuch/ModHB20140623.pdf/view

Mayring, P. (2000). Qualitative Inhaltsanalyse. *Forum Qualitative Sozialforschung / Forum: Qualitative Social Research, 1*(2). Abgerufen am 11.07.2019 von http://www.qualitative-research.net

Mayring, P. (2015). *Qualitative Inhaltsanalyse: Grundlagen und Techniken* (12., überarbeitete Auflage). Weinheim, Basel: Beltz Verlag.

McLeod, D. B. (1992). Research on affect in mathematics education: A reconceptualization. In D. A. Grouws (Hrsg.), *Handbook of research on mathematics teaching and learning: A project of the National Council of Teachers of Mathematics* (S. 575–596). New York: Macmillan.

Mellis, W., & Struve, H. (1986). Zur wissenschaftstheoretischen Diskussion um die Mathematikdidaktik. *ZDM Mathematics Education, 18*(5), 162–172.

Meyer, M., & Prediger, S. (2009). Warum? Argumentieren, Begründen, Beweisen. *Praxis der Mathematik in der Schule, 51*(30), 1–7.

Mischau, A., & Blunck, A. (2006). Mathematikstudierende, ihr Studium und ihr Fach: Einfluss von Studiengang und Geschlecht. *Mitteilungen der Deutschen Mathematiker-Vereinigung, 14*(1), 46–52.

Muis, K. R., Bendixen, L. D., & Haerle, F. C. (2006). Domain-Generality and Domain-Specificity in Personal Epistemology Research: Philosophical and Empirical Reflections in the Development of a Theoretical Framework. *Educational Psychology Review, 18*(1), 3–54.

Müller, C., Felbrich, A., & Blömeke, S. (2008). Überzeugungen zum Lehren und Lernen von Mathematik. In S. Blömeke, G. Kaiser, & R. Lehmann (Hrsg.), *Professionelle Kompetenz angehender Lehrerinnen und Lehrer: Wissen, Überzeugungen und Lerngelegenheiten deutscher Mathematikstudierender und -referendare. Erste Ergebnisse zur Wirksamkeit der Lehrerausbildung* (S. 247–276). Münster: Waxmann.

Neuweg, G. H. (1999). Erfahrungslernen in der LehrerInnenbildung. Potenziale und Grenzen im Lichte des Dreyfus-Modells. *Erziehung & Unterricht,* (5/6), 363–372.

Neuweg, G. H. (2004). *Könnerschaft und implizites Wissen: Zur lehr-lerntheoretischen Bedeutung der Erkenntnis- und Wissenstheorie Michael Polanyis* (3. Auflage). Münster: Waxmann.

Neuweg, G. H. (2014). Das Wissen der Wissensvermittler. Problemstellungen, Befunde und Perspektiven der Forschung zum Lehrerwissen. In E. Terhart, H. Bennewitz, & M. Rothland (Hrsg.), *Handbuch der Forschung zum Lehrerberuf* (2. überarbeitete und erweiterte Auflage, S. 583–614). Münster New York: Waxmann.

Olson, J. M., & Zanna, M. P. (1993). Attitudes and Attitude Change. *Annual Review of Psychology, 44*(1), 117–154.

Op't Eynde, P., De Corte, E., & Verschaffel, L. (2002). Framing Students' Mathematics-Related Beliefs. A Quest for Conceptual Clarity and a Comprehensive Categorization. In G. C. Leder, E. Pehkonen, & G. Törner (Hrsg.), *Beliefs: A hidden variable in mathematics education?* (S. 13–38). Dordrecht, Boston: Kluwer Academic Publishers.

Op't Eynde, P., De Corte, E., & Verschaffel, L. (2006). "Accepting Emotional Complexity": A Socio-Constructivist Perspective on the Role of Emotions in the Mathematics Classroom. *Educational Studies in Mathematics, 63*(2), 193–207.

Ortony, A., Norman, D. A., & Revelle, W. (2005). Affect and proto-affect in effective functioning. In J.-M. Fellous & M. A. Arbib (Hrsg.), *Who needs emotions? The brain meets the robot* (S. 173–202). New York: Oxford University Press.

Ostermann, A., & Besser, M. (2018). Fachdidaktik gut – Fachwissenschaft schlecht? Implizite Assoziationen von Mathematik-Lehramtsstudierenden zur Rolle von Fachwissenschaft und Fachdidaktik an der Hochschule. In Fachgruppe Didaktik der Mathematik der Universität Paderborn (Hrsg.), *Beiträge zum Mathematikunterricht 2018* (S. 1355–1358). Münster: WTM-Verlag.

Pajares, M. F. (1992). Teachers' Beliefs and Educational Research: Cleaning Up a Messy Construct. *Review of Educational Research, 62*(3), 307–332.

Patrick, H., & Pintrich, P. R. (2001). Conceptual Change in Teachers' Intuitive Conceptions of Leraning, Motivation, and Instruction: The Role of Motivational and Epistemological Beliefs. In B. Torff & R. J. Sternberg (Hrsg.), *Understanding and teaching the intuitive mind* (S. 117–143). Hillsdale, NJ: Lawrence Erlbaum.

Pehkonen, E. (1994). On Teachers' Beliefs and Changing Mathematics Teaching. *Journal Für Mathematik-Didaktik, 15*(3), 177–209.

Pehkonen, E. (1995). *Pupils' view of mathematics: Initial report for an international comparison project.* Helsinki: University of Helsinki.

Pekrun, R. (2018). Emotionen, Lernen und Leistung. In M. Huber & S. Krause (Hrsg.), *Bildung und Emotion* (S. 215–232). Wiesbaden: Springer VS.

Pepin, B., & Roesken-Winter, B. (2015). Introduction. In B. Pepin & B. Roesken-Winter (Hrsg.), *From beliefs to dynamic affect systems in mathematics education: Exploring a mosaic of relationships and interactions* (S. XV–XIX). Cham: Springer Science + Business.

Philipp, R. A. (2007). Mathematics Teachers' Beliefs and Affect. In F. K. Jr. Lester (Hrsg.), *Second handbook of research on mathematics teaching and learning: A project of the National Council of Teachers of Mathematics* (S. 257–315). Charlotte, NC: Information Age Pub.

Piaget, J., & Inhelder, B. (1971). *Die Entwicklung des räumlichen Denkens beim Kinde.* Stuttgart: Klett.

Polya, G. (1995). *Schule des Denkens. Vom Lösen mathematischer Probleme* (4. Auflage). Tübingen: A. Francke Verlag.

Presmeg, N. (2002). Beliefs about the Nature of Mathematics in the Bridging of Everyday and School Mathematical Practices. In G. C. Leder, E. Pehkonen, & G. Törner (Hrsg.), *Beliefs: A hidden variable in mathematics education?* (S. 293–312). Dordrecht, Boston: Kluwer Academic Publishers.

Ramsenthaler, C. (2013). Was ist „Qualitative Inhaltsanalyse?" In M. Schnell, C. Schulz, H. Kolbe, & C. Dunger (Hrsg.), *Der Patient am Lebensende. Eine Qualitative Inhaltsanalyse* (S. 23–42). Wiesbaden: Spinger VS.

Reich, K. (2008). *Konstruktivistische Didaktik.* Weinheim: Beltz Pädagogik.

Rembowski, V. (2015). *Eine semiotische und philosophisch-psychologische Perspektive auf Begriffsbildung im Geometrieunterricht. Begriffsfeld, Begriffsbild und Begriffskonvention und ihre Implikationen auf Grundvorstellungen* (Dissertation an der Universität des Saarlandes). Abgerufen am 31.11.2018 von https://publikationen.sulb.uni-saarland.de/handle/20.500.11880/26717

Renkl, A. (2009). Wissenserwerb. In E. Wild & J. Möller (Hrsg.), *Pädagogische Psychologie* (S. 3–26). Heidelberg: Springer.

Richardson, V. (1996). The Role of Attitudes and Beliefs in Learning to Teach. In J. Sikula (Hrsg.), *Handbook of research on teacher education* (2., S. 102–119). New York: Macmillan.

Rokeach, M. (1975). *Beliefs, attitudes and values: A theory of organization and change.* San Francisco, Californien: Jossey-Bass.

Rolka, K. (2006). *Eine empirische Studie über Beliefs von Lehrenden an der Schnittstelle Mathematikdidaktik und Kognitionspsychologie* (Dissertation an der Universität Duisburg-Essen). Abgerufen am 03.10.2018 von https://duepublico.uni-duisburg-essen.de/servlets/DocumentServlet?id=14526

Rolka, K., & Halverscheid, S. (2011). Researching young students' mathematical world views. *ZDM Mathematics Education, 43*(4), 521–533.

Rösken, B., & Rolka, K. (2007). Integrating Intuition: The Role of Concept Image and Concept Definition for Students' Learning of Integral Calculus. *The Montana Mathematics Enthusiast*, (3), 181–204.

Ruffell, M., Mason, J., & Allen, B. (1998). Studying attitude to mathematics. *Educational Studies in Mathematics, 35*(1), 1–18.

Rütten, C. (2016). *Sichtweisen von Grundschulkindern auf negative Zahlen. Metaphernanalytisch orientierte Erkundungen im Rahmen didaktischer Rekonstruktion.* Wiesbaden: Springer Fachmedien.

Schmotz, C., Felbrich, A., & Kaiser, G. (2010). Überzeugungen angehender Mathematiklehrkräfte für die Sekundarstufe I im internationalen Vergleich. In S. Blömeke, G. Kaiser, & R. Lehmann (Hrsg.), *TEDS-M 2008. Professionelle Kompetenz und Lerngelegenheiten angehender Mathematiklehrkräfte für die Sekundarstufe I im internationalen Vergleich* (S. 279–306). Münster: Waxmann.

Schoenfeld, A. H. (1998). Toward a theory of teaching-in-context. *Issues in Education, 4*(1), 1–94.

Schoenfeld, A. H. (2000). Purposes and Methods of Research in Mathematics Education. *Notices of the AMS, 47*(6), 641–649.

Schreier, M. (2014). Varianten qualitativer Inhaltsanalyse: Ein Wegweiser im Dickicht der Begrifflichkeiten. *Forum Qualitative Sozialforschung / Forum: Qualitative Social Research, 15*(1). Abgerufen am 24.01.2019 von http://nbn-resolving.de/urn:nbn:de:0114-fqs1401185

Schwarz, B. (2013). *Professionelle Kompetenz von Mathematiklehramtsstudierenden: Eine Analyse der strukturellen Zusammenhänge.* Wiesbaden: Springer Spektrum.

Sedlmeier, P., & Renkewitz, F. (2013). *Forschungsmethoden und Statistik für Psychologen und Sozialwissenschaftler* (2., aktualisierte und erweiterte Auflage). München u. a.: Pearson Studium.

Sfard, A. (1991). On the Dual Nature of Mathematical Conceptions: Reflections on Processes and Objects as Different Sides of the Same Coin. *Educational Studies in Mathematics, 22*(1), 1–36.

Sfard, A. (2005). What could be more practical than good research? On mutual relations between research and practice of mathematics education. *Educational Studies in Mathematics, 58*, 393–413.

Shulman, L. S. (1986). Those who understand: Knowledge growth in teaching. *Educational Researcher, 15*(2), 4–14.

Shulman, L. S. (1987). Knowledge and Teaching: Foundations of the New Reform. *Harvard Educational Review, 57*(1), 1–23.

Shulman, L. S. (1998). Theory, Practice, and the Education of Professionals. *The Elementary School Journal, 98*(5), 511–526.

Siller, H.-S., & Manderfeld, K. (2016). *MoSAiK – Modulare Schulpraxiseinbindung als Ausgangspunkt zur individuellen Kompetenzentwicklung. Teilprojekt II.1: Berufsrollenreflexion und persönliche Entwicklung von Lehramtsstudierenden.* Abgerufen am 09.05.2019 von https://mosaik.uni-koblenz-landau.de/projektschwerpunkte/schwerpunkt-2/berufsrollenreflexion-und-persoenliche-entwicklung-von-lehramtsstudierenden/

Skott, J. (2015). Towards a Participatory Approach to „Beliefs" in Mathematics Education. In B. Pepin & B. Roesken-Winter (Hrsg.), *From beliefs to dynamic affect systems in mathematics education: Exploring a mosaic of relationships and interactions* (S. 3–24). Cham: Springer Science + Business.

Speer, N. M. (2005). Issues of Methods and Theory in the Study of Mathematics Teachers' Professed and Attributed Beliefs. *Educational Studies in Mathematics, 58*(3), 361–391.

Steinbring, H. (1998). Mathematikdidaktik: Die Erforschung theoretischen Wissens in sozialen Kontexten des Lernens und Lehrens. *Zentralblatt für Didaktik der Mathematik, 30*(5), 161–167.

Sträßer, R. (2007). Didactics of mathematics: More than mathematics and school! *ZDM Mathematics Education, 39*(1), 165–171.

Sträßer, R. (2014). Stoffdidaktik in Mathematics Education. In S. Lerman (Hrsg.), *Encyclopedia of mathematics education* (S. 566–570). Dordrecht: Springer Reference.

Struve, H. (2015). Zur geschichtlichen Entwicklung der Mathematikdidaktik als wissenschaftlicher Disziplin. In R. Bruder, L. Hefendehl-Hebeker, B. Schmidt-Thieme, & H.-G. Weigand (Hrsg.), *Handbuch der Mathematikdidaktik* (S. 539–566). Berlin Heidelberg: Springer Spektrum.

Tall, D. (2006). *A Theory of Mathematical Growth through Embodiment, Symbolism and Proof. Annales de Didactique et de Sciences Cognitives, IREM de Strasbourg*, 11, 195–215.

Tall, D., & Mejia-Ramos, J. P. (2010). The Long-Term Cognitive Development of Reasoning and Proof. In G. Hanna, H. N. Jahnke, & H. Pulte (Hrsg.), *Explanation and proof in mathematics: Philosophical and educational perspectives* (S. 137–149). New York: Springer.

Tall, D., & Vinner, S. (1981). Concept Image and Concept Definition in Mathematics with particular Reference to Limits and Continuity. *Educational Studies in Mathematics, 12*, 151–169.

Terhart, E. (1999). Konstruktivismus und Unterricht. Gibt es einen neuen Ansatz in der Allgemeinen Didaktik? *Zeitschrift für Pädagogik, 45*(5), 629–647.

Terhart, E. (2011). Lehrerberuf und Professionalität. Gewandeltes Begriffsverständnis – neue Herausforderungen. In W. Helsper & R. Tippelt (Hrsg.), *Pädagogische Professionalität* (S. 202–224). Weinheim u. a.: Beltz.

Thompson, A. (1992). Teachers' Beliefs and Conceptions: A Synthesis of the Research. In D. A. Grouws (Hrsg.), *Handbook for Research on Mathematics Teaching and Learning* (S. 127–146). New York: Macmillan.

Tietze, U. P. (1990). Der Mathematiklehrer an der gymnasialen Oberstufe Zur Erfassung berufsbezogener Kognitionen. *Journal für Mathematik-Didaktik, 11*(3), 177–243.

Törner, G. (2002). Mathematical Beliefs – A Search for a Common Ground: Some Theoretical Considerations on Structuring Beliefs, Some Research Questions, and Some Phenomenological Observations. In G. C. Leder, E. Pehkonen, & G. Törner (Hrsg.), *Beliefs: A hidden variable in mathematics education?* (S. 73–94). Dordrecht, Boston: Kluwer Academic Publishers.

Törner, G., & Grigutsch, S. (1994). „Mathematische Weltbilder" bei Studienanfängern – Eine Erhebung. *Journal für Mathematik-Didaktik, 15*(3/4), 211–251.

Underhill, R. (1988). Mathematics Learners' Beliefs. A Review. *Focus on Learning Problems in Mathematics, 10*, 55–69.

Universität Koblenz-Landau. (o. J.). *Lehramt Bachelor of Education*. Abgerufen am 11. April 2019 von https://www.uni-koblenz-landau.de/de/studium/vor-dem-studium/studienangebot/studienbeginner/lehramtsstudiengaenge-bachelor

Vinner, S. (1991). The Role of Definitions in the Teaching and Learning of Mathematics. In D. O. Tall (Hrsg.), *Advanced mathematical thinking* (S. 65–81). Dordrecht, Boston: Kluwer Academic Publishers.

Vollmer, H. J. (2007). Zur Situation der Fachdidaktiken an deutschen Hochschulen. *Erziehungswissenschaft*, *35*, 85–103.

Vollrath, H.-J., & Weigand, H.-G. (2007). *Algebra in der Sekundarstufe* (3. Auflage). Heidelberg, Berlin: Springer Spektrum.

Vollstedt, M., Ufer, S., Heinze, A., & Reiss, K. (2015). Forschungsgegenstände und Forschungsziele. In R. Bruder, L. Hefendehl-Hebeker, B. Schmidt-Thieme, & H.-G. Weigand (Hrsg.), *Handbuch der Mathematikdidaktik* (S. 567–590). Berlin Heidelberg: Springer Spektrum.

Vom Hofe, R. (1995). *Grundvorstellungen mathematischer Inhalte*. Heidelberg, Berlin, Oxford: Springer Spektrum.

Voss, T., Kleickmann, T., Kunter, M., & Hachfeld, A. (2011). Überzeugungen von Mathematiklehrkräften. In M. Kunter, J. Baumert, & W. Blum (Hrsg.), *Professionelle Kompetenz von Lehrkräften: Ergebnisse des Forschungsprogramms COACTIV* (S. 235–259). Münster: Waxmann.

Voss, T., & Kunter, M. (2011). Pädagogisch-psychologisches Wissen von Lehrkräften. In M. Kunter, J. Baumert, & W. Blum (Hrsg.), *Professionelle Kompetenz von Lehrkräften: Ergebnisse des Forschungsprogramms COACTIV* (S. 193–234). Münster: Waxmann.

Wagenschein, M. (1970). *Ursprüngliches Verstehen und exaktes Denken I*. Stuttgart: Klett.

Weigand, H.-G. (2015). Begriffsbildung. In R. Bruder, L. Hefendehl-Hebeker, B. Schmidt-Thieme, & H.-G. Weigand (Hrsg.), *Handbuch der Mathematikdidaktik*. Berlin Heidelberg: Springer Spektrum.

Weinert, F. E. (2002). Vergleichende Leistungsmessung in Schulen – eine umstrittene Selbstverständlichkeit. In F. E. Weinert (Hrsg.), *Leistungsmessungen in Schulen* (2., unveränderte Auflage, S. 17–32). Weinheim, Basel: Beltz.

WELT. (2011, Juli 26). *Deutschland, Deine Namen: Die Liste zeigt die 100 häufigsten Nachnamen*. Abgerufen am 12.07.2019 von https://www.welt.de/print/die_welt/vermischtes/article13507869/Deutschland-Deine-Namen-Die-Liste-zeigt-die-100-haeufigsten-Nachnamen.html

Wideen, M., Mayer-Smith, J., & Moon, B. (1998). A Critical Analysis of the Research on Learning to Teach: Making the Case for an Ecological Perspective on Inquiry. *Review of Educational Research*, *68*(2), 130–178.

Winter, H. (1995). Mathematikunterricht und Allgemeinbildung. *Mitteilungen der Gesellschaft für Didaktik der Mathematik*, *61*, 37–46.

Winter, M. (2003). Einstellungen von Lehramtsstudierenden im Fach Mathematik. Erfahrungen und Perspektiven. *mathematica didactica*, *26*(3), 86–110.

Wittmann, E. C. (1985). Objekte-Operationen-Wirkungen: Das operative Prinzip in der Mathematikdidaktik. *mathematik lehren*, (11), 7–11.

Wittmann, E. C. (1995). Mathematics education as a „Design Science". *Educational Studies in Mathematics*, *29*, 354–374.

Wittmann, E. C. (2009). *Grundfragen des Mathematikunterrichts* (6., neu bearbeitete Auflage). Wiesbaden: Vieweg + Teubner.

Wygotski, L. S. (1964). *Sprache und Denken*. Berlin: Akademie-Verlag.

Zan, R., Brown, L., Evans, J., & Hannula, M. S. (2006). Affect in Mathematics Education: An Introduction. *Educational Studies in Mathematics, 63*(2), 113–121.

Printed in the United States
By Bookmasters